人邮教育

"创新设计思维"
数字媒体与艺术设计类新形态丛书

移动学习版

Photoshop CS6

平面设计 核心技能一本通

薛果 谢芳 主编　代伟 赵秀娟 副主编

U0191408

人民邮电出版社
北京

图书在版编目（CIP）数据

Photoshop CS6平面设计核心技能一本通 ：移动学习版 / 薛果，谢芳主编. -- 北京 ：人民邮电出版社，2022.10（2024.3重印）
（"创新设计思维"数字媒体与艺术设计类新形态丛书）
ISBN 978-7-115-59195-1

Ⅰ. ①P… Ⅱ. ①薛… ②谢… Ⅲ. ①图像处理软件
Ⅳ. ①TP391.413

中国版本图书馆CIP数据核字(2022)第067565号

内 容 提 要

Photoshop是Adobe公司旗下的一款图像处理软件，在平面广告、UI、包装、新媒体、影像后期处理等领域应用广泛。本书以Adobe Photoshop CS6为蓝本，讲解Photoshop在平面设计中的核心应用。全书共15章，首先讲解Photoshop CS6和图像基础知识，以及常用工具、选区、图层的相关操作等，然后讲解图像绘制与修饰、图像调色技术、混合模式与蒙版的应用，路径与矢量对象、文字的应用等知识，再逐步深入讲解通道的应用、滤镜与插件的使用、图像自动化处理与打印等知识，最后将Photoshop CS6的相关知识与设计实战案例相结合，对全书知识进行综合应用。

本书结合大量"实战""范例"对知识点进行讲解，并提供了"巩固练习""技能提升""小测"等栏目来辅助读者学习和提升应用技能。此外，在操作步骤旁还附有对应的二维码，读者扫描二维码即可观看操作步骤的视频演示。

本书可作为各类院校数字媒体艺术相关专业的教材，也可供Photoshop CS6初学者自学，还可作为平面设计人员的参考用书。

◆ 主　　编　薛　果　谢　芳
　　副主编　代　伟　赵秀娟
　　责任编辑　韦雅雪
　　责任印制　王　郁　陈　犇

◆ 人民邮电出版社出版发行　　北京市丰台区成寿寺路 11 号
　　邮编　100164　　电子邮件　315@ptpress.com.cn
　　网址　https://www.ptpress.com.cn
　　涿州市般润文化传播有限公司印刷

◆ 开本：880×1092　1/16
　　印张：22.75　　　　　　　　　　2022 年 10 月第 1 版
　　字数：826 千字　　　　　　　　2024 年 3 月河北第 2 次印刷

定价：99.80 元

读者服务热线：(010)81055256　印装质量热线：(010)81055316
反盗版热线：(010)81055315
广告经营许可证：京东市监广登字 20170147 号

PREFACE 前言

　　随着互联网和新媒体技术的兴起和发展，图像成了人们发布和获取信息的重要载体，平面设计日益市场化、移动化、互动化与数字化，各类专业的平面设计公司如雨后春笋般出现，平面设计人才的需求量大幅度增加；同时也对设计师提出了更高的要求：要在有限的场景中利用所学技能，使平面设计更具设计感和创意性，还要满足互联网环境下各组织、企业或个人对设计作品的要求。

　　随着近年来教育课程的改革，计算机软、硬件日新月异，教学方式不断更新，传统平面设计教材的讲解方式已不再适应当前的教学环境。鉴于此，我们基于"互联网+"对设计行业的影响，认真总结教材编写经验，深入调研各地、各类院校的教材需求，组织了一批优秀且具有丰富教学经验和实践经验的作者编写了本书，以帮助各类院校培养优秀的平面设计人才。本书内容全面，知识讲解透彻，不同需求的读者都可以通过学习本书得到收获。读者可以根据下表的建议进行学习。

学习阶段	章节	学习方式	技能目标
入门	第 1 章 ~ 第 6 章	基础知识学习、实战操作、范例演示、综合实训、巩固练习、技能提升	① 了解 Photoshop CS6、平面设计应用、图像处理的相关概念等基础知识 ② 掌握 Photoshop CS6 的基本操作及相关辅助工具的使用方法 ③ 掌握选区和图层的创建与编辑方法 ④ 掌握图像的绘制方法 ⑤ 掌握图像的修饰方法和调色技术
提高	第 7 章 ~ 第 12 章	进阶知识学习、实战操作、范例演示、综合实训、巩固练习、技能提升	① 掌握混合模式与蒙版的应用 ② 掌握路径与文字的应用 ③ 掌握通道、滤镜与插件的应用 ④ 能够进行抠图、图像合成、特效制作等图像处理操作 ⑤ 掌握自动化处理与打印图像的方法
综合运用	第 13 章 ~ 第 15 章	行业知识学习、案例分析、设计实战、巩固练习、技能提升	① 能够综合运用 Photoshop CS6 处理数码照片 ② 能够通过案例提升资源整合能力和整体设计能力 ③ 能够通过案例了解并掌握招贴、地铁灯箱广告、包装盒、网店视觉、互联网广告等的设计方法

 内容与特色

　　本书以知识点与实例结合的方式讲解Photoshop CS6在平面设计中的应用，本书的特色主要包括以下5个方面。

- ▶ **体系完整，内容全面。** 本书条理清晰、内容丰富，从Photoshop CS6的基础知识入手，由浅入深、循序渐进地介绍Photoshop CS6的各项操作，并在讲解过程中尽量做到详细、深入，辅以理论、案例、测试、实训、练习等，加强读者对知识的理解与实际操作能力。
- ▶ **实例丰富，类型多样。** 本书实例丰富，以"实战""范例"的形式，让读者在操作中理解知识，了解实际工作中的各类平面设计方法。这些实例不仅有基础的图像处理演示和完整的平面设计作品解析，还有大量的UI、新媒体、广告等行业的设计实战，符合平面设计目前的发展趋势。
- ▶ **步骤讲解翔实，图例丰富。** 本书的讲解深入浅出，不论是理论知识讲解还是案例操作，都有对应的图示讲解，且图示中还添加了标注与说明，便于读者理解、阅读，从而更好地学习和掌握Photoshop CS6的各项操作。
- ▶ **结合设计理念、设计素养。** 本书在"范例""综合实训"中都结合了该章重要知识点，并在此基础上进行行业案例的设计，这些设计不仅有详细的行业背景介绍，还结合了实际的工作场景，充分融入设计理念、设计素养，紧密结合课堂讲解的内容给出实训要求、实训思路，培养读者的设计能力和独立完成任务的能力。
- ▶ **学与练相结合，实用性强。** 本书将理论讲解与案例讲解相结合，通过大量的实例帮助读者理解和巩固所学知识，具有较强的操作性和实用性。同时，还提供"小测""巩固练习"，以提高读者的动手能力。

📢 讲解体例

本书精心设计了"本章导读→目标→知识讲解→实战→范例→综合实训→巩固练习→技能提升→综合案例"的教学方法，以激发读者的学习兴趣。本书通过细致而巧妙的理论知识讲解，辅以实例与练习，帮助读者强化并巩固所学知识和技能，提高实际应用能力。

- ▶ **本章导读：** 每章开头以为什么学习、学习后能解决哪些问题作为切入点，引导读者对本章内容产生思考，引起读者的学习兴趣。
- ▶ **目标：** 从知识目标、能力目标和情感目标3个方面出发，帮助读者明确学习目标，厘清学习思路。
- ▶ **知识讲解：** 深入浅出地讲解理论知识，配合丰富的图示，对知识进行解析和说明。
- ▶ **实战：** 紧密结合知识讲解，以实战的形式进行演练，帮助读者更好地理解并掌握知识。

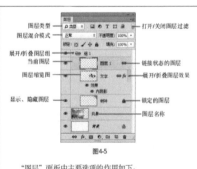

- ▶ **范例**：本书精选范例，对范例的要求进行了说明，并给出操作的要求及过程，帮助读者分析范例并根据相关要求完成操作。
- ▶ **综合实训**：结合设计背景和设计理念，给出明确的操作要求和操作思路，使读者能够独立完成操作，提升读者的设计素养和实际动手能力。

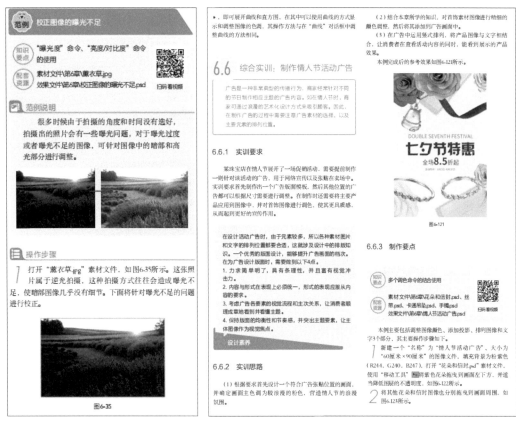

- ▶ **巩固练习**：给出相关操作要求和效果，着重锻炼读者的动手能力。
- ▶ **技能提升**：为读者提供相关知识的补充讲解，便于读者进行拓展学习。
- ▶ **综合案例**：本书最后3章结合数码照片处理，以及招贴、地铁灯箱广告、书籍封面、包装盒、网店视觉、互联网广告等设计了综合案例，这些案例结合真实的行业知识与设计要求，模拟实际设计工作的完整流程，可帮助读者更快地适应设计工作。

配套资源

本书提供立体化的配套资源，读者可登录人邮教育社区（www.ryjiaoyu.com），在本书页面中下载。
本书的配套资源包括基本资源和拓展资源。

基本资源

演示视频　　　　素材和效果文件　　　PPT、大纲和教学教案

▶ 演示视频：本书所有的实例操作均提供了教学视频，读者可以扫描实例对应的二维码进行在线学习，也可以扫描下图二维码关注"人邮云课"公众号，输入校验码"rygjsmpscs"，将本书视频"加入"手机上的移动学习平台，利用碎片时间轻松学。

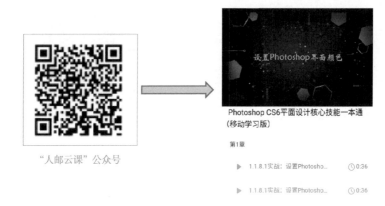

"人邮云课"公众号

Photoshop CS6平面设计核心技能一本通
（移动学习版）

第1章

▶ 1.1.8.1实战：设置Photosho... 　⏱ 0:36

▶ 1.1.8.1实战：设置Photosho... 　⏱ 0:36

▶ 素材和效果文件：本书提供所有实例需要的素材和效果文件，素材和效果文件均以案例名称命名，便于读者查找。
▶ PPT、大纲和教学教案：本书还提供PPT课件，Word文档格式的大纲和教学教案，以便教师顺利开展教学工作。

拓展资源

案例库　　　　实训库　　　课堂互动资料　　　题库　　　拓展素材资源　　　高效技能精粹

▶ 案例库：本书按知识点分类整理了大量Photoshop CS6软件操作拓展案例，包含案例操作要求、素材文件、效果文件和操作视频。
▶ 实训库：本书提供大量Photoshop CS6软件操作实训资料，包含实训操作要求、素材文件和效果文件。
▶ 课堂互动资料：本书提供大量可用于课堂互动的问题和答案。
▶ 题库：本书提供丰富的与Photoshop CS6相关的试题，读者可自由组合出不同的试卷进行测试。
▶ 拓展素材资源：本书提供图案素材、艺术字素材、笔刷素材等拓展素材，读者可将素材用于日常设计。
▶ 高效技能精粹：本书提供实用的平面设计速查资料，包括高效技能汇总、快捷键汇总、设计常用网站汇总和平面设计理论基础知识，帮助读者提高平面设计的效率。

编者
2022年5月

目 录 CONTENTS

第 5 章　图像绘制与修饰 101

第 6 章　图像调色技术 135

第 9 章 文字的应用 201

第 10 章 通道的应用 218

第 11 章 滤镜与插件的使用 235

第14章 平面设计实战案例 296

第15章 互联网设计实战案例 322

第1章

走近
Photoshop CS6

本章导读

用户在使用Photoshop CS6进行图像的编辑和绘制前，首先需要对软件基础知识有所了解，包括软件的工作界面、工具、面板等，还需要掌握图像文件的管理方法，如新建图像、打开图像等，并熟悉图像的缩放与查看等操作。

知识目标

- 熟悉Photoshop CS6的基础知识
- 掌握图像文件的管理方法
- 掌握图像的缩放与查看方法

能力目标

- 能够设置Photoshop CS6界面颜色
- 能够清理Photoshop CS6内存
- 能够置入其他格式的图像文件
- 能够自定义合适的工作区

情感目标

- 培养学习Photoshop CS6的兴趣
- 提升对Photoshop CS6的整体认知

1.1 Photoshop CS6基础知识

Photoshop CS6是Adobe公司旗下的一款著名的图像处理软件，由于其功能强大，因此广泛应用于设计行业。在使用Photoshop CS6进行设计之前，需要先了解一些基础知识，包括Photoshop CS6的安装、启动和退出，以及了解其工作界面组成等。

1.1.1 Photoshop CS6在平面设计中的运用

平面设计细分的种类较多，下面将介绍Photoshop CS6在平面设计中的6类常见运用。

1. 平面广告设计

平面广告设计行业是Photoshop CS6应用最为广泛的领域之一，无论是海报、包装，还是图书封面，这些平面印刷品都可以使用Photoshop CS6进行设计。图1-1所示为一款护肤品的海报设计，图1-2所示为一款农产品的宣传手册设计。

图1-1　　　　　　　　　　图1-2

2. 网页设计

通过Photoshop CS6可以制作网页中的各种精美图标、按钮，以及主页图片等。在Photoshop CS6中处理好图像再将其导入到Dreamweaver中便可以制作出美观的网页作品。图1-3所示为使用Photoshop CS6设计的国外美食宣传网页。

图1-3

3．UI设计

随着手机、平板电脑等移动端设备的不断普及，各类移动端软件的界面设计需求不断增加，因此UI设计行业成为一个热门行业，而使用Photoshop CS6进行UI设计则是一个不错的选择。图1-4所示为某App的UI设计，图1-5所示为一款车载系统应用的UI设计。

图1-4

图1-5

4．数字绘画

使用Photoshop CS6不仅可以在计算机上绘制出逼真的传统绘画效果，还能绘制出传统绘画难以实现的特殊效果。图1-6、图1-7、图1-8所示为使用Photoshop CS6绘制的不同风格的数字绘画作品。

图1-6

图1-7

图1-8

5．数码照片后期处理

Photoshop CS6中的图像调色命令，以及图像修饰工具在数码照片后期处理中发挥着很大的作用，用户通过这些命令和工具可以快速处理或合成需要的照片特效。图1-9所示为使用Photoshop CS6为图像调色后得到的唯美风景效果，图1-10所示为使用Photoshop CS6调整人物大小比例得到的夸张效果。

图1-9

图1-10

6. 电商美工设计

电商美工设计主要是指设计人员为网店界面进行设计，通过划分板块、设计商品广告等方式，从视觉上快速提升店铺形象，树立网店品牌，吸引更多消费者进店浏览，最终促成交易的一种设计。使用Photoshop CS6可以快速修复商品图片的拍摄缺陷，并制作出店铺需要的店招、主图和海报等，提升店铺视觉展示效果的美观度。图1-11和图1-12所示分别为制作的电商活动页和商品直通车效果。

图1-11

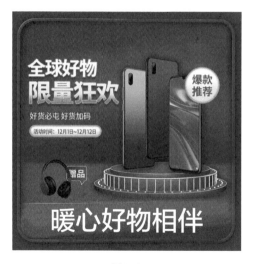

图1-12

1.1.2　安装Photoshop CS6

Photoshop CS6在Mac OS和Windows操作系统下均可使用。在不同的平台上安装Photoshop CS6时对计算机配置的要求有所不同。

1．Mac OS

Mac OS是苹果计算机的专用操作系统，在Mac OS中安装Photoshop CS6的最低计算机配置如下。

● 系统：Mac OS X V10.7 或 V10.8。

● 硬件：多核、支持64位的Intel处理器；1GB内存、3.2GB的可用硬盘空间以进行安装；安装期间需要额外可用空间（无法安装在使用区分大小写的档案系统的磁盘区或可抽换储存装置上）；1024像素×768像素（建议1280像素×800像素）分辨率的屏幕，支持16位颜色，具有512MB显存（建议1G）；支持OpenGL2.0系统；DVD ROM驱动器。

● 网络：必须连接网络后完成注册，才能启用软件，还需验证会员以获得线上服务。

2．Windows操作系统

在Windows操作系统中安装Photoshop CS6的最低计算机配置如下。

● 系统：Windows XP、Windows Vista、Windows 7、Windows 8、Windows 10，如果是Windows XP系统，则只能在2014年发行的15.0.0.58版本上安装。

● 硬件：Intel® Pentium® 4或AMD Athlon® 64处理器（2GHz或更快）；32GB的可用硬盘空间以进行安装；安装期间需要额外可用空间（无法安装在可移动储存设备上）；1024像素×768像素（建议1280像素×800像素）分辨率的屏幕，支持16位颜色，具有512MB显存（建议1G）；支持OpenGL2.0系统；DVD ROM驱动器。

● 网络：必须连接网络后完成注册，才能启用软件，还需验证会员以获得线上服务。

安装时只需在安装程序包中双击"Setup.exe"文件，即可开始安装程序，如图1-13所示，然后单击 结束(F) 按钮，即可完成Photoshop CS6的安装，如图1-14所示。

需要注意的是，本书将以Windows操作系统为平台进行操作。

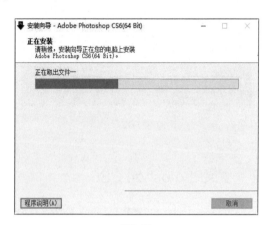

图1-13

图1-14

技巧

如果在安装过程中需要输入序列号，可以在 Photoshop CS6 的包装盒上找到。若用户安装的是在 Adobe 的官方网站上下载的 Photoshop CS6，则可通过官方网站购买序列号。

1.1.3　启动与退出Photoshop CS6

成功安装Photoshop CS6之后，即可启动软件进行操作，当用户操作完毕后，可以退出软件，以提高计算机运行速度。

1. 启动软件

安装好Photoshop CS6后，可以通过以下2种方法来启动Photoshop CS6。

● 单击计算机桌面上的Photoshop CS6快捷图标，启动Photoshop CS6。

● 在"开始"菜单中找到并选择"Adobe Photoshop CS6"命令，启动软件。

程序启动后，将出现图1-15所示的启动画面，随后即可进入Photoshop CS6的工作界面。

图1-15

2. 退出软件

在Photoshop CS6中操作完成后，用户可以通过如下两种方法退出Photoshop CS6。

● 选择【文件】/【退出】命令。

● 单击Photoshop CS6工作界面右上角的"关闭"按钮 ✕ 。

技巧

按 Ctrl+Q 组合键，可以快速退出 Photoshop CS6。

1.1.4　认识Photoshop CS6的工作界面

启动Photoshop CS6后，就能看到Photoshop CS6的工作界面。用户只有对其工作界面有一个深入的认识，并熟悉界面各组成部分的作用，才能更快地掌握Photoshop CS6的使用方法。Photoshop CS6的工作界面包括菜单栏、标题栏、图像窗口、工具箱、工具属性栏、面板、状态栏，如图1-16所示。

Photoshop CS6工作界面中各组成部分作用如下。

● 菜单栏：菜单栏的11个菜单中几乎包含了Photoshop CS6中的所有操作命令，从左至右依次为"文件""编

图1-16

辑""图像""图层""文字""选择""滤镜""3D""视图""窗口""帮助"。用户单击菜单,然后在弹出的菜单中选择相应的命令,可以实现相应的操作。

● 标题栏:主要用于显示文件的名称、格式、窗口缩放比例及颜色模式等信息。

● 图像窗口:用于显示打开的文件,用户可在图像窗口中对其进行编辑。

● 工具箱:集合了Photoshop CS6的所有工具。工具箱默认为双栏显示,单击 ◀◀ 按钮,可使其单栏显示。单击 ▶▶ 按钮,可使其恢复双栏显示。

● 工具属性栏:用于设置工具的参数,不同工具的工具属性栏有所不同。

● 面板:用于配合用户对图像的编辑、控制及设置参数等操作。

● 状态栏:位于工作界面底层,可显示当前文件的大小、尺寸、当前工具和缩放比例等信息。

1.1.5 Photoshop CS6工具详解

工具箱中集合了图像处理过程中使用频繁的工具,使用它们可以进行绘制图像、修饰图像和创建选区等操作。工具箱默认位于工作界面左侧,通过拖曳其顶部可以将其拖曳到工作界面的任意位置。工具按钮右下角的黑色小三角标记表示该工具位于一个工具组中,其中还有一些隐藏的工具,在该工具按钮上按住鼠标左键不放或使用右键单击,可显示该工具组中隐藏的工具,如图1-17所示。

工具箱中各工具的作用介绍如下。

● 移动工具:用于移动图层、参考线、形状或选区

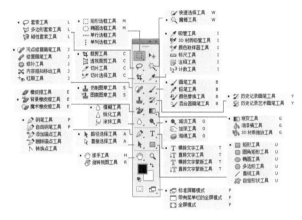

图1-17

中的图像。

● 矩形选框工具:用于创建长方形选区和正方形选区。

● 椭圆选框工具:用于创建椭圆选区和正圆选区。

● 单行选框工具:用于创建高度为1像素的选区,一般用于制作网格效果。

● 单列选框工具:用于创建宽度为1像素的选区,一般用于制作网格效果。

● 套索工具:用于绘制形状不规则的选区。

● 多边形套索工具:用于创建由直线构成的选区。

● 磁性套索工具:能够通过颜色上的差异自动识别对象的边界。

● 快速选择工具:用于快速地创建选区。

● 魔棒工具:使用该工具在图像中单击可快速选择颜色范围内的区域。

● 裁剪工具:用于以任意尺寸裁剪图像。

● 透视裁剪工具：使用该工具可以在需要裁剪的图像上制作出具有一定透视效果的裁剪框。

● 切片工具：用于为图像绘制切片。

● 切片选择工具：用于编辑和调整切片。

● 吸管工具：用于吸取图像中任意颜色作为前景色，按住Alt键进行吸取时，可将吸取的颜色设置为背景色。

● 3D材质吸管工具：用于快速吸取3D模型中各部分的材质。

● 颜色取样器工具：用于在"信息"面板中显示取样颜色的RGB值。

● 标尺工具：用于在"信息"面板中显示拖曳对角线的距离和角度。

● 注释工具：用于在图像中添加注释。

● 计数工具：用于计算图像中元素的个数，也可自动对图像中的多个选区进行计数。

● 污点修复画笔工具：使用该工具可以不设置取样点，自动对修复区域的周围进行取样，消除图像中的污点或某个对象。

● 修复画笔工具：用于将图像中的像素作为样本进行修复。

● 修补工具：利用样本或图案来修复所选图像区域中需要修改的部分。

● 内容感知移动工具：在移动选区中的图像时，将智能填充图像原来的位置。

● 红眼工具：用于去除闪光灯导致的瞳孔红色反光。

● 画笔工具：使用该工具可用前景色绘制出各种线条，也可用于快速修改通道和蒙版。

● 铅笔工具：使用该工具可绘制模糊效果。

● 颜色替换工具：用于将选定的颜色替换为其他颜色。

● 混合器画笔工具：使用该工具可以像传统绘制过程中混合颜料一样混合像素。

● 仿制图章工具：用于定义和复制图像，并将其覆盖到指定的位置，并且可以在不同图层或文件中进行复制。

● 图案图章工具：用于使用预设的图案或载入的图案进行绘画。

● 历史记录画笔工具：使用该工具可将标记的历史记录状态或快照用作源数据，对图像进行修改。

● 历史记录艺术画笔工具：使用该工具可将标记的历史记录状态或快照用作源数据，并以风格化的画笔进行绘制。

● 橡皮擦工具：使用该工具可使用类似画笔描绘的方式将像素更改为背景色或透明。

● 背景橡皮擦工具：使用该工具可通过智能化操作擦除色彩差异较大的图像。

● 魔术橡皮擦工具：用于清除与取样区域类似的像

素范围。

● 渐变工具：用于以渐变的方式填充指定范围，在其渐变编辑器内可设置渐变模式。

● 油漆桶工具：用于可以在图像中填充前景色或图案。

● 3D材质拖放工具：选择该工具后，在其工具属性栏中选择一种材质，然后在模型上单击，可为模型填充材质。

● 模糊工具：用于柔化图像边缘或减少图像中的细节。

● 锐化工具：用于增强图像中相邻像素之间的对比，以提高图像的清晰度。

● 涂抹工具：用于模拟手指划过湿油漆时所产生的效果。使用该工具可以拾取鼠标单击处的颜色，并沿着拖曳方向展开这种颜色。

● 减淡工具：用于对图像进行减淡处理。

● 加深工具：用于对图像进行加深处理。

● 海绵工具：用于增加或降低图像中某个区域的饱和度。如果是灰度图像，该工具将通过灰阶远离或靠近中间灰色来增强或降低对比度。

● 钢笔工具：使用该工具可以通过锚点方式以创建区域路径，常用于绘制矢量图像或选区对象。

● 自由钢笔工具：用于绘制比较自由的、随手而画的图像。

● 添加锚点工具：选择该工具后，将鼠标指针移动到路径上，单击即可添加一个锚点。

● 删除锚点工具：选择该工具后，将鼠标指针移动到路径上的锚点，单击即可删除该锚点。

● 转换点工具：用于转换锚点的类型。

● T 横排文字工具：用于创建水平文字图层。

● IT 直排文字工具：用于创建垂直文字图层。

● 横排文字蒙版工具：用于创建水平文字形状的选区。

● 直排文字蒙版工具：用于创建垂直文字形状的选区。

● 路径选择工具：在"路径"面板中选择路径后，使用选择该工具可在路径中选择锚点。

● 直接选择工具：用于改变两个锚点之间的路径。

● 矩形工具：用于创建长方形或正方形路径、形状图层或填充像素区域。

● 圆角矩形工具：用于创建圆角矩形路径、形状图层或填充像素区域。

● 椭圆工具：用于创建正圆形或椭圆形路径、形状图层或填充像素区域。

● 多边形工具：用于创建多边形路径、形状图层或填充像素区域。

● 直线工具：用于创建直线路径、形状图层或填充像素区域。

● 自定形状工具：用于创建预设的形状路径、形状图层或填充像素区域。

- 抓手工具：用于移动图像的显示区域。
- 旋转视图工具：用于移动或旋转视图。
- 缩放工具：用于放大或缩小显示的图像。
- 前景色/背景色：单击左上角的色块，可设置前景色；单击右下角的色块，可设置背景色。
- 切换前景色和背景色：单击该按钮可置换前景色和背景色。
- 默认前景色和背景色：单击该按钮可恢复默认的前景色和背景色。
- 以快速蒙版模式编辑：用于切换快速蒙版模式和标准模式。
- 标准屏幕模式：单击该按钮可显示菜单栏、标题栏、滚动条和其他屏幕元素。
- 带有菜单栏的全屏模式：单击该按钮可显示菜单栏和50%的灰色背景的全屏窗口，无标题栏和滚动条。
- 全屏模式：单击该按钮可只显示黑色背景和图像窗口，如果要退出全屏模式，可按Esc键。如果按Tab键，将切换到带有面板的全屏模式。

1.1.6 Photoshop CS6面板详解

面板是Photoshop CS6工作界面中非常重要的一个组成部分，用户可以通过面板进行选择颜色、编辑图层、新建通道、编辑路径和撤销编辑等操作。Photoshop CS6中除了默认显示在工作界面中的面板外，还可以通过"窗口"菜单打开所需的各种面板，如图1-18所示。单击面板区右上角的 按钮，可打开隐藏的面板组；单击 按钮可将面板还原为简洁的显示模式，如图1-19所示。

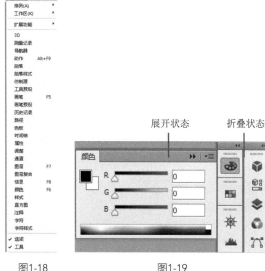

图1-18　　　　　　　图1-19

下面将介绍各面板的作用。

- "颜色"面板：用于调整混合色调。在其中通过拖曳滑块或者设置颜色值，就可设置前景色和背景色。图1-20所示为"颜色"面板。
- "色板"面板：该面板中的所有颜色都是预设好的，在其中单击色块即可选择相应的颜色。图1-21所示为"色板"面板。
- "样式"面板：该面板显示了各种各样预设的图层样式，图1-22所示为"样式"面板。

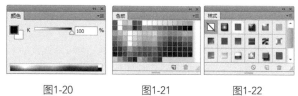

图1-20　　　　　　图1-21　　　　　　图1-22

- "字符"面板：用于设置文字的字体、大小、颜色等属性，图1-23所示为"字符"面板。
- "段落"面板：用于设置文字的段落、位置、缩排、版面，以及避头尾法则和字间距组合，图1-24所示为"段落"面板。

图1-23　　　　　　　　图1-24

- "字符样式"面板：用于创建、设置字符样式，并可将字符属性存储在"字符样式"面板中。图1-25所示为"字符样式"面板。
- "段落样式"面板：用于创建段落样式，并可将段落属性存储在"段落样式"面板中。图1-26所示为"段落样式"面板。

图1-25　　　　　　　　图1-26

- "图层"面板：用于创建、编辑和管理图层。该面板列出了所有的图层、图层组和图层效果，图1-27所示为"图层"面板。

● "通道"面板：用于创建、保存和管理通道，图1-28所示为"通道"面板。

图1-27 　　　　　　　　　图1-28

● "路径"面板：用于保存和管理路径。该面板显示了存储的每条路径、当前工作路径、当前矢量名称和缩览图，图1-29所示为"路径"面板。

● "调整"面板：在其中可通过调色命令调整颜色和色调。图1-30所示为"调整"面板。

图1-29 　　　　　　　　　图1-30

● "属性"面板：用于调整选择的图层蒙版的属性和矢量蒙版属性、光照效果滤镜和图层参数等，图1-31所示为"照片滤镜"的"属性"面板。

● "信息"面板：用于显示图像相关信息，如鼠标指针位置、选区大小等，图1-32所示为"信息"面板。

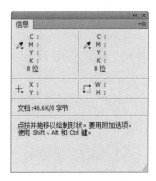

图1-31 　　　　　　　　　图1-32

● "画笔"面板：用于设置绘制工具及修饰工具的笔尖形状、画笔大小和硬度等，还可以创建自己需要的特殊画笔。图1-33所示为"画笔"面板。

● "画笔预设"面板：用于显示提供的各种预设的画笔。图1-34所示为"画笔预设"面板。

图1-33 　　　　　　　　　图1-34

● "导航器"面板：用于显示图像的缩览图和各种窗口缩放工具。图1-35所示为"导航器"面板。

● "直方图"面板：用于显示图像中每个亮度级别的像素数量，以展示像素在图像中的分布情况。图1-36所示为"直方图"面板。

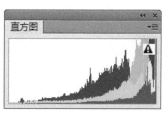

图1-35 　　　　　　　　　图1-36

● "注释"面板：用于在静止的图像上新建、存储注释文字。图1-37所示为"注释"面板。

● "图层复合"面板：用于保存图层状态，在该面板中可对图层复合进行新建、编辑和显示等操作。图1-38所示为"图层复合"面板。

图1-37 　　　　　　　　　图1-38

● "仿制源"面板：在使用修复工具，如仿制图章工具和修复画笔工具时，可通过该面板设置不同的样本源。图1-39所示为"仿制源"面板。

● "3D"面板：选择3D图层后，该3D面板中会显示与之关联的3D文件组件和相关的选项。图1-40所示为"3D"面板。

图1-39   图1-40

●"时间轴"面板：用于制作和编辑图像的动态效果，该面板包括"帧"动画面板和"时间轴"动画面板两种模式。图1-41所示为"帧"动画面板模式，图1-42所示为"时间轴"动画面板模式。

图1-41

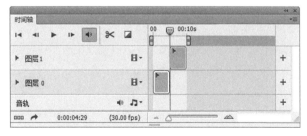

图1-42

●"测量记录"面板：用于显示使用套索工具和魔棒工具定义区域的高度、宽度和面积等，图1-43所示为"测量记录"面板。

图1-44   图1-45

技巧

将鼠标指针放在一个面板的标题栏上，按住鼠标左键不放，将面板拖曳到另一个面板的标题栏上，在出现蓝色边框时，释放鼠标可合并两个面板，如图1-46所示。

图1-46

若想拆分已组合的面板，可将鼠标指针移动到需要拆分出来的面板标题栏上，按住鼠标左键不放，将面板拖曳到工作界面的空白处，释放鼠标即可将拖曳的面板从其他面板组中拆分出来，如图1-47所示。

图1-47

1.1.7　自定义Photoshop CS6的工作区

由于Photoshop CS6的功能比较强大，很多设计行业的从业者都会使用该软件。为了便于不同行业的用户使用，Adobe公司为不同用户设置了多种不同的工作区，选择【窗口】/【工作区】命令，在弹出的子菜单中可以查看并选择工作区。如摄影爱好者可选择"摄影"工作区，数码绘图工作者可选择"绘图"工作区，图1-48所示即为"绘图"工作区。

除此之外，Photoshop CS6还为用户提供了自定义工作区的功能。用户可以创建符合自己操作习惯的工作区。在Photoshop CS6的工作界面中关闭不需要的面板，打开需要使用的面板，再将打开的面板进行分类组合，移动工具箱的位置到图像窗口右侧等，如图1-49所示。

图1-43

●"历史记录"面板：当编辑图像时，Photoshop CS6会将每步操作都记录在"历史记录"面板中。通过该面板，用户可将图像恢复到之前的某一步操作下的状态。图1-44所示为"历史记录"面板。

●"工具预设"面板：用于存储工具的各项设置或创建工具预设库。图1-45所示为"工具预设"面板。

图1-48

图1-49

选择【窗口】/【工作区】/【新建工作区】命令，在打开的"新建工作区"对话框中为工作区设置名称，单击 存储 按钮，如图1-50所示，即可将当前工作区存储为预设的工作区。

图1-50

技巧

若想删除不需要的工作区，用户只需选择【窗口】/【工作区】/【删除工作区】命令，在打开的"删除工作区"对话框中选择需要删除的工作区，单击 删除(D) 按钮即可将其删除，如图1-51所示。

图1-51

1.1.8　了解Photoshop CS6的基本设置

在Photoshop CS6中用户不仅可以自定义面板和工作区，还可以对软件进行常规选项、界面、文件处理和性能等设置。

1.　常规选项设置

选择【编辑】/【首选项】命令，Photoshop CS6将打开图1-52所示的"首选项"对话框，选择对话框左侧的"常规"选项后可在右侧控制拾色器、HUD拾色器、图像插值等。

图1-52

● 拾色器：在"拾色器"下拉列表框中有"Windows"和"Adobe"两个选项，如图1-53所示。默认情况下，选择"Adobe"选项。在Adobe拾色器中，可根据4种不同的颜色模式来拾取颜色。

图1-53

● HUD拾色器：选择"色相条纹"选项，可以显示垂直拾色器；选择"色相轮"选项，可以显示圆形拾色器。

● 图像插值：在运用图像大小或图像变换命令改变图像的大小时，Photoshop CS6将根据设定的插值方式生成或删除像素。在"图像插值"下拉列表框中有6个选项，如图1-54所示。其中，"邻近（保留硬边缘）"选项会使修改后的选区呈现锯齿形边缘，画面清晰度较低。"两次线性"选项无论从质量还是运算速度来说，都更优于"邻近（保留硬边缘）"选项，但它还不是最完美的像素分配方式。而"两次立方（适用于平滑渐变）"选项无论从视觉欣赏还是精确度来说，都更优于其他选项，虽然其运算速度较慢，但色调变化最均匀。因此，在对插值方式进行设置时一般选择"两次立方（适用于平滑渐变）"选项。

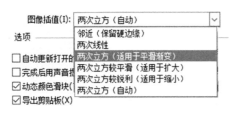

图1-54

● 选项和历史记录：在"选项"区域中有多个复选框，勾选相应的复选框选项可以让操作更加快捷、方便。"历史记录"选项用于设置撤销操作的步骤。在设置"历史记录"时要注意，历史记录的撤销操作越多，计算机的负荷就越大。

2. 界面设置

在"首选项"对话框左侧选择"界面"选项，可以进入界面选项设置，如图1-55所示。在其中可以设置屏幕的颜色和边界颜色，以及面板和文件的各种折叠和浮动方式等。

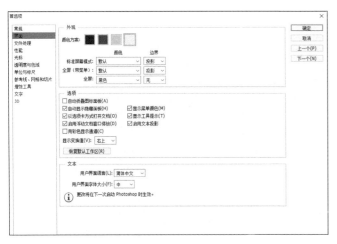

图1-55

3. 文件处理设置

在"首选项"对话框左侧选择"文件处理"选项，如图1-56所示，可以对文件存储选项、文件兼容性和Adobe Drive进行设置。

● 文件存储选项：用于设置图像在预览时对应文件的存储方法及文件扩展名的写法。勾选"自动储存恢复信息时间间隔"复选框，在其右侧输入自动保存文件的时间间隔，可减少软件卡顿或断电等意外造成的文件丢失情况。

● 文件兼容性：用于设置"Camera Raw"的首选项，以及文件兼容性的相关选项。

● Adobe Drive：用于简化工作组文件管理。勾选"启用Adobe Drive"复选框，可以改善上传或下载文件的效果。在其下方可设置近期文件列表中包含的文件个数。

图1-56

4. 性能设置

在"首选项"对话框左侧选择"性能"选项，如图1-57所示，可以对内存使用情况、暂存盘、历史记录与高速缓存、图形处理器等进行设置。

● 内存使用情况：用于设置使用内存的大小，内存过小可能导致软件运行不畅。

● 暂存盘：用于设置当前运行Photoshop CS6时文件的暂存空间。设置的暂存空间越大，可以打开与处理的文件也就越大，因此可将计算机中储存空间较大的系统盘作为暂存盘。

● 历史记录与高速缓存：用于设置能保留的历史记录的次数与高速缓存的级别。"历史记录状态"和"高速缓存级别"的数值不宜过大，否则会使计算机的运行速度变慢，一般保持默认设置。

● 图形处理器设置：勾选"使用图形处理器"复选框，可以加快处理大型文件和复杂文件的速度。

图1-57

5. 光标设置

在"首选项"对话框左侧选择"光标"选项，如图1-58所示，可以对绘画光标、其他光标、画笔预览等进行设置。

- **绘画光标**：设置使用画笔工具、铅笔工具、橡皮擦工具等绘画工具时光标的显示效果。
- **其他光标**：设置除了绘画工具以外的其他工具的光标显示效果。
- **画笔预览**：设置画笔预览时的颜色。

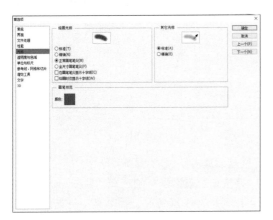

图1-58

6. 透明度与色域设置

在"首选项"对话框中选择"透明度与色域"选项，如图1-59所示。在"透明区域设置"栏中可设置透明背景。在"色域警告"栏中可设置色阶的警告颜色。

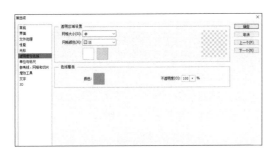

图1-59

7. 单位与标尺设置

在"首选项"对话框左侧选择"单位与标尺"选项，如图1-60所示，可以改变标尺的度量单位，并指定列宽和分辨率等。

图1-60

标尺的度量单位有7种：像素、英寸、厘米、毫米、点、派卡、百分比。按Ctrl + R组合键可控制标尺的显示和隐藏。在"列尺寸"栏中可调整标尺的列尺寸。在"点/派卡大小"栏中有两个单选项，通常勾选"PostScript（72点/英寸）"单选项。为了便于切换，可直接在"信息"面板中切换标尺单位，如图1-61所示。

图1-61

技巧

在 Photoshop CS6 中，按 Ctrl+R 组合键可以在图像窗口顶部和左侧分别显示水平和垂直标尺，再次按 Ctrl+R 组合键可隐藏标尺。

8. 参考线、网格和切片设置

在"首选项"对话框左侧选择"参考线、网格和切片"选项，如图1-62所示。"参考线"栏用于设置通过标尺拖出的参考线（也称辅助线）的颜色和样式。

在"网格"栏中可以设置网格的颜色，并设置其样式为直线、虚线或网点线，还可以改变网格线的间隔（密度）。

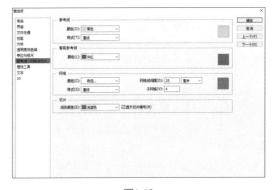

图1-62

参考线不能被打印输出，但可以在图像处理中起到辅助作用。所以在设置参考线颜色时，可以设置较为明亮的颜色，以便对图像进行更精确的定位操作。

设计素养

9. 增效工具、文字与3D设置

在"首选项"对话框中除了可以进行常规、界面、文件处理等设置外，还可以对增效工具、文字与3D进行设置。

● 增效工具：在"首选项"对话框左侧选择"增效工具"选项，如图1-63所示。Photoshop CS6自带的滤镜保存在"Plug-Ins"文件夹中，如果要安装外挂滤镜或指定其他位置的滤镜，可勾选"附加的增效工具文件夹"复选框，设置安装的文件夹，并重启软件即可使用安装的滤镜；若勾选"显示滤镜库的所有组和名称"复选框，Photoshop CS6中所有的滤镜将全部显示在"滤镜"菜单中。

图1-63

● 文字：在"首选项"对话框左侧选择"文字"选项，如图1-64所示，可以设置文字的相关选项，如勾选"启用丢失字形保护"复选框，如果文档使用了系统未安装的字体，在打开文件时会出现提示，提示Photoshop CS6中缺少哪些字体，并且可以使用哪些可用的匹配字体替换缺少的字体。

图1-64

● 3D：在"首选项"对话框中选择"3D"选项，如图1-65所示，可以设置Photoshop CS6中关于3D功能的一些优化选项，如3D引擎可以使用的显存（VRAM）量、地面网格线的颜色、进行3D操作时高亮显示可用的常见3D组件、进行3D操作时可用的地面网格间距等。

图1-65

实战 设置 Photoshop CS6 界面颜色

知识要点　首选项设置

扫码看视频

操作步骤

1　选择【编辑】/【首选项】/【界面】命令，打开"首选项"对话框，选择"界面"选项，如图1-66所示。

图1-66

2　在"颜色方案"中选择第二种较深的颜色，将得到图1-67所示的界面主色调效果。

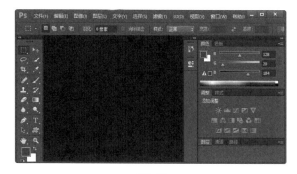

图1-67

3　在"颜色方案"中选择第四种较浅的颜色，将得到图1-68所示的界面主色调效果。

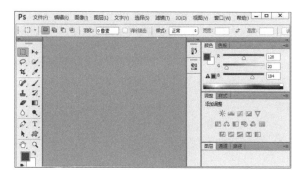

图1-68

实战 清理 Photoshop CS6 的内存

知识 要点 清理内存

扫码看视频

操作步骤

1 选择【编辑】/【清理】命令，在弹出的子菜单中可以选择清理的内容，如图1-69所示，通过该操作能缓解因编辑图像的操作过多而导致软件运行变慢的情形。

图1-69

2 选择"还原"命令，将弹出一个警告对话框，如图1-70所示，该对话框用于提醒用户该操作会将缓冲区中所存储的记录从内存中永久删除，并且无法还原。

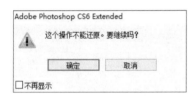

图1-70

3 单击 确定 按钮，即可完成清理操作。使用同样的方法还可以清理剪贴板和历史记录等。

1.2 图像文件的管理

在Photoshop CS6中绘制和处理图像，要先了解常用的图像文件格式，然后掌握图像文件的新建、打开、存储与关闭等操作，以提高图像文件的管理效率。

1.2.1 常用的图像文件格式

在Photoshop CS6中常用到的图像文件格式有PSD、

JPEG、TIFF、GIF、BMP等。选择【文件】/【存储为】命令后，打开"存储为"对话框，在"格式"下拉列表框中可以看见Photoshop CS6支持的文件格式，如图1-71所示。

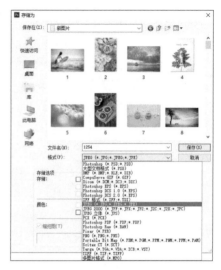

图1-71

下面介绍一些常用的图像文件格式。

● Photoshop（*.PSD；*.PDD）格式：它是Photoshop CS6软件默认生成的文件格式，是唯一能支持全部图像颜色模式的格式。以Photoshop格式保存的图像可以包含图层、通道、颜色模式等图像信息。

● TIFF（*.TIF；*.TIFF）格式：支持RGB、CMYK、Lab、位图和灰度等颜色模式，而且在RGB、CMYK和灰度等颜色模式中支持Alpha通道。

● BMP（*.BMP；*.RLE；*.DIB）格式：它是标准的位图文件格式，支持RGB、索引颜色、灰度和位图颜色模式，但不支持Alpha通道。

● GIF（*.GIF）格式：它是CompuServe提供的一种格式，此格式可以进行LZW压缩，从而使图像文件占用较少的内存。

● EPS（*.EPS）格式：它是一种PostScript格式，常用于绘图和排版。其显著的优点是在排版软件中能以较低的分辨率预览图像，在打印时则以较高的分辨率输出图像。它支持Photoshop CS6中所有的颜色模式，但不支持Alpha通道。

● JPEG（*.JPG；*.JPEG；*.JPE）格式：主要用于图像预览和网页图像传输，该格式支持RGB、CMYK和灰度等颜色模式。使用JPEG格式保存的图像会被压缩，图像文件会变小，且会丢失部分不易察觉的色彩。

● PDF（*.PDF；*.PDP）格式：它是Adobe公司用于Windows、Mac OS、UNIX和DOS的一种电子出版格式，包含矢量图和位图，还包含电子文档查找和导航功能。

● PNG（*.PNG）格式：用于在互联网上无损压缩和显示图像。与GIF格式不同的是，PNG格式支持24位图像，它产生的透明背景没有锯齿边缘。PNG格式支持带一个Alpha通道的RGB和灰度颜色模式，可用Alpha通道来定义文件中的透明区域。

1.2.2 新建图像文件

在开始设计前，通常需要先新建图像文件，其方法是：选择【文件】/【新建】命令，打开"新建"对话框，如图1-72所示，在其中可设置名称、宽度、高度和分辨率等信息，单击 确定 按钮即可新建一个图像文件。

> **技巧**
>
> 按 Ctrl+N 组合键可以快速打开"新建"对话框。新建图像文件时应考虑文件所需的大小，图像所需的清晰度（分辨率）等，这样设计出的作品才更能满足实际使用需求。

图1-72

"新建"对话框中各选项作用如下。

● 名称：用于设置新建图像文件的名称。在保存文件时，设置的文件名称将自动显示在"存储为"对话框中，作为默认保存名称。

● 预设/大小："预设"下拉列表框中包含了常用的文件类型，"大小"下拉列表框中包含了文件的预设尺寸。进行设置时，可先在"预设"下拉列表框中选择需要预设的文件类型，再在"大小"下拉列表框中选择预设尺寸。

● 宽度/高度：用于设置图像的具体宽度和高度，在其右边的下拉列表框中可选择图像宽度和高度的单位。

● 分辨率：用于设置新建图像文件的分辨率，在右侧的下拉列表框中可选择分辨率的单位。

● 颜色模式：用于设置图像的颜色模式，包括位图、灰度、RGB颜色、CMYK颜色和Lab颜色。

● 背景内容：可以选择新建图像文件的背景内容，包括白色、背景色和透明。图1-73所示分别为设置背景为白色、透明和紫色后新建的图像文件效果。

图1-73

● 高级：单击 ⊗ 按钮，可显示隐藏的选项。在"颜色配置文件"下拉列表框中可为文件选择一个颜色配置文件；在"像素长宽比"下拉列表框中可以选择像素的长宽比，该选项一般在制作视频时才需要设置。

● 存储预设(S)... 按钮：单击该按钮，将打开"新建文档预设"对话框，在其中可设置新建预设的名称，将按照当前设置的文件大小、分辨率、颜色模式等创建一个新的预设。存储的预设将自动保存在"预设"下拉列表框中。

● 删除预设(D)... 按钮：选择自定义的预设后，单击该按钮可删除所选预设。

1.2.3 打开图像文件

如果在Photoshop CS6中要对已经存在的图像进行处理，首先需要在软件中打开该图像文件，主要有以下6种方式。

1. 使用"打开"命令

在Photoshop CS6的工作界面中选择【文件】/【打开】命令，或按Ctrl+O组合键打开图1-74所示的"打开"对话框，在其中选择需要打开的图像文件，单击 打开(O) 按钮。如果在"打开"对话框中找不到文件，一般有两种情况：一是Photoshop CS6不支持这种文件格式，所以不能显示该文件；二是受到"文件类型"下拉列表框中当前选项的限制，只有选择对应的文件格式，或选择"所有格式"选项，就可以查看计算机中保存的文件。

图1-74

2. 使用"打开为"命令

若图像文件的扩展名与其实际格式不匹配，就无法直接使用"打开"命令打开这类文件，此时可选择【文件】/【打开为】命令，打开"打开为"对话框，再在"打开为"下拉列表框中选择正确的扩展名，然后单击 打开(O) 按钮。

3. 使用"在Bridge中浏览"命令

一些特殊格式文件不能在"打开"对话框中正常显示，此时就可以使用Bridge来浏览和打开。选择【文件】/【在Bridge中浏览】命令，启动Bridge，在Bridge中选择并双击一个文件，即可在Photoshop CS6中打开该文件。

4. 使用"最近打开文件"命令

在Photoshop CS6中，默认最近打开文件记录为10个，用户可以通过该命令提高打开图像文件的操作速度。选择【文件】/【最近打开文件】命令，在弹出的子菜单中选择文件名，即可在Photoshop CS6中打开文件，如图1-75所示。

图1-75

5. 使用快捷方式

选择需要打开的图像文件，将其直接拖曳到Photoshop CS6工作界面中，即可直接打开该图像文件，如图1-76所示。

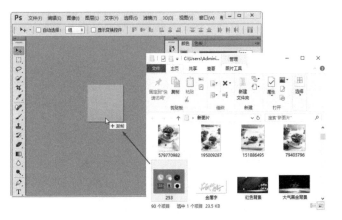

图1-76

6. 使用"打开为智能对象"命令

智能对象是一个嵌入当前文件的文件，对它进行任何编辑都不会对原始图像有任何的影响。选择【文件】/【打开为智能对象】命令，打开"打开为智能对象"对话框，此时图像将以智能对象打开，智能对象图层右下角将出现一个

图标，如图1-77所示。此外，将图像文件从计算机的文件窗口中直接拖曳到Photoshop CS6已经打开的图像中，该图像文件上将出现交叉方框，如图1-78所示，按Enter键即可取消方框，并将其转换为智能对象。

图1-77　　　　　　　　图1-78

1.2.4 存储与关闭图像文件

在Photoshop CS6中创建或编辑图像文件后，需要随时对图像文件进行存储，这样可避免因断电或程序出错带来的损失。如果不需要查看和编辑图像文件，可以将其关闭。

1. 直接存储图像文件

对于新建的图像文件，且之前没有进行过保存操作，可以选择【文件】/【存储】命令，打开"存储为"对话框，在其中对保存位置、文件名称和保存类型等进行设置即可。如果是已经保存过的图像文件，在重新编辑后，选择【文件】/【存储】命令或按Ctrl+S组合键，即可直接保存图像文件。

2. 另存图像文件

在Photoshop CS6中选择【文件】/【存储为】命令或按Ctrl+Shift+S组合键，将打开"存储为"对话框，如图1-79所示，在其中可进行存储操作。

图1-79

"存储为"对话框中主要选项的作用如下。

- 文件名：用于设置保存的文件名。
- 格式：用于设置保存的文件格式。
- 作为副本：勾选该复选框，将为图像文件另外保存一个副本。
- 注释/Alpha通道/专色/图层：勾选某个复选框，与之对应的对象将被保存。
- 使用校样设置：勾选该复选框后，可以保存打印用的校样设置。但只有将文件的保存格式设置为EPS或PDF时，该复选框才会被启用。
- ICC配置文件：勾选该复选框，可以保存嵌入到文件中的ICC配置文件。
- 缩览图：勾选该复选框，可为图像文件创建并显示缩览图。
- 使用小写扩展名：用于将文件扩展名保存为小写格式。

3. 关闭图像文件

编辑完成图像文件后，可以将不需要的图像文件关闭。主要有以下两种方式。

- 通过"关闭"命令关闭：选择【文件】/【关闭】命令，或按Ctrl+W组合键关闭。需要注意的是：使用这两种方法只会关闭当前的图像文件，不会对其他图像文件产生影响。
- 通过"关闭全部"命令关闭：选择【文件】/【关闭全部】命令，或按Ctrl+Alt+W组合键，将关闭所有的图像文件。

1.2.5 置入图像文件

置入图像文件就是将目标文件直接打开并置入到用户正在编辑的文件图层的上一层。置入文件可以使文件在Photoshop CS6中缩小之后，再放大回原来的大小时，仍然保持原来的分辨率，不至于产生马赛克现象。选择【文件】/【置入】命令，如图1-80所示，即可将图像文件置入到正在编辑的图像文件中。

图1-80

操作步骤

1 打开"城市夜景.jpg"图像，如图1-81所示，然后选择【文件】/【置入】命令，打开"置入"对话框，选择提供的"文字.psd"素材文件，如图1-82所示。

图1-81

图1-82

2 单击 置入(P) 按钮，"文字.psd"素材文件将被自动放置到图像窗口的中心位置，如图1-83所示。

3 将鼠标指针移向到文字边框外任意一角，按住鼠标左键拖曳可以旋转、缩放文字；将鼠标指针移向变换框中，按住鼠标左键拖曳，可以移动文字位置，如图1-84所示。

图1-83　　　　　　　　　图1-84

4 在文字图像上双击，或按Enter键，确认变换，在"图层"面板中可以看到置入的文字为智能对象，如图1-85所示。

图1-85

技巧

如果置入的是 PDF 或 AI 格式文件，则在置入时将打开"置入 PDF"对话框，按照提示进行操作即可。

1.3　缩放与查看图像文件

当用户在Photoshop CS6中同时打开了多个图像文件时，选择合理的方式调整图像窗口可以更好地对图像文件进行编辑，提高工作效率。

1.3.1　使用缩放工具

使用"缩放工具"🔍可以对图像的显示大小进行控制，便于用户更加准确地查看图像细节，其方法是：选择工具箱中的"缩放工具"🔍，将鼠标指针移动到图像上，如图1-86所示，当鼠标指针变为🔍形状时，单击即可放大图像，如图1-87所示。

图1-86　　　　　　　　　图1-87

选择"缩放工具"🔍后，将显示如图1-88所示的工具属性栏。通过该工具属性栏可切换缩放模式，调整窗口大小。

图1-88

该工具属性栏中主要选项的作用如下。

● 放大/缩小：用于切换缩放模式。单击🔍按钮，将切换为放大模式，单击🔍按钮，将切换为缩小模式。

● 调整窗口大小以满屏显示：勾选该复选框，在缩放窗口的同时将自动调整窗口的大小。

● 缩放所有窗口：勾选该复选框，可以同时对所有打开的图像文件进行缩放。

● 细微缩放：勾选该复选框，在图像中单击并按住鼠标左键不放，然后向左侧或右侧拖曳鼠标，可以慢慢地缩放图像。

● 适合屏幕：单击该按钮，可在窗口中最大化显示完整的图像。

● 填充屏幕：单击该按钮，可在整个屏幕范围内最大化显示完整的图像。

1.3.2　使用"导航器"面板

新建或打开一个图像文件时，工作界面右上角的"导航器"面板便会显示当前图像文件的预览效果，如图1-89所示。左右拖曳"导航器"面板底部滑条上的滑块，即可实现图像的缩小与放大显示，移动"导航器"面板中预览图上的红色方框，可设置图像的显示位置，图像的缩放比例越大，红色方框则越小，如图1-90所示。

图1-89　　　　　　　　　图1-90

1.3.3　使用抓手工具

如果使用"导航器"面板不便于显示需要的图像区域，可使用"抓手工具" ✋。选择"抓手工具" ✋，然后在图像中单击并拖曳即可移动图像的显示区域，图1-91所示为向右拖曳的效果，图1-92所示为向左拖曳的效果。

　　　　图1-91　　　　　　　　　　图1-92

1.3.4　切换屏幕视图模式

当需要处理图像细节时，可以切换至全屏幕显示方式以更好地观察并编辑图像。Photoshop CS6提供了标准屏幕模式、带有菜单栏的全屏模式和全屏模式3种显示方式。

● 标准屏幕模式：Photoshop CS6默认的图像显示模式为标准模式，该模式下菜单栏、工具属性栏、面板组等所有组成部分都显示在工作界面中，它对应工具箱底部的 ▣ 按钮。

● 带有菜单栏的全屏模式：单击工具箱底部的 ▢ 按钮可进入带有菜单栏的全屏模式，如图1-93所示，该模式将图像文件窗口进行了最大化显示。

图1-93

● 全屏模式：单击工具箱底部的 ▣ 按钮可进入全屏模式，这种模式对菜单栏和任务栏进行了隐藏，将鼠标指针移至界面一侧，可以显示工具箱或面板，如图1-94所示。

图1-94

1.4　综合实训：创建合适的工作区

不同的设计人员对Photoshop CS6中各面板组成和位置的需求不同，下面将以一个摄影师的工作需求为例，介绍如何创建合适的工作区。

1.4.1　实训要求

小陈是一名婚礼摄影师，将照片导入计算机后，常常需要为婚礼照片调整颜色和处理瑕疵，所以在工作界面中有较多与调色和修图相关的工作面板。下面将为他创建一个合适的工作区。

1.4.2　实训思路

（1）通过对工作需求的分析，确认需要修图和调色的面板，如"色板""直方图""调整"等面板。

（2）查看预设中的"摄影"工作区是否符合需求，然后根据需求增加和关闭相应的面板。

（3）结合本章所学的自定义工作区操作，拆分或合并相应的面板，并调整面板的位置。

1.4.3 制作要点

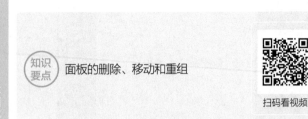

本例主要包括选择预设工作区、关闭和打开面板、重组面板3个部分，其主要操作步骤如下。

1 启动Photoshop CS6，选择【窗口】/【工作区】/【摄影】命令，切换到摄影工作界面，如图1-95所示。

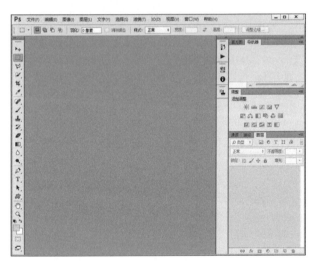

图1-95

2 关闭"导航器"面板，选择【窗口】/【色板】命令，打开"色板"面板，将其拖曳到"直方图"面板组中，当该面板中出现一条蓝色线条时释放鼠标，合并"色板"面板与"直方图"面板，如图1-96所示。

图1-96

3 单击面板左侧的"属性"按钮，展开"属性"面板组，然后将鼠标指针移至"属性"面板名称上，按住鼠标左键不放向外拖曳"属性"面板，将其拖离原来的面板组，如图1-97所示。

4 拖曳"属性"面板到"调整"面板组中的灰色矩形条中，合并"属性"面板与"调整"面板，得到自己所需的工作区，如图1-98所示。

5 选择【窗口】/【工作区】/【新建工作区】命令，在打开的"新建工作区"对话框中输入名称"摄影修图"，即可将其存储为自己今后使用的工作区。

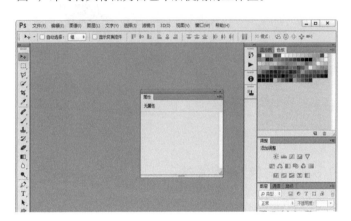

图1-97

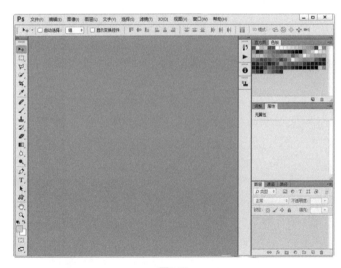

图1-98

学习笔记

1. 改变图像文件格式

本练习将通过另存图像文件，改变图像文件格式，完成后的参考效果如图1-99所示。

素材文件\第1章\饮料海报.psd
效果文件\第1章\饮料图.jpg

2. 制作花店宣传广告

根据提供的花朵背景和文字等素材，将其拼合成一个花店的宣传广告，完成后的参考效果如图1-100所示。

素材文件\第1章\花朵.jpg、花店文字.psd
效果文件\第1章\花店广告.psd

图1-99

图1-100

技能提升

本章主要介绍了Photoshop CS6的一些基础知识，在实际运用中还需要了解一些平面设计的相关知识，为后续设计和学习做好准备。

1. 平面设计主要流程

在开始设计前，需要先厘清设计目的和使用的场景，然后根据客户需求和具体的产品特色，设计出符合要求的设计作品。总的来说，平面设计有如下主要流程。

● 沟通需求和整理内容：开始设计前，要和客户沟通好设计需求，整理出必要的设计内容，列好重点内容的层级关系，再开始设计。例如"做这张海报的目的是什么？""想要达到什么效果"，以此来明确设计方向。

● 设定版心与边界：整理完内容后，可以开始设定版心和边界。改变版心的设定会大幅度地改变设计作品的整体视觉效果。

● 素材和文字的安排顺序：思考要将内容放置在版面的哪个位置，可按照内容的重要性来编排版面，以便帮助受众快速理解设计作品。

● 配色：要做出一个优秀的设计作品，其颜色搭配非常重要。这需要设计师有敏锐的色彩感觉，再配合产品的特色和需求，搭配出画面舒适的色调。

● 选择字体：字体的风格能够在很大程度上影响画面的风格，所以需要根据版面设计和产品特色选择符合画面需求的字体，并且为避免造成画面缺乏统一性、失去视觉焦点，尽量不要在同一版面中使用多种字体。

2. 如何查看Photoshop CS6中的快捷键

Photoshop CS6中有很多命令可以用快捷键代替，以使用户的操作过程更加高效。如打开"选择"菜单，其下方的命令右侧将显示快捷方式，如图1-101所示。用户熟悉这些快捷键后可以在工作中提高效率。

图1-101

　　此外，对于已经设置的快捷键命令，若用户不习惯也可以重新设置快捷键。方法是选择【编辑】/【键盘快捷键】命令，打开"键盘快捷键和菜单"对话框，在其中的下拉列表框中找到需要的命令，当其右侧出现文本框后，按下想定义的快捷键。快捷键将自动填入文本框中，单击　确定　按钮，完成命令快捷键的设置，如图1-102所示。

图1-102

第 **2** 章

图像处理的基本操作

📖 **本章导读**

在利用Photoshop CS6进行图像处理前，需要先了解一些图像基础知识，接着掌握图像的复制、剪贴和粘贴等基础操作，以及颜色的设置和辅助工具的应用等。

🔲 **知识目标**

❮ 了解图像基础知识
❮ 熟悉图像的基本编辑操作
❮ 掌握选取颜色的方法
❮ 熟悉图像处理常用辅助工具
❮ 掌握错误操作的处理方法

🏆 **能力目标**

❮ 能够转换图像颜色模式
❮ 能够通过修改图像大小制作网店首页宣传图片
❮ 能够使用复制粘贴操作制作动感飞机效果
❮ 能够使用裁剪工具裁掉多余的广告画面

💗 **情感目标**

❮ 培养对图像格式和颜色模式的认知能力
❮ 培养对画面构图的美学修养

2.1 图像基础知识

作为一名设计人员，应对图像处理中涉及的基础知识进行全面了解，以便更好地进行工作。下面介绍位图与矢量图的差异、像素与分辨率，以及常用的图像颜色模式等知识。

2.1.1 位图与矢量图

理解位图与矢量图的概念和区别，将有助于更好地学习和使用Photoshop CS6。例如矢量图适用于插画设计，但很难体现聚焦和灯光的质量，而位图则能够将灯光、透明度和深度的质量等逼真地表现出来。

1. 位图

位图又称像素图或点阵图，其图像大小和清晰度由图像中像素的多少决定。位图的优点是表现力强、层次丰富、精致细腻。但放大位图时，图像会变得模糊。图2-1所示为一张位图，图2-2所示为将位图放大300%后的效果。

图2-1   图2-2

2. 矢量图

矢量图是通过计算机指令来绘制的图像，它由点、线、面等元素组成，所记录的是对象的几何形状、线条粗细和色彩等。矢量图表现力虽不及位图，但其清晰度和光滑度不受图像缩放影响。图2-3所示为一张矢量图，图2-4所示为将矢量图放大300%后的效果。

图2-3

图2-4

2.1.2 像素与分辨率

Photoshop CS6中的图像是基于位图格式的，而位图图像的基本单位是像素，因此在创建位图图像时需为其指定分辨率。图像的像素与分辨率均会影响图像的清晰度。下面将分别介绍像素和分辨率的概念。

1. 像素

像素是构成位图图像的最小单位，位图是由一个个小方格的像素点组成的。一幅图像，像素越多，则图像越清晰，效果越逼真。图2-5所示为100%显示的图像，当将其放大显示到足够大的比例时，可以看见构成图像的方格状像素，如图2-6所示。

图2-5 图2-6

2. 分辨率

分辨率是指单位长度上的像素数目。单位长度上的像素数目越多，分辨率越高，图像就越清晰，所需的存储空间也就越大。分辨率可分为图像分辨率、打印分辨率和屏幕分辨率等。

● 图像分辨率：图像分辨率用于确定图像每单位长度上的像素数目，其单位有"像素/英寸"和"像素/厘米"。如一张图像的分辨率为300像素/英寸，表示该图像中每英寸包含300个像素。

● 打印分辨率：打印分辨率又称输出分辨率，是指绘图仪、激光打印机等输出设备在输出图像时每英寸所产生的油墨点数。如果使用与打印机输出分辨率成正比的图像分辨率，就能产生较好的输出效果。

● 屏幕分辨率：屏幕分辨率是指显示器上每单位长度显示的像素或点的数目，单位为"点/英寸"。如80点/英寸表示显示器上每英寸包含80个点。

> 虽然分辨率越高图像越清晰，但分辨率越高图像所需的存储空间也越大，所以高分辨率的图像其传输速率往往越慢。一般用于屏幕显示和网络的图像，其图像分辨率只需要72像素/英寸；用于喷墨打印机打印时，可使用100~150像素/英寸的图像分辨率；用于写真或印刷时，可使用300像素/英寸的图像分辨率。
>
> 设计素养

2.1.3 图像的颜色模式

使用Photoshop CS6处理图像经常会涉及颜色模式，它决定着一张电子图像用什么样的方式在计算机中显示或打印输出。选择【图像】/【模式】命令，可以看到Photoshop CS6中的各种颜色模式。下面将重点介绍4种常用颜色模式的构成原理和特点。

1. RGB颜色模式

RGB颜色模式也称真彩色模式，是最为常见的一种色彩模式。在这种模式下，图像的颜色由红、绿和蓝3种颜色按不同比例混合而成。大部分图像在计算机、手机等载体中的显示模式都为RGB颜色模式。

2. 多通道模式

多通道模式是一种减色模式，将RGB颜色模式的图像转换为该模式后，可以得到青色、洋红和黄色通道。

3. 位图模式

位图模式是由黑和白两种颜色来表示图像的颜色模式。使用这种模式可以大大简化图像中的颜色，从而降低图像文件的大小。该颜色模式只保留了亮度值，而丢掉了色相和饱和度信息。需要注意的是，只有处于灰度模式或多通道模式下的图像才能转换为位图模式。打开一张RGB颜色模式的图像，如图2-7所示，将其转换为位图模式，效果如图2-8所示。需要注意的是，将RGB颜色模式的图像转换为位图模式前，应先将图像转换为灰度模式或多通道模式。

图2-7　　　　　图2-8

4. 灰度模式

打开RGB颜色模式的图像，再打开"颜色"面板，当R、G、B值相同时，可以看到左侧的预览颜色显示为灰色，如图2-9所示。单击"颜色"面板右上方的 ▼≡ 按钮，在弹出的菜单中选择"灰度滑块"命令，切换到灰度模式，即可看到灰度色谱，如图2-10所示。

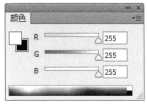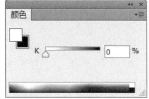

图2-9　　　　　图2-10

灰度色是指纯白、纯黑以及两者中的一系列从黑到白的过渡色。灰度色没有任何色相，属于RGB色域。当彩色图像转换为灰度模式时，将删除图像中的色相及饱和度，只保留亮度。选择【图像】/【模式】/【灰度】命令，即可将颜色模式设置为灰度模式，得到单色调灰度图像。图2-11所示为从RGB颜色模式转换为灰度模式的效果。

图2-11

5. 双色调模式

双色调模式是通过1~4种自定义油墨创建的单色调、双色调、三色调、四色调灰度模式，并不是指由两种颜色构成的图像颜色模式，目前被广泛应用于印刷行业。

若要将图2-12所示RGB颜色模式的图像转换为双色调模式，需先将图像转换为灰度模式，然后选择【调整】/【模式】/【双色调】命令，打开"双色调选项"对话框，默认设置为单色调效果，如图2-13所示。

图2-12

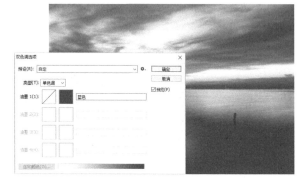

图2-13

在"类型"下拉列表框中选择"双色调"选项后，可以设置两种颜色，如图2-14所示。

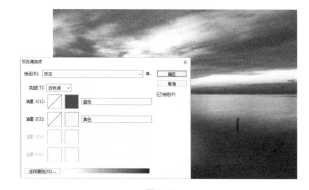

图2-14

6. 索引颜色模式

索引颜色模式是指借助系统预先定义好的一个含有256种典型颜色的颜色对照表，通过限制图像中的颜色来表示图像的颜色模式。如果要将一张图像转换为索引颜色模式，那么这张图像必须是8位/通道的图像、灰度模式的图像或RGB颜色模式的图像。

选择【调整】/【模式】/【索引颜色】命令，打开"索引颜色"对话框，如图2-15所示，在其中可以通过不同的选项来设置索引颜色模式图像。

图2-15

● 调板：在该下拉列表框中可选择索引颜色的调板类型。

● 颜色：当选择"平均""局部（可感知）""局部（可选择）""局部（随样性）"调板后，可通过输入颜色值来指定要显示的实际颜色数量。

● 强制：可将某些颜色强制包含在颜色表中，包含"黑白""三原色""Web""自定"4种选项。

● 透明度：勾选该复选框，将在颜色表中为透明色添加一条特殊的索引项；取消勾选该复选框，则将使用杂边颜色或白色填充透明区域。

● 杂边：指定用于填充与图像的透明区域相邻的消除锯齿边缘的背景色。勾选该复选框，可对边缘区域应用杂边；取消勾选该复选框，则不对透明区域应用杂边。

● 仿色：使用仿色可以模拟颜色表中没有的颜色。

● 数量：当设置"仿色"为"扩散"方式时，"数量"文本框才可用，其主要用于设置仿色数量的百分比值。该值越高，所仿颜色越多，但可能会增加文件大小。

2.2 图像的基本编辑

在使用Photoshop CS6处理图像之前，需要先掌握图像的基本编辑操作，包括调整图像尺寸和画布尺寸，复制、剪切和粘贴图像，以及裁剪图像等操作。

2.2.1 调整图像尺寸与画布尺寸

通常拍摄的照片或从网上找到的素材图像尺寸、分辨率

等不能满足用户设计的需求，这时可以通过调整图像尺寸与画布尺寸得到需要的效果。

1. 调整图像尺寸

一张图像的大小由它的宽度、长度、分辨率来决定。在新建文件时，"新建"对话框右侧会显示当前新建文件的大小。当图像文件完成创建后，如果需要改变其大小，可以选择【图像】/【图像大小】命令，打开"图像大小"对话框，如图2-16所示。

图2-16

"图像大小"对话框中主要选项的作用如下。

● 像素大小：通过在数值框中输入像素值来改变图像大小，主要用于改变图像清晰度。

● 文档大小：通过在数值框中输入宽度和高度的数值来改变图像的尺寸大小。

● 分辨率：在数值框中设置分辨率可改变图像大小。

● 缩放样式：勾选该复选框，可以在调整图像大小时按比例缩放尺寸。

● 约束比例：勾选该复选框，在"宽度"和"高度"数值框后面将出现"链接"图标⛓，表示改变其中一项设置时，另一项也将按相同比例改变。

● 重定图像像素：勾选该复选框，可以插入像素信息。图2-17所示为将图像宽度和高度值缩小前后的对比效果。

图2-17

2. 调整画布尺寸

使用"画布大小"命令可以精确地设置图像画布的尺寸大小。选择【图像】/【画布大小】命令，打开"画布大小"对话框，在其中可以修改画布的"宽度"和"高度"数值，如图2-18所示。

图2-18

"画布大小"对话框中主要选项的作用如下。

● 当前大小：用于显示当前图像的宽度和高度。

● 新建大小：用于设置当前图像修改画布大小后的尺寸，若是数值大于原来的数值将会增大画布尺寸，若是数值小于原来的数值将会缩小画布尺寸。

● 相对：勾选该复选框，"宽度"和"高度"数值框中的数值将会表达实际增加或减少的区域的大小，而不是整个文件的大小。输入正值将会扩大画布尺寸，输入负值将会减小画布尺寸。

● 定位：用于设置当前图像在新画布上的位置。如扩大画布后，单击左上角的方块，画布即朝右下角扩大，如图2-19所示。

● 画布扩展颜色：在该下拉列表框中可选择扩大选区时填充新画布使用的颜色，默认情况下使用前景色填充。

需要注意的是，在Photoshop CS6中，调整图像大小只能调整图像的像素大小，而调整画布大小将影响图像工作区域的大小，它修改的是图像和空白区域的宽度、高度及分辨率。

图2-19

知识要点　"图像大小"命令

配套资源　素材文件\第2章\网店首页广告图.jpg、计算机.jpg
效果文件\第2章\网店宣传图.psd

扫码看视频

范例说明

修改图像大小，可以使图像更加符合工作需求。本例将调整一家网店首页宣传图片的大小，要求其宽度为950像素，高度不限，按比例调整后，可将其放到网店首页中使用。

操作步骤

1　打开"网店首页广告图.jpg"图像，通过观察状态栏，可以看到当前图像大小为3.65MB，如图2-20所示。

图2-20

2　选择【图像】/【图像大小】命令，打开"图像大小"对话框，勾选"缩放样式"和"约束比例"复选框，然后在"像素大小"栏中设置"宽度"为950像素，其他参数将随之发生变化，如图2-21所示。

图2-21

图2-24

PhotoshopCS6平面设计核心技能一本通（移动学习版）

3 单击 确定 按钮，将得到缩小后的图像效果，此时通过状态栏可以看到，由于图像尺寸减小，文件大小也减小至1.25MB，如图2-22所示。

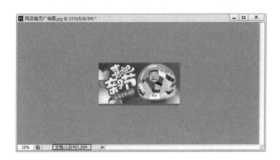

图2-22

4 打开"计算机.jpg"图像，使用"移动工具" 将调整后的"网店首页广告图"拖曳到"计算机.jpg"图像中，按Ctrl+T组合键调整图像大小，效果如图2-23所示。后期应用时，可由工作人员上传至网站进行更新。

图2-23

2.2.2 复制、剪切与粘贴图像

"拷贝""剪切""粘贴"命令是Photoshop CS6中的常用命令，它们主要用于完成复制与粘贴任务。在Photoshop CS6中，还可以对选区内的图像进行复制和粘贴操作。

● 拷贝：打开一张素材图像，为其创建一个选区，选择【编辑】/【拷贝】命令或按Ctrl+C组合键，可复制选区内的图像，画面中的图像内容保持不变，如图2-24所示。

● 剪切：选择【图像】/【剪切】命令，可以将选中的图像从画面中剪切。若当前图层为背景图层，则剪切后的图像将以背景色显示，如图2-25所示。

● 粘贴：复制和剪切后的图像，可以在原图像文件或其他图像文件中进行粘贴。选择【编辑】/【粘贴】命令或按Ctrl+V组合键，即可粘贴图像，如图2-26所示。

图2-25　　　　　　　图2-26

技巧

当图像中包含很多图层时，选择【选择】/【全部】命令，或按 Ctrl+A 组合键选择所有的图像，如图 2-27 所示；再选择【编辑】/【合并拷贝】命令，或按 Shift+Ctrl+C 组合键，将所有的可见图层合并到剪贴板中，然后按 Ctrl+V 组合键，将合并复制的图像粘贴到新图层中，如图 2-28 所示。

图2-27

图2-28

★
范例 使用剪切和复制功能制作
"放飞梦想"图像效果

 知识
要点 剪切图像、粘贴图像、移动工具的使用

 配套
资源 素材文件\第2章\背景图.jpg、纸飞机.jpg
效果文件\第2章\放飞梦想.psd

 扫码看视频

图2-31

3 按Ctrl+T组合键，然后按住Shift键缩小图像并将其移动到图像左边，再按Enter键确定自由变换操作，如图2-32所示。

图2-32

📷 范例说明

　　剪切和复制图像的功能经常结合选区和图像的变换使用。本例将运用这些功能，把飞机图像粘贴到另一个画面中，合成"放飞梦想"图像效果。

4 按Ctrl+V组合键再粘贴一次复制的对象，使用"移动工具" 将复制的飞机图像移动到右侧，再适当缩小，如图2-33所示。

图2-33

📋 操作步骤

1 打开"纸飞机.jpg"图像，在工具箱中选择"磁性套索工具" ，通过在飞机图像边缘单击并拖曳鼠标来绘制选区，如图2-29所示。

图2-29

2 按Ctrl+X组合键剪切图像，如图2-30所示。打开"背景图.jpg"图像，按Ctrl+V组合键粘贴图像，如图2-31所示。

5 再次复制并粘贴飞机图像，适当缩小后，将图层不透明度设置为"70%"，然后调整图像位置，如图2-34所示。

图2-30

图2-34

第
2
章

图像处理的基本操作

29

6 重复上一步的操作，将图层的不透明度设置为"40%"，并将复制的飞机图像放到画面右上方，如图2-35所示，完成本例的制作。

图2-35

小测 粘贴饮料瓶标

配套资源＼素材文件＼第2章＼易拉罐.jpg、瓶标.psd
配套资源＼效果文件＼第2章＼饮料瓶标.psd

本例提供的易拉罐素材瓶身没有任何图像，现需要为其添加瓶标图像。在制作时可运用复制、粘贴功能，然后设置图层的混合模式为"正片叠底"，其参考效果如图 2-36 所示。

图2-36

2.2.3　裁剪图像

对于多余的画面，可以使用裁剪操作进行删除；在裁剪过程中还可对图像进行旋转操作，使裁剪后的图像效果更加符合要求。裁剪图像可通过"裁剪工具" 及"裁切"命令来完成。

1.　使用裁剪工具

当图像画面过于杂乱时，可以将画面中多余、杂乱的图像通过裁剪的方法删除。裁剪图像的常用方法为：在工具箱中选择"裁剪工具" ，使用鼠标在图像中拖曳，此时将出现一个裁剪框，选定裁剪范围，按Enter键确定裁剪。"裁

剪工具" 的工具属性栏如图2-37所示。

图2-37

该工具属性栏中各选项的作用如下。

● 比例 ：用于设置裁剪的约束比例，也可在右侧的 数值框中输入自定的约束比例数值。

● 拉直：单击 按钮，可通过在图像上绘制一条直线拉直图像。

● 清除：单击 按钮，可以清除所有设置，从而自由地绘制裁剪框。

● 视图 ：用于设置裁剪图像时出现的参考线方式。

● 设置其他裁剪选项 ：单击 按钮，可对裁剪拼布颜色、透明度等参数进行设置。

● 删除裁剪的像素：取消勾选该复选框，将保留裁剪框外的像素数据，即将裁剪框外的图像隐藏。

技巧

选择"裁剪工具" ，将鼠标指针移动到裁剪框外，当鼠标指针变成 形状时，单击并拖曳鼠标可以旋转裁剪框，从而实现在裁剪图像的同时旋转图像。

2.　使用"裁切"命令

用户除可以使用"裁剪工具" 裁剪图像外，还可以使用"裁切"命令裁剪图像。该命令主要是通过裁切像素颜色的方法来裁剪图像。选择【图像】/【裁切】命令，将打开图2-38所示"裁切"对话框。

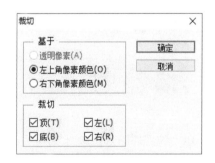

图2-38

"裁切"对话框中主要选项的作用如下。

● 透明像素：该单选项只有图像中存在透明区域时才能使用。选中该单选项，可以将图像边缘的透明区域裁切掉。

● 左上角像素颜色：选中该单选项，将从图像中删除左上角的像素颜色区域。

● 右下角像素颜色：选中该单选项，将从图像中删除右下角的像素颜色区域。

● 顶/底/左/右：用于确定图像裁切区域的位置。

📷 范例说明

本例提供了一张直通车广告，要求使用"裁剪工具"和"画布大小"命令使广告尺寸符合直通车图像尺寸（800像素×800像素）的上传要求。

操作步骤

1 打开"直通车广告.jpg"图像，如图2-39所示。下面通过适当裁剪，将两侧多余的图像去掉，使图像尺寸符合直通车广告要求。

图2-39

2 在工具箱中选择"裁剪工具"，出现裁剪框后，使用鼠标将裁剪框左边的控制点向右边拖曳，然后再拖曳右边的控制点，如图2-40所示。

图2-40

3 按Enter键，即可将两边多余的图像裁剪掉，如图2-41所示。

图2-41

4 下面将缩小并规范图像的尺寸。选择【图像】/【画布大小】命令，打开"画布大小"对话框，设置"宽度"和"高度"均为800像素，如图2-42所示。

图2-42

淘宝广告中的直通车广告通常为正方形显示，尺寸为800像素×800像素，如有特殊需求也可以根据需要进行设计。

设计素养

5 单击 确定 按钮，得到调整画布大小后的图像，完成本例的制作。

2.2.4 旋转图像画布

当图像的角度不方便进行浏览和编辑时，设计人员可以对其进行翻转和旋转。但需要注意的是，这些操作只针对画布进行。选择【图像】/【图像旋转】命令，将弹出图2-43所示子菜单，在其中选择相应的命令，即可翻转或旋转图像。

图2-43

选择【图像】/【图像旋转】/【水平翻转画布】命令，图像水平翻转前后的对比效果如图2-44所示。

图2-44

技巧

用户还可以以任意角度旋转画布。选择【图像】/【图像旋转】/【任意角度】命令，打开"旋转画布"对话框，如图2-45所示，输入画布的旋转角度即可精确地对画布进行旋转。

图2-45

2.2.5 清除图像

在图像中创建选区，如图2-46所示。选择【编辑】/【清除】命令，即可将选区内的图像清除，如图2-47所示。如果选择的图像为背景图层，则清除的区域将自动填充为背景色。

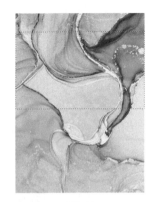 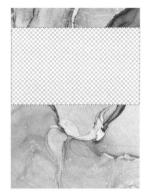

图2-46　　　　　　　　　　图2-47

2.3 选取颜色

在使用Photoshop CS6绘制图像之前，需要先设置前景色与背景色，或者吸取已有的某种颜色。下面将介绍颜色的选择和应用。

2.3.1 前景色与背景色

在Photoshop CS6中，前景色■和背景色▢都位于工具箱下方。设置前景色和背景色，能够让设计人员在图像处理过程中更快速、高效地设置和调整颜色。默认状态下，前景色为黑色，背景色为白色，如图2-48所示。

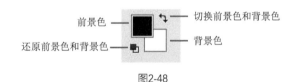

图2-48

前景色和背景色各按钮的作用如下。

● 前景色：单击"前景色"按钮■，将打开"拾色器（前景色）"对话框，在该对话框中单击选择一种颜色即可将其设置为前景色。

● 背景色：单击"背景色"按钮▢，将打开"拾色器（背景色）"对话框，在该对话框中单击选择一种颜色即可将其设置为背景色。

● 切换前景色和背景色：单击 ↰ 按钮，Photoshop CS6将置换前景色和背景色。

● 还原前景色和背景色：单击 ▣ 按钮，前景色和背景色将还原为默认状态，即将前景色还原为黑色、将背景色还原为白色。

2.3.2 使用"拾色器"对话框

通过"拾色器"对话框可以设置前景色和背景色，并根据需要设置出任何颜色。

单击工具箱下方的"前景色"按钮■或"背景色"按钮█，即可打开"拾色器"对话框，如图2-49所示。在对话框中拖曳颜色滑动条上的三角形滑块，可以改变左侧主颜色框中的颜色范围，用鼠标单击颜色区域，即可"拾取"需要的颜色，"拾取"后的颜色值将显示在右侧对应的数值框中，设置完成后单击"确定"按钮。

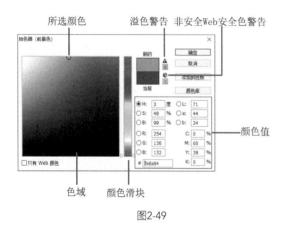

图2-49

"拾色器"对话框中主要选项的作用如下。

● 色域：用于显示当前可以选择的颜色范围。

● 所选颜色：在色域上拖曳鼠标可设置选择的颜色。

● 溢色警告：当一些颜色模式的颜色在CMYK模式中没有对应的颜色时，这些颜色就是"溢色"。出现溢色时，"拾色器"对话框中将出现▲标志。单击▲标志下方的色块，可将溢色替换为最接近的CMYK颜色。

● 非Web安全色警告：若当前颜色是互联网网页上无法正常显示的颜色，会出现◉标志。单击◉标志下方的色块，可将无法正常显示的颜色替换为最接近的Web安全颜色。

● 颜色滑块：拖曳颜色滑块可以更改当前可选的色域。

● 颜色值：用于显示当前所设置颜色的数值。在该区域中可以通过输入数值来设置精确的颜色。

● 只有Web颜色：勾选该复选框，色域中将只会显示Web安全色。

● 添加到色板 按钮：单击该按钮，可将当前设置的颜色添加到"色板"面板中。

● 颜色库 按钮：单击该按钮，将打开图2-50所示"颜色库"对话框。该对话框中提供了多种预设的颜色库，供用户选择和使用。

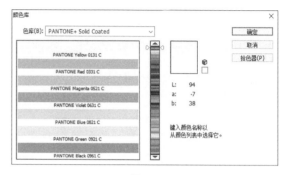

图2-50

2.3.3 使用吸管工具选取颜色

使用"吸管工具" 🖊 可以吸取图像中的颜色作为前景色或背景色。在工具箱中选择"吸管工具" 🖊，将鼠标指针移动到需要取色的位置单击即可选取颜色。图2-51所示为将默认的黑色前景色更改为图像中的粉色。

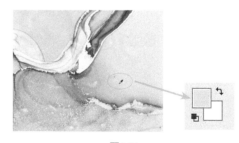

图2-51

选择"吸管工具" 🖊 后，其工具属性栏如图2-52所示。

图2-52

"吸管工具" 🖊 的工具属性栏中主要选项的作用如下。

● 取样大小：用于设置工具的取样范围大小。

● 样本：用于设置是从"当前图层"还是"所有图层"中采集颜色。

● 显示取样环：勾选该复选框后，在取色时将显示取样环。图2-53所示为没有显示取样环的效果；图2-54所示为显示取样环的效果。

图2-53　　　　　图2-54

2.3.4　认识"颜色"面板和"色板"面板

"颜色"面板和"色板"面板都可用于设置颜色。选择【窗口】/【颜色】命令或按F6键即可打开"颜色"面板，如图2-55所示。

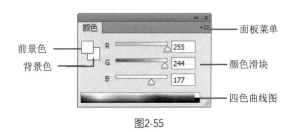

图2-55

"颜色"面板中各选项的作用如下。

● 前景色：用于显示当前选择的前景色，单击前景色图标可打开"拾色器（前景色）"对话框。

● 背景色：用于显示当前选择的背景色，单击背景色图标可打开"拾色器（背景色）"对话框。

● 面板菜单：单击 按钮，将弹出面板菜单。在这些菜单命令中可切换不同的模式和色谱。

● 颜色滑块：拖曳滑块可以改变当前所设置的颜色。

● 四色曲线图：将鼠标指针移动到四色曲线图上，鼠标指针将变为 形状，此时单击即可将拾取的颜色作为前景色。在按住Alt键的同时单击，即可将拾取的颜色作为背景色。

"色板"面板中包含了Photoshop CS6预设的一些颜色。选择【窗口】/【色板】命令即可打开图2-56所示"色板"面板。

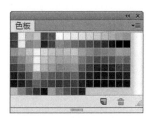

图2-56

"色板"面板中各选项的作用如下。

● 创建新前景色的新色板：使用"吸管工具" 吸取一种颜色后，单击 按钮，可为吸取的颜色命名，命名完成后单击 确定 按钮即可添加新色板。若需要为某个色块设置名称，可双击需要修改名称的色块，在打开的"色板名称"对话框中进行设置，如图2-57所示。

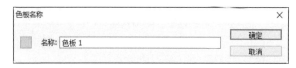

图2-57

● 删除色块：若想将添加的色块删除，可在按住鼠标左键的同时将要删除的色块拖曳到删除按钮 上，如图2-58所示；也可在按住Alt键的同时将鼠标指针移动到要删除的色块上，此时鼠标指针变为 形状，单击需要删除的色块即可完成删除，如图2-59所示。

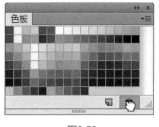 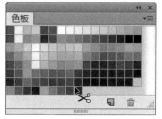

图2-58　　　　　　　图2-59

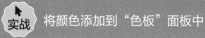

实战　将颜色添加到"色板"面板中

 知识要点　"拾色器"对话框和"色板"面板的应用

扫码看视频

操作步骤

1　单击工具箱下方的"前景色"按钮 ，打开"拾色器（前景色）"对话框，在色域中移动鼠标指针设置颜色，如图2-60所示。

2　选择【窗口】/【色板】命令，打开"色板"面板，如图2-61所示。

3　单击面板空白处，或单击面板底部的 按钮，打开"色板名称"对话框，设置名称为"雪蓝"，如图2-62所示。

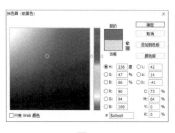

图2-60

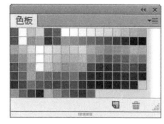

图2-61

图2-62

图2-63

4 单击 确定 按钮，新增的色块将添加到"色块"
面板的最后面，如图2-63所示。

2.4 图像处理常用辅助工具

在使用Photoshop CS6绘制或编辑图像时，为了使制
作出的图像更加符合要求，用户可以使用标尺、参考
线、网格等辅助工具完成。

2.4.1 标尺

标尺可以帮助设计人员固定图像或元素的位置。选择
【视图】/【标尺】命令，或按Ctrl+R组合键，可在图像窗口
顶部和左侧分别显示水平标尺和垂直标尺，如图2-64所示。
再次按Ctrl+R组合键，可隐藏标尺。

图2-64

 实战　设置标尺原点

 知识要点　显示标尺、拖曳并定位标尺

配套资源　素材文件\第2章\标尺练习.jpg

扫码看视频

操作步骤

1 打开"标尺练习.jpg"图像，按Ctrl+R组合键在图像窗
口顶部和左侧显示标尺，如图2-65所示。

图2-65

2 默认情况下，标尺的原点位于窗口左上角，以"0，
0"开始标记。将鼠标指针放到左上角原点上，单击
并拖曳，画面中将会显示十字线，如图2-66所示。

图2-66

3 拖曳十字线到需要的位置，该位置将是新的原点所在
处，如图2-67所示。

技巧

改变标尺的原点位置后，如果想要恢复默认的原点位置，在
窗口左上方双击即可；如果想要改变标尺的测量单位，双击
标尺，在打开的"首选项"对话框中设置即可。

Photoshop CS6 平面设计核心技能一本通（移动学习版）

图2-67

2.4.2 参考线与智能参考线

在绘制图像时，使用参考线，可以让绘制的图像更加精确，且添加的参考线不会和图像一起被输出。下面对参考线的常用方法进行介绍。

● 创建参考线：显示标尺后，将鼠标指针移动到水平标尺上，向下拖曳即可创建一条绿色的水平参考线。若将鼠标指针移动到垂直标尺上，向右拖曳即可创建一条垂直参考线，如图2-68所示。若设计人员想要创建比较精确的图像，可选择【视图】/【新建参考线】命令，打开"新建参考线"对话框，在"取向"栏中选择创建水平或垂直参考线，在"位置"数值框中设置参考线的位置。

图2-68

● 隐藏或显示参考线：按Ctrl+;组合键可隐藏或显示添加的参考线。

● 删除参考线：若要删除参考线，可使用"移动工具" ▶₊拖曳参考线到标尺上；若要删除所有参考线，可选择【视图】/【清除参考线】命令。

若要调整参考线的颜色和样式，可选择【编辑】/【首选项】/【参考线、网格线和切片】命令，打开"首选项"对话框，在"参考线"栏中设置颜色和样式，如图2-69所示。

另外，智能参考线是一种智能化的参考线，选择【视图】/【显示】/【智能参考线】命令，可以启用该功能，当

移动图像时，将显示参考线。图2-70所示为移动右侧爱心图像时显示的自动对齐智能参考线。

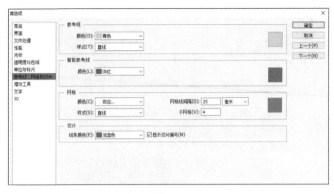

图2-69

图2-70

2.4.3 网格

网格主要用于查看图像，并辅助其他操作来纠正错误的透视关系。选择【视图】/【显示】/【网格】命令，即可在图像窗口中显示网格，如图2-71所示。网格同样不会和图像一起被输出。

选择【视图】/【对齐网格】命令，移动对象时将自动对齐网格或者在选取区域时自动沿网格位置进行定位选取。所移动的对象将被吸附到附近的网格上。

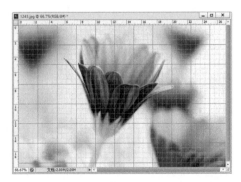

图2-71

2.4.4 对齐图像

在Photoshop CS6中启用对齐功能有助于精确地对齐图像、裁剪图像、放置选区、绘制路径等。选择【视图】/【对齐到】命令，在其下拉菜单中可以选择相应的对齐命令，如图2-72所示。

图2-72

"对齐到"的下拉菜单中各选项的作用如下。

● 参考线：能够让对象与参考线对齐。

● 网格：能够让对象与网格对齐。网格被隐藏时该命令不可用。

● 图层：能够让对象与图层中的内容对齐。

● 切片：能够让对象与切片的边界对齐。切片被隐藏时该命令不可用。

● 文档边界：能够让对象与文档的边缘对齐。

● 全部：能够使所有操作都运用"对齐到"命令。

● 无：能够取消"对齐到"命令中的选择。

2.4.5 注释

使用"注释工具" 能在图像中的任意区域添加注释，比如添加说明信息。选择"注释工具" ，在其工具属性栏中设置作者名字，然后在图像上需要添加注释的位置单击，在打开的"注释"面板中输入注释内容，如图2-73所示。

图2-73

2.5 操作的撤销与还原

在制作图像时，设计人员经常需要进行大量的操作才能得到精致的图像效果。如果操作完成后发现进行的操作并不合适，设计人员可通过撤销和还原操作对图像效果进行恢复。

选择【编辑】/【还原】命令或按Ctrl+Z组合键，可还原到上一步操作，如果需要取消还原操作，可选择【编辑】/【重做】命令。需要注意的是，"还原"和"重做"命令都只针对一步操作，在实际编辑过程中经常需要对多个操作步骤进行还原，此时就可选择【编辑】/【后退一步】命令，或按Alt+Ctrl+Z组合键逐一还原多个操作步骤。若想取消还原，则可选择【编辑】/【前进一步】命令，或按Shift+Ctrl+Z组合键逐一进行取消还原操作。

实战 使用"历史记录"面板还原操作

知识要点 选择记录、还原记录

配套资源 素材文件\第2章\文字背景.jpg
效果文件\第2章\练习历史记录面板还原操作.psd

扫码看视频

操作步骤

1 打开"文字背景.jpg"图像，选择【窗口】/【历史记录】命令，打开"历史记录"面板，如图2-74所示。

图2-74

2 在工具箱中选择"横排文字工具" T，在图像中单击并输入文字，该操作将记录在"历史记录"面板中，如图2-75所示。

3 在工具箱中选择"移动工具" ，将文字拖曳到图像中间，并按Ctrl+T组合键适当调整文字大小和角度，"历史记录"面板中将出现相应的操作步骤，如图2-76所示。然后按Ctrl+S组合键保存文件。

图2-75

图2-76

4 在"历史记录"面板中单击操作的第二步，即移动文字的步骤，可以将图像返回到自由变换文字前的效果，如图2-77所示。

图2-77

技巧

在"历史记录面板中"单击 🎛 按钮，可以在当前操作状态下创建一个新文档；单击 📷 按钮，可以在当前状态下创建一个新快照；单击 🗑 按钮，可以删除选择的某个记录及其之后的记录。

2.6 综合实训：制作企业工作牌

单位的工作卡和工厂的厂牌都可作为员工在企业的工作证明。这些工作牌佩戴时间较长，主要展现员工的姓名和职位等信息，因此其设计首先要符合企业形象，其次要尺寸合适，以保证员工佩戴时的舒适感。

2.6.1 实训要求

某互联网企业要为员工设计一个工作牌模板，要求工作牌的整体设计风格与企业文化相符，并且在工作牌上添加员工的照片、名称、部门和职位等信息。尺寸要求为宽度5.4厘米、高度8.5厘米。

工作牌设计包含在企业VI设计之中，在颜色和风格上都需要与整个企业VI系统统一。一个好的VI设计能够通过标志造型、色彩定位，标志的外延含义、应用、品牌气质表述等要素来助推品牌成长，帮助品牌战略落地，累积品牌资产。所以，需要先确定企业标志的应用和企业标志的颜色，然后依据这些标准设计其他衍生产品。

设计素养

2.6.2 实训思路

（1）该互联网企业属于一个年轻化的企业，年轻员工居多，所以在工作牌的版式设计上，可以运用几何图形，通过排列组合的形式，得到有韵律感的版面效果。

（2）结合本章所学的前景色和背景色、吸管工具等为图像填充颜色，并通过高对比度的颜色搭配将版面划分为上下两部分，以提高画面的美观度。

（3）使用辅助工具在图像边缘预留出血线，保证边缘的图像在后期输出时不会受损。

（4）根据设计要求，在版面中预留出放置照片和文字信息的位置。

本例完成后的参考效果如图2-78所示。

图2-78

2.6.3 制作要点

 知识要点　标尺和参考线的设置、图像的复制和粘贴、前景色和背景色的使用、吸管工具的应用

 扫码看视频

配套资源　素材文件\第2章\头像.jpg、文字.psd
效果文件\第2章\制作企业工作牌.psd

本例主要包括背景版面的划分、几何图像的绘制和复制、员工信息的制作3个部分，其主要操作步骤如下。

1 新建一个图像文件，设置名称为"制作企业工作牌"，宽度和高度分别为5.6厘米和8.86厘米，分辨率为300像素/英寸。为了使图像不超出裁切边缘，可在边缘预留0.1厘米的出血线。

2 按Ctrl+R组合键显示标尺，选择【视图】/【新建参考线】命令，打开"新建参考线"对话框，设置参考线水平位置为0.1厘米，单击"确定"按钮。使用同样的方法在水平位置为8.8厘米、垂直位置为0.1厘米、垂直位置为5.5厘米处新建参考线，效果如图2-79所示。

3 设置前景色为黄色（R235，G223，B85），按Alt+Delete组合键填充背景，在图像下方绘制一个矩形选区，填充为紫色（R158，G113，B189）。

4 新建图层，选择"多边形套索工具" 👈，在画面右上方绘制一个四边形选区， 填充为较深的黄色（R218，G204，B0）， 如图2-80所示。

5 继续使用"多边形套索工具" 👈在画面右上方绘制其他四边形选区，并填充为不同的颜色，效果如图2-81所示。

6 使用"圆角矩形工具" 🔲在画面中绘制不同颜色、大小的圆角矩形，调整所有圆角矩形的角度和位置，并为其添加"投影"图层样式，效果如图2-82所示。

图2-79

图2-80

图2-81

图2-82

7 选择"椭圆选框工具" ⭕在图像中间绘制一个圆形选区，填充为白色，打开"头像.jpg"图像，使用"椭圆选框工具" ⭕框选头像图像，将选区内容粘贴到白色圆形中，效果如图2-83所示。

8 打开"文字.psd"图像文件，使用"移动工具" ➤ 将文字移动到"制作企业工作牌"文件中，调整文字的位置和大小，效果如图2-84所示。

图2-83

图2-84

巩固练习

1. 制作风景签名照

本练习要求在风景照中添加艺术类文字，并进行适当的排版，制作一张风景签名照。注意添加文字前需要对画布大小做适当的调整，参考效果如图2-85所示。

 配套资源　素材文件\第2章\风景.jpg、艺术文字.psd
效果文件\第2章\风景签名照.psd

图2-85

2. 制作指甲油代金券

本练习要求使用提供的素材制作一张指甲油代金券，主色调为粉红色。在制作时可以通过复制和粘贴等操作，将素材添加到画面中，并进行适当的排版，参考效果如图2-86所示。

素材文件\第2章\手.psd、花朵.psd、广告文字.psd

效果文件\第2章\指甲油代金券.psd

图2-86

技能提升

使用"裁剪工具" 🛒 除了可以裁掉不需要的画面外，还可以对画面进行二次构图，得到不一样的视觉效果。而画布区域以外的颜色显示也可以根据需要进行调整。

1. 裁剪中三等分的应用

选择"裁剪工具" 🛒 后，默认情况下，图像中将显示两条竖线和两条横线，将图像以九宫格的方式均匀划分，如图2-87所示。这就是设计构图上常用的三等分结构。

在工具属性栏中单击 ▦ 按钮，在弹出的列表中将显示"三等分"选项，如图2-88所示。三等分原则是摄影师拍摄时广泛使用的技巧，具体是指将画面按水平方向在1/3和2/3的位置建立两条水平线，按垂直方向在1/3和2/3的位置建立两条垂直线，然后尽量将画面中的重要元素放在交点位置，以得到平衡稳定的画面。

图2-87

图2-88

2. 改变画布区域以外的颜色

画布区域以外是指画布外面的区域。默认情况下，

这个区域的颜色以灰色显示，但可以改变在该区域单击鼠标右键，在弹出的快捷菜单中可以选择想要的颜色，如图2-89所示。

图2-89

设计人员也可以自定义该区域颜色，选择"选择自定颜色"命令，设置任意颜色。图2-90所示是将其设置为紫色的效果。

图2-90

第 **3** 章

选区的操作

📖 本章导读

利用Photoshop CS6中的各种选框工具可以绘制出不同形状、不同效果的选区，其中主要包括矩形选框工具、椭圆选框工具、套索工具组、魔棒工具组等。掌握这些工具的使用方法后，还需要掌握选区的各种编辑操作，才更有助于绘制和编辑图像选区。

🖥 知识目标

◁ 熟悉并掌握选区常用工具
◁ 掌握特殊选区的创建方法
◁ 掌握选区的编辑方法
◁ 熟悉填充与描边选区的方法
◁ 熟悉选区的变换操作

🏆 能力目标

◁ 能够使用矩形选框工具绘制立体按钮
◁ 能够使用套索工具组绘制生日会卡片
◁ 能够使用"羽化"命令制作图像投影
◁ 能够使用"内容识别"命令填充图像
◁ 能够使用"操控变形"命令调整人物姿态

❤ 情感目标

◁ 提升选区的应用能力
◁ 提升色彩搭配和图片鉴赏能力
◁ 积极学习设计相关知识，将软件操作与广告设计知识相结合，创作出符合要求的广告画面

3.1 认识选区

选区是编辑图像时经常会用到的功能。要想通过选区编辑图像，需要先掌握选区的基础知识，从而更好地使用选区处理图像。

1. 选区的概念

在绘制图像和处理图像局部时，经常需要先绘制选区。通过各种选区绘制工具在图像中拖曳鼠标获取需要的图像区域，绘制的选区将以流动的虚线（又称蚂蚁线）显示，如图3-1所示。由于图像是由像素构成的，所以选区也是由像素组成的，且选区至少包含一个像素。图3-2所示为将图像放大到一定程度时观察到的选区内的像素。

图3-1   图3-2

2. 选区的作用

在图像处理中，选区常用于以下两个方面。

● 局部填色或调色：当需要在图像中的某个区域填充一种颜色，或将局部颜色更改成其他颜色时，可先使用"钢笔工具" 或"磁性套索工具" 等为需要填色或调色的区域创

建选区，然后单独编辑该区域。图3-3所示为对人物的嘴唇创建选区，然后将紫色的唇部调整成红色，效果如图3-4所示。

图3-3　　　　　　图3-4

● 局部的抠图：当需要将图像中的某部分移动到其他图像中时，可先使用"钢笔工具" 或"磁性套索工具" 等为该区域创建选区，然后将其复制并粘贴到其他图像中。在图3-5中创建选区，选取除填充背景外的图像，然后将其添加到风景图像中，效果如图3-6所示。

图3-5　　　　　　图3-6

3.2 选区常用工具

创建选区是应用Photoshop CS6进行图像编辑必须掌握的操作，用户可以根据不同的情况选择不同的工具创建选区，如使用矩形选框工具、椭圆选框工具、魔棒工具等。

3.2.1 矩形选框工具

"矩形选框工具" 用于在图像上创建矩形选区，只需

在工具箱中选择"矩形选框工具" ，在需要创建选区的位置单击并拖曳鼠标即可创建选区。此外，在拖曳鼠标时，按Shift键可创建正方形选区，效果如图3-7所示。

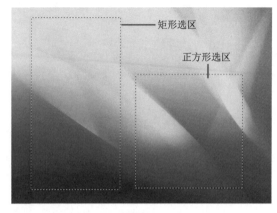

图3-7

选择"矩形选框工具" 后，其工具属性栏如图3-8所示。

图3-8

"矩形选框工具" 的工具属性栏中主要选项的作用如下。

● ：该组按钮主要用于控制选区的创建方式。 按钮表示创建新选区； 按钮表示添加到选区； 按钮表示从选区减去； 按钮表示与选区交叉。

● 羽化：用于设置选区边缘的模糊程度，其数值越大，模糊程度越高。图3-9所示是羽化为0像素的效果；图3-10所示是羽化为40像素的效果。

 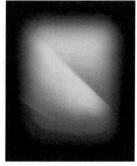

图3-9　　　　　　图3-10

● 样式：用于设置矩形选区的创建方法。选择"正常"选项时，用户可随意控制创建选区的大小；选择"固定比例"选项时，在右侧的"宽度"和"高度"文本框中可设置并创建固定比例的选区；选择"固定大小"选项时，在右侧的"宽度"和"高度"文本框中可设置并创建固定大小的选区。

范例 使用矩形选框工具制作蓝色立体按钮

知识要点 矩形选框工具的使用

配套资源
素材文件\第3章\图标.psd
效果文件\第3章\蓝色立体按钮.psd

扫码看视频

范例说明

矩形选框工具在绘图中应用较为广泛。本例将绘制一个立体按钮，可通过绘制选区并填充不同的颜色，表现不同深浅的颜色面，得到按钮的立体效果。

操作步骤

1 新建一个图像文件，设置名称为"蓝色立体按钮"。设置"前景色"为黑色，按Alt+Delete组合键填充背景，如图3-11所示。

图3-11

2 选择"矩形选框工具" ，在工具属性栏中设置"样式"为"固定比例"，"宽度"为3，"高度"为1，如图3-12所示。

图3-12

3 在图像中按住鼠标左键拖曳，绘制出一个固定比例的长方形选区，效果如图3-13所示。

图3-13

4 新建图层，设置"前景色"为蓝色（R40，G125，B220），按Alt+Delete组合键填充选区，如图3-14所示。

图3-14

5 选择【图层】/【图层样式】/【投影】命令，打开"图层样式"对话框，设置投影颜色为黑色，其他参数设置如图3-15所示。

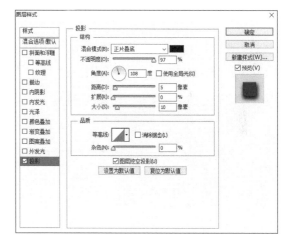

图3-15

6 单击 确定 按钮，得到投影效果，如图3-16所示。

图3-16

7 选择"矩形选框工具" ，按住Ctrl键并单击"图层1"图层缩览图，载入矩形图像选区，单击工具属性栏中的"从选区减去"按钮 ，设置"样式"为"正常"，绘制一个矩形选区，并框选蓝色矩形上半部分，如图3-17所示。

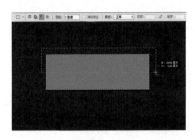

图3-17

8 新建图层，将减选后的矩形选区填充为黑色，效果如图3-18所示。

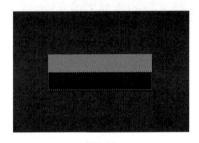

图3-18

9 设置"图层2"图层的"不透明度"为35%，然后使用"橡皮擦工具" 对选区下方做适当的擦除，如图3-19所示。

图3-19

10 新建图层，使用同样的方法，即通过载入并减选的方式，得到按钮上半部分选区，并将其填充为灰蓝色（R40，G99，B166），如图3-20所示。

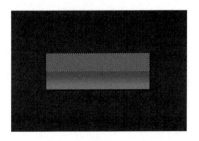

图3-20

11 使用"橡皮擦工具" 对选区上半部分进行擦除，得到图3-21所示效果。

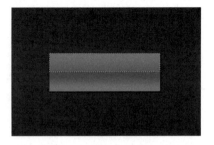

图3-21

12 新建图层，选择"矩形选框工具" ，在按钮左侧绘制一个细长的矩形选区，填充为白色，然后设置该图层的"不透明度"为37%，如图3-22所示。

图3-22

13 打开"图标.psd"素材文件，使用"移动工具" 将其拖曳到按钮中间，效果如图3-23所示。完成本例的制作。

图3-23

3.2.2 椭圆选框工具

"椭圆选框工具" 用于在图像上创建正圆和椭圆选区，其使用方法和"矩形选框工具" 的使用方法基本相同。选择"椭圆选框工具" 后，其工具属性栏如图3-24所示。

图3-24

图3-25所示为绘制的椭圆选区和正圆选区。

图3-25

"椭圆选框工具" ○ 的工具属性栏中主要选项的作用如下。

● 消除锯齿：勾选该复选框后，选区边缘和背景像素之间的过渡将变得平滑。该复选框在进行剪切、复制和粘贴操作时非常有用。图3-26所示为勾选该复选框的选区效果；图3-27所示为取消勾选该复选框的选区效果。

图3-26　　　　　　　　　图3-27

● 调整边缘：单击 调整边缘… 按钮，在打开的"调整边缘"对话框中可细致地对所创建的选区边缘进行羽化和平滑设置。

3.2.3　单行/单列选框工具

"单行选框工具" 和"单列选框工具" 用于在图像上创建高度、宽度为1像素的选区，在设计、制作网页时经常被用于制作分割线。其使用方法很简单，选择工具箱中的"单行选框工具" 或"单列选框工具" ，在图像窗口中单击即可创建选区。图3-28和图3-29所示为放大显示创建后的单行和单列选区。

图3-28　　　　　　　　　图3-29

3.2.4　套索工具和磁性套索工具

使用"套索工具" ○ 可以创建任何形状的选区。在工具箱中选择"套索工具" ○ ，然后在画布中按住鼠标左键拖曳即可创建选区，效果如图3-30所示。

当需要选择的图像与周围颜色具有较大的反差时，可以使用"磁性套索工具" 在图像中沿颜色边界捕捉像素，从而形成选区，效果如图3-31所示。

图3-30　　　　　　　　　图3-31

| ★范例 | 使用套索工具组制作生日会卡片 |

| 知识要点 | 套索工具和磁性套索工具的使用 |
| 配套资源 | 素材文件\第3章\小熊.psd、气球.psd、蛋糕.jpg、文字.psd、旗子.psd
效果文件\第3章\生日会卡片.psd |

扫码看视频

范例说明

本例将制作一张20厘米×26厘米的生日会电子卡片，由于是小朋友的生日会，所以设计时采用卡通风格。在制作过程中主要通过套索工具和磁性套索工具来抠取蛋糕图像，将其组合成一张完整的生日会卡片。

1 选择【文件】/【新建】命令，打开"新建"对话框，设置文件名称为"生日会卡片"，大小为20厘米×26厘米，单击 确定 按钮，即可得到一个新建的图像文件。

2 选择"套索工具" ，在工具属性栏中单击"添加到选区"按钮 ，如图3-32所示。

图3-32

3 制作画面边缘图像，并配上亮色调，使画面更加活泼。在图像左上方按住鼠标左键拖曳，手动绘制选区，如图3-33所示。

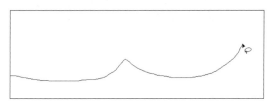

图3-33

4 继续拖曳绘制选区，回到起点处后释放鼠标，得到一个闭合选区，效果如图3-34所示。

图3-34

5 按住Shift键，通过加选的方式，继续在画面边缘绘制选区，如图3-35所示。

图3-35

6 选择【选择】/【修改】/【平滑选区】命令，打开"平滑选区"对话框，设置"取样半径"为20像素，单击 确定 按钮，如图3-36所示。

图3-36

7 新建图层，设置"前景色"为黄色，按Alt+Delete组合键填充选区，如图3-37所示。

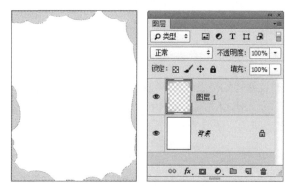

图3-37

8 打开"旗子.psd"素材文件，使用"移动工具" 将其拖曳到当前编辑的图像中作为装饰，如图3-38所示。

图3-38

9 打开"蛋糕.jpg"图像，选择"磁性套索工具" ，在蛋糕图像左边缘单击，然后沿着图像轮廓移动，将自动添加磁性锚点，如图3-39所示。当锚点添加的位置不对时，可按Delete键删除该锚点。沿着蛋糕图像拖曳一圈后，锚点效果如图3-40所示。

图3-39　　　　图3-40

10 当鼠标指针变为 形状时，单击即可得到闭合的选区，如图3-41所示。然后使用"移动工具" 将其拖曳到生日会卡片图像中的左下方，如图3-42所示。

图3-41　　　　　　　图3-42

11 打开"文字.psd"素材文件，使用"移动工具" 将其拖曳到画面上方，如图3-43所示。

图3-43

12 新建图层，将其放到文字图像所在图层的下方，然后使用"套索工具" 在文字周围绘制一个自由选区，如图3-44所示。

图3-44

13 设置"前景色"为橘黄色（R255，G193，B52），然后按Alt+Delete组合键填充选区，效果如图3-45所示。

图3-45

14 选择【图层】/【图层样式】/【投影】命令，打开"图层样式"对话框，设置投影颜色为深红色（R118，G47，B0），其他参数设置如图3-46所示。

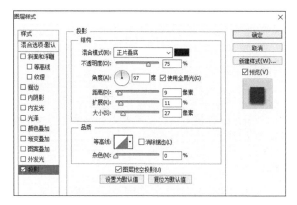

图3-46

15 单击 确定 按钮，得到投影的图像效果，如图3-47所示。

16 打开"气球.psd""小熊.psd"素材文件，将其分别拖曳到画面中，如图3-48所示。

图3-47　　　　　　　图3-48

17 选择"横排文字工具"，在画面中间输入图3-49所示文字，设置"字体"为方正大黑简体和方正黑体，"颜色"为红色（R236，G107，B106）。完成本例的操作。

图3-49

图3-51　　　　　　图3-52

3.2.6　魔棒工具与快速选择工具

在Photoshop CS6中，用户也可通过"魔棒工具"和"快速选择工具"快速、高效地创建图像选区。下面将分别介绍其使用方法。

1. 魔棒工具

"魔棒工具"能快速选择与取样区域颜色类似的颜色区域，常用于抠取图像。选择"魔棒工具"后，其工具属性栏如图3-53所示。

图3-53

"魔棒工具"的工具属性栏中主要选项的作用如下。

● 取样大小：用于控制创建选区的取样点大小，取样点越大，创建的颜色选区就会越大。

● 容差：用于确定将要选择的颜色区域与已选择的颜色区域的颜色差异度。数值越小，颜色差异度越低，所创建的选区就会越小且越精确。图3-54所示是容差为30时的效果；图3-55所示是容差为90时的效果。

　　本例将使用磁性套索工具在"卡通礼盒"图像边缘绘制选区，并将其移动到礼盒背景图像中，然后使用套索工具在"卡通礼盒"图像下方绘制选区，羽化后填充为黑色，得到礼盒投影，其参考效果如图3-50所示。

图3-50

图3-54　　　　　　图3-55

3.2.5　多边形套索工具

"多边形套索工具"适用于创建由直线构成的选区。使用时可在工具箱中选择"多边形套索工具"，然后在画布中单击创建选区起点，再在其他位置单击，如图3-51所示。继续绘制选区，完成后在起点位置单击即可闭合选区，如图3-52所示。

● 清除锯齿：该复选框的功能同"椭圆选框工具"中"清除锯齿"复选框的功能。

● 连续：勾选该复选框，只会选择与取样点相连接的颜色区域。若取消勾选该复选框，则会选择整张图像中与取样点颜色类似的颜色区域。图3-56所示为勾选该复选框的效果；图3-57所示为取消勾选该复选框的效果。

图3-56　　　　　　　　　　图3-57

● 对所有图层取样：当编辑的图像是一个包含多个图层的文件时，若勾选该复选框，将在所有可见图层上创建颜色相似的选区。若勾选该复选框，将在当前图层中创建颜色相似的选区。

2. 快速选择工具

"快速选择工具" ▨的作用和"魔棒工具" ▨的作用类似，但它们的使用方法略有不同。"快速选择工具" ▨特别适合在具有强烈颜色反差的图像中绘制选区。选择该工具后，在图像中需要选择的区域按住鼠标左键并拖曳绘制选区，鼠标指针经过的区域将会被选择，如图3-58所示。在不释放鼠标的情况下继续沿要绘制的区域拖曳，直至得到需要的选区为止，如图3-59所示。

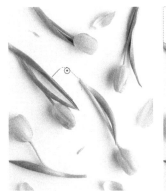 

图3-58　　　　　　　　　　图3-59

技巧

按 W 键可快速选择"魔棒工具" ▨，按 Shift+W 组合键可在"魔棒工具" ▨和"快速选择工具" ▨之间切换。

范例 使用魔棒工具组更换商品背景

知识要点　魔棒工具和快速选择工具的使用

配套资源　素材文件\第3章\风扇.jpg、立体背景.jpg
效果文件\第3章\更换商品背景.psd

扫码看视频

范例说明

本例提供的是手持风扇的商品图片，可以看出背景颜色太深，需要将风扇图像先抠取出来，再更换一个简洁、时尚的背景，以突出商品背景的小清新氛围。在抠取图像时，可以综合运用加、减选区的方式。

操作步骤

1 打开"风扇.jpg"图像，如图3-60所示。下面将使用"魔棒工具" ▨和"快速选择工具" ▨抠取图像中的手动风扇，为其更换背景。

图3-60

2 选择"魔棒工具" ▨，在工具属性栏中设置"容差"为30，再勾选"连续"复选框，如图3-61所示。

图3-61

3 按住Alt键双击"图层"面板中的背景图层，将其转换为普通图层，然后使用"魔棒工具" 在背景图像中单击绿色背景，如图3-62所示。

图3-62

4 按Delete键删除选区内的绿色背景，如图3-63所示。然后按Ctrl+D组合键取消选区。

图3-63

5 选择"快速选择工具" ，在工具属性栏中单击"添加到选区"按钮 ，在风扇图像中单击并按住鼠标左键向上拖曳，选择整个风扇图像，如图3-64所示。

图3-64

6 选择"多边形套索工具" ，按住Alt键框选风扇的投影图像，减去该部分选区，如图3-65所示。

图3-65

7 打开"立体背景.jpg"图像，选择"移动工具" ，将鼠标指针移动到风扇图像选区内，按住鼠标左键将图像拖曳到画面中间，如图3-66所示。完成本例的制作。

图3-66

小测 使用魔棒工具选择图像区域改变色调

配套资源 \ 素材文件 \ 第 3 章 \ 风景 .psd
配套资源 \ 效果文件 \ 第 3 章 \ 调整风景色调 .psd

本例将使用魔棒工具分别选择天空中的太阳和云彩图像，创建选区，然后通过"色相/饱和度"命令改变图像色调，前后对比效果如图 3-67 所示。

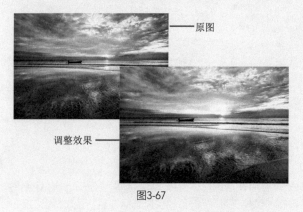

—— 原图

调整效果 ——

图3-67

3.3 创建特殊选区

在Photoshop CS6中，使用选区工具来创建选区并不能满足绘制或编辑图像的全部需求，这时可以使用其他命令或功能来创建一些特殊图像选区。

3.3.1 使用"色彩范围"命令

"色彩范围"命令用于选择整个图像内指定的颜色区域，它与使用"魔棒工具"  创建选区的原理相似。如果已经使用其他工具在图像中创建了选区，那么使用该命令将作用于图像中的选区。

选择【选择】/【色彩范围】命令，打开"色彩范围"对话框，如图3-68所示。

图3-68

"色彩范围"对话框中主要选项的作用如下。

● 选择：用于选择图像中的各种颜色，也可依据亮度选择图像中的高光、中间调和阴影部分。用户可用拾色器在图像中任意选择一种颜色，然后根据容差值来创建选区。

● 颜色容差：用于调整颜色容差值的大小。

● 选择范围：选中该单选项后，在预览区中将以灰度显示选择范围内的图像，白色表示被选择的区域，黑色表示未被选择的区域，灰色表示选择的区域为半透明。

● 图像：选中该单选项后，在预览区中将以原图像的方式显示图像的状态。

● 反相：勾选该复选框，可实现预览图像窗口中选中区域与未选中区域之间的相互切换。

● 吸管工具： 用于在预览图像窗口中单击取样颜色，和工具分别用于增加和减少选择的颜色范围。

● 选区预览：用于设置预览框中的预览方式，包括"无""灰度""黑色杂边""白色杂边""快速蒙版"5种预览方式，用户可以根据需要自行选择。

范例 利用"色彩范围"命令改变图像颜色

知识要点　"色彩范围"命令的使用

配套资源　素材文件\第3章\卡通文字.jpg
效果文件\第3章\改变图像颜色.psd

扫码看视频

范例说明

改变图像颜色可以为原本普通的效果带来创意。本例将为一张带有卡通文字的图片更换颜色，让图像与文字形成更加强烈的对比效果。

操作步骤

1 打开图3-69所示"卡通文字.jpg"图像，然后通过"色彩范围"命令快速选择图像中的文字，并改变其颜色。

图3-69

2 选择【选择】/【色彩范围】命令，打开"色彩范围"对话框，选择"吸管工具" ，在图像窗口中单击浅蓝色区域，设置"颜色容差"为28，预览框中将显示选择的区域范围，如图3-70所示。

图3-70

3 单击 确定 按钮，将得到浅蓝色区域的选区，如图3-71所示。

图3-71

4 设置"前景色"为粉红色（R255，G209，B209），按Alt+Delete组合键填充选区，效果如图3-72所示。

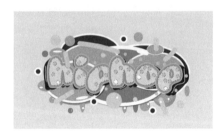

图3-72

5 选择【选择】/【色彩范围】命令，打开"色彩范围"对话框，分别选择文字中圆形图像和边框图像，创建选区，分别填充为水红色（R255，G164，B164）和红色（R204，G18，B18），如图3-73所示。

图3-73

6 选择【选择】/【色彩范围】命令，打开"色彩范围"对话框，选中"图像"单选项，使用"吸管工具" 🖊 单击预览框中的橘黄色区域，设置"颜色容差"为56，如图3-74所示。

图3-74

7 单击 确定 按钮，获取橘黄色区域的选区，如图3-75所示。

图3-75

8 选择【图像】/【调整】/【色相/饱和度】命令，打开"色相/饱和度"对话框，设置"色相"为180，如图3-76所示。

图3-76

9 单击 确定 按钮，即可改变选区中的图像颜色，效果如图3-77所示。

图3-77

3.3.2 使用快速蒙版

快速蒙版是一种临时性的蒙版，是暂时叠加在图像表面的一种与保护膜类似的保护装置，用户可通过快速蒙版来创建选区。

使用快速蒙版时，用户可以结合"画笔工具" 🖊 及路径对选区进行更加细致的处理。此外，用户还可将普通选区转换为快速蒙版，以便添加滤镜效果。图3-78所示为普通选区；图3-79所示为快速蒙版状态下的选区。

图3-78　　　　　　　　图3-79

知识要点　快速蒙版的应用

配套资源　素材文件\第3章\底纹.psd、旅游风景.jpg、树叶.psd、美丽世界.psd 效果文件\第3章\旅游宣传广告.psd

扫码看视频

范例说明

　　一张旅游宣传照片还需要配以合适的文字并进行合理的排版，将其制作成广告后，才能起到很好的宣传作用。本例将旅游风景照片和素材图像结合在一起，使用快速蒙版并添加滤镜效果，绘制出朦胧的艺术背景，再添加文字和其他素材图像。

操作步骤

1 打开"底纹.psd"素材文件，如图3-80所示。

图3-80

2 打开"旅游风景.jpg"素材文件，使用"移动工具" ，将其拖曳到底纹背景的左侧，适当调整大小，如图3-81所示。

图3-81

3 选择"画笔工具" ，在其工具属性栏中设置"画笔样式"为柔边圆，按Q键进入快速蒙版编辑状态。设置"前景色"为黑色，使用"画笔工具" 在图像上涂抹，得到选择的图像区域，如图3-82所示。

图3-82

4 选择【滤镜】/【滤镜库】命令，打开"滤镜库"对话框。在"画笔描边"滤镜组中选择"喷色描边"滤镜，并设置"描边长度"为20，"喷色半径"为25，如图3-83所示。

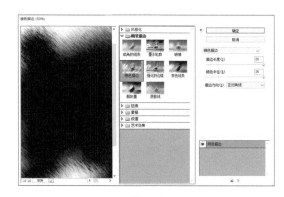

图3-83

5 单击对话框右下方的 按钮，增加一个滤镜图层，然后在"纹理"滤镜组中选择"龟裂缝"滤镜，并设置

"裂缝间距""裂缝深度""裂缝亮度"分别为15、7、8，如图3-84所示。

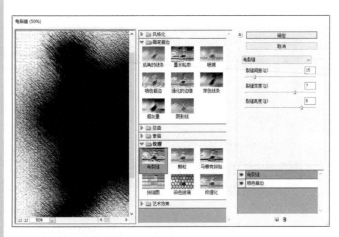

图3-84

6 单击 确定 按钮，得到滤镜效果，然后按Q键退出快速蒙版编辑状态，得到图像选区，效果如图3-85所示。

图3-85

7 按3次Delete键删除选区内的图像，效果如图3-86所示。

图3-86

8 打开"树叶.psd"素材文件，使用"移动工具" ⊕ 将其拖曳到当前编辑的图像上方，效果如图3-87所示。

图3-87

9 打开"美丽世界.psd"素材文件，将其拖曳到树叶图像的下方，效果如图3-88所示。完成本例的制作。

图3-88

3.4 编辑选区

创建选区后，为了使选区范围更加准确，效果更加精美，用户还需要对选区进行编辑。常用的编辑选区的方法有移动与变换选区、羽化选区、全选与取消选区、扩展与收缩选区、平滑与边界选区、扩大选取与选取相似、隐藏与显示选区、存储与载入选区、调整选区边缘等。

3.4.1 移动与变换选区

移动与变换选区是编辑选区的基本操作，用户可通过移动选区调整选区范围，也可通过变换选区调整选区形状。

1. 移动选区

创建选区后，可根据需要移动选区位置。其方法主要有以下两种。

● 使用鼠标移动：创建选区后，将鼠标指针移动至选区范围内，当鼠标指针变为 ▷ 形状时，按住鼠标左键拖曳可以移动选区位置；在拖曳过程中，按住Shift键可使选区沿水平、垂直或45°斜线方向移动。

● 使用键盘移动：创建选区后，在键盘上按↑、↓、←或→键可以每次以1像素为单位移动选区；在按住Shift键的同时按↑、↓、←或→键可以每次以10像素为单位移动选区。

2. 变换选区

选择【选择】/【变换选区】命令，可以调整选区大小，也可以旋转选区。具体编辑方法如下。

● 调整选区大小：选择【选择】/【变换选区】命令后，选区周围将出现一个矩形控制框，将鼠标指针移动至控制框的任意一个控制点上，当鼠标指针变为 ↔ 形状时拖曳鼠标可调整选区大小，如图3-89所示。完成后按Enter键。

图3-89

● 旋转选区：选择【选择】/【变换选区】命令后，将鼠标指针移动至选区控制框角点附近，当鼠标指针变为 ↱ 形状后，按住鼠标左键拖曳可绕选区中心旋转，如图3-90所示。完成后按Enter键。

图3-90

 技巧

在 Photoshop CS6 中变换选区有两种操作结果。使用"变换选区"命令后，拖曳控制点只会变换选区的角度和大小，不能对选区中的图像内容进行对应的操作；而按 Ctrl+T 组合键，可变换选区中的图像内容。

3.4.2 羽化选区

使用"羽化"命令可以对选区进行羽化处理，使选区边缘变得模糊。虽然该命令能让图像变得柔和，但会丢掉图像边缘的细节。

在图像中创建选区后，选择【选择】/【修改】/【羽化】命令或按Shift+F6组合键，将打开"羽化选区"对话框，在"羽化半径"文本框中输入羽化半径值，如图3-91所示。单击"确定"按钮，然后在选区中填充颜色，即可看到羽化效果，如图3-92所示。

图3-91

图3-92

 范例 通过羽化选区制作图像投影

 知识要点　移动选区、变换选区和羽化选区的操作

配套资源　素材文件\第3章\物品.jpg、玫瑰.psd
效果文件\第3章\制作图像投影.psd

 扫码看视频

 范例说明

要制作出物品的立体效果，就需要先制作投影。本例将通过羽化选区等操作，为图像添加投影。

操作步骤

1 打开"物品.jpg"素材文件，选择"魔棒工具" 🪄，在工具属性栏中设置"容差"为62，单击背景图像获取选

区，然后按Shift+Ctrl+I组合键反向选择，如图3-93所示。

图3-93

2 按Ctrl+J组合键复制选区内容到新的图层，得到"图层1"图层，如图3-94所示。

3 单击"图层"面板底部的"创建新图层"按钮 ，新建"图层2"图层，并将其放到"图层1"图层的下方，如图3-95所示。

图3-94　　　　　　　图3-95

4 按住Ctrl键单击"图层1"图层的缩览图，载入图像选区，然后选择任意一种选框工具，将鼠标指针移动到选区内部，按住鼠标左键向下拖曳，移动选区位置，如图3-96所示。

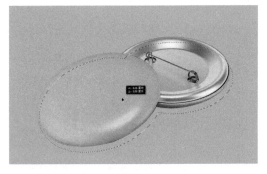

图3-96

5 选择【选择】/【变换选区】命令，按住Ctrl键拖曳变换框四个角的控制点，变形选区，如图3-97所示。完成后按Enter键。

6 在选区内单击鼠标右键，在弹出的快捷菜单中选择"羽化"命令，如图3-98所示。

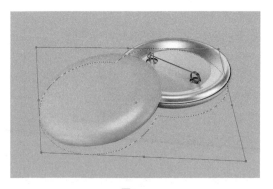

图3-97

图3-98

7 打开"羽化选区"对话框，设置"羽化半径"为25像素，如图3-99所示。单击 确定 按钮，将得到羽化后的选区效果。

图3-99

8 设置"前景色"为灰棕色（R141, G113, B101），然后按Alt+Delete组合键填充选区，得到投影效果，如图3-100所示。

图3-100

9 打开"玫瑰.psd"素材文件，使用"套索工具" 框选玫瑰花朵图像，绘制出选区，然后选择【选择】/【修改】/【羽化】命令，打开"羽化"对话框，设置"羽化半径"为20像素，然后单击 确定 按钮，得到羽化后的选区效果，如图3-101所示。

图3-101

10 使用"移动工具" 将选区内的玫瑰花朵图像拖曳到物品图像中，并适当调整玫瑰花朵图像的大小和角度，如图3-102所示。

图3-102

11 在"图层"面板中将自动生成一个新的图层，设置该图层的混合模式为"点光"，如图3-103所示。

图3-103

小测 使用"羽化"命令调整肌肤亮度

配套资源 \ 素材文件 \ 第 3 章 \ 宝贝 .jpg
配套资源 \ 效果文件 \ 第 3 章 \ 调整肌肤亮度 .jpg

本例将为图像中的孩子调整出白皙光洁的肌肤效果。在制作过程中，首先运用套索工具绘制选区，然后羽化选区，再调整图像曲线，提高图像亮度。调整前后的对比效果如图 3-104 所示。

—— 原图

—— 调整效果

图3-104

3.4.3 全选与取消选区

若要全部选择图像，可以选择【选择】/【全部】命令，或按Ctrl+A组合键选择整个图像，如图3-105所示。

图3-105

在图像中创建选区后，选择【选择】/【取消选择】命令，或按Ctrl+D组合键即可取消选区。

3.4.4 扩展与收缩选区

创建选区后，若对选区大小不满意，可以通过扩展和收缩选区的方法来调整，而无须再次创建选区。

1. 扩展选区

扩展选区就是将当前选区按设定的像素量向外扩充。选择【选择】/【修改】/【扩展】命令，打开"扩展选区"对话框，在"扩展量"数值框中输入扩展值，然后单击 确定 按钮，如图3-106所示。

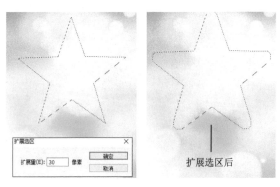

图3-106

2. 收缩选区

收缩选区是扩展选区的逆向操作，即将选区向内缩小。选择【选择】/【修改】/【收缩】命令，打开"收缩选区"对话框，在"收缩量"数值框中输入收缩值，单击 确定 按钮，如图3-107所示。

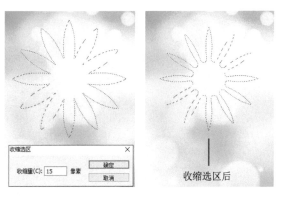

图3-107

3.4.5 平滑与边界选区

除了扩展和收缩选区外，还可以平滑选区和增加选区边界。

1. 平滑选区

创建选区后，若选区边缘很粗糙、不柔和，用户可以使用"平滑"命令对选区进行编辑。选择【选择】/【修改】/

【平滑】命令，打开"平滑选区"对话框，在"取样半径"数值框中输入取样半径值，确定平滑程度，然后单击 确定 按钮，如图3-108所示。

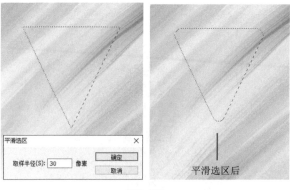

图3-108

技巧

通过对选区进行平滑操作，可以减少选区边缘的锯齿，从而使选区变得平滑。这与选区的羽化不同，羽化后的选区不但边缘平滑，而且会使填充选区的内容出现模糊效果。

2. 边界选区

"边界"命令用于在选区边界处向外增加一条边界。选择【选择】/【修改】/【边界】命令，打开"边界选区"对话框，在"宽度"数值框中输入相应的数值，然后单击 确定 按钮，如图3-109所示。

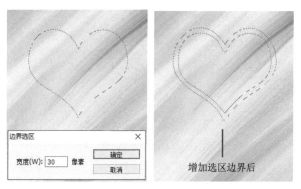

图3-109

3.4.6 扩大选取与选取相似

Photoshop CS6中提供了扩大选取与选取相似功能，以便用户更加精确、快速地获得需要的选区。

1. 扩大选取

"扩大选取"命令在创建选区时会经常用到，它和"魔棒工具" 工具属性栏中的"容差"作用相同，可以扩大选择的相似颜色。其使用方法是：创建选区后，选择【选择】/【扩大选取】命令。图3-110所示为使用"扩大选取"命令前后的对比效果。

图3-110

2. 选取相似

"选取相似"命令的作用和"扩大选取"命令的作用基本相同。创建选区后，选择【选择】/【选取相似】命令，将会选中图像上所有和选区相似的颜色像素。图3-111所示为使用"选取相似"命令前后的对比效果。

图3-111

3.4.7　隐藏与显示选区

创建选区后，选择【视图】/【显示】/【选区边缘】命令或按Ctrl+H组合键，可以隐藏选区；如果要将隐藏的选区显示出来，可以再次选择【视图】/【显示】/【选区边缘】命令或按Ctrl+H组合键。

3.4.8　存储与载入选区

在编辑一些复杂选区时，一些意外可能会让用户丢失选区。为了避免这种情况发生，用户可对编辑的选区进行存储，需要时再将其载入。

1. 存储选区

在对选区进行存储后，才能对选区进行载入。存储选区的方法很简单：创建选区后，选择【选择】/【存储选区】

命令，打开"存储选区"对话框，如图3-112所示。在该对话框中可以对需要存储的选区进行设置。

图3-112

"存储选区"对话框中主要选项的作用如下。

● 文档：用于设置选区将存储的目的文档。默认情况下，选区将被保存在当前编辑的文档中。若有需要，用户也可将选区保存到新建的文档中。

● 通道：用于设置选区将存储的通道。默认情况下，选区将被保存到新建的通道中。用户也可将其保存在其中的Alpha通道中。

● 名称：用于设置存储选区的名称。

● 操作：如果选择存储选区的图像中已经有了选区，则可在该栏中设置在通道中处理选区的方式。

> **技巧**
>
> 在保存图像文件时，选择 PSB、PSD、PDF 和 TIFF 等格式，可以同时保存多个选区。

2. 载入选区

若需要再次使用已经存储的选区，可选择【选择】/【载入选区】命令，打开"载入选区"对话框，如图3-113所示。在该对话框中可将已存储的选区载入图像。

图3-113

"载入选区"对话框中主要选项的作用如下。

● 文档：用于选择载入已存储选区的文档。

● 通道：用于选择已存储选区的通道。

● 反相：勾选该复选框，可反相载入已存储的选区。

● 操作：若当前图像中已包含选区，在该栏中可设置处理载入选区的方式。

3.4.9 调整选区边缘

如果用户需要一次性对选区进行多种编辑操作，逐一使用如平滑、羽化、收缩、扩展这样的命令相当耗费时间，而且不能第一时间看到效果。此时，用户可使用"调整边缘"命令对选区进行编辑。在图像中创建选区后，选择【选择】/【调整边缘】命令，即可打开"调整边缘"对话框，如图3-114所示。

图3-114

"调整边缘"对话框中主要选项的作用如下。

● 视图：用于设置选区在图像中的显示效果。通过设置视图，用户可以更方便地观察选区的调整状态。图3-115所示为使用不同视图模式查看选区的效果。

图3-115

● 显示半径：勾选该复选框，可显示按半径定义的调整区域。

● 显示原稿：勾选该复选框，可查看原始的选区。

● 智能半径：勾选该复选框，将根据创建的选区，自动调整选区显示的半径效果。

● 平滑：用于设置选区边缘的平滑程度，降低选区边缘的锯齿效果。图3-116所示为设置不同平滑效果前后的对比效果。

图3-116

● 羽化：用于设置选区的羽化效果，数值越大，羽化效果越强。图3-117所示为设置不同羽化效果前后的对比效果。

图3-117

● 对比度：可控制选区边缘的清晰度，去掉选区边缘的模糊感。

● 移动边缘：用于扩展或收缩选区，其中正值为扩展选区大小，负值为缩小选区大小。

● 进化颜色：勾选该复选框，拖曳其下方的"数量"滑块可清除图像的彩色杂边。其中"数量"数值越大，清除范围越大。

● 输出到：用于设置选区的输出方式。

> **技巧**
>
> 使用选区常用工具创建选区后，单击工具属性栏中的 调整边缘... 按钮，同样可以打开"调整边缘"对话框。

3.5 填充与描边选区

> 对选区进行填充和描边处理是精心绘制选区的手段之一，也是处理选区最为频繁的操作之一。

3.5.1 填充选区

填充选区是指在创建的选区内部填充颜色或图案。选择

【编辑】/【填充】命令，将打开图3-118所示"填充"对话框。

图3-118

"填充"对话框中主要选项的作用如下。

● 使用：用于设置使用什么填充对象，如前景色、背景色、颜色、图案等。图3-119所示为一个绘图板的选区，为其应用图案填充选区后，效果如图3-120所示。

图3-119　　　　　　图3-120

● 自定图案：使用图案填充时被激活，在弹出的下拉列表框中可选择需要填充的图案。

● 模式：用于设置填充内容的混合模式。图3-121所示为选择"叠加"模式的填充效果。

● 不透明度：用于设置填充后的不透明度。图3-122所示为设置"不透明度"为50%的填充效果。

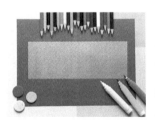 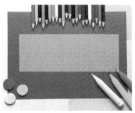

图3-121　　　　　　图3-122

● 保留透明区域：勾选该复选框，将不会对透明区域有所影响。

技巧

在实际工作中，为选区或图层填充颜色一般都不会使用"填充"命令，而是直接使用快捷键。按 Alt+Delete 组合键可以使用前景色填充选区；按 Ctrl+Delete 组合键可以使用背景色填充选区。

范例说明

本例将使用一张图像来替换按钮中的文字，主要通过"填充"命令删除文字，并对周围图像进行内容识别填充。

操作步骤

1 打开"按钮.jpg"素材文件，使用"套索工具" ，沿图像下方的弧形文字绘制选区，如图3-123所示。

图3-123

2 选择【编辑】/【填充】命令，打开"填充"对话框，在"使用"下拉列表框中选择"内容识别"选项，如图3-124所示。

图3-124

3 单击 确定 按钮，系统将自动识别选区周围的图像来覆盖选区内的图像，效果如图3-125所示。

图3-125

4 使用"套索工具" ，沿按钮中间的文字图像边缘绘制选区，如图3-126所示。

图3-126

5 再次使用"填充"命令打开"填充"对话框，通过"内容识别"选项对文字进行自动识别填充，如图3-127所示。然后按Ctrl+D组合键取消选区。

图3-127

6 打开"科技.jpg"素材文件，使用"移动工具" 将其拖曳到"按钮"图像中，适当调整图像的大小和角度，如图3-128所示。

图3-128

7 这时"图层"面板中新增"图层1"图层，设置该图层的混合模式为"滤色"，如图3-129所示。其效果如图3-130所示。

图3-129

图3-130

小测 通过内容识别清除人物图像

配套资源 \ 素材文件 \ 第 3 章 \ 落日 .jpg
配套资源 \ 效果文件 \ 第 3 章 \ 清除人物图像 .jpg

本例将通过"填充"对话框中的"内容识别"选项快速清除画面中的人物图像。首先使用套索工具绘制人物选区，然后选择"填充"命令，其对比效果如图 3-131 所示。

图3-131

3.5.2 描边选区

描边选区是指使用一种颜色沿选区边界进行描边。选择【编辑】/【描边】命令，打开图3-132所示"描边"对话框。

图3-132

"描边"对话框中主要选项的作用如下。

● 宽度：用于设置描边的宽度，单位为像素。

● 颜色：单击右侧的颜色块，在打开的"拾色器（描边颜色）"对话框中可以设置用于描边的颜色。

● 位置：用于设置描边与选区边缘的相对位置。

● 模式：用于设置描边颜色的混合模式。

● 不透明度：用于设置描边颜色的不透明度。

● 保留透明区域：勾选该复选框，将只对包含像素的区域进行描边。

 范例 制作网店促销标签

 知识要点　椭圆选框工具、矩形选框工具的使用，填充和描边选区的操作

配套资源　效果文件\第3章\网店促销标签.psd

扫码看视频

 范例说明

本例将制作一个600像素×600像素的圆形网店促销标签，以文字作为重点内容进行设计，主要通过选区的描边操作，制作出圆形描边和文字描边效果，以重点突出文字。

1 新建"大小"为"600像素×600像素"、"分辨率"为"72像素/英寸"、"名称"为"网店促销标签"的图像文件。设置前景色为浅灰色，按Alt+Delete组合键填充背景，如图3-133所示。

图3-133

2 选择"椭圆选框工具" ，按住Shift键绘制一个正圆选区，如图3-134所示。

图3-134

3 选择"渐变工具" ，单击工具属性栏左侧的渐变色条，打开"渐变编辑器"对话框，设置色标分别为"R235，G151，B208""R233，G77，B197""R242，G157，B136"，然后单击 确定 按钮，如图3-135所示。

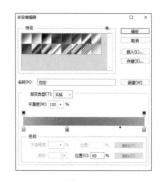

图3-135

4 在工具属性栏中单击"线性渐变"按钮 ，然后在选区左上方按住鼠标左键向右下方拖曳，进行渐变填

充，效果如图3-136所示。

图3-136

5 使用"椭圆选框工具" 再绘制一个较小的圆形选区，然后使用"矩形选框工具" 按住Alt键绘制一个矩形选区，将得到减选选区的效果，如图3-137所示。

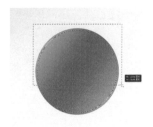

图3-137

6 为减选后的半圆形选区应用线性渐变填充，设置渐变颜色从蓝色（R53，G198，B254）到紫色（R172，G67，B255），如图3-138所示。

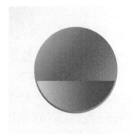

图3-138

7 使用"椭圆选框工具" 绘制一个较小的圆形选区，如图3-139所示。

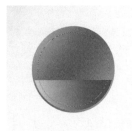

图3-139

8 选择【编辑】/【描边】命令，打开"描边"对话框，设置"宽度"为9像素，选中"居中"单选项，如图3-140所示。

图3-140

9 单击对话框中的颜色色块，打开"拾色器（描边颜色）"对话框，设置颜色为白色，如图3-141所示。

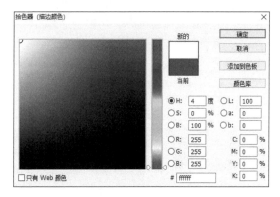

图3-141

10 单击 确定 按钮，即可得到描边效果，按Ctrl+D组合键取消选区，效果如图3-142所示。

图3-142

11 选择"横排文字工具" ，在圆形中输入文字"心动价"，并在工具属性栏中设置"字体"为方正大黑简体，"颜色"为白色，适当调整文字大小，如图3-143所示。

12 新建图层，按住Ctrl键单击文字图层的缩览图，载入文字选区，如图3-144所示。

图3-143 图3-144

3.6 变换选区内的图像

在Photoshop CS6中创建选区后，除了可以对选区进行变换操作外，还可以对选区内的图像进行多种变换操作，如旋转、缩放、斜切、水平或垂直翻转等。

13 选择【编辑】/【描边】命令，打开"描边"对话框，设置"宽度"为3像素，"颜色"为土红色，选中"居外"单选项，如图3-145所示。

3.6.1 自由变换图像

"自由变换"命令是一个非常实用的功能，它可以连续应用旋转、缩放、斜切、扭曲、透视和变形操作，从而无须选择其他变换命令，大大提高了工作效率。

选择【编辑】/【自由变换】命令或按Ctrl+T组合键，可以使所选图层或选区内的图像进入自由变换状态。

图3-145

当图像处于选区状态时，若对图像进行变换，原图像位置将以背景色覆盖，如图3-148所示；当图像处于自由变换状态时，若对图像进行变换操作，移动和变换图像都将不会改变下一层的图像状态。将鼠标指针移动到变换框右上方，按住鼠标左键拖曳，即可放大或缩小图像，如图3-149所示；按住Ctrl键拖曳变换框四个角处的控制点，可以对图像进行扭曲操作，如图3-150所示；按住Ctrl键拖曳变换框四边中间的控制点，可以对图像进行斜切操作，如图3-151所示。

14 单击 确定 按钮，即可得到描边文字效果，如图3-146所示。

图3-146

图3-148 图3-149

15 使用"多边形套索工具" 绘制三个五角星选区，填充为白色，然后在圆形标签中输入价格文字，适当调整文字大小，如图3-147所示。

图3-150 图3-151

图3-147

> **技巧**
>
> 按住 Shift 键，使用鼠标左键拖曳变换框四个角上的控制点，可以等比例放大或缩小图像，也可以反向拖曳形成翻转变换。
> 按住 Alt 键，使用鼠标左键拖曳变换框四个角上的控制点，可以以中心对称的自由矩形方式变换图像。

3.6.2 变换与变形图像

选择【编辑】/【变换】命令，其子菜单中包含了缩放、旋转和翻转等命令，如图3-152所示。其功能是对所选图层或选区内的图像进行缩放、旋转或翻转等操作。

图3-152

如果要对图像进行局部变形，可以选择【编辑】/【变换】/【变形】命令。选择该命令后，图像中会出现变形网格和锚点，调整网格线或拖曳锚点可以对图像进行更自由灵活的变形操作，如图3-153所示。

图3-153

技巧

"操控变形"命令通常用于改变人物的动作、发型等，它是一种可视网络，可以随意扭曲特定图像区域，并保持其他区域不变。选择【编辑】/【操控变形】命令，可进行控制变形操作。

3.6.3 旋转与翻转图像

旋转图像是指围绕中心点转动图像。其方法是：选择需要进行旋转的图像所在的图层，再选择【编辑】/【变换】/【旋转】命令，此时图像周围出现一个变换框，然后将鼠标指针移动到变换框的控制点上，当鼠标指针变为⤸形状时，按住鼠标左键拖曳即可旋转图像。图3-154所示为旋转文字后的效果。

图3-154

此外，"变换"子菜单中还提供了"旋转180度""旋转90度(顺时针)""旋转90度(逆时针)""水平翻转""垂直翻转"等命令，用户可以选择需要的命令快速对图像进行旋转和翻转。

技巧

在旋转图像的过程中，如果按住 Shift 键，可以以 15° 为单位进行操作。

范例 使用"变形"命令为咖啡杯添加图标

 知识要点 "变形"命令的使用

 配套资源 素材文件\第3章\咖啡.jpg、图标.jpg
效果文件\第3章\咖啡杯图标.psd

扫码看视频

范例说明

本例将在咖啡杯的杯身上添加一个图标，要求图标外形符合杯身圆弧状，并且能够达到透视变形的视觉效果。

操作步骤

1 打开"咖啡.jpg"素材文件，如图3-155所示。下面将在咖啡杯的杯身上添加图标。

图3-155

2 打开"图标.jpg"素材文件，选择"魔棒工具" 单击背景图像，然后按Shift+Ctrl+I组合键进行反选，获取图标选区，如图3-156所示。

图3-156

3 选择"移动工具" ，将选区中的图像拖曳到咖啡杯图像中，按Ctrl+T组合键进行自由变换，将鼠标指针移动到变换框右上角，按住Shift键拖曳鼠标，可等比例缩小图像，如图3-157所示。

图3-157

4 将图像拖曳到咖啡杯的杯身上，继续等比例缩小图像，使其比杯身略小，效果如图3-158所示。

图3-158

5 将鼠标指针移动到变换框内，单击鼠标右键，在弹出的快捷菜单中选择"变形"命令，如图3-159所示。

图3-159

6 此时图像中出现网格，使用鼠标单击并拖曳变换框边缘的网格线，改变图像形状，如图3-160所示。

7 选择下方左侧的控制点并向上拖曳，调整出图3-161所示效果。接着用同样的方法调整下方右侧的控制点。

图3-160　　　　　　　　图3-161

8 选择上方两侧的控制点，并分别调整控制杆的方向，变形图标两侧的图像，效果如图3-162所示。完成后，单击工具属性栏中的 ✔ 按钮确认变形。

图3-162

9 在"图层"面板中设置该图层的混合模式为"叠加"，如图3-163所示。完成本例的制作。

图3-163

 范例 使用"操控变形"命令调整人物姿态

 知识要点　缩放图像的操作、"操控变形"命令的使用

 配套资源　素材文件\第3章\打篮球.jpg、微信公众号封面背景.jpg
效果文件\第3章\微信公众号封面.psd

扫码看视频

 范例说明

　　本例将使用"操控变形"命令调整人物手部和腿部的姿态，使整个人物的姿态更加协调、美观。

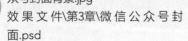 操作步骤

1 打开"打篮球.jpg"素材文件，使用"魔棒工具" 单击背景图像，然后选择【选择】/【反向】命令，得到人物图像选区，如图3-164所示。

2 打开"微信公众号封面背景.jpg"素材文件，使用"移动工具" 将选区内的人物图像拖曳到画面中间，如图3-165所示。

3 此时"图层"面板中自动添加一个图层，按Ctrl+T组合键对图像应用自由变换，适当缩小人物图像，如图3-166所示。

图3-164

图3-165

图3-166

4 选择【编辑】/【操控变形】命令，人物图像中将布满网格，然后在人物头部、双肩、上臂以及篮球图像上单击，添加图钉用以固定位置，效果如图3-167所示。

图3-167

5 选择篮球图像中的图钉，按住鼠标左键向上拖曳，即可调整人物的投篮姿势，效果如图3-168所示。

图3-168

6 在人物的腰部添加图钉，将腰部向左拖曳，改变人物腰部的动作，效果如图3-169所示。

图3-169

7 在人物的腿部添加图钉，然后适当地调整姿势，效果如图3-170所示。

图3-170

8 调整好人物姿势后，单击工具属性栏中的 ✔ 按钮，完成操作，效果如图3-171所示。

图3-171

小测 使用"自由变换"命令制作灿烂烟花

配套资源 \ 素材文件 \ 第 3 章 \ 夜景 .jpg、烟花 .psd
配套资源 \ 效果文件 \ 第 3 章 \ 制作灿烂烟花 .psd

本例将在夜空中添加烟花图像，并在水面上制作烟花倒影。首先将烟花图像移动到夜景图像中，然后通过"自由变换"命令调整烟花图像大小，再复制图像，并水平翻转和旋转图像，将其排列到夜空中，最后复制夜空中的所有烟花图像，将其垂直翻转，放到水面上，同时降低图层的不透明度，得到倒影效果，如图 3-172 所示。

图3-172

3.7 综合实训：设计网店首页海报

传统的海报以户外广告为主要形式，如商店、户外电梯中常见的广告都属于海报。但随着电商的大力发展，海报从传统的商场、街头逐渐转移到网店中，很多网店都会在店铺首页放置海报，以进行产品宣传及节日活动促销。网店首页海报的受众比街头海报更加广泛，能够达到很好的宣传效果。

3.7.1 实训要求

某水果店近期需要更换其外卖App中的网店首页海报，海报尺寸为1200像素×730像素。 该店提供了水果图片素材及少量文本介绍，现需设计一张用于展示和宣传店铺中新鲜水果的海报，让用户在视觉上产生新鲜、清爽的感受。要求海报简洁大方，颜色时尚又清新，整个版面主次分明，文字和水果图片能够互相呼应，对介绍性文字可做一些装饰性处理，让画面更加生动。

在网店首页中，海报主要有活动宣传海报和形象宣传海报两种形式。活动宣传海报主要是针对当时的活动内容而设计的，其内容较多，需要将优惠信息放到较为突出的位置；而形象宣传海报主要用于树立企业形象，提高产品知名度，开拓市场和促进销售等。

设计素养

3.7.2　实训思路

（1）通过分析提供的素材，可以思考内容板块的划分，将重要的元素提炼出来。

（2）在设计中，合理地运用色彩能够使作品更具视觉冲击力，有利于传达诉求。本例提供的素材为新鲜的水果，因此海报可以采用明亮的色调。

（3）使用本章所学的知识，通过色块划分出版面的上、中、下区域，确定画面的整体氛围，然后添加和制作其他内容。

本例完成后的参考效果如图3-173所示。

图3-173

3.7.3　制作要点

 知识要点　选区描边和多边形套索工具的使用

 配套资源　素材文件\第3章\水果.psd、符号.psd
效果文件\第3章\新鲜水果海报.psd

扫码看视频

本例主要包括绘制彩色背景、描边文字、添加素材3个部分，其主要操作步骤如下。

1 新建一个"大小"为"1200像素×730像素"、"名称"为"新鲜水果海报"的图像文件。

2 将背景填充为粉红色（R253，G188，B196），然后新建图层，使用"多边形套索工具" 绘制多边

形选区，分别填充为浅蓝色（R151，G230，B227）、黄色（R250，G237，B164），并为这两个多边形添加浅红色的"投影"图层样式，效果如图3-174所示。

图3-174

3 打开"水果.psd"素材文件，使用"移动工具" ▶⊕ 将其拖曳到画面右侧。

4 使用"横排文字工具" **T** 在图像左侧输入文字，并在工具属性栏中设置"字体"为方正卡通简体，"颜色"为白色，排列成图3-175所示样式。

图3-175

5 按住Ctrl键单击文字图层，载入文字选区，然后新建图层。

6 选择【编辑】/【描边】命令，打开"描边"对话框，设置"宽度"为3像素，"颜色"为浅蓝色（R151，G230，B227），选中"居外"单选项。

7 单击 确定 按钮，即可得到描边文字效果，如图3-176示。

图3-176

8 新建图层，使用"多边形套索工具" 在文字下方绘制一个多边形选区，填充为草绿色（R66，G186，B181）。

9 使用"横排文字工具" 在图像中输入其他文字内容，适当调整文字大小，设置"颜色"分别为白色和草绿色。

10 打开"符号.psd"素材文件，将其移动到文字中，如图3-177所示。完成本例的制作。

图3-177

巩固练习

1. 制作促销标签

本练习将制作一个促销标签，要求将文字和图像融为一体。制作时可综合运用椭圆选框工具和"变换选区"命令制作出标签外形，再添加较圆润的文字，并为文字描边，参考效果如图3-178所示。

配套资源 效果文件\第3章\促销标签.psd

2. 制作6.18电商海报

本练习将制作"6.18"电商海报，要求在设计版式和色彩上都具有强烈的视觉冲击力。在制作时，首先绘制渐变色背景，然后通过套索工具和描边命令制作出有层次感的背景纹理，最后添加广告文字和素材图像，组合得到一张具有设计感的海报，参考效果如图3-179所示。

配套资源 素材文件\第3章\"6.18"素材.psd\618文字.psd
效果文件\第3章\"6.18"电商海报.psd

图3-178

图3-179

技能提升

在绘制好选区后，可以将其保存起来，以便下一次使用。

1. 常用选择方法

在不同的场景中，需要使用不同的选区创建工具来选择对象。下面介绍几种常用的选择方法，以帮助设计人员更好地分析并获取图像选区。

● 基本形状选择法：对于边缘为圆形、椭圆形和矩形的对象，可以使用选框工具来选择，如图3-180所示；对于边缘为直线的对象，可以使用"多边形套索工具" 来选择，如图3-181所示；当对选区的形状和样式要求不高时，可以使用"套索工具" 快速绘制选区。

● 色调差异选择法："魔棒工具" 、"快速选择工具" 、"磁性套索工具" 和"色彩范围"命令都可以基于色调之间的差异来创建选区。如果需要选择的对象与背景之间的色调差异比较明显，就可以使用以上工具和命令来完成。图3-183所示为使用"快速选择工具" ![img] 将图3-182中的前景对象抠取出来，并更换背景后的效果。

图3-180

图3-181

图3-182

图3-183

● 路径选择法：Photoshop CS6中的"钢笔工具" ![img] 是一个矢量工具，它可以绘制出光滑的曲线路径。如果对象的边缘比较光滑，且形状不规则，就可以使用"钢笔工具" ![img] 沿着对象的轮廓绘制路径，然后将路径转换为选区，从而选出对象，如图3-184和图3-185所示。

● 通道选择法：如果要抠取毛发、婚纱、烟雾、玻璃及具有运动模糊效果的物体，就不能使用前面介绍的工具，而可以使用通道。图3-187所示为将玻璃杯从图3-186所示白色背景中抠取出来更换成红色背景后的效果。

图3-184   图3-185

图3-186   图3-187

2. 用通道保存选区的方法

创建并编辑选区后，如果在后面的绘图过程中还需要再次调用该选区，则可以将选区保存起来。这时除了可以使用"存储选区"命令外，还可以通过"通道"面板保存选区，这也是非常快捷高效的一种保存选区的方法。

当图像中存在选区时，单击"通道"面板下方的"将选区存储为通道"按钮 ![img] ，即可将选区保存到通道中，显示以"Alpha +数字"命名，如图3-188所示。将选区保存到通道后，按住Ctrl键单击该通道，即可载入选区。

图3-188

第 **4** 章

图层的基本操作

本章导读

在Photoshop CS6中，图层的应用非常重要，几乎所有的图像处理都需要用到图层。本章将介绍图层的基本操作，包括图层的创建与编辑、图层的对齐与分布、添加和编辑图层样式，以及特殊图层的使用等。设计人员掌握这些图层的应用知识，能够更好地绘制与编辑图像。

知识目标

- 掌握图层的创建与编辑操作
- 掌握图层的对齐与分布操作
- 掌握图层样式的应用方法

能力目标

- 能够通过创建与编辑图层制作水墨风夏至海报
- 能够通过对齐与分布图层制作代金券
- 能够使用内阴影制作企业标志效果图
- 能够使用斜面和浮雕制作水晶按钮
- 能够使用智能对象制作站台灯箱广告

情感目标

- 培养对图层操作的理解和运用能力
- 培养对产品展示设计、企业标志设计，以及海报设计的美学修养

4.1　认识图层

图层就如同含有文字或图形等元素的胶片，将它们按某种顺序叠放在一起，就能形成最终的图像效果。图层的出现使图像的编辑更加有趣，同时使制作出的图像元素更加丰富。

4.1.1　图层的作用

使用Photoshop CS6制作出的作品往往由多个图层组成。使用图层的优势在于可以对每个图层进行单独处理，而图像的每一部分都置于不同的图层中，这些图层叠放在一起就形成了完整的图像效果。图层的作用一般表现在以下3个方面。

1. 调整图像元素的位置与叠放次序

用户可以对每个图层中的图像内容进行单独的编辑、修改和效果处理等各种操作，而不影响其他图层，还可以透过上方图层的透明区域看到下方图层中的图像，如图4-1所示。

图4-1

用户可通过移动图层和调整图层顺序等方法让图像产生更丰

富的效果。图4-2所示为将"荷花"图层调整到"图层0"图层的下方，再选择"小暑"图层，将该图像移动到画面中间。

图4-2

2. 图像合成

除"背景"图层外，用户可对其他图层的不透明度和图层混合模式进行设置。图4-3所示为将"荷花"图层的"不透明度"设置为50%时的效果。

图4-3

技巧

编辑图层时，需要先在"图层"面板中单击所需图层，才能对该图像进行编辑，而被选择的图层则可视为当前图层。

3. 图像单独元素的效果处理

选择对应的图层，可使用命令、工具等对其进行处理，制作出多种多样的效果。图4-4所示为为文本图层添加"斜面和浮雕""外发光"样式，并设置图层"填充"为0后的效果。

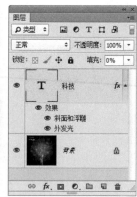

图4-4

4.1.2　图层的类型

图层中包含的元素非常多，其对应的图层类型也很多，增加或删除任意图层都可能影响到整个图像的效果。下面分别对常见的图层类型进行介绍。

● 填充图层：可通过填充纯色、渐变和图案来创建具有特殊效果的图层。

● 剪贴蒙版图层：用于使下方一个图层中的图像控制其上方多个图层的显示区域。

● 智能对象图层：包含了智能对象的图层。

● 调整图层：用于调整图像的颜色和色调等，但不会对图层中的像素产生实际影响。

● 图层蒙版图层：用于控制图像在图层中的显示区域。

● 矢量蒙版图层：可创建带矢量形状的蒙版图层。

● 形状图层：使用形状或钢笔工具绘制形状后产生的图层，其会自动填充前景色。

● 中性色图层：填充了中性色的图层，结合图层混合模式可以叠加出特殊的图像效果。

● 文字变形图层：为文字设置了变形效果的文字图层。

● 文字图层：输入文字后，将自动生成文字图层。

● 背景图层：新建图像文件后自动产生背景图层，其始终位于"图层"面板底层，且使用斜体显示图层名称。

4.1.3　认识"图层"面板

在Photoshop CS6中，对图层的操作可通过"图层"面板和"图层"菜单来实现。选择【窗口】/【图层】命令，打开"图层"面板，如图4-5所示。

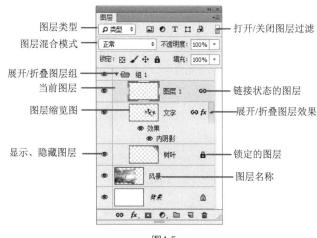

图层类型
图层混合模式
展开/折叠图层组
当前图层
图层缩览图
显示、隐藏图层

打开/关闭图层过滤
链接状态的图层
展开/折叠图层效果
锁定的图层
图层名称

图4-5

"图层"面板中主要选项的作用如下。

● 图层类型：当图像中图层过多时，在该下拉列表框中选择一种图层类型，选择后"图层"面板中将只显示该类型的图层。

● 打开/关闭图层过滤：单击该按钮，可将图层的过滤功能打开或关闭。

● 图层混合模式：用于为当前图层设置图层混合模式，使图层与下层图像产生混合效果。

● 不透明度：用于设置当前图层的不透明度。

● 填充：用于设置当前图层的填充不透明度。调整图层的填充不透明度，图层样式的不透明度不会受到影响。

● 锁定透明像素：单击▨按钮，将只能对图层的不透明区域进行编辑。

● 锁定图像像素：单击✏按钮，将不能使用绘图工具修改图层像素。

● 锁定位置：单击✛按钮，将不能移动图层中的像素。

● 锁定全部：单击🔒按钮，将不能对处于这种情况下的图层进行任何操作。

● 显示/隐藏图层：当图层缩览图前出现👁图标时，表示该图层为可见图层；当图层缩览图前出现▨图标时，表示该图层为不可见图层。单击👁或▨图标可显示或隐藏图层。

● 链接状态的图层：可对两个或两个以上的图层进行链接，链接后的图层可以一起移动。此外，被链接的图层上也会出现🔗图标。

● 展开/折叠图层效果：单击▼按钮，可展开图层效果，并显示为当前图层添加的效果名称。再次单击，将折叠图层效果。

● 展开/折叠图层组：单击▼按钮，可展开图层组中包含的图层。

● 当前图层：当前所选择的图层，呈蓝底显示，用户

可对其进行编辑操作。

● 图层名称：用于显示该图层的名称，当"图层"面板中显示的图层很多时，通过图层名称可快速查找到。

● 图层缩览图：用于显示图层中包含的图像内容。其中，棋格区域为图像中的透明区域。

● 链接图层：选择两个或两个以上的图层，单击🔗按钮，可将所选图层链接起来。

● 添加图层样式：单击fx.按钮，弹出的快捷菜单中罗列了图层样式中对应的命令，在其中进行选择可为图层添加图层样式。

● 添加图层蒙版：单击◻按钮，可为当前图层添加图层蒙版。

● 创建新的填充或调整图层：单击◑.按钮，可在弹出的快捷菜单中选择相应的命令，创建对应的填充图层或调整图层。

● 创建新组：单击▢按钮，可创建一个图层组。

● 创建新图层：单击▢按钮，可在当前图层上方新建一个图层。

● 删除图层：单击🗑按钮，可将当前选中的图层或图层组删除。选中图层或图层组后，按Delete键也可删除选中的图层或图层组。

4.2 图层的创建与编辑

Photoshop CS6中的图像都存在于图层中，用户可根据需要创建图层。当在图像中创建了多个图层后，还可以对这些图层进行编辑，从而更快地制作出想要的图像效果。

4.2.1 创建图层与图层组

创建图层和图层组是使用Photoshop CS6过程中常用的操作。Photoshop CS6中提供了多种创建方法，用户可根据自己的习惯加以选择。

1. 创建图层

图层的创建方法主要有以下3种。

● 通过"图层"面板创建：在"图层"面板中单击"创建新图层"按钮▢，将在当前图层上方新建一个图层，如图4-6所示。若用户想在当前图层下方新建一个图层，可在按住Ctrl键的同时单击▢按钮，如图4-7所示。

图4-6 图4-7

● 通过"新建"命令创建：如果用户想创建已经设置好名称、混合模式、不透明度等参数的图层，可以选择【图层】/【新建】/【图层】命令或按Shift+Ctrl+N组合键，打开"新建图层"对话框，设置名称、模式、不透明度等参数，如图4-8所示。

图4-8

● 通过"通过拷贝的图层"命令创建：在图像中创建选区后，选择【图层】/【新建】/【通过拷贝的图层】命令或按Ctrl+J组合键，可将选区中的图像复制为一个新的图层，如图4-9所示。

图4-9

技巧

Photoshop CS6中的图像文件只允许存在一个背景图层，且不能进行命名、移动等操作。在"图层"面板中双击最下方的背景图层，打开"新建图层"对话框，保持默认设置不变，单击 确定 按钮，即可将背景图层转换为普通图层。当图像文件中没有背景图层时，选择一个图层，选择【图层】/【新建】/【背景图层】命令，即可将当前图层转换为背景图层。

---

2. 创建图层组

当"图层"面板中的图层过多时，为了能快速找到所需图层，就要分别为图层创建不同的图层组。在Photoshop CS6中，主要有以下两种创建图层组的方法。

● 通过"新建"命令创建：选择【图层】/【新建】/【组】命令，打开"新建组"对话框，在其中可以对组的名称、颜色、模式和不透明度进行设置，单击 确定 按钮，即可新建图层组，如图4-10所示。

图4-10

● 通过"图层"面板：在"图层"面板中，选择需要添加到组中的图层。使用鼠标将它们拖曳到"创建新组"按钮 📁 上，释放鼠标，即可看到所选的图层都被存放在新建的组中，如图4-11所示。

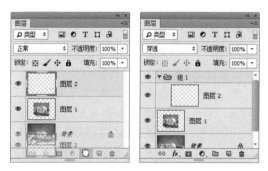

图4-11

4.2.2 复制图层

用户除了可以使用新建图层的方法获得新图层外，还可通过复制的方法获得新图层。复制图层主要有以下两种方法。

● 在"图层"面板中单击并拖曳图层到其底部的"创建新图层"按钮 🗖 上，此时鼠标指针变成手形图标 🖐，释放鼠标，即可复制生成新图层，如图4-12所示。

图4-12

● 选择【图层】/【复制图层】命令，打开"复制图层"对话框，在"为"文本框中输入新图层的名称，在"文档"下拉列表框中选择新图层要放置的图像文档，如图4-13所示。单击 确定 按钮，即可完成图层的复制。

图4-13

4.2.3　锁定与链接图层

为了方便对图层中的对象进行管理，用户可以对图层进行锁定，以限制图层的操作。如果用户想对多个图层进行相同的操作，如移动和缩放等，可以对图层进行链接。

1. 锁定图层

Photoshop CS6中提供的锁定图层方式有锁定透明像素、锁定图像像素、锁定位置、锁定全部等。锁定时，只需在"图层"面板中单击需要的锁定按钮即可。

● 锁定透明像素：单击⊠按钮，用户只能对图层的图像区域进行编辑，而不能对透明区域进行编辑。

● 锁定图像像素：单击✔按钮，用户只能对图像进行移动、变形等操作，而不能对图层使用画笔、橡皮擦等工具，以及滤镜等命令。

● 锁定位置：单击✚按钮，图层将不能被移动。将图层中的图像移动到指定位置后锁定图层位置，则不用担心图像的位置发生改变。

● 锁定全部：单击🔒按钮，该图层的透明像素、图像像素、位置都将被锁定。

2. 链接图层

链接图层是指将多个图层链接在一起，可以同时对链接的多个图层进行移动、变换和复制操作。选择两个或两个以上的图层，在"图层"面板中单击"链接图层"按钮 🔗 或选择【图层】/【链接图层】命令，即可将所选的图层链接起来，如图4-14所示。

图4-14

4.2.4　修改图层名称与颜色

默认情况下，新建图层的名称为图层1、图层2、图层3等。为了更好地区分并查找图层，用户可以对图层名称进行修改。

双击需要修改的图层名称，图层名称将变为白框蓝底的编辑状态，如图4-15所示。在其中输入新图层的名称，完成后按Enter键，如图4-16所示。此外，用户也可以使用同样的方法对图层组进行重命名操作。

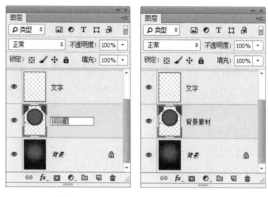

图4-15　　　　　　　图4-16

如果为图层添加了颜色标识，在查找图层的过程中会更加便利。在"图层"面板中选择图层并单击鼠标右键，在弹出的快捷菜单中选择一种颜色，如"橙色"，如图4-17所示。所选图层将会被标记为橙色，如图4-18所示。

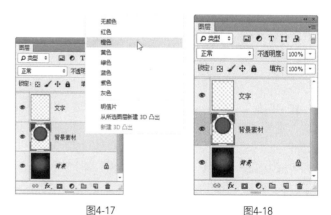

图4-17　　　　　　　图4-18

4.2.5　显示与隐藏图层

当不需要显示图层中的图像时，可以隐藏图层。当图层前面出现 ● 图标时，表示该图层为可见图层，单击该图标，该图标将变为 状态，表示该图层不可见，再次单击 图标，可显示图层。图4-19所示为隐藏"1周年"图层前后的对比效果。

图4-19

4.2.6 查找与删除图层

当图层数量较多时，可以通过分类进行查找。而对于多余的图层，则可以将其删除，这样更有利于图像的后期编辑和保存。

1. 查找图层

选择【选择】/【查找图层】命令，然后在"图层"面板顶部的文本框中输入要查找的图层名称，面板中便只会显示该图层，如图4-20所示。

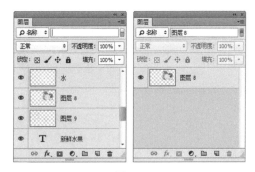

图4-20

在"图层"面板中，还可通过选择某种类型的图层，如名称、效果、模式、属性或颜色等，只显示属于该类型的图层，而隐藏其他图层。如在"图层"面板的"图层类型"下拉列表框中选择"类型"选项，然后单击右侧的"文字图层滤镜"按钮 **T**，面板中将只显示文字图层，如图4-21所示。

图4-21

2. 删除图层

对于不需要的图层，用户可以将其删除。删除图层主要有以下两种方法。

● 通过"删除"命令删除：选择需要删除的图层，再选择【图层】/【删除】/【图层】命令，将所选的图层删除。

● 通过按钮删除：选择需要删除的图层，使用鼠标将它们拖曳到 🗑 按钮上，释放鼠标，即可将拖曳的图层删除；也可选择需要删除的图层，然后单击 🗑 按钮，将所选的图层删除。

4.2.7 合并与盖印图层

合并图层是指将多个图层合并到一起，以便用户使用；盖印图层则是指将多个图层中的图像合并到一个新建的图层中。

1. 合并图层

图像中的图层、图层组或图层样式过多，会影响计算机的运行速度。这时，就可以将图像中大量重复且重要程度不高的图层合并。

● 合并选择的图层：在"图层"面板中，选择两个或两个以上的图层，再选择【图层】/【合并图层】命令，选择的图层将被合并。需要注意的是，合并后的图层名称将以所选图层中最上方的图层命名。

● 拼合图层：如果想将所有图层合并到背景图层中，可先任意选择一个图层，再选择【图层】/【拼合图像】命令。需要注意的是，合并后的图层将以背景图层命名。

● 合并可见图层：当图像中有可见图层和不可见图层，且仅仅想合并可见图层时，可选择【图层】/【合并可见图层】命令，"图层"面板中的所有可见图层都将被合并到所选图层中，如图4-22所示。

图4-22

2. 盖印图层

盖印图层可以将多个图层中的图像合并到一个新建的图

层中，且不会影响原始的图像效果。在制作中需要精致地调整图像时，经常会用到盖印图层这一功能。盖印图层的方法主要有以下3种。

● 向下盖印：选择一个图层，按Ctrl+Alt+E组合键，可将该图层中的图像盖印到下方的图层中，如图4-23所示。

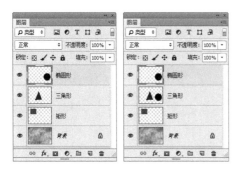

图4-23

● 盖印多个图层：选择两个或两个以上的图层，按Ctrl+Alt+E组合键，可将选择的图层中的图像都盖印合并到一个新建的图层中，如图4-24所示。

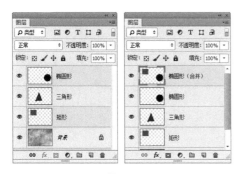

图4-24

● 盖印可见图层：按Shift+Ctrl+Alt+E组合键，可将所有可见图层中的图像盖印到一个新建的图层中，如图4-25所示。

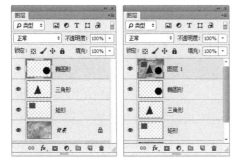

图4-25

4.2.8 栅格化图层

栅格化图层是指将文字、形状、矢量蒙版、智能对象等

图层转换为普通图层。

可选择需要栅格化的图层，选择【图层】/【栅格化】命令，在弹出的子菜单中选择需栅格化的图层类型；也可在"图层"面板中选择图层，在其上单击鼠标右键，在弹出的快捷菜单中选择需栅格化的图层类型。图4-26所示为将"可爱童装"文本图层栅格化为普通图层，栅格化后将不再提示字体缺失，并且文字外观不会受到影响。

图4-26

 范例　制作水墨风夏至海报

 知识要点　创建图层和图层组、重命名图层、链接图层

配套资源　素材文件\第4章\花朵.psd、荷花.psd、水墨背景.jpg、夏至文字.psd
效果文件\第4章\夏至海报.psd

扫码看视频

范例说明

一个完整的设计作品通常包含多个图层，因此在制作中对图层的创建与编辑就显得尤为重要。本例将制作一张夏至海报，主要通过创建图层、绘制图像、添加素材，以及重命名图层和调整图层顺序等操作来完成。

Photoshop CS6 平面设计核心技能一本通（移动学习版）

1 打开"水墨背景.jpg"素材文件，此时可在"图层"面板中看到只有一个背景图层，如图4-27所示。

图4-27

2 打开"花朵.psd"素材文件，使用"移动工具" 分别将其拖入水墨背景画面的左上方和右下方，"图层"面板中将自动增加相应的图层，如图4-28所示。

图4-28

3 在"图层"面板中双击"图层3"名称，图层名称将变为白框蓝底的编辑状态，将其重命名为"鸟"，如图4-29所示。然后使用相同的方法分别为其他几个图层重命名，如图4-30所示。

图4-29　　　　　　图4-30

4 单击"图层"面板底部的"创建新组"按钮 ，将得到"组1"图层组，如图4-31所示。双击"组1"名

称，将其重命名为"荷花"，然后单击"图层"面板底部的"创建新图层"按钮 ，得到"图层1"图层，如图4-32所示。

图4-31　　　　　　图4-32

5 选择"椭圆选框工具" ，按住Shift键在图像中间绘制一个圆形选区，填充为淡绿色（R211，G232，B229），效果如图4-33所示。

图4-33

6 选择【编辑】/【描边】命令，打开"描边"对话框，设置"宽度"为5像素，"颜色"为黑色，选中"居外"单选项，如图4-34所示。单击 确定 按钮，得到描边效果，如图4-35所示。

图4-34　　　　　　图4-35

7 打开"荷花.psd"素材文件，使用"移动工具" 将其拖曳到圆形图像中，得到"图层2"图层，然后按Ctrl+J组合键复制一次该图层，并单击"图层2副本"图层前面的 图标，隐藏该图层，如图4-36所示。

图4-36

图4-39

8 选择"图层2"图层，按住Ctrl键单击"图层1"图层缩览图，载入圆形选区，选择【选择】/【反向】命令，然后按Delete键删除选区内的图像，如图4-37所示。

图4-37

图4-40

12 再次新建图层并重命名为"椭圆"，在文字左侧绘制圆形选区，填充为绿色，然后复制一次图层，将其放到文字右侧，最后按住Ctrl键选择文字图层、"矩形"图层、"矩形 副本"图层、"椭圆"图层、"椭圆副本"图层，单击"链接图层"按钮，将其链接起来，如图4-41所示，完成本例的制作。

9 单击"图层2副本"图层前面的 图标，显示该图层，然后使用"橡皮擦工具" 擦除部分图像，只保留荷花超出圆形的图像，如图4-38所示。

图4-38

图4-41

10 打开"夏至文字.psd"素材文件，使用"移动工具" 将其拖曳到画面下方，如图4-39所示。

11 新建图层，将其重命名为"矩形"，使用"矩形选框工具" 在文字左侧绘制一个细长的选区，填充为绿色（R18，G111，B98），然后按Ctrl+J组合键复制一次图层，将其放到文字右侧，如图4-40所示。

4.3 图层的对齐与分布

在创建图层时，"图层"面板将按照创建的先后顺序来排列图层。用户可以重新调整图层的排列顺序，也可以将其对齐，并按照一定的间距分布。

4.3.1　改变图层的堆叠顺序

在一个包含多个图层的文档中，可以通过改变图层在"图层"面板中所处的位置来改变图像的显示效果。如果要改变图层的排列顺序，在"图层"面板中拖曳该图层到其他位置即可。图4-42所示为将"鸟"图层移动到"花"图层下方。

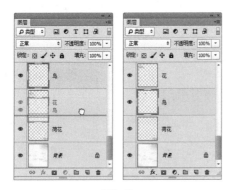

图4-42

通过"排列"命令也可以改变图层的排列顺序。选择一个图层，然后选择【图层】/【排列】命令下的子命令，即可调整图层的排列顺序，如图4-43所示。

图4-43

"排列"下拉列表中各选项的作用如下。

● 置为顶层：可将所选图层调整到最顶层，快捷键为Shift+Ctrl+]组合键。

● 前移一层/后移一层：可将所选图层向上或向下移动一个堆叠顺序，快捷键分别为Ctrl+]组合键和Ctrl+[组合键。

● 置为底层：可将所选图层调整到最底层，快捷键为Shift+Ctrl+[组合键。

● 反向：在"图层"面板中选择多个图层后，使用该命令可以反转所选图层的排列顺序。

4.3.2　对齐图层

当图像中的图层过多且图层需要按一定要求准确排列时，可以通过"对齐"命令来对齐图层。选择【图层】/【对齐】命令，在其子菜单中选择所需子命令即可，如图4-44所示。也可以通过工具箱中的"移动工具" ▶╋ 来实现对齐，只需单击其工具属性栏中对齐按钮组 ⬚⬚⬚⬚⬚⬚ 上相应的

对齐按钮，从左至右分别为顶对齐、垂直居中对齐、底对齐、左对齐、水平居中对齐和右对齐。

图4-44

图4-45由3个不在同一图层的图像组合而成，并且对它们进行了链接。

图4-45

此时，可对当前3个链接图层进行对齐操作。图4-46所示为顶对齐效果；图4-47所示为垂直居中对齐效果。

图4-46　　　　　　图4-47

> **技巧**
>
> 选择连续图层顶端的图层，按住 Shift 键，再单击连续图层尾端的图层，可以选择多个连续的图层；在按住 Ctrl 键的同时，使用鼠标依次单击需要选择的图层，可以选择多个不连续的图层；选择【选择】/【所有图层】命令或按 Ctrl+Alt+A 组合键，可选择除背景图层以外的所有图层。

4.3.3 分布图层

分布图层是指将3个以上的图层按一定规律在图像窗口中进行分布。

选择【图层】/【分布】命令，在其子菜单中选择所需子命令即可。单击移动工具属性栏中"分布"按钮组 上相应的对齐按钮也可实现分布，从左至右分别为按顶分布、垂直居中分布、按底分布、按左分布、水平居中分布和按右分布。图4-48所示为对图像进行水平居中分布后的效果。

图4-48

 范例　通过对齐与分布图层制作商城代金券

 知识要点　对齐与分布图层

 配套资源　素材文件\第4章\树.psd、纹理.jpg、礼物.psd、雪花.psd、雪.psd、代金券.psd
效果文件\第4章\商城代金券.psd

扫码看视频

 范例说明

代金券是商家的一种促销活动，使用代金券可以在购物中抵扣同样等值的现金。本例将为"爱购"商城设计活动代金券，以蓝绿色和白色为主，将礼物作为主要素材图像，再添加雪花与文字，更能突出活动的季节性。

1　选择【文件】/【打开】命令，打开"纹理.jpg"素材文件，如图4-49所示。

2　在"图层"面板中单击"创建新图层"按钮 ，得到新建的"图层1"图层，使用"矩形选框工具" 在图像中绘制一个矩形选区，填充为白色，如图4-50所示。

图4-49

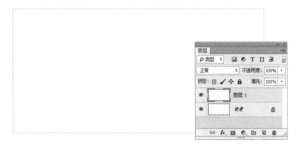

图4-50

3　选择【编辑】/【描边】命令，打开"描边"对话框，设置"宽度"为2像素，"颜色"为蓝绿色（R25，G117，B128），选中"居外"单选项，如图4-51所示。

图4-51

4　单击 确定 按钮，得到矩形描边效果，如图4-52所示。

5　按住Ctrl键依次选择"背景图层"和"图层1"图层，然后选择"移动工具"，单击工具属性栏中的"垂直居中对齐"按钮 和"水平居中对齐"按钮，将白色矩形排列到画面中心，如图4-53所示。

图4-52

图4-53

6 打开"树.psd"素材文件，使用"移动工具" ▶️ 将其拖曳到当前编辑的图像中，这时"图层"面板自动增加两个图层，如图4-54所示。

图4-54

7 选择"图层2"图层，按住Ctrl键单击"图层1"图层，然后选择"移动工具" ▶️，单击工具属性栏中的"底对齐"按钮 ▮▮ 和"右对齐"按钮 ▯，得到对齐效果，如图4-55所示。

图4-55

8 选择"图层3"图层，再按住Ctrl键单击"图层1"图层，然后单击工具属性栏中的"底对齐"按钮 ▮▮，将图像与白色图像底部对齐，效果如图4-56所示。

图4-56

9 打开"雪花.psd"和"礼物.psd"素材文件，使用"移动工具" ▶️ 将图像拖曳至白色矩形中，并将礼物图像与白色矩形底边对齐，如图4-57所示。

图4-57

10 新建图层，使用"钢笔工具" ✍️ 绘制一个右侧弧线的图形，填充为绿色（R87，G178，B190），如图4-58所示。

图4-58

11 选择该图层和背景图层，选择"移动工具" ▶️，单击工具属性栏中的"底对齐"按钮 ▮▮ 和"左对齐"按钮 ▯，得到对齐效果，如图4-59所示。

图4-59

12 使用"横排文字工具" Ｔ 在图像中输入文字"500"，在工具属性栏中设置"字体"为方正大黑简体，"颜色"为淡紫色（R214，G221，B231）。按Ctrl+J组合键复制文字，适当向左上方移动，设置"颜色"为绿色

（R87，G178，B190），然后输入文字"元"，并适当缩小文字，如图4-60所示。打开"雪.psd"素材文件，使用"移动工具"将其拖曳到"5"文字的上方。

图4-60

13 将"代金券.psd"素材拖曳到金额文字右上方，并适当调整大小，如图4-61所示。

图4-61

14 选择"横排文字工具"，在"代金券"文字下方输入"CASH COUPON""满1000元可抵现金500元"文字，并设置"字体"为宋体，"颜色"为黑色，然后在画面左侧输入商场名称和编号，设置"颜色"为白色，如图4-62所示。完成本例的制作。

图4-62

4.4 添加和编辑图层样式

在Photoshop CS6中制作如水晶、金属、纹理等效果，都可以通过为图层设置投影、发光、浮雕等图层样式来实现。下面将讲解为图层应用图层样式的方法，以及各图层样式的特点。

4.4.1 添加图层样式

只有为图层添加了图层样式后，用户才能对图层样式进行设置。Photoshop CS6中提供了多种添加图层样式的方法，其具体介绍如下。

● 通过命令添加：选择【图层】/【图层样式】命令，在弹出的子菜单中选择一种图层样式命令。Photoshop CS6将打开"图层样式"对话框，并展开对应的设置面板，如图4-63所示。

图4-63

● 通过按钮添加：在"图层"面板底部单击 *fx.* 按钮，在弹出的快捷菜单中选择需要创建的样式命令，如图4-64所示。此时打开"图层样式"对话框，并展开对应的设置面板。

● 通过双击图层添加：在需要添加图层样式的图层右侧空白处双击，如图4-65所示。此时将打开"图层样式"对话框。

图4-64

图4-65

Photoshop CS6中提供了多种图层样式，它们全都被列举在"图层样式"对话框的"样式"栏中，如图4-66所示。每个样式名称前都有个复选框，勾选表示该图层应用了该样式，取消勾选表示停用了该样式。用户单击样式名称，将打开对应的设置面板。

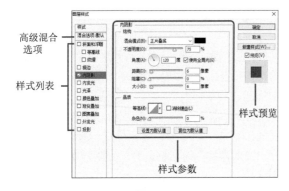

高级混合选项

样式列表

样式预览

样式参数

图4-66

在"图层样式"对话框中设置参数后，单击"确定"按钮，即可应用设置的图层样式。此时的"图层"面板中，被设置了图层样式的图层将会显示 fx 图标，如图4-67所示。单击该图层右边的 按钮，可将图层样式效果列表展开。图4-68所示为再次单击该按钮后将图层样式效果列表折叠的效果。

图4-67

图4-68

4.4.2 设置图层样式参数

Photoshop CS6中内置了多种图层样式，下面将介绍常用图层样式及其参数。

1. 斜面和浮雕

使用"斜面和浮雕"样式可以为图像添加高光和阴影效果，让图像更加生动立体。设置不同的"样式""方法""方向"等选项，可以产生不同的浮雕效果，如图4-69所示。

图4-69

"纹理"样式和"等高线"样式是"斜面和浮雕"样式的副样式，其中"纹理"样式是通过设置图案产生凹凸的画面感；"等高线"样式可以对图像的凹凸、起伏进行设置。图4-70所示为设置的等高线参数及其效果；图4-71所示为设置的纹理参数及其效果。

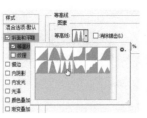

图4-70

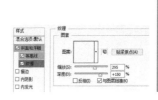

图4-71

技巧

不同的等高线参数会使图像产生不同的效果，如果系统内置的等高线不能满足需求，可单击等高线缩略图标，然后在打开的"等高线编辑器"对话框中自定义等高线。

2. 投影和内阴影

使用"投影"样式可以为图像添加投影效果，常用于增加图像立体感，如图4-72所示。其中"混合模式"用于设置投影与下面图层的混合方式；"角度"用于设置投影效果在下方图层中显示的角度；"距离"用于设置投影偏离图层内容的距离，数值越大，偏离得越远；"大小"用于设置投影的模糊范围，数值越大，模糊范围越广；"扩展"用于设置扩张范围，该范围直接受"大小"选项影响。

图4-72

使用"内阴影"样式可以在图像的边缘内侧添加阴影效果,它的设置方式与"投影"样式的设置方式几乎相同,区别在于它能使物体产生下沉感,制作陷入的效果,如图4-73所示。

图4-73

3. 外发光和内发光

使用"外发光"样式可以沿图像边缘外侧添加发光效果,如图4-74所示。

图4-74

使用"内发光"样式可以沿着图像边缘内侧添加发光效果,它与外发光的使用方法基本相同,只是多了一个"源"选项。"源"用于控制发光光源的位置。其中,选中"居中"单选项,将从图层内容中间发光;选中"边缘"单选项,将从图层内容边缘发光,如图4-75所示。

图4-75

4. 光泽

使用"光泽"样式可以为图像添加光滑而有内部阴影的效果,常用于模拟金属的光泽效果。其原理是将图像复制两份后在内部进行重叠处理,拖曳"距离"下方的滑块,可

以看到两个图像重叠的过程。"光泽"样式一般很少单独使用,大多是配合其他样式使用,起着提高画面质感的作用。

5. 颜色叠加、渐变叠加与图案叠加

"颜色叠加""渐变叠加""图案叠加"样式都可以覆盖在图像表面。"颜色叠加"样式可以为图像叠加自定义的颜色;"渐变叠加"样式可以为图像中单纯的颜色添加渐变色,从而使图像颜色更加丰富;"图案叠加"样式可以为图像添加指定的图案。图4-76所示为设置的图案叠加参数及其效果;图4-77所示为设置的渐变叠加参数及其效果。

图4-76

图4-77

6. 描边

使用"描边"样式可以通过颜色、渐变或图案等对图层边缘进行描边,如图4-78所示。其效果与"描边"命令类似,但为图像添加"描边"样式可以更加随心所欲地调整描边效果。描边的方向主要有内部、居中、外部3种,其中向内的描边会随着宽度的增加出现越来越明显的圆角线,如果要保持物体的轮廓形状大致不变,就应设定较小的宽度值。

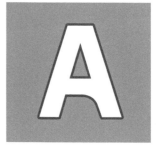

图4-78

范例 使用内阴影制作企业标志效果图

知识要点 移动工具、"自由变换"命令、"内阴影"和"投影"样式的使用

配套资源 素材文件\第4章\办公背景.jpg、标志.psd
效果文件\第4章\企业标志效果图.psd

扫码看视频

范例说明

当设计师制作好企业标志后，为了将其更好地展示给客户，常常需要制作标志的展示效果图。本例将为"云尚装饰"公司制作一张企业标志效果图，通过制作内阴影和投影效果，可得到立体标志效果，从而更好地展示标志。

操作步骤

1 选择【文件】/【打开】命令，打开"办公背景.jpg"和"标志.psd"素材文件，使用"移动工具" ▶╋ 将标志素材拖曳到办公背景中，"图层"面板也将增加"图层1"图层，如图4-79所示。

图4-79

2 选择【编辑】/【自由变换】命令，将鼠标指针移动到变换框外侧，按住鼠标左键拖曳，适当旋转图像，然后按住Ctrl键调整变换框四个角，得到变形的标志效果，如图4-80所示。

图4-80

3 继续调整标志大小，然后按Enter键确认变换，效果如图4-81所示。

图4-81

技巧

在制作变形的标志效果时，要注意需符合近大远小的透视原理，这样才能使标志展示效果更加真实。

4 选择【图层】/【图层样式】/【渐变叠加】命令，打开"图层样式"对话框，在"样式"下拉列表框中选择"线性"选项，然后单击"渐变"色条，设置渐变颜色为从灰色到白色，其他参数设置如图4-82所示。

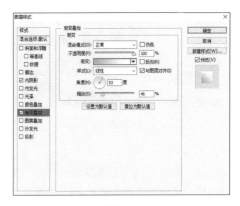

图4-82

5 在对话框左侧选择"样式"为"内阴影",设置"混合模式"为"颜色减淡",然后单击右侧的色块,设置颜色为白色,其他参数设置如图4-83所示。

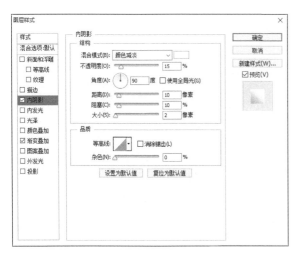

图4-83

6 选择"样式"为"投影",设置"混合模式"为"线性加深","不透明度"为50%,其他参数设置如图4-84所示。

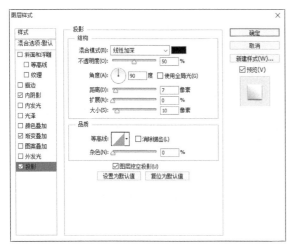

图4-84

7 单击 确定 按钮,得到立体标志效果,如图4-85所示。完成本例的制作。

图4-85

📺 范例说明

　　在游戏界面或电商产品设计中,常常会通过按钮来进入新的链接页面。本例将制作一个水晶按钮,主要通过设置斜面和浮雕及调整等高线曲线得到按钮立体效果,再通过渐变叠加和投影等设置,使按钮更加漂亮。

📋 操作步骤

1 新建一个图像文件,选择"渐变工具" ■,在属性栏中设置渐变颜色为从深紫色到紫色,方式为径向渐变,在图像中间按住鼠标左键向外拖曳,效果如图4-86所示。

图4-86

2 打开"底纹.psd"素材文件,使用"移动工具" ▶✛将其拖曳到背景图像中,并调整至与背景图像相同大小,如图4-87所示。

图4-87

3 "图层"面板中将得到一个"底纹"图层，设置该图层的"不透明度"为15%，如图4-88所示。

图4-88

4 新建图层，选择"圆角矩形工具" ，在工具属性栏中设置绘图方式为"路径"，"半径"为90像素，然后在图像中绘制一个圆角矩形，并按Ctrl+Enter组合键将路径转换为选区，填充为白色，如图4-89所示。

图4-89

5 选择【图层】/【图层样式】/【斜面和浮雕】命令，打开"图层样式"对话框，选择"样式"为"内斜面"，"方法"为"雕刻清晰"，其他参数设置如图4-90所示。

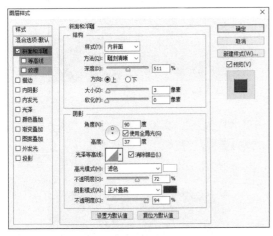

图4-90

6 在对话框左侧选择"斜面和浮雕"下的"等高线"样式，然后单击等高线图标，打开"等高线编辑器"对话框，编辑曲线，如图4-91所示。

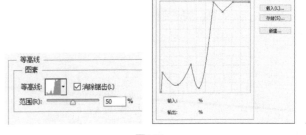

图4-91

7 选择"样式"为"描边"，设置"大小"为4像素，选择"填充类型"为"渐变"，设置颜色为从深紫色（R109，G18，B123）到紫色（R202，G34，B188）到浅紫色（R253，G237，B255），其他参数设置如图4-92所示。

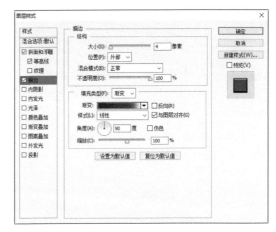

图4-92

8 选择"样式"为"内阴影"，"混合模式"为"叠加"，设置内阴影颜色为黑色，其他参数设置如图4-93所示。

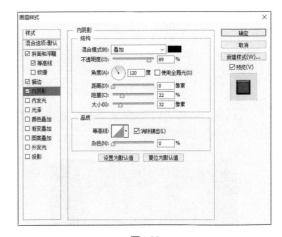

图4-93

9 单击"内阴影"样式中的"等高线"图标，在打开的对话框中编辑曲线样式，如图4-94所示。

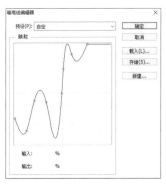

图4-94

10 单击 确定 按钮，回到"图层样式"对话框，选择"样式"为"光泽"，"混合模式"为"叠加"，设置颜色为白色，然后单击"等高线"右侧的按钮，在弹出的下拉列表中选择"高斯"选项，如图4-95所示。

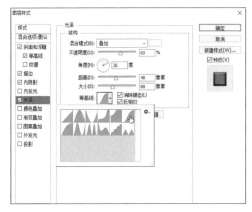

图4-95

11 选择"样式"为"渐变叠加"，设置渐变颜色为从紫色（R129，G23，B105）到粉紫色（R230，G138，B241），然后在"样式"下拉列表框中选择"线性"选项，如图4-96所示。

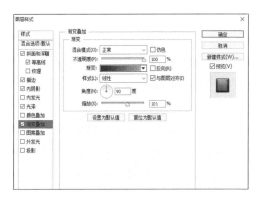

图4-96

12 选择样式为"投影"，"混合模式"为"正片叠底"，设置颜色为黑色，其他参数设置如图4-97所示。

图4-97

13 新建图层，使用"钢笔工具"绘制一个弧形图像，然后按Ctrl+Enter组合键将路径转换为选区，并填充为白色，如图4-98所示。

图4-98

14 在"图层"面板中设置该图层的"不透明度"为13%，得到透明图像效果，如图4-99所示。

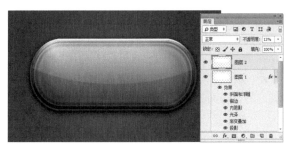

图4-99

15 新建图层，选择"画笔工具"，在工具属性栏中选择"柔边圆"画笔，设置"前景色"为白色，在按钮下方绘制一团柔边的白色图像，如图4-100所示。

图4-100

技巧

使用"画笔工具" ✍ 绘制图像时，按住 Shift 键可以绘制出直线。

16 在"图层"面板中设置该图层的"混合模式"为"叠加"，得到倒影效果，如图4-101所示。

图4-101

17 选择"横排文字工具" T.，在按钮中输入"AGAIN"文字，并在工具属性栏中设置"字体"为Bauhaus 93，"颜色"为黄色（R255，G242，B0），如图4-102所示。

图4-102

18 选择【图层】/【图层样式】/【内阴影】命令，打开"图层样式"对话框，设置"混合模式"为"正片叠底"，"内阴影"颜色为黑色，其他参数设置如图4-103所示。

图4-103

19 选择"样式"为"投影"，设置"混合模式"为"叠加"，"投影"颜色为紫色（R83，G4，B78），其他参数设置如图4-104所示。

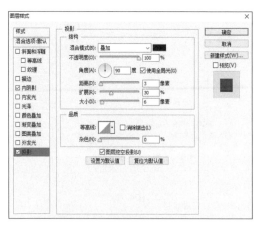

图4-104

20 单击 确定 按钮，得到添加图层样式后的文字效果，如图4-105所示。完成本例的制作。

图4-105

小测 使用外发光制作发光文字

配套资源＼素材文件＼第 4 章＼光圈 .psd
配套资源＼效果文件＼第 4 章＼发光文字 .psd

本例将使用"外发光"图层样式和"高斯模糊"滤镜，为白色圆圈和文字添加外发光效果。在设计过程中，可设置外发光为渐变颜色填充，得到具有变化的彩色发光图像，其参考效果如图 4-106 所示。

图4-106

4.4.3 显示与隐藏图层样式

在"图层"面板中，每个图层效果前都有 👁 图标，若想隐藏一个图层效果，可以单击该图层效果前的 👁 图标；若想隐藏该图层所有的图层样式，可以单击"效果"前的 👁 图标；若想显示已隐藏的图层样式，可以在原 👁 图标处单击。图4-107所示为隐藏内阴影样式及其效果。

图4-107

4.4.4 修改与删除图层样式

为了优化图像整体效果，可以对设置好的图层样式进行修改。若不需要该图层样式，还可以将其删除。在"图层"面板中，双击需修改的图层样式名称，在打开的对话框中可以修改样式参数，完成后单击"确定"按钮。

当不需要使用图层样式时，还可以清除图层样式。其方法有以下3种。

● 在"图层"面板中选择需要清除的某个样式并将其拖曳到底部的"删除"按钮 🗑 上，即可清除相应的图层样式，如图4-108所示。

图4-108

● 在"图层"面板中选择需要清除全部样式的图层右侧的 fx 图标并将其拖曳到底部的"删除"按钮 🗑 上，即可清除该图层上的所有图层样式。

● 在"图层"面板中选择需要清除全部样式的图层，单击鼠标右键，在弹出的快捷菜单中选择"清除图层样式"命令，即可清除该图层上的所有图层样式，如图4-109所示。

图4-109

4.4.5 复制与粘贴图层样式

在编辑图像时，用户可能需要为多个图层应用相同的图层样式。为了提高操作的准确性和效率，可以使用复制、粘贴图层样式的功能快速、轻松地解决问题。

● 复制图层样式：选择【图层】/【图层样式】/【拷贝图层样式】命令，或在已添加图层样式的图层上单击鼠标右键，在弹出的快捷菜单中选择"拷贝图层样式"命令。

● 粘贴图层样式：拷贝完成后，选择需要粘贴图层样式的图层，选择【图层】/【图层样式】/【粘贴图层样式】命令，或在需要粘贴图层样式的图层上单击鼠标右键，在弹出的快捷菜单中选择"粘贴图层样式"命令。

> **技巧**
>
> 直接拖曳图层样式图标 fx 到其他图层上，可将图层样式移动并应用到其他图层上；按住 Alt 键进行拖曳，可将图层样式复制到其他图层上。

4.5 特殊图层的使用

> 在Photoshop CS6中，可以使用一些特殊图层来绘制图像。下面主要介绍应用较为广泛的中性色图层和填充图层的使用方法。

4.5.1 使用中性色图层

中性色图层是一种填充了中性色的特殊图层，编辑该图层不会破坏其他图层上的像素。它能通过混合模式对下面的图层产生影响，常用于修饰图像及添加滤镜。

在Photoshop CS6中，中性色是指黑色、白色，以及黑色到白色之间的所有灰色。在RGB颜色模式下，中性色是指R∶G∶B=1∶1∶1，即红、绿、蓝三色数值相等。绝对的中性色为"R128，G128，B128"。

创建中性色图层时，Photoshop CS6会用黑、白、灰中的一种颜色来填充图层，并为其设置特殊的混合模式，在这种混合模式下，图层中的中性色是不可见的，如图4-110所示。

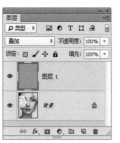

图4-110

4.5.2　使用填充图层

填充图层与普通图层不同，它可以使用纯色、渐变颜色或图案来填充图层，也可以设置其混合模式、不透明度、图层样式和蒙版等。

1. 纯色填充图层

纯色填充图层就是使用单一的颜色来填充图层，并且在"图层"面板中自带一个图层蒙版。

选择【图层】/【新建填充图层】/【纯色】命令，打开"新建图层"对话框，在其中可以设置图层名称、颜色、混合模式和不透明度等，单击 确定 按钮，即可打开"拾色器（纯色）"对话框，在其中选择颜色后，单击 确定 按钮，即可创建一个带蒙版的纯色填充图层，如图4-111所示。

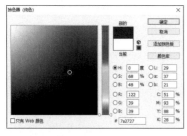

图4-111

技 巧

单击"图层"面板底部的"创建新的填充或调整图层"按钮，在弹出的菜单中同样可以选择填充图层命令。

2. 渐变填充图层

渐变填充图层就是使用渐变颜色填充图层，并且同样带有一个图层蒙版。

选择【图层】/【新建填充图层】/【渐变】命令，打开"新建图层"对话框，设置好相关选项后，单击 确定 按钮，打开"渐变填充"对话框，在该对话框中可以设置渐变颜色、样式和角度等参数，单击 确定 按钮，即可创建一个渐变填充图层，如图4-112所示。

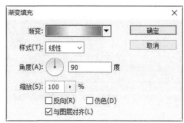

图4-112

技 巧

在"渐变填充"对话框中，单击"渐变"右侧的色条，即可打开"渐变编辑器"对话框，在其中可以设置渐变颜色。

3. 图案填充图层

图案填充图层可以使用一种图案来填充图层，并且带有一个图层蒙版。

选择【图层】/【新建填充图层】/【图案】命令，打开"新建图层"对话框，设置好选项后，单击 确定 按钮，打开"图案"对话框，选择图案并设置缩放参数，单击 确定 按钮，即可创建一个图案填充图层，如图4-113所示。

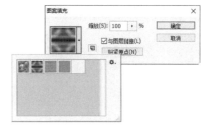

图4-113

4.5.3　使用智能对象图层

智能对象是一个嵌入在当前文件中的文件，它可以是来自图像或图层的内容，也可以在Photoshop CS6程序之外编辑；它既可以是位图，也可以是用Illustrator软件编辑的矢量图。

1. 智能对象的优势

智能对象是一种非破坏性的编辑功能，使用该功能处理图像时不会直接应用到对象的原数据，因此不会对原始数据造成任何影响。它有以下3个优势。

● 将多个图层内容创建为一个智能对象后，可减少"图层"面板中的图层结构。也可将智能对象创建为多个副本，对原内容进行编辑后，所有与其链接的副本都会自动更新。

● 智能对象可进行非破坏性变换，如旋转、按比例缩放对象等。也可保留非Photoshop CS6本地处理方式的数据，如在嵌入Illustrator中的矢量图形时，Photoshop CS6会自动将它转换为可识别的内容。

● 应用于智能对象的滤镜都是智能滤镜，可随时更改滤镜参数，且不会对原图像造成任何破坏。

2. 创建与编辑智能对象

在Photoshop CS6中，可以将文件、图层中的对象、Illustrator中创建的矢量图形或文件等创建为智能对象。创建智能对象主要有以下4种方法。

● 转换为智能对象：选择【图层】/【智能对象】/【转换为智能对象】命令，可将选择的图层创建为智能对象。转换为智能对象后，图层缩览图右下角将出现智能对象图标，如图4-114所示。当为其应用滤镜后，即可在智能对象图层中显示滤镜名称，如图4-115所示。双击添加的滤镜名称，即可打开相应的对话框进行编辑。

图4-114　　　　　　　　图4-115

● 打开为智能对象：选择【文件】/【打开为智能对象】命令，可选择一个文件作为智能对象打开。

● 使用置入文件创建：选择【文件】/【置入】命令，可选择一个文件置入图像中作为智能对象。

● 使用其他格式文件创建：将Illustrator中创建的矢量图形或PDF文件拖曳到Photoshop CS6中，在打开的"置入PDF"对话框中单击"确定"按钮，也可将其创建为智能对象。

3. 导出智能对象

在Photoshop CS6中，不仅可以将智能对象添加到文件中，还能将文件中的智能对象作为文件导出，以便在其他作品的编辑中使用。导出智能对象的方法是：在"图层"面板中选择智能对象，选择【图层】/【智能对象】/【导出内容】命令，即可将智能对象以原始的置入格式导出。若智能对象是利用图层来创建的，那么将默认导出为PSD格式。

 技 巧

在智能对象中可以添加滤镜效果，但不能使用"画笔工具" 进行绘制，需要先将其转换为普通图层，在"图层"面板中选择智能对象，然后选择【图层】/【智能对象】/【栅格化】命令。

 范例　使用智能对象制作站台灯箱广告

知识要点　置入图像、复制图像的操作，智能对象的使用

配套资源　素材文件\第4章\站台.jpg、冰淇淋广告.jpg、化妆品广告.jpg
效果文件\第4章\制作站台广告.psd

扫码看视频

 范例说明

当设计师绘制好灯箱平面广告图后，制作一个安装在灯箱上的广告效果图就能更加直观地向客户展示广告设计效果。下面将通过置入图像的方式，将平面广告图放到站台灯箱效果图中。

操作步骤

1　打开"站台.jpg"素材文件，如图4-116所示。下面将在该站台广告空白处添加可以替换的广告图像。

2　选择【文件】/【置入】命令，打开"置入"对话框，选择"冰淇淋广告.jpg"图像，如图4-117所示。

图4-116

图4-117

3 单击"置入"按钮，即可将"冰淇淋广告.jpg"图像置入"站台.jpg"图像中，如图4-118所示。

图4-118

4 适当调整广告图像的大小，使其与站台灯箱广告画面大小相同，然后按Enter键完成操作，"图层"面板中将自动得到智能对象图层，如图4-119所示。

图4-119

5 按Ctrl+J组合键复制图像，并适当缩小，然后选择"冰淇淋广告"图层，将图层"不透明度"设置为50%，

得到半透明效果，如图4-120所示。

图4-120

6 选择【滤镜】/【模糊】/【高斯模糊】命令，打开"高斯模糊"对话框，设置"半径"为5.7像素，如图4-121所示。

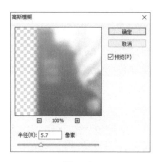

图4-121

7 单击 确定 按钮，得到模糊图像效果，在"图层"面板中将显示"高斯模糊"智能滤镜，用户可以随时对该滤镜进行调整，如图4-122所示。

图4-122

8 完成站台灯箱广告的制作后，如需要更换画面，可以直接双击"图层"面板中的智能图层对象的图层缩览图，将弹出提示对话框，如图4-123所示。

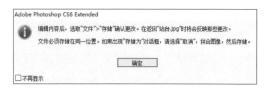

图4-123

9 单击 [确定] 按钮，进入"冰淇淋广告.jpg"图像，如图4-124所示。然后打开"化妆品广告.jpg"图像，使用"移动工具" ▶️ 将其拖曳到"冰淇淋广告.jpg"图像中，并调整大小，如图4-125所示。

图4-124

图4-125

10 按Ctrl+E组合键合并图层，并保存图像，然后关闭"冰淇淋广告.jpg"图像文件，可以看到站台的广告画面已经被自动更换，如图4-126所示。完成本例的制作。

图4-126

小测 使用智能对象替换标签

配套资源 \ 素材文件 \ 第 4 章 \ 饮料瓶 .psd、标签 .jpg
配套资源 \ 效果文件 \ 第 4 章 \ 为饮料瓶添加标签 .psd

- -

本例将通过"置入"命令和替换智能对象功能，在瓶身上添加标签图像，并将其调整为正确的透视效果，其参考效果如图 4-127 所示。

图4-127

4.6 综合实训：制作打车App登录界面

良好的界面设计总能令人赏心悦目，从而提升用户黏性。因此，任何App界面都需要精心设计，才能起到应有的作用。作为刚入行的UI设计师，在设计App界面时，需要先弄清楚用户使用App的常用屏幕尺寸，然后再有针对性地进行其他操作。

4.6.1 实训要求

某出租车公司近期要拓展业务，将推出一款打车App，因此需要制作一款司机登录界面。要求界面整体简洁大方、色彩亮丽，在构图上突出重点，界面操作简单，视觉效果突出，同时还需要对登录输入栏进行美化与展现，尺寸要求为：宽度为720像素，高度为1280像素。

随着手机App的大力推广，越来越多的设计人员开始从事App界面设计工作。手机App的应用设备一般分为iPhone和Android两种。iPhone手机界面尺寸一般是750像素×1334像素、1125像素×2436像素和1242像素×2208像素这3种，其中750像素×1334像素为2倍图设计，1125像素×2346像素和1242像素×2208像素都是3倍图设计，在Photoshop CS6中制作设计稿时，一般使用750像素×1334像素；而Android手机界面尺寸一般是720像素×1280像素和1080像素×1920像素这2种，第一种是2倍图，第二种是3倍图。

设计素养

4.6.2 实训思路

（1）根据要求确定App设计尺寸，并划分板块，将图像分为上下两部分，上部为图像展示区域，下部分为登录输入区。

（2）色彩在App设计中非常重要，它能起到帮助用户记忆的作用，即通过与图像的结合，让用户快速想起App内容。

（3）登录输入文字框的设计风格要简洁大方，可通过投影等方式得到立体效果。

（4）结合本章所学的图层的创建和编辑、图层的对齐与分布、图层样式的运用，以及图像的排列顺序和位置的调整等知识，制作出令人满意的登录界面。

本例完成后的参考效果如图4-128所示。

图4-128

4.6.3 制作要点

知识
要点　图层的基本操作

配套
资源

素材文件\第4章\汽车.psd、手机.jpg、
图标.psd
效果文件\第4章\打车App登录界面.psd

扫码看视频

本例主要包括绘制Logo、抠取人像、绘制背景3个部分,其主要操作步骤如下。

1 新建"名称"为"打车App登录界面","大小"为"720像素×1280像素","颜色模式"为"RGB颜色","背景内容"为"白色"的图像文件。

2 新建图层,使用"矩形选框工具" 在图像上方绘制一个矩形选区,并填充为黄色。

3 新建图层,使用相同的方法绘制一个白色矩形,在"图层"面板中设置该图层的"不透明度"为50%,如图4-129所示。

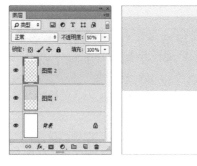

图4-129

4 新建图层,得到"图层3"图层,使用"椭圆选框工具" 在黄色矩形下方绘制一个圆形选区,并填充为相同的黄色,然后在"图层"面板中将"图层3"图层移至"图层1"图层下方。

5 为"图层3"图层添加"投影"颜色为深灰色、"不透明度"为20%的"投影"图层样式,效果如图4-130所示。

图4-130

6 打开"图标.psd"素材文件,使用"移动工具" 将其中的内容拖曳到画面顶部。

7 按住Ctrl键选择新增加的两个图层,选择"移动工具" ,单击工具属性栏中的"底对齐"按钮 ,使图标底部对齐,如图4-131所示。

图4-131

8 打开"汽车.psd"素材文件,使用"移动工具" 将其拖曳到黄色矩形中。

9 为汽车所在图层添加"投影"颜色为黑色、"不透明度"为40%的"投影"图层样式,如图4-132所示。

图4-132

10 新建图层,选择"钢笔工具" ,在汽车图像右上方绘制一个对话框图形,按Ctrl+Enter组合键将路径转换为选区,填充为白色,并为该图层添加橘红色(R234,G137,B47)的"外发光"图层样式,效果如图4-133所示。

11 选择"多边形套索工具" ，在黄色圆形中绘
制一个三角形选区，填充为白色，然后使用"横
排文字工具" **T.** 在对话框图形中输入文字"HI"，将其填
充为橘红色（R234，G137，B47），并设置合适的字体和大
小，效果如图4-134所示。

图4-133

图4-134

12 选择"圆角矩形工具" ，在工具属性栏中选
择工具模式为"形状"，然后设置"填充"为无，
"描边"为浅灰色，"描边宽度"为4点，"半径"为30像素，
在画面下方按住鼠标左键拖曳，绘制出一个圆角矩形。

13 将该形状图层栅格化，并重命名为"图层9"，
然后为其添加"投影"颜色为深灰色、"不透明
度"为20%的"投影"图层样式，效果如图4-135所示。

图4-135

14 复制"图层9"图层，向下移动复制后的圆角矩
形，然后使用"圆角矩形工具" 再绘制两个
较小的圆角矩形，分别填充为浅灰色和黄色。

15 使用"横排文字工具" **T.** 在圆角矩形中输入文
字，分别填充为灰色和白色，并设置字体为黑
体，效果如图4-136所示。

16 在"图层"面板中选择最上方的图层，按
Alt+Ctrl+Shift+E组合键，得到盖印图层，如图4-137
所示。

技巧

在盖印图层时，被隐藏的图层将不会被盖印出来，所以用
户在使用盖印图层这一功能时，可以有选择性地显示和隐
藏图层内容。

图4-136

图4-137

17 打开"手机.jpg"素材文件，选择"魔棒工具" ，
在手机屏幕中单击，获取黄色屏幕图像，并按
Ctrl+J组合键复制图像到新的图层，得到"图层1"图层，如
图4-138所示。

18 切换到"打车App登录界面.psd"图像文件中，使用
"移动工具" 将盖印的图像拖曳到手机屏幕中，
适当调整大小，"图层"面板中将自动增加"图层2"图层，
如图4-139所示。

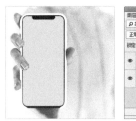

图4-138

图4-139

19 选择【图层】/【创建剪贴蒙版】命令，将超出
手机画面的图像隐藏起来，如图4-140所示。

图4-140

巩固练习

1. 制作浪漫海岛图

图层的运用在图像合成及创意类作品制作中应用较为广泛。本练习将制作一个创意合成图像，要求综合运用本章和前面所学的知识，将提供的素材图像通过排列顺序、添加图层蒙版等操作，合成为一幅创意图像作品"浪漫海岛图"，参考效果如图4-141所示。

配套资源

素材文件\第4章\海水.jpg、椰子树.psd、海岛.psd、岛屿.psd、小鸟.psd、海豚.psd
效果文件\第4章\制作浪漫海岛图.psd

图4-141

2. 制作清新层叠文字

本练习将制作清新层叠文字海报，要求通过层叠的方式制作出立体文字效果。在制作时，可以使用图层样式为文字添加投影和描边，增强视觉感，参考效果如图4-142所示。

配套资源

素材文件\第4章\文字.psd
效果文件\第4章\制作清新层叠文字.psd

图4-142

技能提升

掌握了图层的基本操作后，还需要了解图层复合的作用及高效管理图层的技巧。

1. 什么是图层复合

图层复合是"图层"面板的快照，它记录了当前文件中图层的透明度、位置和图层样式等特征。用户通过图层复合可以在文档中快速切换不同版面的显示状态，通过"图层复合"面板可以完成复合图层的创建与编辑，如图4-143所示。该功能常用于向客户展示不同的方案。

2. 如何导出图层内容

在处理图像的过程中，用户既可以将图片导入图层中，也可将图层单独导出为图片。其方法是：选择需要导出的图层，选择【文件】/【脚本】/【将图层导出到文件】命令，打开"将图层导出到文件"对话框，在其中设置导出文件的存放位置、格式、文件名等参数，然后单击"运行"按钮即可导出图层内容。

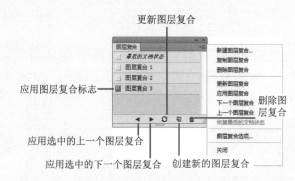

图4-143

第 **5** 章 图像绘制与修饰

本章导读

Photoshop CS6中提供了多种绘图工具，如"画笔工具""历史记录艺术画笔工具""渐变工具"等。利用这些绘图工具不仅可以绘制图像，其中的自定义画笔样式和铅笔样式还可供创建各种图形特效。而修饰工具主要包括图章工具组、修复工具组、模糊工具组和减淡工具组。设计人员掌握这些工具的使用方法有利于图像的后期处理。本章将详细介绍绘图工具与修饰工具的使用方法。

知识目标

- 掌握常用绘图工具的操作方法
- 掌握图像的简单修饰方法
- 掌握图像瑕疵的修复方法

能力目标

- 能够使用画笔工具绘制云层星光图像
- 能够使用渐变工具绘制卡通画
- 能够使用模糊工具和锐化工具美化商品
- 能够使用减淡工具和加深工具调整肌肤
- 能够使用仿制图章工具修补背景
- 能够使用修补工具复制人像

情感目标

- 培养图像绘制能力
- 培养图像修饰能力

5.1 常用绘图工具

在Photoshop CS6中，很多效果都需要用户手动绘制，而绘制图像可以通过"画笔"面板和画笔工具来完成。绘制好图像后，还可以通过对颜色的设置得到多色混合的图像效果，并擦除不需要的图像。下面将对画笔工具、铅笔工具、颜色替换工具、混合器画笔工具、渐变工具、历史记录画笔和历史记录艺术画笔工具、橡皮擦工具等多种工具的使用方法进行介绍。

5.1.1 "画笔"面板与画笔工具

使用画笔工具可以绘制多种笔触效果，而"画笔"面板主要用于对画笔参数进行设置，通过不同的参数可绘制出理想的图像效果。

1. 认识"画笔"面板

"画笔"面板对使用Photoshop CS6绘制图像而言非常重要，用户可以通过它设置画笔的大小、硬度、边缘、距离等参数。通过不同的设置组合，能够产生很多奇妙的画笔样式。选择【窗口】/【画笔】命令或按F5键，都可打开"画笔"面板，如图5-1所示。

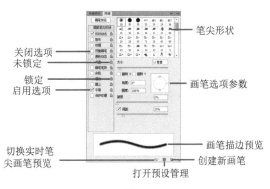

图5-1

"画笔"面板中主要选项的作用如下。

● 启用/关闭选项：用于启用或关闭画笔的某项参数设置。勾选复选框表示该项参数已启用，取消勾选复选框表示该项参数未启用。

● 锁定/未锁定：出现 🔒 图标时表示该复选框已被锁定，出现 🔓 图标时表示该复选框未被锁定。单击 🔒 图标，可在锁定状态和未锁定状态之间切换。

● 笔尖形状：用于显示预设的笔尖形状。

● 画笔选项参数：用于设置画笔的相关参数。

● 画笔描边预览：用于显示设置各参数后，绘制画笔时将出现的画笔形状。

● 切换实时笔尖画笔预设：单击 🖊️ 按钮，使用笔刷笔尖时，在画布中将出现笔尖的形状。

● 打开预设管理：单击 📖 按钮，可打开"预设管理器"对话框。

● 创建新画笔：单击 🗑 按钮，可将当前设置的画笔保存为一个新的预设画笔。

2. 认识画笔参数

在使用画笔的过程中，可勾选不同的复选框，设置不同的画笔样式，主要包括画笔笔尖形状、形状动态、散布、纹理、双重画笔、颜色动态、传递、画笔笔势、杂色和湿边等，下面分别进行介绍。

● 画笔笔尖形状：在"画笔笔尖形状"参数面板中可对画笔的形状、大小、硬度等进行设置。如设置画笔"大小"为50像素，"间距"为100%，如图5-2所示。

● 形状动态："形状动态"参数面板用于设置绘制时画笔笔迹的变化情况，可设置绘制画笔的大小抖动、圆度抖动等效果。如设置画笔的"大小抖动"为100%，如图5-3所示。

图5-2　　　　　　　　图5-3

● 散布：在"散布"参数面板中可以对绘制的笔迹数量和位置进行设置，如勾选"两轴"复选框，并设置参数，如图5-4所示。

● 纹理：在"纹理"参数面板中设置参数，可以让笔迹在绘制时出现纹理质感。在面板上方选择一种纹理，然后设置参数，如图5-5所示。

图5-4　　　　　　　　图5-5

● 双重画笔：在"双重画笔"参数面板中可以为画笔添加两种画笔效果，让画笔编辑变得更加自由。

● 颜色动态：在"颜色动态"参数面板中可为笔迹设置颜色的变化效果。

● 传递：在"传递"参数面板中可对笔迹的不透明度、流量、湿度、混合等抖动参数进行设置。

● 画笔笔势：在"画笔笔势"参数面板中可为画笔调整笔势状态，包括画笔倾斜度、画笔旋转度等。

● 杂色：用于为一些特殊的画笔增加随机效果。

● 湿边：用于在使用画笔绘制笔迹时增大油彩量，从而形成水彩效果。

● 建立：用于模拟喷枪效果，根据使用画笔时按住鼠标左键的持续时间来确定画笔线条的填充量。

● 平滑：可使画笔绘制笔迹时产生平滑的曲线，若是使用压感笔绘画，该参数效果最为明显。

● 保护纹理：用于将相同图案和缩放应用到具有纹理的所有画笔预设中。若勾选该复选框，在使用多种纹理画笔时，可绘制出统一的纹理效果。

> **技巧**
>
> 当"画笔"面板的画笔预设中没有用户需要的画笔时，可选择【编辑】/【预设】/【预设管理器】命令。打开"预设管理器"对话框，在"预设类型"下拉列表框中选择"画笔"选项。单击 载入(L)... 按钮，在打开的"载入"对话框中可选择外部的 ADR 画笔文件。

3. 使用画笔工具

"画笔工具" 🖌 是绘制图像时的首选工具，使用它可以绘制各种线条。在工具箱中选择"画笔工具" ，将显示图5-6所示工具属性栏。

图5-6

"画笔工具" 的工具属性栏中主要选项的作用如下。

● 画笔预设：单击 按钮，在打开的"画笔预设"选取器中可以设置笔尖、画笔大小和硬度。

● 切换到"画笔"面板：单击 按钮，将打开"画笔"面板，在其中可以设置画笔的各项参数。

● 模式：用于设置绘制图像与下方图像像素的混合模式。图5-7所示为使用"溶解"模式的效果；图5-8所示为使用"实色混合"模式的效果。

图5-7　　　　　　图5-8

● 不透明度：用于设置画笔绘制出的笔触的不透明度。数值越大，笔触越不透明，如图5-9所示。数值越小，笔触越接近透明，如图5-10所示。

● 压力设置：单击 按钮，绘图时将始终对"不透明度"使用压力设置。

图5-9　　　　　　图5-10

● 流量：用于控制当画笔移动到图像中时应用颜色的速率。在绘制图像时，不断使用画笔在同一区域中涂抹将增加该区域的颜色深度。

● 启用喷枪模式：单击 按钮，启动喷枪功能。Photoshop CS6将根据单击的次数来确定画笔笔迹的深浅。关闭喷枪模式后，单击一次只能绘制一个笔迹。开启喷枪模式后，按住鼠标左键不放，将持续绘制笔触。

● 绘图板压力控制大小：单击 按钮，使用压感笔时，压感笔的即时数据将自动覆盖"不透明度"和"大小"设置。

操作步骤

1 选择【窗口】/【画笔】命令，或按F5键，打开"画笔"面板，在"画笔笔尖形状"中选择"圆钝形"画笔样式，在面板中可以设置"硬毛刷品质"参数，如图5-11所示。

2 在"形状"下拉列表框中选择"平扇形"选项，然后调整画笔参数，如图5-12所示。

图5-11　　　　　　图5-12

3 勾选面板左侧的"散布"复选框，打开"散步"参数面板，在其中勾选"两轴"复选框，然后设置参数，如图5-13所示。

4 勾选"纹理"复选框，然后选择一种图案，并设置参数，如图5-14所示。

图5-13　　　　　　图5-14

5 单击"画笔"面板右上方的 ▾▤ 按钮，在弹出的菜单中选择"新建画笔预设"命令，将打开"画笔名称"对话框，输入名称后，单击 确定 按钮，即可将自定义的画笔保存到画笔面板中，如图5-15所示。

图5-15

6 单击工具属性栏左侧的画笔预设三角形按钮·，打开"画笔预设"选取器，自定义的画笔将显示在面板最尾部，如图5-16所示。

图5-16

★ 范例　制作云层星光效果

 知识要点　画笔工具、"画笔"面板的使用

 配套资源　素材文件\第5章\古堡.jpg
效果文件\第5章\制作云层星光效果.psd

 扫码看视频

🖼 范例说明

　　一张普通的图像经过艺术加工后，可以呈现出不一样的视觉效果，此时除了可以在图像中添加一些素材进行合成外，还可以使用画笔工具来绘制图像。本例将为"古堡"图像绘制云层和星光效果，主要是通过设置画笔工具的不同参数来完成。

📋 操作步骤

1 选择【文件】/【打开】命令，打开"古堡.jpg"素材文件，如图5-17所示。下面将使用"画笔工具" ✐ 在其中添加云层和星光效果。

2 选择"画笔工具" ✐，单击工具属性栏左侧的三角形按钮·，打开"画笔预设"选取器，选择"柔边圆"画笔样式，然后设置"大小"为125像素，"不透明度"为40%，如图5-18所示。

图5-17

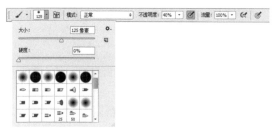

图5-18

3 新建图层，设置"前景色"为白色，在图像中绘制雾气云层效果，如图5-19所示。

图5-19

技巧

使用画笔绘制图像时，按数字1键可调整画笔"不透明度"为10%，按0键则可将画笔"不透明度"恢复到100%。

4 适当调整画笔大小，通过反复拖曳画笔可绘制出更丰富的云雾图像效果，如图5-20所示。

图5-20

5 在"图层"面板中设置"图层1"图层的"不透明度"为50%，得到较为透明的云雾效果，如图5-21所示。

图5-21

6 继续使用"画笔工具" ，在古堡图像中间绘制云雾图像，效果如图5-22所示。

图5-22

7 单击工具属性栏左侧的三角形按钮 ，打开"画笔预设"选取器，单击面板右上方的 按钮，在弹出的菜单中选择"混合画笔"命令，如图5-23所示。

图5-23

8 此时将打开一个提示对话框，根据需要确认画笔的替换情况，这里单击 确定 按钮，如图5-24所示。

9 在"画笔预设"面板中选择"星爆-小"画笔样式，然后设置"大小"为50像素，如图5-25所示。

图5-24　　　　　　　　图5-25

10 单击工具属性栏中的 按钮，打开"画笔"面板，设置"间距"为136%，如图5-26所示。

11 勾选"散布"复选框，设置参数如图5-27所示。

图5-26　　　　　　　　图5-27

12 勾选"形状动态"复选框，设置"大小抖动"为100%，如图5-28所示。

图5-28

13 设置好画笔参数后，设置"前景色"为白色，在天空图像中单击并拖曳鼠标，绘制出云层星光效果，如图5-29所示。完成本例的制作。

图5-29

　　本例将为图像添加暗角，并绘制光点图像。暗角效果主要考虑使用画笔工具，采用较深的颜色在图像周围绘制，然后改变图层的混合模式，使中间的图像得以突出显示，效果如图5-30所示。

图5-30

5.1.2　铅笔工具

　　"铅笔工具" 与"画笔工具"都是用于图像的绘制，二者的使用方法也相同。但"铅笔工具"绘制出的效果比较硬，常用于各种线条的绘制，使用铅笔工具可绘制像素画和像素游戏，绘制的画面不但质感强，而且对比强烈。图5-31所示为使用"铅笔工具"绘制的图像。

　　在工具箱中选择"铅笔工具"，其工具属性栏如图5-32所示。

图5-31

图5-32

　　"铅笔工具"的工具属性栏中主要选项的作用如下。

● 画笔预设：单击右侧的下拉按钮，将打开"画笔预设"选取器。在其中可以对笔尖、画笔大小、硬度等进行设置。

● 模式：用于设置绘制的颜色与下方像素的混合方式。

● 不透明度：用于设置绘制时笔迹的不透明度。数值越大，绘制出的笔迹越不透明，如图5-33所示。数值越小，绘制的笔迹越透明，如图5-34所示。

图5-33　　　　　　　　图5-34

● 自动抹除：勾选该复选框，将鼠标指针放置在包含前景色的区域，可将该区域涂抹成背景色。如果鼠标指针放置的区域不包含前景色，则可将该区域涂抹成前景色。

技巧

　　"自动抹除"功能只能用于原始图像，如果是新建图层，进行涂抹将不会产生效果。

5.1.3　颜色替换工具

"颜色替换工具" 可以将指定的颜色替换为另一种颜色。选择"颜色替换工具" ，将显示图5-35所示工具属性栏。

图5-35

"颜色替换工具" 的工具属性栏中各选项的作用如下。

● 模式：用于设置替换颜色的模式，其中包括"色相""饱和度""颜色""明度"等四个模式。

● 取样：用于设置颜色的取样方式。单击 按钮，拖曳鼠标时，可对所有经过的颜色像素取样。单击 按钮，将只会替换第1次单击的颜色区域。单击 按钮，将替换包含背景色的图像区域。

● 限制：用于限制替换的条件。选择"连续"选项时，将只替换与鼠标指针下颜色接近的区域；选择"不连续"选项时，将替换出现在鼠标指针下任何位置的样本颜色；选择"查找边缘"选项时，将替换包括样本颜色的连续区域，但同时会保留形状边缘的细节。

● 容差：用于设置替换颜色的影响范围，数值越大，绘制时的影响范围越大。

● 消除锯齿：勾选该复选框，可去除替换颜色区域的锯齿效果，从而让图像效果更加自然。

 范例　更改摩托车颜色

 知识要点　"颜色替换工具"的使用

 配套资源　素材文件\第5章\摩托车.jpg
效果文件\第5章\更改摩托车颜色.jpg

扫码看视频

范例说明

图像修饰的内容之一就是改变图像颜色。本例将使用"颜色替换工具" ，快速改变摩托车及车上人物的颜色，制作出带紫色调的图像视觉效果。

1 选择【文件】/【打开】命令，打开"摩托车.jpg"素材文件，如图5-36所示。下面将使用"颜色替换工具" 改变人物和摩托车的颜色。

图5-36

2 单击工具箱下方的前景色图标，打开"拾色器（前景色）"对话框，设置颜色为紫色（R159，G89，B178），如图5-37所示。

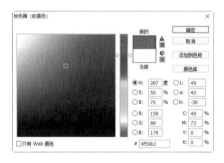

图5-37

3 选择"颜色替换工具" ，在工具属性栏中设置画笔"大小"为80像素，在"模式"下拉列表框中选择"色相"选项，再设置其他参数，如图5-38所示。

图5-38

4 对图像中人物的衣服进行涂抹，改变衣服颜色，如图5-39所示。

图5-39

5 继续对人物的头盔和摩托车进行涂抹，将其变为紫色，如图5-40所示。完成本例的制作。

图5-40

5.1.4 混合器画笔工具

"混合器画笔工具"  常用于绘制传统的图像效果。通过它可制作出混合颜料的效果，如油画效果。选择"混合器画笔工具" ，将显示图5-41所示工具属性栏。

图5-41

"混合器画笔工具" 的工具属性栏中主要选项的作用如下。

● 当前画笔载入：单击 按钮，将弹出一个下拉菜单，如图5-42所示。按住Alt键单击图像，可以吸取单击处的颜色，如果选择"载入画笔"命令，可以载入鼠标指针下方的图像，如图5-43所示；选择"只载入纯色"命令，可以载入单色，如图5-44所示；选择"清理画笔"命令，可以清除画笔中的油彩。

图5-42

图5-43　　　　　　图5-44

● 每次描边载入画笔：单击 按钮，画笔涂抹的区域将会与前景色融合。图5-45所示为将前景色设置为黄色后使用自动载入功能前后的效果。

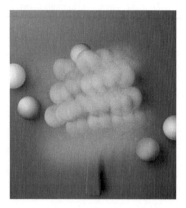

图5-45

● 每次描边后清理画笔：单击 按钮，可以清理油彩。

● 预设：其中提供了多种画笔组合，如图5-46所示。选择不同的预设模式，可以涂抹出不同的图像效果。

图5-46

● 潮湿：用于控制从画布拾取的颜色量，数值越大，出现的绘画痕迹越长。图5-47所示为数值是100%时的绘图效果；图5-48所示为数值是10%时的绘图效果。

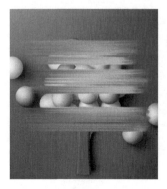 

图5-47　　　　　　图5-48

● 载入：用于设置储槽中添加的颜色量。数值越小，绘制时描边干燥的速度越快。

● 混合：用于控制画布颜色量与储槽中颜色的比例。当数值为100%时，所有颜色将从画布中拾取；当数值为0时，所有颜色将从储槽中拾取。

● 流量：用于控制工具的涂抹速度。

● 对所有图层取样：勾选该复选框，可拾取所有可见图层中的颜色。

5.1.5 历史记录画笔工具和历史记录艺术画笔工具

"历史记录画笔工具" 用于还原某一图像区域或某一步的操作。"历史记录画笔工具" 可以与"历史记录"面板一起使用，它将标记的历史记录状态或快照作为源数据对图像进行修改。其工具属性栏中各选项的作用与"画笔工具" 的相同，这里就不再赘述。

"历史记录艺术画笔工具" 也可以将标记的历史记录状态或快照作为源数据对图像进行修改。此外，在使用"历史记录艺术画笔工具" 时，用户还可以为图像创建不同颜色和艺术风格。选择"历史记录艺术画笔工具" ，将显示图5-49所示工具属性栏。

图5-49

"历史记录艺术画笔工具" 的工具属性栏中主要选项的作用如下。

● 样式：用于设置画笔描边的形状。图5-50所示为原图效果；图5-51所示为使用"绷紧短"样式的效果。

● 区域：用于设置绘图描边覆盖的区域。数值越小，覆盖的区域就越小，描边数量也就越少。

● 容差：用于限制应用描边的区域。数值大时会将绘制区域限定在与源状态或快照中颜色明显不同的区域；数值小时可在图像中任意区域进行绘制。

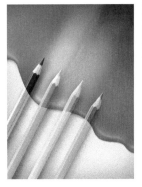

图5-50

图5-51

■ 范例说明

在制作油画效果的图像时，除了可以通过"油画"滤镜来制作，还可以运用绘图工具并通过简单的几步操作，将图像制作成油画效果，再为其添加画框，让图像更具艺术观赏性。

■ 操作步骤

1 打开"花瓶.jpg"素材文件，按Ctrl+J组合键复制图层，得到"图层1"图层，如图5-52所示。

图5-52

2 选择"历史记录艺术画笔工具" ，在其工具属性栏中设置"画笔大小""样式""区域""容差"分别为50像素、绷紧中、50像素、10%，如图5-53所示。

图5-53

3 将鼠标指针移动到图像中，对整个图像进行涂抹，图像将呈现一个模糊的轮廓状态，如图5-54所示。

4 缩小画笔，设置"大小"为30像素，"样式"为"绷紧短"，对花朵图像进行涂抹，显示部分细节，如

图5-55所示。

图5-54　　　　　　　图5-55

5 设置画笔"大小"为10像素，对花瓶、叶片和花朵轮廓进行细致涂抹，让图像细节更加完整，得到油画图像效果，如图5-56所示。

6 选择"横排文字工具" T ，在画面右下方输入文字，并在工具属性栏中设置"字体"为方正大黑简体，"颜色"为绿色（R61，G74，B6），如图5-57所示。

图5-56　　　　　　　图5-57

7 打开"画框.jpg"素材文件，将制作好的油画和文字图像拖曳到画框中间，适当调整其大小，如图5-58所示。完成本例的制作。

图5-58

5.1.6　渐变工具

渐变是指两种或多种颜色之间的过渡效果。Photoshop CS6中提供了线性、径向、对称、角度和菱形等渐变方式，对应的效果如图5-59所示。

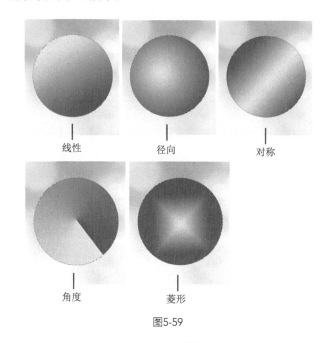

线性　　　　　径向　　　　　对称

角度　　　　　菱形

图5-59

在工具箱中选择"渐变工具" ▣ ，其工具属性栏如图5-60所示。其中主要选项的作用如下。

图5-60

● 渐变颜色色条：用于显示当前选择的渐变颜色。单击其右边的 ▼ 按钮，将弹出图5-61所示下拉列表，其中罗列了Photoshop CS6预设的渐变样式。

图5-61

● 渐变样式：用于设置绘制渐变的样式。单击"线性渐变"按钮 ▣ ，可绘制以直线为起点和终点的渐变；单击"径向渐变"按钮 ▣ ，可绘制从起点到终点的圆形渐变；单击"角度渐变"按钮 ▣ ，可创建围绕起点以逆时针方向为终点的渐变；单击"对称渐变"按钮 ▣ ，可创建对称的线性渐变；单击"菱形渐变"按钮 ▣ ，可创建从起点到终点的菱形渐变。

● 模式：用于设置渐变颜色的混合模式。

● 不透明度：用于设置渐变颜色的不透明度。

● 反向：勾选该复选框，将改变渐变颜色的渐变顺序。图5-62和图5-63所示分别为勾选该复选框和取消勾选该复选框的效果。

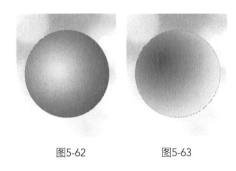

图5-62　　　　图5-63

● 仿色：勾选该复选框，可以使渐变颜色过渡得更加自然。
● 透明区域：勾选该复选框，可以创建包含透明像素的渐变。

技巧

设置好渐变颜色和渐变模式等参数后，将鼠标指针移动到图像窗口中适当的位置单击并按住鼠标左键，拖曳到另一位置后释放鼠标即可进行渐变填充。拖曳的方向和长短不同，得到的渐变效果也各不相同。

　　Photoshop CS6中虽提供了不同渐变样本，但却不能完全满足绘图需要，这时用户可自行设置需要的渐变样本。在Photoshop CS6中编辑样本，只能在"渐变编辑器"对话框中进行。选择"渐变工具" ▣，在其工具属性栏中单击渐变颜色色条，即可打开图5-64所示"渐变编辑器"对话框。

　　"渐变编辑器"对话框中主要选项的作用如下。

● 预设：用于显示Photoshop CS6预设的渐变样式。单击✿.按钮，在弹出的快捷菜单中可选择一些Photoshop CS6预设的渐变库。

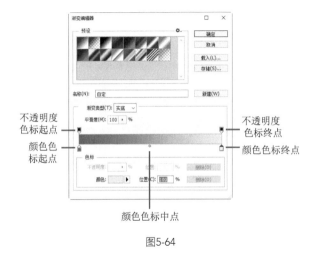

不透明度色标起点　　　　不透明度色标终点
颜色色标起点　　　　颜色色标终点
颜色色标中点

图5-64

● 名称：用于显示当前渐变样式的名称。
● 渐变类型：用于设置渐变的类型，其中"实底"选项是默认的渐变类型；"杂色"选项包含了渐变颜色范围内随机分布的颜色，其颜色变化更加丰富。
● 平滑度：用于设置渐变颜色的平滑程度。
● 不透明度色标：使用鼠标拖曳该色标可以调整不透明度在渐变颜色色条上的位置。此外，选择该色标后，在"色标"栏中可精确设置色标的不透明度和位置。
● 颜色色标中点：用于设置当前颜色色标的中心点位置。
● 色标：使用鼠标拖曳该色标可以调整颜色在渐变效果上的应用位置，双击该色标，可以打开"拾色器（色标颜色）"对话框设置颜色。另外，在"色标"栏中也可以精确设置色标的位置和颜色。
● 删除(D)：单击该按钮，可删除不透明度色标或颜色色标。

★范例　使用渐变工具绘制卡通画

知识要点　渐变工具、椭圆选框工具的使用

配套资源　素材文件\第5章\卡通素材.psd
效果文件\第5章\使用渐变工具绘制卡通画.psd

扫码看视频

范例说明

　　本例将绘制一个卡通画图像，在绘制过程中需要运用渐变工具填充不同的渐变颜色，在填充过程中需注意颜色的设置和渐变类型的选择。

操作步骤

1 新建一个图像文件，选择"渐变工具" ▣，单击工具属性栏左侧的渐变颜色色条，打开"渐变编辑器"对话框，双击颜色色标起点，打开"拾色器（色标颜色）"对话框，设置颜色为蓝色（R101，G199，B228），然后单击确定按钮，如图5-65所示。

 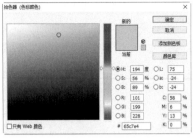

图5-65

2 双击颜色色标终点，打开"拾色器（色标颜色）"对话框，设置颜色为深蓝色（R12，G154，B204），然后单击 **确定** 按钮返回"渐变编辑器"对话框，再单击 **确定** 按钮返回工具属性栏，单击"线性渐变"按钮，并设置其他参数，如图5-66所示。

图5-66

3 在画面中从上到下拖曳鼠标，填充线性渐变颜色，效果如图5-67所示。

图5-67

4 新建图层，选择"椭圆选框工具"，在画面右下方绘制一个圆形选区，如图5-68所示。

图5-68

5 按住Shift键，通过加选的方式，继续绘制多个不同大小的圆形选区，如图5-69所示。

图5-69

6 选择"渐变工具"，在工具属性栏中单击渐变颜色色条，打开"渐变编辑器"对话框，设置颜色色标起点为白色、颜色色标终点为浅灰色，如图5-70所示。

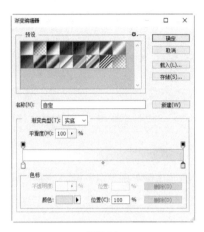

图5-70

7 单击 **确定** 按钮，在工具属性栏中单击"线性渐变"按钮，在选区中从上到下拖曳鼠标，填充渐变颜色，如图5-71所示。

图5-71

8 选择任意一个选框工具，将鼠标指针移动到选区内，按住鼠标左键移动选区，然后新建图层，将其放到下一层，并使用"渐变工具"为其填充从蓝色（R25，G108，B171）到绿色（R22，G194，B202）的线性渐变颜色，如图5-72所示。

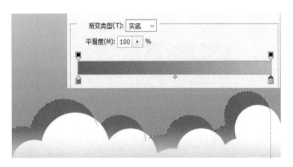

图5-72

9 新建图层，将其放到下一层，然后移动选区位置，为其填充从蓝色（R22，G156，B205）到深蓝色（R12，G154，B214）的线性渐变颜色，如图5-73所示。

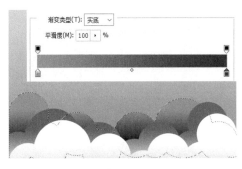

图5-73

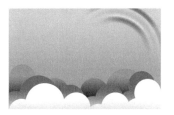

图5-76

10 新建图层,选择"渐变工具" ,在工具属性栏中单击渐变颜色色条,打开"渐变编辑器"对话框,在"预设"栏中选择"透明彩虹渐变"样式,然后将各色标向右移动,调整成图5-74所示位置,然后单击 确定 按钮。

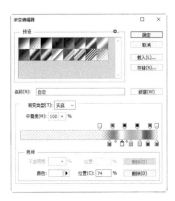

图5-74

11 选择"椭圆选框工具" ,在图像中绘制一个圆形选区,选择"渐变工具",在工具属性栏中单击"径向渐变"按钮,然后在选区中间按住鼠标左键向外拖曳,释放鼠标,得到一个圆形彩虹图像,如图5-75所示。

图5-75

12 按Ctrl+D组合键取消选区,使用"橡皮擦工具" 对彩虹图像进行适当的擦除,然后调整其大小,并将其移动至画面右上方,如图5-76所示。

13 选择"椭圆选框工具" ,按住Shift键在图像中绘制多个重叠的圆形,组合得到云朵效果,如图5-77所示。

图5-77

14 使用"渐变工具" ,为选区填充从浅灰色到白色的线性渐变颜色,如图5-78所示。

图5-78

15 按Ctrl+T组合键适当缩小图像,将其移至画面左侧,再按Ctrl+J组合键复制图像,将其移至画面右侧,如图5-79所示。

图5-79

16 打开"卡通素材.psd"素材文件,使用"移动工具" 将其拖曳到画面中,参照图5-80所示位置排列。完成本例的制作。

图5-80

小测 绘制网页按钮

配套资源 \ 效果文件 \ 第 5 章 \ 网页按钮 .psd

　　本例将绘制一个网页按钮，主要目的为帮助读者熟悉渐变工具的颜色设置与应用。在绘制时，可使用相同色调的渐变颜色来填充选区，以表现按钮的立体感和光泽感，效果如图 5-81 所示。

图5-81

5.1.7　橡皮擦工具

　　"橡皮擦工具" 用于擦除图像，使用时只需按住鼠标左键拖曳即可进行擦除，被擦除的区域将变为背景色或透明。选择"橡皮擦工具" ，其工具属性栏如图5-82所示。

图5-82

　　"橡皮擦工具"的工具属性栏中主要选项的作用如下。

　　● 模式：用于选择橡皮擦的外观种类。若选择"画笔"选项，可创建柔和的擦除效果；若选择"铅笔"选项，可创建明显的擦除效果；若选择"块"选项，擦除效果将接近块状。图5-83所示为使用这三种模式擦除的不同效果。

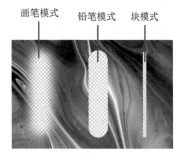

图5-83

　　● 不透明度：用于设置工具的擦除效果，数值越大，被擦除的区域越干净。

　　● 流量：用于控制工具的涂抹速度。

　　● 抹到历史记录：勾选该复选框，在"历史记录"面板中选择一个快照或状态，可快速将图像恢复为所选状态。

技巧

当擦除的图像为背景图层或锁定了透明区域的图层时，擦除区域会显示为背景色；当处理其他普通图层时，则可直接擦除涂抹区域的像素。

范例 制作相框内的图像

知识要点 橡皮擦工具的使用

配套资源 素材文件\第5章\草地.jpg、海豚1.jpg~海豚4.jpg
效果文件\第5章\制作相框内的图像.psd

扫码看视频

范例说明

　　本例将在相框中添加多个图像，并调整图像的大小和方向，再使用"橡皮擦工具"擦除超出相框的图像，使其与相框边缘更加贴合。

操作步骤

1 打开"草地.jpg"图像，可以看到图像中有4块白板相框。下面将在其中添加多个图像，形成层叠的图像效果，如图5-84所示。

图5-84

2 打开"海豚1.jpg"素材文件，使用"移动工具" 将其拖曳到第一个相框中，得到"图层1"图层，然后按Ctrl+T组合键适当调整图像大小，如图5-85所示。

图5-85

3 将鼠标指针移动至变换框外侧，按住鼠标左键旋转图像，使其角度与第一个相框一致，然后设置"图层1"图层的"不透明度"为50%，得到半透明效果，如图5-86所示。

图5-86

4 选择"橡皮擦工具" ，在工具属性栏中设置画笔"大小"为40，并在"模式"下拉列表框中选择"画笔"选项，其他参数设置如图5-87所示。

图5-87

5 使用"橡皮擦工具" ，擦除超出红色边框的图像，如图5-88所示。

图5-88

6 擦除图像后，设置"图层1"图层的"不透明度"为100%，效果如图5-89所示。

图5-89

7 打开"海豚2.jpg"素材文件，使用"移动工具" 将其拖曳到第二个相框中，适当调整图像的大小和角度，同样设置该图层的"不透明度"为50%，如图5-90所示。

图5-90

8 使用"橡皮擦工具" 擦除图像边缘，然后调整"不透明度"为100%，如图5-91所示。

图5-91

9 打开"海豚3.jpg"和"海豚4.jpg"素材文件，分别将其拖曳到另外两个相框中，并调整图像大小和角度，如图5-92所示。

图5-92

10 通过擦除图像边缘，得到图5-93所示效果。完成本例的制作。

图5-93

技巧

本例中使用"橡皮擦工具" 擦除图像前降低图像不透明度，主要是为了在擦除图像边缘时能够更方便地观察到图像边缘效果。

小测 制作水中花

配套资源 \ 素材文件 \ 第 5 章 \ 花 jpg、玻璃瓶 .jpg
配套资源 \ 效果文件 \ 第 5 章 \ 水中花 .psd

本例将使用橡皮擦工具擦除玻璃瓶，使其产生通透透明的效果，并与背景图像合成得到美观的艺术效果，如图 5-94 所示。

图5-94

5.2 图像的简单修饰

要对图像做一些简单的修饰，可以使用模糊工具、锐化工具、减淡工具、加深工具、涂抹工具和海绵工具等。通过降低或提高图像的模糊度、对比度和饱和度等，可以使图像变得更加美观，甚至还可以生成色彩流动的效果。

5.2.1 模糊工具与锐化工具

"模糊工具" 可以柔化图像的边缘和图像中的细节；"锐化工具" 可以增加图像与相邻像素之间的对比度。选择这两种工具后，在图像中单击并拖曳鼠标进行涂抹即可处理图像。

使用"模糊工具" 反复涂抹图像上的同一区域，将

会使该区域图像变得更加模糊；使用"锐化工具" 反复涂抹图像上的同一区域，则会使图像变得更加清晰，但可能会失真。这两个工具的工具属性栏基本相同，如选择"锐化工具" ，其工具属性栏如图5-95所示。

图5-95

"模糊工具" 的工具属性栏中主要选项的作用如下。

● 画笔预设：可选择一个笔尖样式，模糊或锐化区域的大小取决于画笔的大小。

● 模式：用于设置模糊后的混合模式。

● 强度：用于设置模糊强度。

● 对所有图层取样：勾选该复选框，可对当前显示的所有图层进行取样。

● 保护细节：勾选该复选框，可以增强细节，弱化不自然感。如果要制作较夸张的锐化效果，应取消勾选该复选框。

范例 使用模糊工具和锐化工具美化商品

知识要点：模糊工具和锐化工具的使用、"色相/饱和度"命令的使用

配套资源：素材文件\第5章\面包.jpg、文字.psd
效果文件\第5章\美化商品.psd

扫码看视频

范例说明

通常食品广告需要经过细致的修图和调色，才能让食物更加诱人，然后将食物摆放在广告画面中最主要的位置，再添加说明文字，使广告画面层次清晰。本例将使用模糊工具和锐化工具处理面包图像，锐化图像细节，然后模糊背景，最后调整图像整体色调。

操作步骤

1 打开"面包.jpg"素材文件，如图5-96所示。按Ctrl+J组合键复制图层。

2 选择"模糊工具" ▢，在工具属性栏中设置画笔"大小"为300像素，在"模式"下拉列表框中选择"正常"选项，再设置"强度"为80%，如图5-97所示。

图5-96

图5-97

3 使用"模糊工具" ▢在图像左上方反复涂抹，得到模糊效果，如图5-98所示。

4 继续使用"模糊工具" ▢在画面下方适当涂抹，使中间的图像更加清晰，如图5-99所示。

图5-98　　　　　　　　图5-99

5 选择"锐化工具" △，在工具属性栏中设置画笔"大小"为100像素，在"模式"下拉列表框中选择"正常"选项，再设置"强度"为50%，如图5-100所示。

图5-100

6 对中间的面包图像反复进行涂抹，以加强锐化效果，如图5-101所示。

图5-101

技巧

使用"锐化工具" △时，画笔的大小可以根据需要锐化的图像区域大小来设置，而"强度"值可先设置得小一些，以防止锐化过度。

7 单击"图层"面板底部的"创建新的填充或调整图层"按钮 ▢，在弹出的菜单中选择"色相/饱和度"命令，打开"色相/饱和度"属性面板，分别选择"全图""红色""黄色"，适当降低图像中的红色调，并增加黄色，具体参数设置如图5-102所示。

图5-102

8 调整色调后，图像效果如图5-103所示。

图5-103

9 打开"文字.psd"素材文件，使用"移动工具" ▸ 将其拖曳到画面左上方，如图5-104所示。完成本例的制作。

图5-104

5.2.2　减淡工具与加深工具

"减淡工具" ▢用于为图像局部降低颜色对比度、中性调、暗调等。使用该工具在某一区域涂抹的次数越多，该区域

第5章 图像绘制与修饰

117

图像的颜色就越淡。"加深工具" ![icon] 用于对图像的局部颜色进行加深，使用该工具在某一区域涂抹的次数越多，该区域图像的颜色就越深。这两个工具的工具属性栏与使用方法类似，如选择"减淡工具" ![icon]，其工具属性栏如图5-105所示。

图5-105

"减淡工具" ![icon] 的工具属性栏中主要选项的作用如下。

● 范围：用于设置修改的色调。若选择"中间调"选项，将只修改图像的中间色调；若选择"阴影"选项，将只修改图像的暗部区域；若选择"高光"选项，将只修改图像的亮部区域。

● 曝光度：用于设置减淡的强度。

● 保护色调：勾选该复选框，将保护色调不受工具的影响。

 范例　使用减淡工具和加深工具调整肌肤

 知识要点　减淡工具和加深工具的使用

 配套资源　素材文件\第5章\宝贝.jpg
效果文件\第5章\调整肌肤.psd

扫码看视频

范例说明

日常生活中拍摄的照片常常因光线或角度不佳，部分图像颜色或色调不够完美，这时可通过后期操作进行调整。本例将使用减淡工具提亮人物肌肤，再使用加深工具对五官适当进行加深处理，使人物面部更加立体。

操作步骤

1 打开"宝贝.jpg"素材文件，如图5-106所示。可以看到图像中宝贝的脸由于转向了室内，所以图像亮度不足。

2 选择"减淡工具" ![icon]，在工具属性栏中设置画笔"大小"为100像素，在"范围"下拉列表框中选

择"中间调"选项，再设置"曝光度"为50%，如图5-107所示。

图5-106

图5-107

3 对图像中的人物进行涂抹，提亮整个人物图像，如图5-108所示。然后在工具属性栏中设置画笔"大小"为50像素，"曝光度"为20%，对人物面部和手部肌肤适当进行涂抹，提亮局部图像，如图5-109所示。

图5-108　　　　　　　图5-109

4 选择"加深工具" ![icon]，在工具属性栏中设置画笔"大小"为30像素，在"范围"下拉列表框中选择"中间调"选项，再设置"曝光度"为50%，如图5-110所示。

图5-110

5 对人物的眼睛、嘴巴适当进行涂抹，加深五官和手部图像，如图5-111所示。

6 选择"横排文字工具" ![icon]，在画面下方输入照片描述文字，并设置"字体"为方正粗黑简体和方正黑体，"颜色"为黑色和白色，如图5-112所示。完成本例的制作。

图5-111　　　　　　　图5-112

5.2.3　涂抹工具与海绵工具

使用"涂抹工具" 和"海绵工具" 能够对图像进行更加特殊的处理。下面将分别对这两种工具进行介绍。

1．涂抹工具

使用"涂抹工具" 可以模拟手指涂抹在图像中产生颜色流动的效果，如图5-113所示。如果图像中不同颜色之间的边界生硬，或过渡不佳，可以使用"涂抹工具" 将颜色柔和化。

图5-113

选择"涂抹工具" ，将显示图5-114所示工具属性栏。

图5-114

"涂抹工具" 的工具属性栏中主要选项的作用如下。
- 模式：用于设置涂抹后的混合模式。
- 强度：用于设置涂抹强度。
- 手指绘画：勾选该复选框，可使用前景色涂抹图像。

2．海绵工具

"海绵工具" 用于提高或降低指定图像区域的饱和度。选择"海绵工具" ，将显示图5-115所示工具属性栏。

图5-115

"海绵工具" 的工具属性栏中各选项的作用如下。
- 模式：用于设置编辑区域饱和度的变化方式。选择"加色"选项，将提高色彩的饱和度；选择"去色"选项，将降低色彩的饱和度。
- 流量：用于设置工具的流量。数值越大，图像效果越明显。
- 自然饱和度：勾选该复选框，可防止颜色过于饱和而产生溢色。

范例说明

本例将使用海绵工具和涂抹工具制作出咖啡杯上方的烟雾图像，营造出画面氛围感。同时，使用海绵工具对图像中的颜色饱和度进行调整。

操作步骤

1　打开"咖啡.jpg"素材文件，如图5-116所示。通过观察可以发现，图像中咖啡杯和咖啡豆颜色都不够鲜艳，但是下面的咖啡豆过于明亮。

2　选择"海绵工具" ，在工具属性栏中设置画笔"大小"为250像素，在"模式"下拉列表框中选择"饱和"选项，再设置"流量"为50%，如图5-117所示。

图5-116

图5-117

3 适当涂抹玻璃杯和里面的咖啡液体，以及玻璃杯周围的图像，提高图像饱和度，如图5-118所示。

图5-118

4 在工具属性栏的"模式"下拉列表框中选择"降低饱和度"选项，然后对图像下方的咖啡豆图像进行涂抹，降低图像饱和度，如图5-119所示。

图5-119

5 新建图层，设置"前景色"为白色，选择"画笔工具" ，在工具属性栏中设置"不透明度"为80%，

然后绘制多条曲线，如图5-120所示。

图5-120

6 选择"涂抹工具" ，在工具属性栏中设置画笔"大小"为100像素，"强度"为50%，然后适当涂抹白色图像，如图5-121所示。

图5-121

7 设置画笔"大小"为"60像素"，"强度"为30%，继续涂抹白色图像，得到烟雾效果，如图5-122所示。

图5-122

8 打开"美食文字.psd"素材文件，使用"移动工具" 将其拖曳到画面右侧，得到图5-123所示效果。完成本例的制作。

图5-123

小测　为图像添加烟雾

配套资源\素材文件\第 5 章\小鹿 .jpg
配套资源\效果文件\第 5 章\为图像添加烟雾 .psd

本例将使用涂抹工具为图像添加烟雾，让画面更具童话般的梦幻感，效果如图 5-124 所示。

图5-124

5.3　图像瑕疵的修复

Photoshop CS6作为一款强大的图像处理软件，提供了多个修复照片的工具，如仿制图章工具、污点修复工具、修补工具等。这些工具使用方法简单，对专业图像处理人员和图像处理爱好者来说都非常实用。

5.3.1　认识"仿制源"面板

用户在使用一些需要取样的工具，如"仿制图章工具" 和"修复画笔工具" 时，可以通过"仿制源"面

板设置不同的样本源、显示样本源的叠加，以便控制修复效果。选择【窗口】/【仿制源】命令，将打开图5-125所示"仿制源"面板。

图5-125

"仿制源"面板中主要选项的作用如下。

● 仿制源：单击第1个 按钮，使用"仿制图章工具" 或"修复画笔工具" 同时按住Alt键在图像中单击，可将单击处设置为取样点。单击第2个 按钮，使用相同的方法设置第2个取样点，最多可设置5个取样点。设置的取样点可存储在样本源中，关闭图像文件后将自动删除。

● 位移：用于精确指定X和Y的像素位移。

● 缩放：输入W（宽度）和H（高度）值，可对绘制出的源图像进行缩放。图5-126所示为将宽度、高度缩放一半后，使用"仿制图章工具" 修复图像前后的对比效果。

图5-126

● 翻转：单击 按钮，可将绘制的图像水平翻转，如图5-127所示；单击 按钮，可将绘制的图像垂直翻转，如图5-128所示。

图5-127　　　　　　　　　图5-128

● 旋转：在该数值框中可输入图像的旋转角度。图5-129所示为将旋转设置为45°后的效果。

图5-129

● **重置转换**：单击 ↻ 按钮，可将设置的缩放大小和角度还原为初始状态。

● **帧位移**：用于设置与初始取样的帧相关的特定帧的绘制方式。数值为正时，使用的帧在初始取样帧之后；数值为负时，则使用的帧在初始取样帧之前。

● **锁定帧**：勾选该复选框，使用的帧将总是使用初始取样的相同帧进行绘制。

● **显示叠加**：勾选该复选框，在使用"仿制图章工具" 🎨 和"修复画笔工具" 🖌 时，可叠加下方颜色像素的效果。其中"不透明度"数值框用于设置重叠图像的不透明度；勾选"已剪切"复选框，可叠加剪切画笔大小；勾选"自动隐藏"复选框，可在绘制描边时隐藏叠加；勾选"反相"复选框，可反向叠加颜色。

5.3.2　仿制图章工具与图案图章工具

复制图像可以使用由"仿制图章工具" 🎨 和"图案图章工具" 🎨 组成的图章工具组，可以使用颜色或图案填充图像或选区，复制或替换图像。下面将分别介绍这两种工具的使用方法及主要参数设置。

1. 仿制图章工具

"仿制图章工具" 🎨 可将图像的一部分复制到同一图像的另一位置，在复制或修复图像时经常用到。选择"仿制图章工具" 🎨，将显示图5-130所示工具属性栏。

图5-130

"仿制图章工具" 🎨 的工具属性栏中主要选项的作用如下。

● **切换画笔面板**：单击 📋 按钮，可打开"画笔"面板。

● **切换仿制源面板**：单击 📋 按钮，可打开"仿制源"面板。

● **对齐**：勾选该复选框，可对连续的颜色像素进行取样。释放鼠标，也不会影响到取样点。

● **样本**：用于指定进行取样的图层。

2. 图案图章工具

"图案图章工具" 🎨 的作用和"仿制图章工具" 🎨 的

作用类似，只是图案图章工具并不需要建立取样点。通过它，用户可以使用指定的图案对鼠标涂抹的区域进行填充。选择"图案图章工具" 🎨，将显示图5-131所示工具属性栏。

图5-131

"图案图章工具" 🎨 的工具属性栏中主要选项的作用如下。

● **对齐**：勾选该复选框，可让绘制的图像与原始起点的图像连续，即使多次单击也不会影响这种连续性。

● **印象派效果**：勾选该复选框，可以模拟出印象派绘画的效果。图5-132所示为勾选该复选框的效果；图5-133所示为取消勾选该复选框的效果。

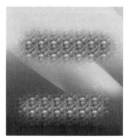

图5-132　　　　图5-133

★范例　使用仿制图章工具修补背景

知识要点　仿制图章工具的使用

配套资源　素材文件\第5章\糖果.jpg、糖果文字.psd
效果文件\第5章\使用仿制图章工具修补背景.psd

扫码看视频

📷 范例说明

本例修补背景的主要目的是给背景更换文字内容，然后再删除糖果图像中的图案，以便添加需要的文字内容。

1 打开"糖果.jpg"素材文件，如图5-134所示。为了让画面更加干净，便于添加其他文字素材，需去除多余素材。

图5-134

2 选择"仿制图章工具" ，在工具属性栏中设置画笔"大小"为70，"不透明度"和"流量"均为100%，在"模式"下拉列表框中选择"正常"选项，如图5-135所示。

图5-135

3 首先处理图像右侧的彩块图像。按住Alt键，此时鼠标指针变成带有十字中心的圆圈，单击彩块图像上方的背景图像，即可在原图像中确定要复制的参考点，如图5-136所示。

图5-136

4 当鼠标指针变成空心圆圈时，将其移动到下面的彩块图像中单击，此单击点对应前面定义的参考点。反复拖曳，即可将参考点周围的图像复制到单击点周围，如图5-137所示。

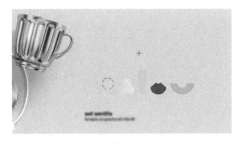

图5-137

5 对其他的彩块图像进行相同的操作，将所有彩块的图像消除，然后按住Alt键对下面的蓝色背景重新取样，准备修补模糊的黑色文字图像，如图5-138所示。

图5-138

6 在模糊的黑色文字图像中反复拖曳，修复文字，如图5-139所示。

图5-139

7 接着处理图像下方糖果中的模糊图像。选择"仿制图章工具" ，按住Alt键单击糖果图像中的白色图像，如图5-140所示。

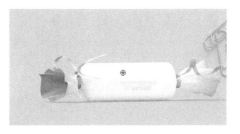

图5-140

8 取样后单击糖果图像中的灰色色块图像，如图5-141所示。反复拖曳鼠标，将其完全修复。

图5-141

9 双击"缩放工具" ，显示完整图像，可以看到修复后的图像效果，如图5-142所示。

图5-142

10 打开"糖果文字.psd"素材文件，使用"移动工具" 将其拖曳到画面右侧，如图5-143所示。完成本例的制作。

图5-143

★范例　使用图案图章工具制作特殊纹理

知识要点　图案图章工具、快速选择工具的使用

配套资源　素材文件\第5章\背景.jpg、电饭煲.psd
效果文件\第5章\使用图案图章工具制作特殊纹理.psd

扫码看视频

📺 范例说明

　　单一颜色的商品非常大众化，因此设计人员可以通过为产品添加纹理的方式，提高产品的观赏性。本例将为一款电饭煲添加特殊的纹理效果，再将其放到广告画面中，以起到很好的宣传作用。

📋 操作步骤

1 打开"电饭煲.psd"素材文件，在"图层"面板中可以看到电饭煲图像为单独的图层，如图5-144所示。

图5-144

2 在工具箱中选择"快速选择工具" ，使用鼠标在电饭煲蓝色图像上拖曳，为蓝色图像区域创建选区，如图5-145所示。

图5-145

3 选择"图案图章工具" 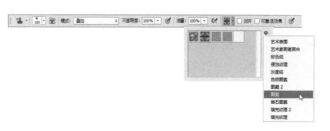，在工具属性栏的"模式"下拉列表框中选择"叠加"选项，单击右侧的下拉按钮，在打开的"图案"拾色器中单击⚙按钮，在弹出的菜单中选择"图案"命令，如图5-146所示。

图5-146

4 在打开的提示框中单击 确定 按钮，然后选择一
种图案样式，如图5-147所示。

图5-147

5 在工具属性栏中设置"不透明度"为30%，然后使用
鼠标在选区中进行涂抹，以添加图案，再按Ctrl+D组
合键取消选区，如图5-148所示。

图5-148

技巧

在涂抹图案的过程中，可以沿着同一个方向涂抹，使涂抹
后的效果更加美观。

6 打开"背景.jpg"素材文件，使用"移动工具" ▶⊕ 将
添加图案后的电饭煲拖曳到画面中间，如图5-149所
示。完成本例的制作。

图5-149

技巧

在 Photoshop CS6 中还可以载入其他图案，单击 ✿. 按钮，
在弹出的快捷菜单中选择"载入图案"命令，可载入新的
图案；选择"存储图案"命令，可将绘制的图案存储到现
有图案中。

小测 复制多个不同大小的图像

配套资源\素材文件\第5章\海边.jpg
配套资源\效果文件\第5章\复制多个不同大小的图像.psd

本例将使用"仿制图章工具" 🔨 在图像中复制多个
飞鸟图像，并通过"仿制源"面板调整复制图像的大小
比例，完成前后的对比效果如图 5-150 所示。

图5-150

5.3.3 污点修复画笔工具与修复画笔工具

在Photoshop CS6中修饰图像还可以使用多种工具，如
"污点修复画笔工具" 🖌 和"修复画笔工具" 🖌。

1. 污点修复画笔工具

"污点修复画笔工具" 🖌 可以快速去除图像中的污点
和其他不需要的部分。该工具对应的工具属性栏如图5-151所
示，其主要选项的作用如下。

图5-151

● **画笔**：用于设置画笔的大小和样式等参数。
● **模式**：用于设置绘制后生成图像与底色之间的混合
模式。选择"替换"模式时，可保留画笔描边的边缘处的杂
色、胶片颗粒和纹理。
● **类型**：用于设置修复图像区域过程中采用的修复类
型。选中"近似匹配"单选项，可使用选区边缘周围的像素
来查找要用作选定区域修补的图像区域；选中"创建纹理"
单选项，可使用选区中的所有像素创建一个用于修复该区域

的纹理，并使该纹理与周围纹理相协调；选中"内容识别"单选项，可对选区周围的像素进行修复。

● 对所有图层取样：勾选该复选框，将从所有可见图层中对数据进行取样。

2. 修复画笔工具

"修复画笔工具" 可以利用图像或图案中的样本像素来绘画，其可以从被修饰区域的周围取样，并将样本的纹理、光照、透明度、阴影等与所修复的像素相匹配，从而去除修复区域的污点和划痕。该工具对应的工具属性栏如图5-152所示，其主要选项的作用如下。

图5-152

● 源：用于设置修复像素的来源。选中"取样"单选项，则使用当前图像中定义的像素对图像进行修复；选中"图案"单选项，则从后面的下拉列表框中选择预设的图案对图像进行修复。

● 对齐：用于设置对齐像素的方式。

★范例 去除照片中多余的图像

 知识要点 污点修复画笔工具、修复画笔工具、色彩平衡命令的运用

 配套资源 素材文件\第5章\海边.jpg
效果文件\第5章\去除照片中多余的图像.psd

扫码看视频

范例说明

一张完美的照片通常需要经过后期的精心处理，而处理照片时需要先确定想得到的图像效果。本例首先去除图像中的乱石，然后在干净的画面中添加文字，使画面整体效果更加清爽。

操作步骤

1 打开"海边.jpg"图像，如图5-153所示。通过观察可以发现，图中存在多余的人物和船只，并且图像左下角还有

日期，为了提升图像的美观度，需去除多余的人物和船只。

图5-153

2 选择"污点修复画笔工具" ，在工具属性栏中设置画笔"大小"为30，选中"内容识别"单选项，如图5-154所示。

图5-154

3 在图像右侧的人物头部单击确定一点，向右拖曳鼠标可发现画笔显示一条灰色区域，如图5-155所示。释放鼠标，即可看见灰色区域的人物头部已经消失，使用相同的方法，对人物的其他部分进行涂抹，去除人物，如图5-156所示。

图5-155

图5-156

4 使用相同的方法去除其他石子，效果如图5-157所示。

图5-157

"污点修复画笔工具" ✎ 非常适用于修复画面中较微小的部分，它的工作原理其实也是"采样、复制"的过程。该工具在修复图像时能够自动指定并判断图像中的内容。

5 选择"修复画笔工具" ✎ ，在工具属性栏中设置画笔"大小"为25，选中"取样"单选项，如图5-158所示。

图5-158

6 下面对图像中的日期进行修复。按住Alt键的同时在日期附近图像中单击，设置取样点，如图5-159所示。取样后，拖曳鼠标在日期图像中进行涂抹，如图5-160所示。

 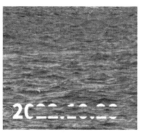

图5-159　　　　　　　图5-160

7 释放鼠标后，系统将自动对图像中颜色不同的区域进行修复和填充，得到去除日期后的图像效果，如图5-161所示。

图5-161

8 选择【图像】/【调整】/【亮度/对比度】命令，打开"亮度/对比度"对话框，设置"亮度"为21，"对比度"为9，如图5-162所示。

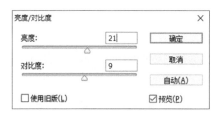

图5-162

9 单击 确定 按钮，得到调整图像色调后的效果，如图5-163所示。

图5-163

10 选择"横排文字工具" T ，在画面右下方输入两行英文文字，设置"颜色"为白色，字体可以根据喜好进行设置，如图5-164所示。完成本例的制作。

图5-164

小测 修复人物面部皱纹

配套资源 \ 素材文件 \ 第 5 章 \ 老年人 .jpg
配套资源 \ 效果文件 \ 第 5 章 \ 修复人物面部皱纹 .psd

　　本例将利用"修复画笔工具"和"污点修复画笔工具" ✎ 在人物眼部周围较好的皮肤区域中取样，并将其复制到眼部皱纹中，再使用"仿制图章工具"对其他皱纹图像进行修复，完成前后的对比效果如图 5-165 所示。

图5-165

5.3.4　修补工具

"修补工具" ⚙ 也是一种相当实用的修复工具。该工具的属性栏如图5-166所示，其主要选项的作用如下。

图5-166

● 选区创建方式：单击"新选区"按钮 □，可以创建一个新的选区，若图像中已有选区，则绘制的新选区会替换原有选区；单击"添加到选区"按钮 □，可在原选区的基础上添加新的选区；单击"从选区减去"按钮 □，可在原选区中减去当前绘制的选区；单击"与选区交叉"按钮 □，可得到原选区与当前创建的选区相交的部分。

● 修补：用于设置修补方式。若选中"源"单选项，将选区拖曳至要修补的区域后，会用当前选区中的图像修补原来选择的图像；若选中"目标"单选项，则会将选择的图像复制到目标区域。

● 透明：勾选该复选框，可使修补的图像与原图像产生透明叠加效果。

● 使用图案 按钮：在右侧的"'图案'拾色器"中选择图案后，再单击该按钮，可使用图案修补选区内的图像。

★ 范例 使用修补工具复制人像

知识要点 修补工具的使用

配套资源 素材文件\第5章\梦想.psd、小孩.jpg
效果文件\第5章\使用修补工具复制人像.psd

扫码看视频

📷 范例说明

　　对于不需要的图像，可以采用复制并覆盖的方法去除。本例将使用修补工具清除背景图像中的杂物，然后复制人物图像，使画面不会因为元素太多而显得拥挤。

📋 操作步骤

1 打开"小孩.jpg"素材文件，如图5-167所示。现在需消除背景图像中的热气球，再复制人物图像，使其与背景图像自然融合。

图5-167

2 选择"修补工具" ⬚，在工具属性栏中单击"新选区"按钮 □，选中"源"单选项，然后为背景图像的热气球绘制选区，如图5-168所示。

技巧

使用"矩形选框工具" ⬚、"魔棒工具" 🖌 或"套索工具" 🔾 等选区工具创建选区后，也可以用"修补工具" ⬚ 拖曳选区中的图像进行修补。

图5-168

3 将鼠标指针移动到选区内，鼠标指针将显示为带移动箭头的状态，如图5-169所示。按住鼠标左键拖曳到需要复制的区域，源选区位置的图像将被自动覆盖，如图5-170所示。

4 继续选择其他热气球图像，使用周边的背景图像进行覆盖，得到干净的背景图像，如图5-171所示。

图5-169　　　　　　　　　图5-170

图5-171

5　在工具属性栏中选中"目标"单选项，对人物图像进行框选，如图5-172所示。

图5-172

6　移动选区内的图像到画面左侧，释放鼠标即可看见复制的人物图像周边已经与背景图像自动融合，如图5-173所示。

图5-173

7　按Ctrl+D组合键取消选区，然后打开"梦想.psd"素材文件，使用"移动工具" 将其拖曳到画面下方，如图5-174所示。完成本例的制作。

图5-174

小测　去除家居图片中的污渍

配套资源\素材文件\第5章\餐纸盒.jpg
配套资源\效果文件\第5章\去除家居图片中的污渍.jpg

本例将利用"修补工具" 为家居图片中的污渍图像绘制选区，然后以左侧空白区域为目标，通过复制遮盖污渍图像，达到修复的目的，完成前后对比效果如图5-175所示。

图5-175

5.3.5　内容感知移动工具

"内容感知移动工具" 是基于选区的工具，常用于在图像中移动图像位置。被移动的图像将和四周的图像融合在一起，而原始区域将会被智能填充。选择"内容感知移动工具" ，将显示图5-176所示工具属性栏。

图5-176

"内容感知移动工具" 的工具属性栏中主要选项的作用如下。

● 模式：用于设置图像的移动方式。

● 适应：用于设置图像的修复精度。

● 对所有图层取样：勾选该复选框，可对图像中的所有图层取样。

★ 范例 **使用内容感知移动工具移动商品位置**

 知识要点 内容感知移动工具、污点修复画笔工具的使用

 配套资源 素材文件\第5章\香水.jpg、变形文字.psd
效果文件\第5章\使用内容感知移动工具移动商品位置.psd

扫码看视频

 范例说明

当一张素材图像中的内容较多时，如果要添加其他文字或图像，就需要对原素材图像中的部分图像进行调整。本例将调整画面中香水瓶的位置，留出图像上方，添加广告文字内容。

操作步骤

1 打开"香水.jpg"图像，选择工具箱中的"内容感知移动工具" ，在工具属性栏的"模式"下拉列表框中选择"移动"选项，然后在"适应"下拉列表框中选择"非常松散"选项，如图5-177所示。

图5-177

2 为香水图像绘制选区，如图5-178所示。然后将鼠标指针移动到选区内，按住鼠标左键向下拖曳，如图5-179所示。

图5-178　　　　图5-179

3 移动图像后，原位置的图像将以背景图像进行填充，而移动后的图像周围将自动融合新位置的图像，效果如图5-180所示。

4 使用"污点修复画笔工具" 对原图像位置周围遗留的一些细节图像进行修复，如图5-181所示。

图5-180　　　　图5-181

5 选择"内容感知移动工具" ，为画面右侧的树叶图像创建选区，如图5-182所示。

6 将选区内的树叶图像向右上方略微移动，效果如图5-183所示。

图5-182　　　　图5-183

7 释放鼠标后，图像周围将自动被修复和融合，效果如图5-184所示。

8 打开"变形文字.psd"素材文件，使用"移动工具" ⊕将其拖曳到香水图像上方，如图5-185所示。完成本例的制作。

图5-184　　　　　　　　图5-185

5.3.6　红眼工具

使用"红眼工具" ⊚可以快速去除照片人物眼睛中由闪光灯引发的红色、白色或绿色的反光斑点。

打开一张带红眼的人物图像，选择"红眼工具" ⊚，在工具属性栏中设置"瞳孔大小"和"变暗量"参数均为50%，如图5-186所示。

图5-186

将鼠标指针移动到人物右眼中的红斑处单击，即可去除该处的红眼，如图5-187所示。继续在人物左眼中的红斑处单击，以去除该处的红眼，如图5-188所示。

图5-187　　　　　　　　图5-188

5.4　综合实训：制作饮料橱窗广告

橱窗广告属于小型户外广告，在日常生活中的商场、展示柜台中，特别是服装或商品陈列区，通常会张贴这一类广告。橱窗广告尺寸较小，画面内容通常为形象宣传或当季活动内容。

5.4.1　实训要求

某家饮品店近期推出了新研发的水果饮料，并打算随着夏季的来临，将新鲜柠檬汁作为第一波主推饮品，所以需要制作一张橱窗广告用于宣传。因此，饮品店提供了相关的图片素材，以及活动介绍的文本内容，要求根据橱窗广告牌的尺寸制作，宽度为0.6米，高度为0.8米，画面内容要体现店铺所售卖的商品，并且突出展现商品内容，同时还需要对广告中的文字内容进行美化。

橱窗广告是海报的一种。海报的应用非常广泛，可以张贴在商家所需的任何位置；而橱窗广告只能张贴在商品展示区域的橱窗内，通常和商品陈列的内容、颜色、数量进行搭配。橱窗广告可以根据需要调整为单一广告或多个广告，并且可以随时撤换。橱窗广告经常出现在商场或店铺门口，是商家为了吸引人而制作的广告，所以其画面设计中需要有较高的艺术观赏性。

设计素养

5.4.2　实训思路

（1）首先需要处理商家提供的商品图片，可借助Photoshop

CS6中的钢笔工具抠取出图像，然后重新为其制作背景。

（2）由于橱窗广告的特殊性，在图像色彩的搭配上需要具有一定的冲击力，这样会更有利于传达信息。本例中的商品是柠檬汁，其颜色正好是非常靓丽的黄色，所以广告背景颜色可采取渐变黄色。

（3）橱窗广告设计不需要大量的文字介绍，只需要提取重点文字内容并加以设计，让观者能够快速阅读，加深印象。

（4）结合本章所学的渐变工具和橡皮擦工具绘制出背景图像，再使用加深工具和减淡工具为效果展示中的图像制作深浅变化，增强橱窗广告展示效果的真实性。

本例完成后的参考效果如图5-189所示。

图5-189

5.4.3 制作要点

知识要点：渐变工具、橡皮擦工具、加深和减淡工具的使用

配套资源：
素材文件\第5章\柠檬.jpg、树叶.psd、橱窗.jpg
效果文件\第5章\饮料橱窗广告.psd、饮料橱窗广告效果图.pnd

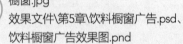
扫码看视频

本例主要包括绘制渐变背景、抠取图像和修饰画面3个部分，其主要操作步骤如下。

1 新建一个宽度为60厘米、高度为80厘米的图像文件，使用"渐变工具" 为背景应用径向渐变填充，设置颜色从黄色（R255，G213，B31）到橘黄色（R253，G137，B0），如图5-190所示。

2 选择"多边形套索工具" ，在图像中绘制多个四边形选区，填充为橘黄色（R254，G181，B46），然后选择"橡皮擦工具" 对四边形图像两端适当进行擦除，效

果如图5-191所示。

图5-190　　　　　图5-191

3 使用"椭圆选框工具" 绘制圆形选区，再使用"渐变工具" 为其应用径向渐变填充，设置颜色从橘红色（R246，G117，B1）到橘黄色（R255，G179，B79），然后复制一次渐变圆形，将这两个圆形分别放到画面两侧，如图5-192所示。

4 打开"树叶.psd"素材文件，使用"移动工具" 将其拖曳到当前编辑的图像中，适当大小和位置，如图5-193示。

图5-192　　　　　图5-193

5 打开"柠檬.jpg"素材文件，使用"钢笔工具" 勾选出柠檬和下方的白色背景图像，然后将路径转换为选区，并使用"移动工具" 将其拖曳到制作的广告图像中，如图5-194所示。

6 选择"橡皮擦工具" ，在工具属性栏中设置"不透明度"为20%，在饮品玻璃杯中间进行涂抹，擦除部分图像，得到半透明杯效果，如图5-195所示。

7 分别使用"横排文字工具" 和"直排文字工具" ，在画面右侧输入广告文字，并绘制一些图形进行装饰，如图5-196所示。

8 按Alt+Ctrl+Shift+E组合键盖印图层，然后打开"橱窗.jpg"图像，将盖印后的图像拖曳至橱窗广告框中，通过自由变换使图像适应橱窗广告框大小，如图5-197所示。

图5-194

图5-195

图5-196

图5-197

9 分别使用"加深工具" 和"减淡工具" 对广告画面进行修饰,如图5-198所示。完成本例的制作。

图5-198

巩固练习

1. 制作"神秘的森林"图像

本练习要求使用橡皮擦工具擦除背影图像中的白色背景,将其放到一个适合的场景中,让画面显得更加唯美生动。在重新合成的背景素材中可选择具有梦幻感的森林图像,将人物添加进去,让两张画面完美融合,完成后的参考效果如图5-199所示。

配套资源 素材文件\第5章\背影.jpg、森林.jpg
效果文件\第5章\神秘的森林.psd

图5-199

2. 制作彩色夜景

渐变工具的应用在实际工作中比较广泛。本练习将综合运用本章和前面所学的知识,在图像中创建图层,应用彩色渐变填充,然后改变图层的混合模式为"柔光",制作出彩色叠加效果,完成后的参考效果如图5-200所示。

配套资源 素材文件\第5章\夜景.jpg
效果文件\第5章\彩色夜景.psd

图5-200

第 5 章

图像绘制与修饰

技能提升

渐变色的填充和图像的绘制与修饰都是设计工作中常用的技能，下面将补充介绍一些填充渐变颜色、复制图像、载入画笔的小技巧，以帮助读者今后的绘图操作更加高效。

1. 渐变填充时渐变线的设置范围

在画面中填充渐变颜色时，拖曳的渐变线长度代表了颜色渐变的范围，如图5-201所示。这就是为什么在实际操作中，有时渐变线并没有贯穿整幅图像，而它所产生的渐变却填充了整个画面。

2. 在不同文件中复制图像

使用"仿制图章工具" 或"修复画笔工具" 定义图像后可以在指定处复制图像，除了可以在同一图像文件中复制外，还可以在不同文件中复制。打开两张素材图像，选择人物图像文件，选择"仿制图章工具" ，按住Alt键单击宝贝的头部图像，定义复制点，如图5-202所示。然后选择花丛图像文件，在粉红色花朵图像上方单击并拖曳鼠标，花瓣图像中将自动复制宝贝图像，如图5-203所示。拖曳时注意取样点的边缘避免粘贴到图像边缘，使复制后的图像效果显得死板。

图5-201

图5-202

图5-203

3. 使用外置画笔

在Photoshop CS6中用户除了可使用预设的画笔外，还可在网络上下载其他画笔。将下载的画笔保存到安装路径"Photoshop CS6/Presets/Brushes"中，然后打开Photoshop CS6中的"画笔预设"面板，单击面板右上方的 按钮，在弹出的菜单中选择"载入画笔"命令，打开"载入"对话框，选择所需画笔，单击 载入(L) 按钮，即可将画笔载入面板中，如图5-204所示。使用外置画笔的方法与使用预设画笔的方法一致，选择该画笔，调整各项参数后即可。

图5-204

第 6 章　图像调色技术

📖 本章导读

拍摄人物照或风景照时，光线、环境等因素可能会造成拍摄效果不尽人意，此时可以使用Photoshop CS6的调色技术对图像色彩进行调整。Photoshop CS6中提供了多个调色命令，搭配使用不同的调色命令可以得到多种意想不到的图像效果。

🖥 知识目标

◁ 了解色彩调整基础知识
◁ 熟悉快速调整图像色彩的方法
◁ 掌握图像明暗和色调的调整方法
◁ 掌握特殊色调调整命令

🏆 能力目标

◁ 能够改变图像色调
◁ 能够矫正图像的曝光问题
◁ 能够使用曲线命令打造梦幻紫色调
◁ 能够使用色相/饱和度命令改变照片中的季节
◁ 能够还原图像真实色彩
◁ 能够通过更换图像背景色彩制作海报

❤ 情感目标

◁ 了解色调调整的关键要素
◁ 学会观察图像色彩并分析色彩的增减关系
◁ 提升对图像色调和明暗关系的分析能力

6.1　色彩调整基础知识

光线通过折射后将表现为不同的色彩，而有些图像色彩需要经过调整才能满足设计的要求。在Photoshop CS6中，用户可以自由地改变和调整图像的色彩。下面将介绍色彩的基础知识，以及"信息"面板的查看方法和调整图层的使用方法。

6.1.1　色彩的三要素

自然界中有很多种色彩，但所有的色彩都是由红、绿、蓝这3种色彩调和而成的。人们一般所说的三原色就是指红（Red）、绿（Green）、蓝（Blue）3种光线，如图6-1所示。当色彩以它们的各自波长或各种波长的混合形式出现时，人们就可以通过眼睛感知到不同的色彩。色彩包含色相、纯度和明度3个基本要素。

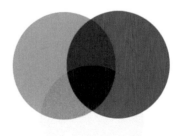

图6-1

1. 色相

色相指色彩的相貌，由原色、间色和复色构成。在标准色相环中，以角度表示不同色相，取值范围为0°~360°，如

图6-2所示。在实际生活和工作中，则使用红、黄、紫红、银灰等色彩来表示色相。

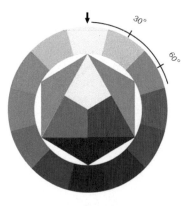

图6-2

2. 纯度

纯度又称饱和度，是指色彩的鲜艳程度，受图像色彩中灰色的相对比例影响，黑、白和灰色色彩没有饱和度。当某种色彩的饱和度最大时，其色相具有最纯的色光。饱和度通常以百分数表示，取值范围为0~100%，0表示灰色，100%则表示完全饱和。

3. 明度

明度又称亮度，即色彩的明暗程度，通常以黑色和白色表示。其越接近黑色，亮度越低；越接近白色，亮度越高。取值范围为-150~150，-150表示黑色，150表示白色。

选择【图像】/【调整】/【色相/饱和度】命令，打开"色相/饱和度"对话框，降低图像饱和度可以让图像色彩减弱，其至变为黑白色调；提高饱和度可以让图像色彩更加鲜艳，如图6-3所示；降低明度可以使图像直接变暗，如图6-4所示。

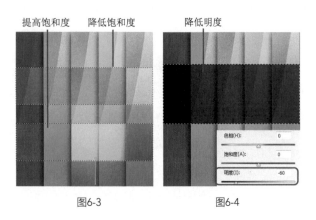

图6-3   图6-4

6.1.2 使用"信息"面板

选择【窗口】/【信息】命令，打开"信息"面板。当

没有进行任何操作时，该面板将显示鼠标指针位置的色彩值、文档状态、当前工具的使用提示信息等，如图6-5所示。

图6-5

当用户在图像中进行创建选区、调整色彩等操作时，"信息"面板中会显示与当前操作相关的各种信息，具体介绍如下。

1. 显示选区大小

当用户在图像中创建选区后，"信息"面板中会随着鼠标指针的移动显示当前选区的宽度（W）和高度（H），如图6-6所示。

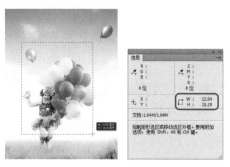

图6-6

2. 显示定界框大小

当用户在图像中使用"裁剪工具" 和"缩放工具" 时，"信息"面板中会显示定界框的宽度（W）和高度（H）。如果旋转裁剪框，"信息"面板中还会显示旋转角度值，如图6-7所示。

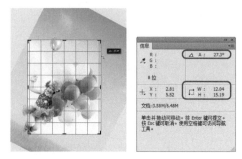

图6-7

3. 显示变换参数

当用户对图像中部分区域进行旋转或缩放时，"信息"面板中会显示宽度（W）和高度（H）的百分比、旋转角度（A）、水平切线（H）。图6-8所示为缩小选区内图像时显示的相应信息。

图6-8

在"信息"面板中单击  按钮，在弹出的菜单中选择"面板选项"命令，可以打开"信息面板选项"对话框，如图6-9所示。在该对话框中可以设置更多的颜色信息和状态信息。

图6-9

"信息面板选项"对话框中主要选项的作用如下。

● 第一颜色信息：用于设置第1个吸管显示的颜色信息。选择"实际颜色"选项，将显示图像当前颜色模式下的颜色值；选择"校样颜色"选项，将显示图像的输出颜色空间的颜色值；选择"灰度""RGB颜色""Web颜色""HSB颜色""CMYK颜色""Lab颜色"选项，可以显示与之对应的颜色值；选择"油墨总量"选项，将显示当前颜色所有CMYK油墨的总百分比；选择"不透明度"选项，将显示当前图层的不透明度。

● 第二颜色信息：与"第一颜色信息"类似，用于设置第2个吸管显示的颜色信息。

● 鼠标坐标：用于设置当前鼠标指针所处位置的度量单位。

● 状态信息：勾选相应的复选框，可以在"信息"面板中显示出相应的状态信息。

● 显示工具提示：勾选该复选框，可以显示出当前工具的相关使用方法。

6.1.3　使用调整图层

调整图层是一种特殊的图层，它可以将色彩和色调调整应用于图层，但不会改变原图像的像素。因此，它不会对图像造成实质性的破坏。

通过"调整"面板和"创建新的填充或调整图层"  按钮可以创建调整图层，其效果与使用"调整"菜单中对应的命令的效果相同。下面分别对"调整"面板和"创建新的填充或调整图层"按钮  进行介绍。

1. 认识"调整"面板

选择【窗口】/【调整】命令，打开"调整"面板，如图6-10所示。

图6-10

"调整"面板中包括16种调整样式，即亮度/对比度、色阶、曲线、曝光度、自然饱和度、色相/饱和度、色彩平衡、黑白、照片滤镜、通道混合器、颜色查找、反相、色调分离等。单击对应的按钮，如单击"色阶" 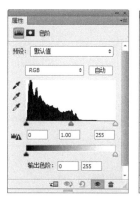 按钮，将打开"色阶"属性面板，如图6-11所示。在其中进行设置后，"图层"面板中将显示该调整图层，如图6-12所示。

图6-11　　　　　　　　图6-12

2. 通过"图层"面板创建调整图层

"创建新的填充或调整图层"  按钮位于"图层"面板的下方，单击该按钮，弹出的快捷菜单中罗列了常用的调整命令，如图6-13所示。选择对应的命令，如选择"黑白"命令，将打开"黑白"属性面板，在其中可进行黑白色彩调整设置，如图6-14所示。注意，该调整图层也会显示在"图层"面板中。

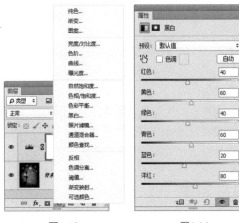

图6-13　　　　　　　　图6-14

6.2 快速调整图像色彩

Photoshop CS6中提供了多个简单的快速调色命令，如"自动色调""自动对比度""自动颜色"，以及"变化""去色""照片滤镜"等。它们非常适用于刚刚接触Photoshop CS6并需要使用Photoshop CS6调整图像色彩的初学者。

6.2.1　自动调整对比度、色调与颜色

使用"自动对比度""自动色调""自动颜色"命令可以校正图像中出现的对比度过低、色调过暗、明显偏色等问题。执行这些命令时，Photoshop CS6并不会打开相应的对话框，而是直接进行自动调整。

●"自动对比度"命令：使用该命令可以自动调整图像的对比度效果，使阴影颜色更暗、高光颜色更亮。图6-15所示为使用"自动对比度"命令调整对比度前后的对比效果。

图6-15

●"自动色调"命令：该命令能够对色调较暗的图像进行调整，使图像中的黑色和白色变得平衡，以提高图像的对

比度。如打开色调偏灰暗的图像，使用自动色调命令，即可使图像色调变得明亮。

●"自动颜色"命令：该命令常被用于矫正图像偏色，能够对图像中的阴影、中间调和高光进行搜索，从而对图像的对比度和颜色进行调整。

6.2.2　"变化"命令

使用"变化"命令可调整图像中的中间色调、高光、阴影和饱和度等。选择【图像】/【调整】/【变化】命令，将打开图6-16所示"变化"对话框，用户只需在其中单击图像缩略预览图即可看到变化后的效果，并与原图像进行对比。

图6-16

"变化"对话框中主要选项的作用如下。

●原稿/当前挑选："原稿"缩略图用于显示原始图像；"当前挑选"缩略图用于显示图像调整后的效果。

●阴影/中间调/高光：用于对图像的阴影、中间调和高光进行调节。

●饱和度：选中该单选项，对话框下方将显示出"减少饱和度""当前挑选""增加饱和度"3个缩略图。单击"减少饱和度"缩略图将降低图像饱和度；单击"增加饱和度"缩略图将提高图像饱和度。

●精细/粗糙：拖曳下方的三角形滑块，可以设置每次

调整的量，每调整一格出现的调整量将双倍增加。

● 显示修剪：勾选该复选框，将显示超出饱和度范围的最高限度。

● 调整缩略图：单击相应的缩略图，可以进行相应的调整。如选择"加深黄色"缩略图，将应用加深黄色的效果。

6.2.3 "去色"和"黑白"命令

使用"去色"命令可去掉图像中除黑色、灰色和白色以外的颜色。而使用"黑白"命令除了可以轻松地将图像从彩色转换为富有层次感的黑白色外，还可以将图像转换为带颜色的单色调图像。

1. 去色处理

当一张黑白老照片泛黄时，用户可以通过"去色"命令去掉泛黄的颜色，将图像快速转换为灰色调。选择【图像】/【调整】/【去色】命令或按Shift+Ctrl+U组合键，图像将转换为灰色调，如图6-17所示。

图6-17

2. 黑白处理

"黑白"命令能够将彩色图像转换为黑白图像，并能对图像中各颜色的色调深浅进行调整，使黑白图像更有层次感。选择【图像】/【调整】/【黑白】命令，打开"黑白"对话框，在其中可以调整图像中的颜色，数值小时图像中对应的颜色将变暗，数值大时图像中对应的颜色将变亮，如图6-18所示。

图6-18

6.2.4 "色调均化"命令

使用"色调均化"命令可以将图像中最亮的颜色变为白色、最暗的颜色变为黑色，中间调将在整个灰色中分布。在图像中创建选区，如图6-19所示。选择【图像】/【调整】/【色调均化】命令，打开"色调均化"对话框，选中"仅色调均化所选区域"单选项，然后单击"确定"按钮，效果如图6-20所示。

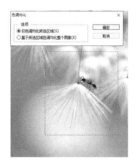

图6-19   图6-20

"色调均化"对话框中主要选项的作用如下。

● 仅色调均化所选区域：选中该单选项，将反均化所选区域的图像。

● 基于所选区域色调均化整个图像：选中该单选项，将把所选区域中的像素均化到整个图像中。

6.2.5 "照片滤镜"命令

使用"照片滤镜"命令可模拟出在拍摄时为相机镜头添加滤镜的效果，以及控制图像的色温和胶片曝光的效果。选择【图像】/【调整】/【照片滤镜】命令，打开"照片滤镜"对话框，如图6-21所示。

图6-21

"照片滤镜"对话框中主要选项的作用如下。

● 滤镜：用于选择Photoshop CS6中预设的颜色滤镜。

● 颜色：选中该单选项，用户可在打开的"拾色器（照片滤镜颜色）"对话框中设置需要添加的滤镜颜色。

● 浓度：用于设置滤镜颜色应用到图像中的百分比，数值越大，颜色越深。

● 保留明度：勾选该复选框，可以使图像原有的明度不受影响。

 知识要点　　"色调均化"命令 "照片滤镜"命令的使用

配套资源　素材文件\第6章\弹吉他背影.jpg
效果文件\第6章\改变图像的色调.psd

 扫码看视频

范例说明

改变图像的色调可以为一张普通的照片营造出特殊的氛围感。本例将通过添加"照片滤镜"的方式，将图像色调变为暖色调，打造出油画般的画面质感。

操作步骤

1 打开"弹吉他背影.jpg"图像，按Ctrl+J组合键复制背景图层，使用"套索工具" 对人物绘制选区，如图6-22所示。

图6-22

2 按Shift+Ctrl+I组合键反向选择，然后选择【选择】/【修改】/【羽化选区】命令，打开"羽化选区"对话框，

设置"羽化半径"为20像素，如图6-23所示。

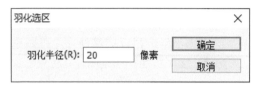

图6-23

3 单击 确定 按钮，得到羽化选区。选择【图像】/【调整】/【色调均化】命令，在打开的"色调均化"对话框中选中"仅色调均化所选区域"单选项，如图6-24所示。

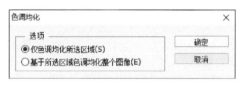

图6-24

4 单击 确定 按钮，得到色调均化图像效果，此时人物图像并未受到影响，如图6-25所示。

图6-25

5 按Ctrl+D组合键取消选区。选择【图像】/【调整】/【照片滤镜】命令，打开"照片滤镜"对话框，在"滤镜"下拉列表框中选择"橙"选项，设置"浓度"为20%，如图6-26所示。

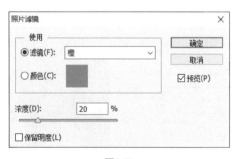

图6-26

6 单击 确定 按钮，得到添加橙色滤镜后的图像效果，如图6-27所示。

图6-27

7 使用"椭圆选框工具" ⊙ 在图像中绘制一个椭圆选区，将人物图像框选起来，再按Shift+Ctrl+I组合键反向选择，如图6-28所示，并对其进行羽化，设置"羽化半径"为50像素。

图6-28

8 取消选区。再次选择【图像】/【调整】/【照片滤镜】命令，打开"照片滤镜"对话框，在"滤镜"下拉列表框中选择"冷却滤镜（80）"选项，设置"浓度"为15%，取消选中"保持明度"复选框，如图6-29所示。

图6-29

9 单击 确定 按钮，这时选区内包括高光处的图像都将偏蓝色调，如图6-30所示，完成本例的制作。

图6-30

本例提供了一张紫色调的夜景图像，要求将图像色调改成蓝色调。制作时主要通过"变化"和"照片滤镜"命令，为图像添加蓝色调和青色调。处理图像的前后对比效果如图 6-31 所示。

图6-31

6.3 调整图像的明暗关系

图像的明暗关系能够反映图像中物体的层次感。所以在调整图像时，往往会先调整图像的明暗关系，将画面调整得明亮通透，更符合优秀图像作品的要求。

6.3.1 "亮度/对比度"命令

使用"亮度/对比度"命令可对图像中的明暗关系进行调整。打开"花朵.jpg"素材文件，如图6-32所示。选择【图像】/【调整】/【亮度/对比度】命令，打开"亮度/对比度"对话框，设置参数即可调整亮度和对比度，如图6-33所示。

"亮度/对比度"对话框中主要选项的作用如下。

● 亮度：用于设置图像的整体亮度，将滑块向左拖曳可降低图像亮度，反之则提高图像亮度。

● 对比度：用于设置亮度对比的强烈程度，数值越大，对比越强。

● 使用旧版：勾选该复选框，可得到与Photoshop CS6以前的版本相同的调整结果。

● 按钮：单击该按钮，Photoshop CS6将自动分析图像进行调整。

图6-32

图6-33

6.3.2 "曝光度"命令

进行拍摄时，光线、快门速度等可能会造成图像曝光过度或曝光不足。若是曝光过度则图像整体颜色偏白；若是曝光不足则图像整体颜色偏黑。当需要解决图像曝光度问题时，用户可选择【图像】/【调整】/【曝光度】命令，打开图6-34所示"曝光度"对话框。在该对话框中可通过设置参数来修复图像曝光度。

图6-34

"曝光度"对话框中主要选项的作用如下。

● 预设：其中包含了4种曝光效果。单击右侧的 按钮，在弹出的下拉列表中可选择相应的选项将当前设置设定为预设，或载入新的预设。

● 曝光度：用于降低或提高曝光度，向左拖曳滑块

时，将降低曝光度；向右拖曳滑块时，将提高曝光度。

● 位移：用于设置阴影和中间调的颜色，而不会影响高光的颜色。

● 灰度系数校正：以一种乘方函数的方式来调整图像的灰度系数。

范例 校正图像的曝光不足

知识要点 "曝光度"命令、"亮度/对比度"命令的使用

配套资源 素材文件\第6章\薰衣草.jpg
效果文件\第6章\校正图像的曝光不足.psd

扫码看视频

范例说明

很多时候由于拍摄的角度和时间没有选好，拍摄出的照片会有一些曝光问题，对于曝光过度或者曝光不足的图像，可针对图像中的暗部和高光部分进行调整。

操作步骤

1 打开"薰衣草.jpg"素材文件，如图6-35所示。这张照片属于逆光拍摄，这种拍摄方式往往会造成曝光不足，使暗部图像几乎没有细节。下面将针对曝光不足的问题进行校正。

图6-35

2 选择【图像】/【调整】/【曝光度】命令，打开"曝光度"对话框，在"预设"下拉列表框中选择"加1.0"选项，如图6-36所示。通过预览，可以看到图像的整体曝光度有了一定程度的提升，如图6-37所示。

图6-36

图6-37

3 继续调整图像中暗部区域的亮度，设置"灰度系数校正"为1.60，如图6-38所示。可以看到图像中暗部区域明显提亮，并展现出更多的细节，如图6-39所示。

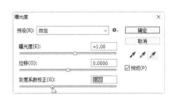

图6-38

图6-39

4 下面针对局部图像进行校正操作。选择"多边形套索工具" ，在工具属性栏中设置"羽化"为30像素，框选画面下半部分较暗的区域，如图6-40所示。

图6-40

5 选择【图像】/【调整】/【亮度/对比度】命令，在打开的"亮度/对比度"对话框中设置"亮度"为55，如图6-41所示。

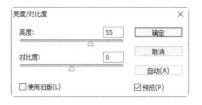

图6-41

6 单击 确定 按钮，得到调整后的效果，如图6-42所示。

图6-42

7 选择"椭圆选框工具" ，在工具属性栏中设置"羽化"为35，然后框选画面右上方的太阳光照图像，如图6-43所示。

图6-43

8 选择【图像】/【调整】/【自然饱和度】命令，在打开的"自然饱和度"对话框中设置"自然饱和度"为50，"饱和度"为40，如图6-44所示。

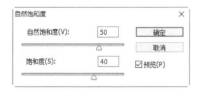

图6-44

9 使用"亮度/对比度"命令略微降低选区内图像的亮度，效果如图6-45所示。完成本例的制作。

图6-45

6.3.3 "阴影/高光"命令

"阴影/高光"命令常用于还原由于图像阴影区域过暗或高光区域过亮而损失的细节。在调整阴影区域时，对高光区域的影响很小；在调整高光区域时，对阴影区域的影响很小。"阴影/高光"命令可以基于阴影和高光中的局部相邻像素来校正每个像素。选择【图像】/【调整】/【阴影/高光】命令，打开"阴影/高光"对话框，如图6-46所示。

图6-46

观察图像中的高光和暗部图像范围，在对话框中进行相应的参数调整。图6-47所示为还原暗部细节的前后对比效果。

图6-47

"阴影/高光"对话框中主要选项的作用如下。

● 阴影：其中"数量"选项用于控制阴影区域的亮度，数值越大，阴影区域越亮；"色调宽度"选项用于设置色调的修改范围，当数值较小时，只能对图像的阴影区域进行修改；"半径"选项用于控制像素位于阴影中还是高光中。

● 高光：其中"数量"选项用于控制高光区域的暗色范围，数值越小，高光区域越亮；"色调宽度"选项用于设置色调的修改范围，当数值较小时，只能对高光区域进行修改；"半径"选项用于控制像素位于阴影中还是高光中。

● 调整：其中"颜色校正"选项用于调整修改区域的颜色；"中间调对比度"选项用于调整中间调的对比度；"修剪黑色"选项用于调整将多少阴影添加到新的阴影中；"修剪白色"选项用于调整将多少高光添加到新的阴影中。

● 存储为默认值：单击 存储为默认值(V) 按钮，可将当前设置的参数存储为"阴影/高光"对话框中的默认参数。

技巧

若想将已存储的默认参数恢复为 Photoshop CS6 初始的默认参数，用户可在"阴影/高光"对话框中按 Shift 键。此时， 存储为默认值(V) 按钮变为 复位默认值 按钮，单击该按钮可将存储的默认参数替换为初始的默认参数。

6.3.4 "曲线"命令

使用"曲线"命令可对图像的色彩、亮度和对比度进行调整，使图像色彩更具质感，图像色调更精确。选择【图像】/【调整】/【曲线】命令或按Ctrl+M组合键，打开"曲线"对话框，如图6-48所示。

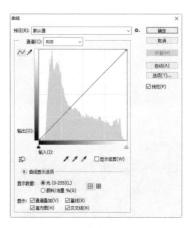

图6-48

"曲线"对话框中主要选项的作用如下。

● 预设：在该下拉列表框中可选择预设的曲线效果。图6-49所示为选择"增强对比度（RGB）"选项前后图像的对比效果。单击 ✿• 按钮，在弹出的快捷菜单中可选择命令将当前调整的曲线数据保存为预设，也可载入新的曲线预设。

图6-49

● 通道：用于选择使用哪个颜色通道调整图像颜色。

● 编辑点以修改曲线：单击 ～ 按钮，用户可在曲线上单击添加新的控制点。添加控制点后，使用鼠标拖曳即可调整曲线形状，从而调整图像色彩，如图6-50所示。

● 通过绘制来修改曲线：单击 ✎ 按钮，用户可通过鼠标自由地绘制曲线，如图6-51所示。绘制好曲线后，还可以单击 ～ 按钮，查看绘制的曲线。

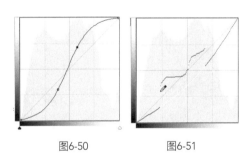

图6-50　　　　图6-51

● 平滑：单击 ✎ 按钮，再单击 平滑(M) 按钮，可对绘制的曲线进行平滑操作。

● 在图像上单击并拖曳可修改曲线：单击 ☝ 按钮，将鼠标指针移动到图像上，曲线上将出现一个圆圈。该圆圈用于显示鼠标指针处的颜色在曲线上的位置。

● 输入：用于输入色阶，显示调整前的像素值。

● 输出：用于输出色阶，显示调整后的像素值。

● 自动(A) 按钮：单击该按钮，将自动调整图像曲线。

● 选项(T)... 按钮：单击该按钮，将打开"自动颜色矫正选项"对话框，在该对话框中可设置单色、深色、浅色等算法。

● 显示数量：用于设置调整框中曲线的显示方式。

● 通道叠加：勾选该复选框，将在调整框中显示颜色通道。

● 基线：勾选该复选框，可显示基线曲线值的对角线。

● 直方图：勾选该复选框，可在曲线上显示直方图以便参考。

● 交叉线：该复选框，可显示确定点的精确位置的交叉线。

技巧

若在调整图像曲线时，对调整效果不满意，可按住 Alt 键，此时"曲线"对话框中的 取消 按钮变为 复位 按钮。单击 复位 按钮，可将图像还原成执行"曲线"命令前的效果。

范例说明

本例将为图像制作梦幻紫色调的效果，主要使用"曲线"命令选择不同的颜色通道来调整图像色调。

操作步骤

1 打开"森林.jpg"素材文件，按Ctrl+J组合键复制背景图层，得到"图层1"图层，如图6-52所示。

图6-52

2 选择【图像】/【调整】/【曲线】命令，打开"曲线"对话框，在"通道"下拉列表框中选择"蓝"选项，然后在曲线中间单击添加控制点，按住鼠标左键并向上拖曳控制点，如图6-53所示。

3 在"通道"下拉列表框中选择"绿"选项，然后在曲线上单击并向下拖曳，如图6-54所示。

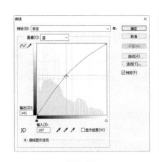 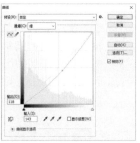

图6-53　　　　　　图6-54

4 单击 确定 按钮，预览图像，可以看到调整后的图像效果，如图6-55所示。

图6-55

5 在"通道"下拉列表框中选择"RGB"选项，然后适当向上拖曳曲线，提高图像的整体亮度，如图6-56所示。

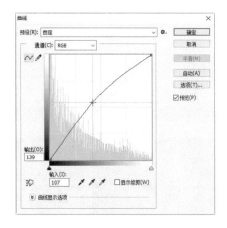

图6-56

6 单击 确定 按钮，得到调整曲线后的图像效果，如图6-57所示。

图6-57

7 选择【图像】/【调整】/【曝光度】命令，打开"曝光度"对话框，设置"灰度系数校正"为1.3，以增强画面朦胧感，如图6-58所示。

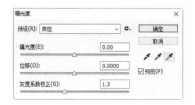

图6-58

8 单击 确定 按钮，得到调整曝光度后的图像效果，如图6-59所示。

图6-59

9 打开"蝴蝶.psd"素材文件，使用"移动工具" 将其拖曳到画面中，如图6-60所示。完成本例的制作。

图6-60

6.3.5 "色阶"命令

使用"色阶"命令可以对图像中的明暗对比，以及阴影、中间调和高光强度级别进行调整。选择【图像】/【调整】/【色阶】命令，打开图6-61所示"色阶"对话框。

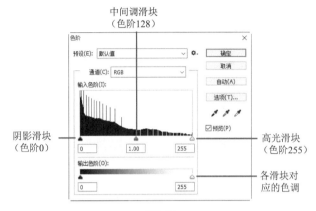

图6-61

"输入色阶"选项下方有3个滑块，从左到右依次对应的是阴影、中间调和高光。阴影滑块位于色阶0处，它所对应的像素是纯黑，向右拖曳该滑块，该滑块当前位置像素值映射为色阶0，它所对应的所有像素都会变为黑色；高光滑块位于色阶255处，它所对应的像素为纯白，向左拖曳该滑块，该滑块当前位置的像素值会映射为色阶255，它所对应的所有像素都会变为白色；中间滑块位于色阶128处，它用于调整图像中的灰度系数，不会明显改变高光和阴影，只能改变灰色调中间范围的强度。

"色阶"对话框中主要选项的作用如下。

● 预设：在该下拉列表框中可以选择一种预设的色阶效果来调整图像的色彩。

● 通道：用于选择调整图像色彩的通道。

● 输入色阶：用于调整图像的阴影、中间调和高光。向右拖曳高光滑块时可以使图像变亮，如图6-62所示；向右拖曳阴影滑块时可以使图像变暗，如图6-63所示。向左拖曳中间调滑块时图像将变亮，向右拖曳中间调滑块时图像将变暗。

　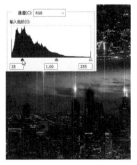

图6-62　　　　　　　　　图6-63

● 输出色阶：用于设置图像中的亮度范围，可改变图像的对比度。向右拖曳滑块可以使图像变亮；向左拖曳滑块可以使图像变暗。

● 自动(A) 按钮：单击该按钮，Photoshop CS6将自动调整图像的色阶，使图像亮度分布更加均匀。

● 选项(T)... 按钮：单击该按钮，将打开"自动颜色校正选项"对话框，在该对话框中可对单色、每个通道、深色和浅色的算法等进行设置。

● 在图像中取样以设置黑场：单击 ✎ 按钮后，在图像中单击，可以将单击处所选的颜色调整为黑色，如图6-64所示。

图6-64

● 在图像中取样以设置灰场：单击 ✎ 按钮后，在图像中单击，可将单击处所选的颜色调整为其他中间调的平均亮度。

● 在图像中取样以设置白场：单击 ✎ 按钮后，在图像中单击，可将单击处所选的颜色调整为白色。

> **技巧**
>
> "色阶"对话框中有一个直方图，可以作为调整的参考依据，但它的缺点是不能实时更新。所以在调整照片时，最好是打开"直方图"面板观察直方图的变化情况，以便更直观地掌握图像中的色调信息。

6.4 调整图像的色调

除了可以快速调整图像的色彩和明暗关系，在实际操作中，用户还可以调整图像的整体颜色，以校正图像色调，以及制作更加漂亮的图像色彩效果。

6.4.1 "色相/饱和度"命令

用户可统一对图像中的色相、饱和度、明度等进行调整。选择【图像】/【调整】/【色相/饱和度】命令，打开图6-65所示"色相/饱和度"对话框。

图6-65

"色相/饱和度"对话框中主要选项的作用如下。

● 预设：该下拉列表框中提供了8种调整色相、饱和度的预设。

● 通道：在该下拉列表框中可选择图像上存在的颜色通道，选择某一通道后进行的色相、饱和度和明度等调整都是针对选择的颜色通道而操作的。

● 在图像上单击并拖曳可修改饱和度：单击 按钮，在图像中单击确定取样点后，按住鼠标左键向右拖曳可提高图像饱和度、向左拖曳可降低图像饱和度，如图6-66所示。

图6-66

● 着色：勾选该复选框，图像将偏向于单色，通过调整色相、饱和度、明度就可以对图像的色调进行调整。

技巧

当用户在"色相/饱和度"对话框中对某种单一色系进行替换时，经常需要调整色域范围，具体可以使用右下方的吸管工具 进行辅助调整，其作用分别是选择、添加和减少色域范围，在使用过程中可看到所选择色域范围的变化。

| 知识要点 | "色相/饱和度"命令的使用 |
| 配套资源 | 素材文件\第6章\秋季.jpg、木纹.jpg
效果文件\第6章\改变照片中的季节.psd |

扫码看视频

范例说明

通常风景照只能反映当季的风景状态，如果需要做出其他季节的效果，最快捷的操作之一是改变图像中植物的颜色。本例将使用 "色相/饱和度" 命令来调整图像的色调， 制作出绿油油的树叶效果。

操作步骤

1 打开"秋季.jpg"素材文件，如图6-67所示。下面将改变树叶颜色。首先使用"套索工具" 选择马路中间的橙色标示线，然后按Shift+Ctrl+I组合键反向选择。

图6-67

2 选择【图像】/【调整】/【色相/饱和度】命令，打开"色相/饱和度"对话框，在对话框左上方的下拉列表框中选择"黄色"选项，拖曳"色相"下面的滑块，将"色相"调整为37，将图像中的黄色调整为绿色，如图6-68所示。

图6-68

3 下面选择"红色"选项进行调整。设置"色相"为 86，得到绿色调，然后降低"饱和度"至-44，并提高"明度"至23，如图6-69所示。

图6-69

4 单击 确定 按钮，得到调整后的图像效果，可以看到图像中的黄色和红色都变成了绿色，如图6-70所示。

图6-70

5 打开"木纹.jpg"素材文件，使用"移动工具" ▶+ 将调整后的风景照片拖曳到画面中，如图6-71所示。

图6-71

6 按Ctrl+T组合键自由变换图像，按住Ctrl键分别调整照片的四个角，将其拉伸为图6-72所示透视角度，按Enter键确认变换。

图6-72

7 选择【图层】/【图层样式】/【描边】命令，打开"图层样式"对话框，设置"大小"为12像素，在"位置"下拉列表框中选择"内部"选项，描边颜色为白色，如图6-73所示。

图6-73

8 选择对话框左侧的"投影"样式，设置投影颜色为黑色，其他参数的设置如图6-74所示。

图6-74

9 单击 确定 按钮，得到添加图层样式后的图像效果，如图6-75所示。完成本例的制作。

图6-75

小测 制作单色调图像

配套资源＼素材文件＼第 6 章＼足球 .jpg
配套资源＼效果文件＼第 6 章＼制作单色调图像 .psd

　　本例将提供一个背景为灰色的炫光足球图像，需要将背景图像和足球调整为色调统一的单色图像。制作时可根据炫光的色调来确定单色，在"色相／饱和度"对话框中勾选"着色"复选框，通过调整参数即可得到单色调效果，如图 6-76 所示。

图6-76

6.4.2 "色彩平衡"命令

　　"色彩平衡"命令主要用于调整图像中的互补色，当互补色中一种颜色的比重高于另一种颜色的比重时，另一种互补色就会降低。选择【图像】/【调整】/【色彩平衡】命令，打开"色彩平衡"对话框，如图6-77所示。

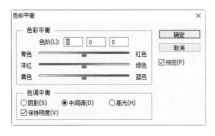

图6-77

　　"色彩平衡"对话框中主要选项的作用如下。

　　● 色彩平衡：用于在"阴影""中间调""高光"中添加过渡色来平衡色彩，其分别对应"色阶"对话框中的暗部色调、中间色调和亮部色调。打开"漂流瓶.jpg"图像，如图6-78所示，为图像增加青色和绿色，效果如图6-79所示。

　　● 色调平衡：用于指定调整的色调。图6-80所示是为高光色调增加青色和蓝色的效果。

图6-78　　　　　　　　　图6-79

图6-80

　　● 保持明度：勾选该复选框，在调整图像色彩时可保持明度不发生变化。

技 巧

在调整图像色彩时，可以根据"色彩平衡"对话框中的对应色来判断颜色的增减情况。在"色彩平衡"对话框中，红色对应的补色为青色，洋红色对应的补色为绿色，所以当图像偏红时，为了平衡色彩，就需要增加青色和绿色；当图像偏黄时，就需要增加蓝色。

6.4.3 "自然饱和度"命令

　　"自然饱和度"命令用于调整图像色彩的饱和度。使用该命令调整图像时，用户不需要担心颜色过于饱和而出现溢色的问题。选择【图像】/【调整】/【自然饱和度】命令，打开"自然饱和度"对话框，在该对话框中进行设置即可调整图像的饱和度，如图6-81所示。

图6-81

"自然饱和度"对话框中主要选项的作用如下。

● **自然饱和度**：用于调整图像中颜色的饱和度。使用该选项调整不会发生饱和度过高或过低的情况，在调整人像时非常有用。向左拖曳滑块将降低图像饱和度；向右拖曳滑块将提高图像饱和度。

● **饱和度**：用于调整图像中所有颜色的饱和度。向左拖曳滑块将降低图像中所有颜色的饱和度；反之则提高所有颜色的饱和度。

 范例 还原图像真实色彩

 知识要点　"色彩平衡""自然饱和度"命令的使用

配套资源　素材文件\第6章\水果.jpg、鲜.psd
效果文件\第6章\还原图像真实色彩.psd

扫码看视频

 范例说明

通常拍摄的产品照片会因为相机参数的设置和现场灯光的布置而产生颜色偏差，此时就需要对图像颜色进行后期调整。本例将使用"色彩平衡"命令来调整图像的色调，还原图像真实色彩。

操作步骤

1 打开"水果.jpg"素材文件，发现图像整体色调偏绿，没有反映出真实的水果颜色，如图6-82所示。

图6-82

2 选择【图像】/【调整】/【色彩平衡】命令，打开"色彩平衡"对话框，Photoshop CS6默认情况下选中"中间调"单选项，分别拖曳滑块位置，增加图像中的红色和黄色，调整出正常的水果颜色，如图6-83所示。

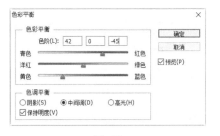

图6-83

3 选中"阴影"单选项，为其增加青色和黄色，调整出叶片的色调，如图6-84所示。

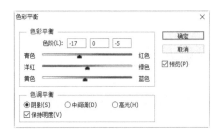

图6-84

4 单击 确定 按钮，得到调整后的图像效果，可以看到图像中的颜色得到校正，如图6-85所示。

图6-85

5 选择【图像】/【调整】/【自然饱和度】命令，在打开的"自然饱和度"对话框中提高图像的自然饱和度及饱和度，设置参数分别为21、18，如图6-86所示。

图6-86

6 单击 确定 按钮，图像中的水果颜色变得更加鲜艳，如图6-87所示。

图6-87

7 打开"鲜.psd"素材文件，使用"移动工具" ▶╋ 将其拖曳到画面右侧，然后使用"横排文字工具" T. 输入文字，分别设置"字体"为方正兰亭中黑简体、方正粗倩简体，"颜色"为黑色，参照图6-88所示方式排列位置。

图6-88

8 使用"矩形选框工具"在文字下方绘制一个矩形选区，填充为粉红色（R252，G92，B120），然后在其中输入文字，设置"颜色"为白色，如图6-89所示。

图6-89

9 继续输入其他文字，参照图6-90所示方式排列。完成本例的制作。

图6-90

小测 校正图像色调

配套资源\素材文件\第 6 章\婴儿 .jpg
配套资源\效果文件\第 6 章\校正图像色调 .jpg

　　本例将使用"色彩平衡"命令将一张图像中偏红的色调校正为正常的图像色调，在调色的同时，还将得到白皙的婴儿肌肤效果，校正色调前后的对比效果如图 6-91 所示。

图6-91

6.4.4 "颜色查找"命令

　　很多图像在输入和输出时，由于设备之间的差异性，图像色彩在不同设备之间传递时会出现不匹配的现象。通过"颜色查找"命令可以让颜色在不同设备之间精确地传递和再现。选择【图像】/【调整】/【颜色查找】命令，打开 "颜色查找" 对话框，如图6-92所示。

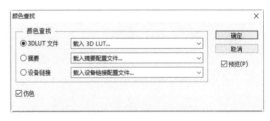

图6-92

　　在"3DLUT文件"下拉列表框中选择不同的选项，可以使图像产生多种不同的色调效果，如图6-93所示。

图6-93

图6-93（续）

技巧

"颜色查找"命令包含了多种预设颜色样式。其实它是一个色彩标准表，也叫映射表，主要用于模拟在不同设备和载体上的表现效果。可以说，它是一款颜色校准工具，而不是调整工具。但是由于该命令中的颜色能使图像产生一些特殊的效果，类似于色彩滤镜，所以常用于制作一些特殊色彩效果，以提高图像的观赏性。

6.4.5 "可选颜色"命令

"可选颜色"命令可以修改通道中每种主要颜色的印刷色数量，也可以在不影响其他主要颜色的情况下对需要调整的主要印刷色进行调整。选择【图像】/【调整】/【可选颜色】命令，打开"可选颜色"对话框，在"颜色"下拉列表框中选择要调整的颜色，如图6-94所示。通过拖曳参数控制区中不同的滑块可改变所选颜色的显示效果，如图6-95所示。

图6-94   图6-95

"可选颜色"对话框中主要选项的作用如下。

● 颜色：用于选择调整的颜色。选择颜色后，在其下方可对该颜色中的青色、洋红、黄色、黑色的印刷色数量进行调整。

● 方法：用于选择调整颜色的方法。选中"相对"单选项，可以根据颜色总量的百分比来修改印刷色的数量；选中"绝对"单选项，可以采用绝对值来调整颜色。

6.4.6 "匹配颜色"命令

"匹配颜色"命令可以将两张不同颜色色系的图像匹配为相同的颜色色系。使用该命令，可以使多张图像的颜色色系保持一致。打开"夜景.jpg"和"向日葵.jpg"素材文件，如图6-96所示。选择【图像】/【调整】/【匹配颜色】命令，打开图6-97所示"匹配颜色"对话框，在右下方的预览框中可以看到当前选择的图像。

图6-96

图6-97

在"源"下拉列表框中可以选择需要匹配的文件，这里选择"向日葵.jpg"图像。设置了"源"图像后，系统会自动按照"匹配颜色"对话框中的默认参数对目标图像的色彩进行调整，如果颜色不够理想，还可以拖曳对话框中"明亮度""颜色强度""渐隐"下的滑块，以调整源图像色彩的混合量，如图6-98所示。

图6-98

"匹配颜色"对话框中主要选项的作用如下。

153

● 目标：用于显示被修改的图像名称及颜色模式。

● 应用调整时忽略选区：勾选该复选框，调整图像时将忽略选区，而对整个图像进行调整。

● 图像选项：其中包含"明亮度""颜色强度""渐隐"三个参数设置区，主要用于控制应用于图像的亮度、饱和度数量。

● 中和：勾选该复选框，将消除图像中的色偏。

● 使用源选区计算颜色：勾选该复选框，可以使源选区中的图像与当前图像颜色相匹配。若取消勾选该复选框，则将对整个图像中的颜色进行调整。

● 使用目标选区计算调整：勾选该复选框，可使用选区内的图像来计算调整。若取消勾选该复选框，则使用整个图像中的颜色来计算调整。

● 源：用于选择将与目标图像进行颜色匹配的源图像，选择的图像只能是当前在Photoshop CS6中已经打开的图像。

● 图层：用于选择需要匹配颜色的图层。若要将"匹配颜色"命令应用于某个图层，需在执行"匹配颜色"命令前选择需要应用颜色的图层。

● 载入统计数据(O)... 按钮：单击该按钮，可保存当前设置。

● 存储统计数据(V)... 按钮：单击该按钮，可载入已存储的设置。

6.4.7 "替换颜色"命令

使用"替换颜色"命令可以指定图像中的颜色，将选择的颜色替换为其他颜色。选择【图像】/【调整】/【替换颜色】命令，打开图6-99所示"替换颜色"对话框。

图6-99

"替换颜色"对话框中主要选项的作用如下。

● 吸管工具组：单击"吸管工具"按钮 ✐，在图像中单击，可将单击处的颜色添加到"选区"缩略图中显示（白色为选中的颜色，黑色为没有选中的颜色）。图6-100所示为单击选择颜色；图6-101所示为在"选区"缩略图中选择了颜色后的图像。单击"添加到取样"按钮 ✐，在图像上单击可将单击处的颜色添加到选择的颜色中；单击"从取样中减去"按钮 ✐，在图像上单击可将单击处的颜色从所选的颜色中去掉。

图6-100　　　　　　　图6-101

● 本地化颜色簇：勾选该复选框，可在图像中选择多个颜色后同时调整所选颜色的色相、饱和度和明度。

● 颜色：该色块用于设置当前选择的颜色。

● 颜色容差：用于控制所选颜色的范围。数值越大，选择的颜色范围就越大。图6-102所示"颜色容差"为30；图6-103所示"颜色容差"为110。

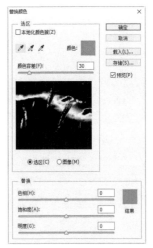 

图6-102　　　　　　　图6-103

● 选区/图像：选中 ⦿ 选区(C) 单选项，缩略图将以蒙版的方式对图像进行显示，白色为选择区域，黑色为未选择区域；选中 ⦿ 图像(M) 单选项，缩略图只会以图像显示。

● 色相/饱和度/明度：用于调整所选颜色的色相、饱和度以及明度。

范例 通过更换图像背景色彩制作春季海报

知识
要点　"替换颜色""色彩平衡"命令的使用

配套
资源　素材文件\第6章\树叶.jpg、花朵文字.psd
效果文件\第6章\制作春季海报.psd

扫码看视频

范例说明

　　本例将为某店铺春季新品上市制作一张海报，需要在画面中体现出春季的主题，所以可采用树叶图像作为背景。同时还需要将背景图像色彩调整为富有春天气息的绿色，然后在其中添加文字素材，并适当进行排列，让文字与背景完美融合。

操作步骤

1 打开"树叶.jpg"素材文件，选择【图像】/【调整】/【替换颜色】命令，打开"替换颜色"对话框；将鼠标指针移动到图像中，单击图像中的蓝色，得到需要替换的颜色，如图6-104所示。然后设置"颜色容差"为172，扩大所选图像范围，分别设置"色相"和"饱和度"参数如图6-105所示。

图6-104

图6-105

2 这时大部分图像已经变成了绿色调，单击对话框中的"添加到取样"按钮，吸取图像中较亮的蓝色，如图6-106所示。在对话框中调整参数，将较亮的蓝色变为黄绿色，如图6-107所示。

图6-106　　　　　　　　图6-107

3 单击 确定 按钮，得到替换颜色后的效果。再次打开"替换颜色"对话框，选择最亮的蓝色图像，如图6-108所示。设置"颜色容差"为97，再分别调整"色相"和"饱和度"参数如图6-109所示。

图6-108　　　　　　　　图6-109

4 单击 确定 按钮，得到替换颜色后的图像效果，如图6-110所示。

图6-110

第6章

图像调色技术

155

5 选择【图像】/【调整】/【色彩平衡】命令，打开"色彩平衡"对话框，调整图像的中间色调，平衡图像整体的绿色调，如图6-111所示。

图6-111

6 打开"花朵文字.psd"素材文件，使用"移动工具" ![移动工具] 将其拖曳到树叶图像中，按Ctrl+T组合键适当调整素材文件的大小和位置，让文字与树叶形成层叠效果，如图6-112所示。选择"横排文字工具" ![T]，在画面底部输入广告文字，并在工具属性栏中设置"字体"为方正美黑简体，"颜色"为白色，完成海报的制作，效果如图6-113所示。

图6-112　　　　　图6-113

技巧

在"替换颜色"对话框中调整图像色彩，主要通过吸管工具来确定需要调整的图像区域，通过加减图像范围和调整"颜色容差"值来确认容差值。

6.5 特殊色调调整命令

Photoshop CS6中的一些调色命令主要用于图像色彩与色调的特殊调整，如反相、色调分离、阈值、渐变映射、HDR色调等。下面将对其操作方法和效果进行讲解。

6.5.1 "反相"命令

使用"反相"命令可以反转图像中的颜色。该命令可以创建边缘蒙版，以便为图像的选定区域应用锐化并进行其他调整操作，当再次执行该命令时，即可还原图像颜色。

选择【图像】/【调整】/【反相】命令，或按Ctrl+I组合键可以使图像反相。图6-114所示为应用该命令前后的对比效果。

图6-114

6.5.2 "色调分离"命令

使用"色调分离"命令可以指定图像的色调级数，并按此级数将图像的像素映射为最接近的颜色。选择【图像】/【调整】/【色调分离】命令，打开"色调分离"对话框，调整其中的"色阶"参数值，然后单击 确定 按钮完成调整，如图6-115所示。

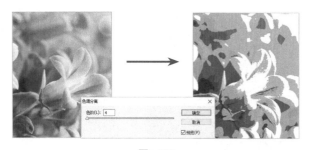

图6-115

6.5.3 "阈值"命令

使用"阈值"命令可以将图像转换为高对比度的黑白

图像，还可以制作版画效果。选择【图像】/【调整】/【阈值】命令，打开"阈值"对话框，如图6-116所示。拖曳下方的滑块，或者在"阈值色阶"数值框中输入数值，单击 确定 按钮即可得到黑白版画效果。

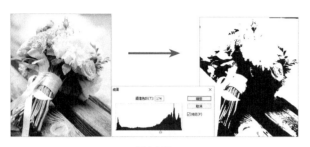

图6-116

6.5.4 "渐变映射"命令

使用"渐变映射"命令可使图像颜色根据指定的渐变颜色进行改变。选择【图像】/【调整】/【渐变映射】命令，打开图6-117所示"渐变映射"对话框。

图6-117

"渐变映射"对话框中主要选项的作用如下。

● 灰度映射所用的渐变：单击渐变色条右边的下拉按钮▼，在弹出的下拉列表框中可选择需要的渐变样式，如图6-118所示。将渐变样式应用到图像中后，可以得到图6-119所示效果。

● 仿色：勾选该复选框，可以添加随机的杂色来平滑渐变填充的外观，让渐变更加平滑。

● 反向：勾选该复选框，可以反转渐变颜色的填充方向。

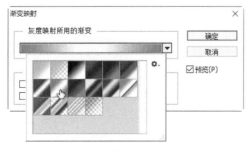

图6-118

图6-119

6.5.5 "HDR色调"命令

"HDR色调"命令用于制作HDR照片，HDR即High Dynamic Range（高动态范围）。该命令可以修补太亮或太暗的图像，常用于对风景图像的处理。选择【图像】/【调整】/【HDR色调】命令，打开图6-120所示"HDR色调"对话框。

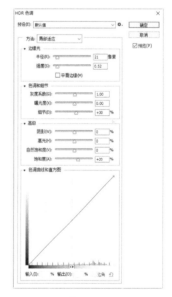

图6-120

"HDR色调"对话框中主要选项的作用如下。

● 预设：提供了Photoshop CS6预设的HDR效果。

● 方法：用于设置调整图像时采用何种HDR方法。

● 边缘光：用于调整图像边缘的光线强度，在调整逆光图像时效果尤为明显。

● 色调和细节：用于将图像的中色调及细节调整得更加柔和。

● 高级：用于设置图像整体的阴影、高光和饱和度等。

● 色调曲线和直方图：单击该选项前面的三角形按钮

，即可展开曲线和直方图，在其中可以使用曲线的方式显示和调整图像的色调，其操作方法与在"曲线"对话框中调整曲线的方法相同。

6.6 综合实训：制作情人节活动广告

广告是一种非常典型的传播行为，商家经常针对不同的节日制作相应主题的广告内容。如在情人节时，商家可通过浪漫的艺术化设计方式来吸引顾客。因此，在制作广告的过程中需要注意广告素材的选择，以及主要元素的排列位置。

6.6.1 实训要求

某珠宝店在情人节展开了一场促销活动，需要提前制作一则针对该活动的广告，用于网络宣传以及张贴在卖场中。实训要求首先制作出一个广告版面模板，然后其他位置的广告都可以根据尺寸需要进行调整。在制作时还需要将主要产品应用到图像中，并对首饰图像进行调色，使其更具质感，从而起到更好的宣传作用。

在设计活动广告时，由于元素较多，所以各种素材图片和文字的排列位置都要合适，这就涉及设计中的排版知识。一个优秀的版面设计，能够提升广告画面的档次。在为广告设计版面时，需要做到以下4点。
1. 力求简单明了，具有条理性，并且富有视觉冲击力。
2. 内容与形式在表现上必须统一，形式的表现应服从内容的要求。
3. 考虑广告各要素的视觉流程和主次关系，让消费者顺理成章地看到并看懂主题。
4. 保持版面的均衡性和节奏感，并突出主题要素，让主体图像作为视觉焦点。

设计素养

6.6.2 实训思路

（1）根据要求首先设计一个符合广告张贴位置的画面，并确定画面主色调为较浪漫的粉色，营造情人节的浪漫氛围。

（2）结合本章所学的知识，对首饰素材图像进行精细的颜色调整，然后将其添加到广告画面中。

（3）在广告中运用竖式排列，将产品图像与文字相结合，让消费者在查看活动内容的同时，能看到展示的产品效果。

本例完成后的参考效果如图6-121所示。

图6-121

6.6.3 制作要点

 知识要点　多个调色命令的结合使用

 配套资源　素材文件\第6章\花朵和信封.psd、丝带.psd、卡通吊坠.psd、手镯.psd
效果文件\第6章\情人节活动广告.psd

扫码看视频

本例主要包括调整图像颜色、添加投影、排列图像和文字3个部分，其主要操作步骤如下。

1 新建一个"名称"为"情人节活动广告"、大小为"60厘米×90厘米"的图像文件，填充背景为粉紫色（R244，G240，B247），打开"花朵和信封.psd"素材文件，使用"移动工具" ➕ 将紫色花朵拖曳到画面左下方，并适当降低图层的不透明度，如图6-122所示。

2 将其他花朵和信封图像也分别拖曳到画面周围，如图6-123所示。

图6-122　　　　　　　　图6-123

3 "打开"丝带.psd"素材文件，可以看到图像颜色不够明亮，如图6-124所示。

4 下面对图像进行颜色调整。选择【图像】/【调整】/【亮度/对比度】命令，打开"亮度/对比度"对话框，设置"亮度"为29，"对比度"为23，单击 确定 按钮，如图6-125所示。

图6-124　　　　　　　　图6-125

5 选择【图像】/【调整】/【自然饱和度】命令，打开"自然饱和度"对话框，适当提高图像的饱和度，参数设置如图6-126所示，然后单击 确定 按钮。

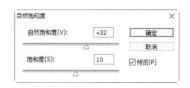

图6-126

6 选择【图像】/【调整】/【色相/饱和度】命令，打开"色相/饱和度"对话框，选择"黄色"选项，其他参数设置如图6-127所示。

图6-127

7 调整完成后，单击 确定 按钮。使用"移动工具" 将其拖曳到广告画面上方，如图6-128所示。

图6-128

8 选择【图层】/【图层样式】/【投影】命令，设置投影颜色为深红色（R55，G14，B25），其他参数设置如图6-129所示。完成后单击 确定 按钮。

图6-129

9 打开"卡通吊坠.psd"素材文件，选择【图像】/【调整】/【曲线】命令，打开"曲线"对话框，适当向上拖曳曲线，提高图像的整体亮度，如图6-130所示，然后单击 确定 按钮。

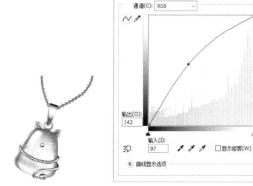

图6-130

10 将调整好的卡通吊坠拖曳到广告画面左上方，再将"花朵和信封.psd"素材文件中的紫色花朵图像拖曳到画面上方，如图6-131所示。

图6-131

11 打开"手镯.psd"素材文件，如图6-132所示。

图6-132

12 选择【图像】/【调整】/【色彩平衡】命令，分别调整"中间调"和"高光"中的色彩平衡，参数设置如图6-133所示。

图6-133

13 单击 确定 按钮，将调整后的手镯图像拖曳到广告画面下方，如图6-134所示。

14 使用"横排文字工具" T.在图像中输入广告文字，参照图6-135所示方式排列。完成本例的制作。

图6-134　　　　　图6-135

 巩固练习

1. 调出照片温暖色调

本练习要求对一张风景照片进行调色，将冷色调图像调整为偏黄的暖色调图像。制作时可先增加图像的黄色调，然后再调整图像的明暗关系，最后添加人物和文字，素材与效果如图6-136所示。

 素材文件\第6章\风景.jpg、背影.jpg
效果文件\第6章\温暖色调.psd

2. 调整偏色的图像

本练习要求对一张偏色的图像进行校正。首先观察偏色的图像，可以发现图像颜色偏紫色，对比度也较为强烈。因此应通过"色阶"命令调整图像的整体亮度，然后使用"曲线"命令对图像的对比度进行细微调整，最后调整图像的色相和饱和度。在调整过程中，可以结合多个调色命令制作出美观且真实的图像效果，素材与效果如图6-137所示。

素材文件\第6章\偏色的图像.jpg
效果文件\第6章\调整偏色的图像.psd

图6-136

图6-137

前面学习了使用多种调色命令对图像颜色进行调整，下面来了解一下Lab调色技术，以及图像在输出时的色彩模式设置。

1. Lab调色技术

Lab是一种色域最宽的颜色模式，它包含RGB颜色模式和CMYK颜色模式的色域。Lab颜色可以分离亮度信息和颜色信息，即可以在不改变颜色亮度的情况下调整颜色色相。

打开一张图像，选择【图像】/【模式】/【Lab颜色】命令，将其转换为Lab颜色模式，在"通道"面板中单击相应的通道缩览图，可以选择该通道，如图6-138所示。

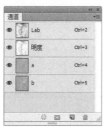

图6-138

"通道"面板中各缩览图对应的功能如下。

● 明度通道：选择"明度"通道，如果将其调亮，则整个图像会变亮，如图6-139所示。

● a通道：选择"a"通道，如果将其调亮，则会在图像中增加洋红色，如图6-140所示。

● b通道：选择"b"通道，如果将其调亮，则会在图像中增加黄色，如图6-141所示。

图6-139 　　　　　图6-140 　　　　　图6-141

2. 已调色的图像在输出后为何有较大色差

在Photoshop CS6中，图像主要有两大颜色模式：RGB和CMYK。这两大颜色模式的适用场合不同，其色差也存在差异。

当RGB颜色模式与CMYK颜色模式互相转换时，都会损失一些颜色，不过由于RGB颜色模式的色域比CMYK颜色模式更广，所以将CMYK颜色模式转换为RGB颜色模式时，画面颜色损失较少，在视觉上也很难看出差别。将RGB颜色模式转换为CMYK颜色模式时，丢失的颜色较多，视觉上也能有明显的区分；此时再将CMYK颜色模式转换为RGB颜色模式，丢失的颜色也不能恢复。

所以，我们在调整图像颜色之前，首先要确定好作品的用途。如果图像只是在计算机上、手机等设备上显示，就可以用RGB颜色模式，这样可以得到较广的色域；如果图像需要打印或者印刷，就须使用CMYK颜色模式，才能确保印刷颜色与设计时一致。

第 7 章

混合模式与蒙版的应用

📖 本章导读

在Photoshop CS6中可以对图像进行各种各样的处理，如为图像设置混合模式，能够让整个图像更加丰富；为图像添加图层蒙版和矢量蒙版等蒙版效果，能制作出多种特殊图像效果。本章将详细介绍图层混合模式和各种蒙版的使用方法，包括图层不透明度、图层混合模式，以及图层蒙版、剪贴蒙版和矢量蒙版等相关知识。

🗂 知识目标

◁ 掌握图层不透明度的设置方法
◁ 掌握图层混合模式的设置方法
◁ 掌握图层蒙版的使用方法
◁ 掌握剪贴蒙版的使用方法
◁ 掌握矢量蒙版的使用方法

🏆 能力目标

◁ 能够制作具有透明感的图像
◁ 能够通过图层混合模式制作特殊图像效果
◁ 能够使用各种蒙版隐藏图像

💟 情感目标

◁ 提升图像分析能力，能够为不同图像选择合适的混合效果
◁ 正确分析并使用不同蒙版，让图像效果达到理想状态

7.1 设置图层不透明度与混合模式

图层混合模式是指将上面的图层图像与下面的图层图像相混合，从而得到另一种图像效果，而通过设置图层不透明度可以使图像产生透明或半透明效果，它们均在图像合成方面应用广泛。

7.1.1 设置图层不透明度

通过设置图层不透明度可以使图层产生透明或半透明效果，其方法是：在"图层"面板右上方的"不透明度"数值框中输入数值，其范围为0～100%，不透明度值越小，图层就越透明，如100%代表完全不透明，50%代表半透明，0则代表完全透明。图7-1所示为设置文字图层"不透明度"分别为100%和50%时的效果。

图7-1

"图层"面板中有两个控制图层不透明度的选项，分别为"不透明度"和"填充"，二者的设置方法相同。

● 不透明度：在其中输入参数，可以控制图层或图层组中所绘制的像素和形状的不透明度，当对图层使用图层样式时，该样式的不透明度也会受到影响。

● 填充：在其中输入参数，只影响图层中绘制的像素和形状的不透明度，不会影响图层样式的不透明度。

 范例 为商品制作投影效果

 知识要点 图层不透明度的设置

 配套资源 素材文件\第7章\背景.jpg、手机.psd
效果文件\第7章\为商品制作投影效果.psd

扫码看视频

 范例说明

设置图层不透明度可以调整图像的不透明度，非常适用于制作投影效果。本例将为手机图像调整不透明度，并且在图像下方制作投影效果。

操作步骤

1 打开"背景.jpg"素材文件，如图7-2所示。

2 打开"手机.psd"素材文件，使用"移动工具" ► 将其拖曳到背景图像右侧，适当调整大小，这时"图层"面板中增加"图层1"图层，如图7-3所示。

图7-2

图7-3

3 按Ctrl+J组合键复制"图层1"图层，得到"图层1副本"图层，将复制的图层调整至下一层，然后设置其"不透明度"为20%，如图7-4所示。

4 选择"移动工具" ► ，将手机图像向右适当移动，得到重影效果，如图7-5所示。

图7-4　　　　　　　图7-5

5 选择"多边形套索工具" ▽ ，在工具属性栏中设置"羽化"为40像素，然后在手机图像下方绘制一个多边形选区，如图7-6所示。

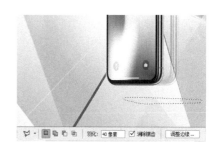

图7-6

6 新建"图层2"图层，设置前景色为深灰色，按Alt+Delete组合键填充选区，得到投影效果，如图7-7所示。

图7-7

7 在"图层"面板中设置该图层的"不透明度"为70%，得到较为透明的投影效果，如图7-8所示。

8 按Ctrl+J组合键复制投影图层，再按Ctrl+T组合键适当调整复制投影的大小，设置该图层的"不透明度"为50%，如图7-9所示。

图7-8

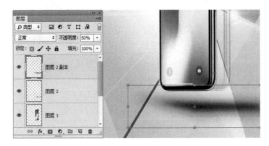

图7-9

9 使用"横排文字工具" T 在画面中输入广告文字，设置"字体"为黑体，"颜色"为黑色，然后参照图7-10所示样式排列。

10 使用"矩形选框工具" □ 在画面底部绘制3个细长的矩形选区，填充为黑色，如图7-11所示。完成本例的制作。

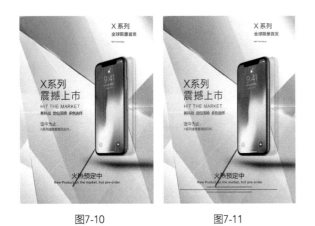

图7-10   图7-11

7.1.2　设置图层混合模式

在Photoshop CS6中合成图像时，图层混合模式是使用较为频繁的功能之一，它可以通过控制当前图层和其下方图层的融合模式，使图像产生奇妙的效果。由于图层混合模式是控制当前图层与下方所有图层的融合效果，所以必然有3类颜色存在，位于下方图层中的颜色为基础色，位于上方图层中的为混合色，它们混合的结果称为结果色，如图7-12所示。

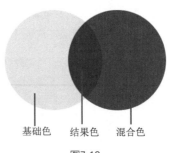

基础色　结果色　混合色

图7-12

需要注意的是，同一种混合模式下的图像效果会因为图层不透明度的改变而有所变化。如将深色圆圈的混合模式设置为"溶解"，能够更好地观察到不同图层透明度对其下方图层混合效果的影响，如图7-13所示。

技巧

图层组和图层一样，也能为其设置图层混合模式，图层组的默认混合模式为"穿透"。如果修改组的混合模式，该组中的所有图层将作为一个整体的图层效果，按照所选混合模式与下方图层混合。

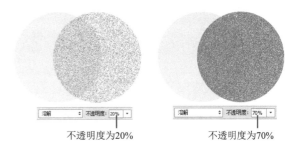

不透明度为20%　　　　不透明度为70%

图7-13

Photoshop CS6中提供了27种预设的图层混合模式，默认模式为"正常"。在"图层"面板中选择一个图层，单击面板顶部左侧的按钮，在弹出的图7-14所示下拉列表框中可查看所有图层混合模式，每一组模式间使用框线分隔开来，一共可分为6组，每一组混合模式都可以产生相似的效果或具有近似的用途。6组图层混合模式的作用介绍如下。

● 组合模式组：该组模式下只有降低图层的不透明度，才能产生明显效果。

● 加深模式组：该组模式可使图像变暗，在混合时当前图层中的白色将被较深的颜色代替。

● 减淡模式组：该组模式可使图像变亮，在混合时当前图层中的黑色将被较浅的颜色代替。

● 对比模式组：该组模式可增强图像的反差，在混合时50%的灰度将会消失，亮度高于50%灰色的像素可提亮图层颜色，亮度低于50%灰色的图像可使图层颜色变暗。

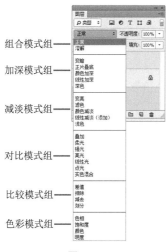

组合模式组 ——

加深模式组 ——

减淡模式组 ——

对比模式组 ——

比较模式组 ——

色彩模式组 ——

图7-14

● 比较模式组：该组模式可比较当前图层和下方图层，若有相同的区域，该区域将变为黑色。不同的区域则会显示为灰度层次或彩色。若图像中出现了白色，则白色区域将会显示下方图层的反相色，但黑色区域不会发生变化。

● 色彩模式组：该组模式将色彩分为色相、饱和度和亮度这3种模式，然后可将其中的一种或两种模式互相混合。

图7-15所示为"书本"图层在部分图层混合模式下与背景图层的混合效果。

图7-15

技巧

在设置图层混合模式时，初学者往往不能准确选择所需混合模式，可先在"正常"下拉列表框中选择任意一种，然后通过按键盘上的上下键来选择需要的混合模式。每选择一种混合模式，该模式对应的效果就会即时显示在图像窗口中。

范例 合成节气图

知识要点

图层混合模式、图层不透明度的设置

配套资源

素材文件\第7章\飞鹤.psd、光效.psd、印章.psd、背景.psd、山脉.psd、气泡.psd、云朵.psd

效果文件\第7章\合成节气图.psd

扫码看视频

范例说明

本例将制作二十四节气中的"白露"图，要求画面整体清爽、干净，并且在设计中需要突出节气的氛围感。设计时，整体以淡蓝色为主要色调，并以水墨山水为背景，与白鹤图像组成具有中国传统文化特色的节气图。在制作过程中，需适当调整图像的混合模式和不透明度，使图像与主题之间能够得到更好的呼应和融合。

操作步骤

1 选择【文件】/【打开】命令，打开"背景.psd"素材文件，如图7-16所示。再打开"山脉.psd"素材文件，使用"移动工具" ▶ 将其拖曳到背景图像画面的下方，如图7-17所示。

2 这时"图层"面板中将得到"图层1"图层，设置该图层的"混合模式"为"叠加"，得到叠加图像效果，如图7-18所示。

图7-16　　　　　　　图7-17

图7-18

3 打开"气泡.psd"素材文件，使用"移动工具"将其拖曳到画面中，并在"图层"面板中设置该图层的"混合模式"为"明度"，如图7-19所示。

 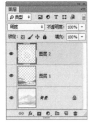

图7-19

4 打开"云朵.psd"素材文件，使用"移动工具" ▶️ 将其拖曳到画面右上方，并在"图层"面板中设置该图层的"不透明度"为50%，得到较为透明的云朵图像效果，如图7-20所示。

图7-20

5 打开"飞鹤.psd"素材文件，将其分别拖曳到画面中，如图7-21所示。

6 打开"光效.psd"素材文件，将其分别拖曳到飞鹤图像周围，如图7-22所示。

图7-21　　　　　　　图7-22

7 设置光效图像所在图层的"混合模式"为"滤色"，得到图7-23所示效果。

8 选择"横排文字工具" T，在画面上方输入文字，并在工具属性栏中设置字体为"方正吕建德字体"，"颜色"为深绿色（R68，G98，B110），然后打开"印章.psd"素材文件，将其拖曳到文字右侧，适当调整大小，如图7-24所示。完成本例的制作。

图7-23　　　　　　　图7-24

小测 制作化妆品海报

配套资源\素材文件\第7章\红色花朵.psd、口红.psd、海报文字.psd

配套资源\效果文件\第7章\化妆品海报.psd

本例提供了某品牌的口红商品及相关素材，要求制作一张化妆品宣传海报。制作时需要通过为素材图像设置图层混合模式得到背景，再添加文字和口红图像等，排列成图7-25所示效果。

图7-25

7.2 使用图层蒙版

图层蒙版存在于图层之上，图层是图层蒙版的载体。使用图层蒙版可以控制图层中不同区域的隐藏或显示状态，并可通过编辑图层蒙版将各种特殊效果应用于图层中的图像上，且不会影响该图层的像素。

7.2.1 添加图层蒙版

使用图层蒙版可以将图层中的图像部分显示或隐藏。图层蒙版是一种灰度图像，其效果与分辨率相关，因此用黑色绘制的区域是隐藏的，用白色绘制的区域是可见的，而用灰色绘制的区域则以一定的透明度显示。

下面介绍创建图层蒙版的3种方法。

● 在"图层"面板中选择需要添加图层蒙版的图层，选择【图层】/【图层蒙版】/【显示全部】命令，即可得到一个图层蒙版。为图层添加图层蒙版后，"图层"面板如图7-26所示。

● 如果图像中有选区，在"图层"面板中单击"添加图层蒙版"按钮 回 可以为选区以外的图像部分添加图层蒙版，如图7-27所示。

图7-26

图7-27

● 如果图像中没有选区，单击"添加图层蒙版"按钮 回 可以为整个画面添加图层蒙版，然后使用"画笔工具" ✐ 编辑蒙版，如图7-28所示。

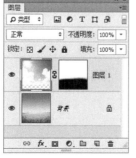

图7-28

技巧

在使用图层蒙版合成图像时，为了使图像融合得更加自然，用户可使用硬度较低的"画笔工具" ✐ 或"渐变工具" ■ 来编辑图层蒙版。

范例 为平板电脑更换桌面壁纸

知识要点：图层蒙版的使用

配套资源：
素材文件\第7章\平板电脑.jpg、黄色背景.jpg
效果文件\第7章\为平板电脑更换桌面壁纸.psd

扫码看视频

范例说明

本例将为平板电脑更换桌面壁纸，并通过添加和编辑图层蒙版，使替换后的壁纸能够与屏幕完美融合。

操作步骤

1 选择【文件】/【打开】命令，打开"平板电脑.jpg"素材文件，如图7-29所示。下面将更换平板电脑中的桌面壁纸图像。

图7-29

2 打开"黄色背景.jpg"素材文件，使用"移动工具"
将其拖曳至"平板电脑"中，按Ctrl+T组合键适当调整素材文件的大小和角度，如图7-30所示。

图7-30

3 为了便于选择图像，适当降低"图层1"图层的不透明度，然后使用"多边形套索工具" 沿着平板电脑的显示屏幕边缘绘制选区，如图7-31所示。

图7-31

4 单击"图层"面板底部的"添加图层蒙版"按钮 ，得到图层蒙版，并隐藏超出选区的图像，将"图层1"图层不透明度恢复为100%，如图7-32所示。

图7-32

5 选择"画笔工具" ，设置"前景色"为黑色，"背景色"为白色，对隐藏在黄色背景画面中的手指进行涂抹，将下方图层显示出来，效果如图7-33所示。完成本例的操作。

图7-33

技巧

在涂抹手指图像边缘时，如果显示出底部的蓝色背景，则可以将前景色切换成白色进行修复，显示出黄色壁纸图像。

7.2.2 编辑图层蒙版

对于编辑好的图层蒙版，用户可以通过停用图层蒙版、启用图层蒙版、删除图层蒙版等方法进行编辑，使图层蒙版更符合设计需求。

1. 停用图层蒙版

若想暂时将图层蒙版隐藏，以查看图层的原始效果，可将图层蒙版停用。被停用的图层蒙版将会在"图层"面板的图层蒙版上显示为 。停用图层蒙版的方法有如下3种。

● 通过命令停用：选择【图层】/【图层蒙版】/【停用】命令，即可将当前选择的图层蒙版停用，如图7-34所示。

图7-34

● 通过快捷菜单停用：在需要停用的图层蒙版上单击鼠标右键，在弹出的快捷菜单中选择"停用图层蒙版"命令，如图7-35所示。

图7-35

● 通过"属性"面板停用：选择要停用的图层蒙版，在"属性"面板底部单击 按钮，即可在"图层"面板中看到图层蒙版已被停用。

2. 启用图层蒙版

停用图层蒙版后，还可将其重新启用，继续实现遮罩效果。启用图层蒙版同样有3种方法。

● 通过命令启用：选择【图层】/【图层蒙版】/【启用】命令，即可将当前选择的图层蒙版重新启用。

● 通过"图层"面板启用：在"图层"面板中单击已经停用的图层蒙版图标▨，即可启用图层蒙版。

● 通过"属性"面板启用：选择要启用的图层蒙版，在"属性"面板底部单击▢按钮，即可在"图层"面板中看到图层蒙版已被启用。

3．删除图层蒙版

如果要删除图层蒙版，在蒙版缩览图上单击鼠标右键，在弹出的快捷菜单中选择"删除图层蒙版"命令即可。

小测 合成花瓣中的婴儿

配套资源\素材文件\第 7 章\花瓣 .jpg、婴儿 .jpg
配套资源\效果文件\第 7 章\合成花瓣中的婴儿 .psd

　　本例提供了"花瓣"和"婴儿"两张素材图像，要求将它们放在一起，呈现出自然融合的状态。制作时需要将婴儿图像拖曳到花瓣图像中，通过添加图层蒙版，隐藏婴儿图像的原始背景，并适当调整婴儿图像的大小和亮度，得到合成效果，如图 7-36 所示。

图7-36

而内容图层则用于限制基底图层的图案显示效果。图7-37所示为一个完整的剪贴蒙版结构。需要注意的是，一个剪贴蒙版只能拥有一个基底图层，但可以拥有多个内容图层或图层组。

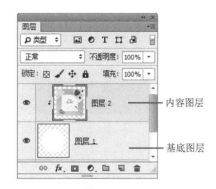

　　　　　　图7-37

技巧

内容图层不仅可以是像素图层，还可以是调整图层、形状图层等，并且多个内容图层在"图层"面板中不能隔开，只能相邻。

★ **范例** 制作金沙文字

知识
要点　剪贴蒙版的使用

配套
资源　素材文件\第7章\黑色背景.jpg、光圈.psd、人像.psd、金沙.jpg、周年庆文字.psd
效果文件\第7章\制作金沙文字.psd

扫码看视频

范例说明

　　本例将制作一个周年庆背景图，在主题文字设计方面，需要添加金沙底纹，使文字与其他素材图像形成统一风格，不仅能美化画面，还能突出主题文字。

7.3 使用剪贴蒙版

在进行平面设计时，剪贴蒙版也是一种常用的蒙版。使用它，上、下方的图层之间可以互相限制。

7.3.1 创建剪贴蒙版

　　剪贴蒙版由基底图层和内容图层组成，其中内容图层位于基底图层上方。基底图层用于限制内容图层的最终形式，

1 选择【文件】/【打开】命令，打开"黑色背景.jpg"素材文件，如图7-38所示。

图7-38

2 打开"光圈.psd"和"人像.psd"素材文件，使用"移动工具" ▶+ 将其拖曳到画面中，如图7-39所示。

图7-39

3 选择【文件】/【打开】命令，打开"周年庆文字.psd"素材文件，将其拖曳到画面左侧，如图7-40所示。

图7-40

4 选择"横排文字工具" T，在"周年庆"文字下方输入文字，并在工具属性栏中设置"字体"为黑体，"颜色"为白色，然后选择文字和周年庆文字图层，按Ctrl+G组合键得到图层组，如图7-41所示。

图7-41

5 打开"金沙.jpg"素材文件，使用"移动工具" ▶+ 将其拖曳到文字上，遮挡住全部文字，如图7-42所示。

图7-42

6 选择【图层】/【创建剪贴蒙版】命令，"图层"面板中将创建一个剪贴蒙版图层，文字以外的金沙图像将被隐藏，如图7-43所示。完成本例的制作。

图7-43

小测 为相框添加画面

配套资源＼素材文件＼第 7 章＼图画 .jpg、相框 .jpg
配套资源＼效果文件＼第 7 章＼为相框添加画面 .psd

　　本例将提供一个相框图像，需要在其中添加装饰画面。在制作过程中，可以先在相框中绘制一个较小的矩形图像，然后通过剪贴蒙版将素材文件放到相框中，并调整其需要显示的位置和大小，效果如图 7-44 所示。

图7-44

7.3.2　编辑剪贴蒙版

　　在创建剪贴蒙版后，用户还可以根据实际情况对剪贴蒙版进行编辑。编辑剪贴蒙版的方法如下。

1.　释放剪贴蒙版

　　为图层创建剪贴蒙版后，若觉得效果不佳，可将剪贴蒙版取消，即释放剪贴蒙版。释放剪贴蒙版的方法有如下3种。

● 通过菜单释放：选择需要释放的剪贴蒙版，再选择【图层】/【释放剪贴蒙版】命令，或按Ctrl+Alt+G组合键释放剪贴蒙版。

● 通过快捷菜单释放：在内容图层上单击鼠标右键，在弹出的快捷菜单中选择"释放剪贴蒙版"命令。

● 通过拖曳释放：按住Alt键，将鼠标指针放置到内容图层和基底图层中间的分割线上，当鼠标指针变为 形状时单击，释放剪贴蒙版，如图7-45所示。

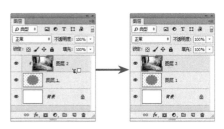

图7-45

2. 加入剪贴蒙版

在已创建剪贴蒙版的基础上，将一个普通图层移动到基底图层的上方，该普通图层将会被转换为内容图层，如图7-46所示。

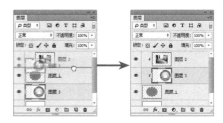

图7-46

3. 移出剪贴蒙版

将内容图层移动到基底图层的下方，即可移出剪贴蒙版，如图7-47所示。

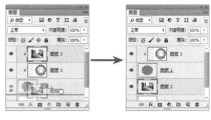

图7-47

技巧

在"图层样式"对话框中勾选"混合选项：默认"选项卡中的"将剪贴图层混合成组"复选框，可控制剪贴蒙版中基底图层的混合属性，而基底图层的混合模式会影响整个剪贴图层的效果；取消勾选该复选框，基底图层的混合模式将只会影响自身的效果，而不会影响内容图层。

7.4 使用矢量蒙版

矢量蒙版是使用钢笔工具、形状工具等创建的蒙版，常用于Logo、按钮或其他Web图形设计中。通过矢量蒙版，用户可以制作出精确的蒙版区域。

7.4.1 创建矢量蒙版

矢量蒙版是将矢量图像引入蒙版中的一种蒙版形式。由于矢量蒙版是通过矢量工具创建的，所以矢量蒙版与分辨率无关，无论如何变形都不会影响其轮廓边缘的光滑程度。矢量蒙版只需要一个图层即可存在。图7-48所示为一个矢量蒙版图层。

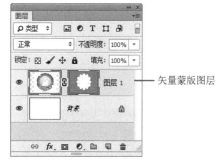

矢量蒙版图层

图7-48

 范例 合成晚安效果图

 知识要点 矢量蒙版的使用

配套资源 素材文件\第7章\插画.jpg、手.psd、星星.psd
效果文件\第7章\晚安效果图.psd

扫码看视频

 **范例说明**

使用矢量蒙版可以绘制图形，并使图形按照固有的形状显示。本例将首先绘制出瓶子的外形，然后添加插画图像，并通过矢量蒙版隐藏瓶子以外的图像，最后添加文字和星星素材合成晚安效果图。

操作步骤

1 新建一个图像文件,将背景填充为深蓝色(R20,G35,B69)。

2 打开"插画.jpg"素材文件,使用"移动工具" 将其拖曳到画面下方,这时"图层"面板中得到"图层1"图层,如图7-49所示。

图7-49

3 选择"钢笔工具" ,在工具属性栏中设置工具模式为"路径",然后在插画图像上绘制一个瓶子外形的路径,如图7-50所示。

图7-50

4 选择【图层】/【矢量蒙版】/【当前路径】命令,或单击工具属性栏中的 蒙版 按钮,得到矢量蒙版,路径以外的图像将被隐藏,而"图层"面板中也将显示出蒙版状态,如图7-51所示。

图7-51

5 新建图层,设置"前景色"为淡蓝色(R123,G153,B164),选择"铅笔工具" ,设置画笔大小为10像

素,沿着瓶身边缘绘制曲线,并绘制出瓶口线条,如图7-52所示。

图7-52

6 打开"手.psd"素材文件,使用"移动工具" 将其拖曳到画面中,如图7-53所示。

7 使用"橡皮擦工具" 适当擦除遮挡住瓶口的图像,效果如图7-54所示。

图7-53　　　　　　图7-54

8 打开"星星.psd"素材文件,使用"移动工具" 将其拖曳到画面上方,如图7-55所示。完成本例的制作。

图7-55

7.4.2　编辑矢量蒙版

和剪贴蒙版一样,在创建矢量蒙版后,用户也可对矢量蒙版进行编辑。下面讲解一些编辑矢量蒙版的常见操作。

1. 将矢量蒙版转换为图层蒙版

在矢量蒙版缩览图上单击鼠标右键，在弹出的快捷菜单中选择"栅格化矢量蒙版"命令。栅格化后的矢量蒙版将会变为图层蒙版，不会再有矢量形状存在，如图7-56所示。

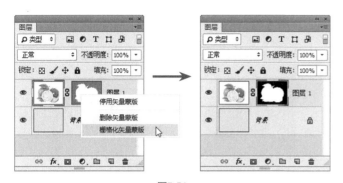

图7-56

2. 删除矢量蒙版

在矢量蒙版缩览图上单击鼠标右键，在弹出的快捷菜单中选择"删除矢量蒙版"命令，即可将矢量蒙版删除，如图7-57所示。

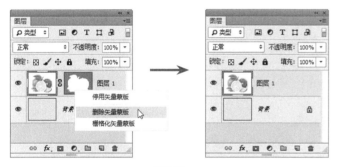

图7-57

技巧

选择需要删除矢量蒙版的图层，再选择【图层】/【矢量蒙版】/【删除】命令，也可将当前图层的矢量蒙版删除。

3. 链接/取消链接矢量蒙版

默认情况下，图层和其矢量蒙版之间有一个⑧图标，表示图层与矢量蒙版相互链接。当移动图层位置或调整图层大小时，矢量蒙版将会跟着发生变化。若不想图层和矢量蒙版相互影响，可单击⑧图标，取消它们之间的链接。若想恢复链接，可再次单击该图标原位置。

4. 在矢量蒙版中绘制形状

选择矢量蒙版后，使用"钢笔工具" 或形状工具组可在矢量蒙版中绘制形状，如图7-58所示。

图7-58

7.5 综合实训：制作房地产广告

随着人们审美和居住水平的提高，房地产广告设计越来越需要展现出高端、大气的效果，以更好地吸引人们关注，起到宣传作用。

7.5.1 实训要求

某房地产公司近期将推出一个新中式风格的楼盘，需要进行一系列的广告宣传，因此要制作一个高端的形象宣传广告。要求整个画面简洁、大气，文字排版有主有次，在设计中重点突出楼盘的新中式风格和高端的居住品质。

广告画面一般包含了多个素材图像和文字等元素，而要想合理地安排这些元素，并且保证画面的美观度，将重点内容突出展示，就需要先进行版式设计。版式设计实际上就是经营好点、线、面，这三种元素是构成视觉空间的基本元素，也是版式设计的主要语言。不管版式的内容与形式如何复杂，最终都可以简化到点、线、面上。

设计素养

7.5.2 实训思路

（1）根据楼盘设计的定位，首先确定画面主色调，即稳重端庄。

（2）思考设计内容在板块中的布局，将楼盘名称和日期作为重要元素提炼出来。

（3）本例提供了一个楼盘大门效果图作为形象展示，需要将该图像放到视觉中心，并且与楼盘名称相呼应。

（4）使用本章所学的图层混合模式、图层蒙版，以及剪贴蒙版等功能制作特殊的图像效果。

本例完成后的参考效果如图7-59所示。

图7-59

7.5.3 制作要点

知识要点　图层混合模式与蒙版的使用

配套资源　素材文件\第7章\蓝色背景.jpg、山.psd、祥云.psd、金沙.jpg、文字.psd、剪影.psd、大门.psd
效果文件\第7章\房地产广告.psd

扫码看视频

本例主要包括安排素材图像的位置、制作底纹文字、添加文字内容3个部分，主要操作步骤如下。

1 新建一个"宽度"为"75厘米"、"高度"为"45厘米"、"分辨率"为"150/英寸像素"、"名称"为"房地产广告"的图像文件。

2 打开"蓝色背景.jpg""山.psd""大门.psd"素材文件，使用"移动工具" 将它们拖曳到画面中，调整其大小和位置。

3 新建图层，使用"矩形选框工具" 在画面下方绘制一个淡蓝色（R204，G221，B245）矩形，效果如图7-60所示。

4 选择"山"图像所在图层，按Ctrl+J组合键复制图层，将该图层拖曳至"图层"面板最顶部，并将图像移动到画面深蓝色区域左下角。

5 按Ctrl+J组合键再复制一次该图层，然后选择【编辑】/【变换】/【垂直翻转】命令，将翻转后的图像向下移动，并设置该图层的"不透明度"为50%，得到倒影效果，如图7-61所示。

图7-60

图7-61

6 打开"文字.psd"素材文件，使用"移动工具" 将其拖曳到画面左上方。

7 打开"金沙.jpg"素材文件，使用"移动工具"将其拖曳到画面中，调整其大小，使其覆盖整个文字，然后选择【图层】/【创建剪贴蒙版】命令，得到剪贴蒙版效果，如图7-62所示。

图7-62

8 打开"祥云.psd"素材文件，使用"移动工具" 分别将祥云和印章图像拖曳到文字两侧，调整其大小。

9 使用"矩形选框工具" 在祥云图像下方绘制多个细长的矩形，并填充为白色，排列成图7-63所示效果。

10 新建图层，设置"前景色"为黄色，使用"画笔工具"在大门图像中和下方绘制两团黄色图像。在"图层"面板中设置该图层的"混合模式"为"线性减淡（添加）"，得到图7-64所示效果。

图7-63

图7-64

11 打开"剪影.psd"素材文件，使用"移动工具" 将飞鸟和骑马图像分别拖曳到画面中间和右侧，调整其大小和位置。

12 使用"横排文字工具" T 在图像下方分别输入地址和电话等信息，设置"字体"为不同粗细的黑体，再使用"矩形选框工具" □ 在文字中绘制两个细长的矩形，并填充为黑色，如图7-65所示。完成本例的制作。

图7-65

巩固练习

1. 制作合成图像效果

本练习要求使用提供的多张素材照片进行合成，改变图层混合模式，为图像添加图层蒙版和调整图层，得到更加柔和、色彩统一的图像效果，参考效果如图7-66所示。

配套资源 效果文件\第7章\云彩.psd、鲸.psd、女孩.psd、桥.psd
效果文件\第7章\合成图像效果.psd

2. 制作未来城市图像效果

本练习需综合运用本章和前面所学的知识，将提供的图像素材合成一幅创意图像作品"未来城市"。在制作时，可以结合图层混合模式和图层蒙版，将部分图像加以合成，再通过改变图层混合模式得到特殊的图像效果，参考效果如图7-67所示。

配套资源 素材文件\第7章\天空.psd、玻璃球.psd、草坪.psd、城市球.psd、建筑.psd
效果文件\第7章\未来城市.psd

图7-66

图7-67

下面将介绍控制图层蒙版的效果范围的方法，以及从通道中生成蒙版的技巧。

1. 控制图层蒙版的效果范围

使用蒙版可以遮盖住不需要显示的画面，并且保留该画面的存在。当用户为图像添加蒙版后，"图层"面板中被遮盖的部分会以黑色显示，未被遮盖的部分会以白色显示，如图7-68所示。如果要精确控制显示或隐藏的图像，则可以使用"画笔工具"，涂抹为黑色则隐藏图像，涂抹为白色则显示图像，这样就可以对蒙版范围进行任意修改。

图7-68

2. 从通道中生成蒙版

当某些选区很难通过选取工具来创建时，可以使用通道来进行辅助操作。首先在"通道"面板中找到黑白对比反差最大的通道，提高其明暗对比度，然后按住Ctrl键单击该通道缩览图获取选区，按Ctrl+Shift+I组合键反向选择，再回到"图层"面板中，单击"添加图层蒙版"按钮，即可创建蒙版，隐藏周围图像，抠取所需图像，如图7-69所示。

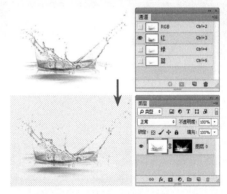

图7-69

第 **8** 章 路径与矢量对象

本章导读

用户在Photoshop CS6中进行图形图像绘制、抠图等操作时，大都会选用钢笔工具组、形状工具组等矢量工具，而矢量工具主要是通过调整矢量对象的路径和锚点来进行操作的，因此路径与矢量对象密不可分。

知识目标

- 了解路径的相关概念
- 熟悉"路径"面板
- 掌握形状工具组与钢笔工具组
- 掌握路径的编辑

能力目标

- 能够使用形状工具组绘制网站Logo
- 能够使用形状工具组绘制网站登录页
- 能够使用钢笔工具组绘制灯箱海报
- 能够使用钢笔工具组绘制扁平化图标
- 能够使用运算和变换路径制作企业Logo

情感目标

- 培养矢量绘图能力
- 提升Logo设计和插画图标的设计能力

8.1 路径的概念

路径是一种不包含像素的轮廓形式，也是一种矢量对象，在矢量绘图、抠图和图像合成中都较为常用。用户可以直接对路径进行填充和描边，也可以将其转换为选区或形状图层后再进行相应操作。在Photoshop CS6中，矢量工具主要包括形状工具组与钢笔工具组，用户通过它们可完成路径的绘制。

8.1.1 认识路径

从外观上看，路径是线条状的轮廓，由锚点连接而成。路径既可以根据线条的类型分为直线路径和曲线路径，也可以根据起点与终点的情况分为开放路径和闭合路径，如图8-1所示。同时，多个闭合路径可以构成更为复杂的图形，称为"子路径"。

在Photoshop CS6中，使用矢量工具所绘制的路径形状即为矢量对象，也称为矢量图形或矢量形状，包括从外部载入的可编辑的矢量素材。

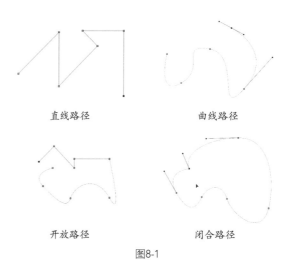

直线路径	曲线路径
开放路径	闭合路径

图8-1

路径主要由直线或曲线、锚点、控制柄组成，如图8-2所示。

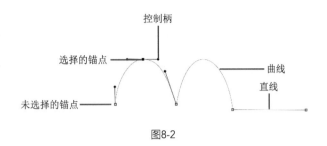

图8-2

● 直线或曲线：路径由一条或多条直线或曲线组成。

● 锚点：路径上连接线段的小正方形就是锚点，其中锚点表现为黑色实心时，表示该锚点为选中状态。路径中的锚点主要有平滑点、角点两种，其中平滑点可以形成曲线，角点则可以形成直线或转角曲线。图8-3所示分别为平滑点与角点形成的路径形状。

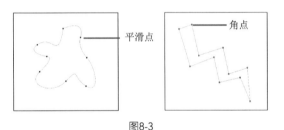

图8-3

● 控制柄：控制柄也称方向线，是指调整线段（曲线线段）位置、长短、弯曲度等参数的控制点。选择平滑点锚点后，该锚点上将显示控制柄，拖曳控制柄一端的小圆点，即可修改该线段的形状和弧度。

8.1.2 矢量绘图的3种模式

使用Photoshop CS6中的形状工具组和钢笔工具组绘制形状时，首先可在工具属性栏中选择相应的绘图模式。绘图模式是指绘制图形后，图形所呈现的状态，包括形状、路径和像素3种模式。

1. 形状模式

形状模式是指绘制的图形将位于一个单独的形状图层中，并在"路径"面板中显示路径。它由轮廓形状和填充区域两部分组成，其轮廓形状是矢量图形，内部的填充区域可以填颜色或图案。图8-4所示为在"自定形状工具"🐾的工具属性栏中选择"形状"模式及其参数。

图8-4

● 填充：单击"填充"右侧的色块，在弹出的下拉列表框中选择填充内容，如图8-5所示。图8-6所示分别为采用纯色、渐变和图案填充后的路径形状。

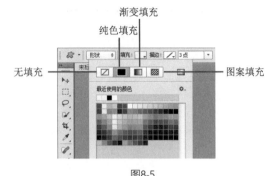

图8-5

图8-6

● 描边：单击"描边"右侧的色块，在弹出的下拉列表框中选择描边内容，如图8-7所示。图8-8所示分别为采用纯色、渐变和图案描边的路径形状。

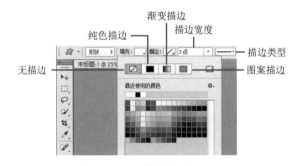

图8-7

图8-8

● 描边宽度：单击描边宽度后的⊡按钮，可以设置形状的描边宽度。

● 描边类型：单击"描边类型"按钮▭，可在打开的"描边选项"面板中选择实线、虚线和圆点3种描边样式，如图8-9所示。单击 更多选项… 按钮，可打开"描边"对话框，如图8-10所示。

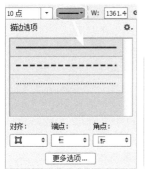

图8-9　　　　　　　　图8-10

"描边"对话框中主要选项的作用如下。

● 对齐：用于设置描边和路径的对齐方式为"内部""居中""外部"。

● 端点：用于设置路径端点样式为"端面""圆形""方形"。

● 角点：用于设置路径转角处的转折样式为"斜接""圆形""斜面"。

● 虚线：勾选"虚线"复选框，可调整虚线间距。

2. 路径模式

路径模式是指在当前图层中绘制一个或多个临时工作路径，并且绘制的路径只会出现在"路径"面板中。选择路径模式后，可先绘制路径，然后在工具属性栏中将路径转换为选区、蒙版或形状。图8-11所示为在"自定形状工具"  的工具属性栏中选择"路径"模式及其参数。

图8-11

● 创建选区：单击 选区… 按钮，可为当前路径创建选区。图8-12所示为路径；图8-13所示为将路径转换为选区后的效果。

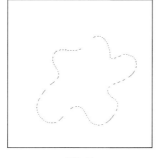

图8-12　　　　　　　　图8-13

● 创建蒙版：单击 蒙版 按钮，可为当前路径创建蒙版。图8-14所示为建立蒙版后的图层。

● 创建形状：单击 形状 按钮，可为当前路径创建形状。图8-15所示为建立形状后的图层。

图8-14　　　　　　　　图8-15

3. 像素模式

像素模式是指直接在当前图层上绘制出使用前景色填充的形状图像，此时不会显示出矢量轮廓。选择像素模式后，可在工具属性栏中设置形状图像的模式和不透明度，以及进行消除锯齿等操作，使图像效果更加丰富。图8-16所示为在"自定形状工具"  的工具属性栏中选择"像素"模式及其参数。

图8-16

● 模式：单击 正常 按钮，可以选择形状图像的混合模式，使其与下方图层产生混合效果。

● 不透明度：用于调整形状图形的不透明度。

● 消除锯齿：勾选"消除锯齿"复选框，可以平滑形状图像的边缘，消除锯齿。

在像素模式下绘制图形后，不能使用钢笔工具组对其形状进行修改，也不能创建矢量图形，绘制出的形状图形将自动被栅格化，因此"路径"面板中不会显示路径。

8.2 "路径"面板

"路径"面板主要用于存储、管理与调用路径，其中显示了当前路径和矢量蒙版的相关名称、路径类型、缩览图等。

8.2.1 认识"路径"面板

选择【窗口】/【路径】命令，将打开图8-17所示面板。其中工作路径代表临时路径，在用户没有新建路径的情况下，当前所有的路径操作都在工作路径中进行。存储的路径是指存储后的工作路径，用户可根据需要存储多条路径。

图8-17

图8-18

● 路径缩览图：路径缩览图中显示了路径层所包含的所有内容。

● 工作路径：工作路径是"路径"面板中的临时路径。在没有新建路径的情况下，当前所有的路径操作都在工作路径中进行。

● 存储的路径：存储的路径是指存储后的工作路径，用户可根据需要存储多条路径。

"路径"面板中各按钮的作用如下。

● 用前景色填充路径：单击●按钮，将使用前景色为绘制的路径填充颜色。

● 用画笔描边路径：单击○按钮，将使用当前已设置好的画笔样式对路径进行描边。

● 将路径作为选区载入：单击▦按钮，可将当前路径转换为选区。此外，按住Ctrl键在"路径"面板中单击路径缩览图，或选择路径后按Ctrl+Enter组合键，也可将路径转换为选区，转换为选区后才能复制选区中的图像内容并进行抠图。

● 从选区生成工作路径：单击◇按钮，可将选区转换为工作路径进行保存。

● 添加图层蒙版：单击▣按钮，可将当前选区的图层添加为图层蒙版。

● 创建新路径：单击▣按钮，可新建一个路径层，且后面所绘制的路径都将在该路径层中。

● 删除当前路径：单击▥按钮，可将当前选择的路径层删除。

8.2.2 存储工作路径

默认情况下，绘制的工作路径都是临时路径。若再绘制一个路径，原来的工作路径将被新绘制的路径所替代，因此可先存储工作路径。在"路径"面板中双击工作路径，将会打开"存储路径"对话框，如图8-18所示。在"名称"文本框中输入路径名称后，单击 确定 按钮即可存储工作路径。

8.2.3 显示与隐藏路径

用户可根据需要对路径进行显示或隐藏。

● 显示路径：在"路径"面板中单击需要显示的路径层，如图8-19所示。

● 隐藏路径：在"路径"面板中单击空白区域可取消对路径的选择和显示，如图8-20所示。或按Ctrl+Shift+H组合键在已选择路径的情况下隐藏路径。

图8-19　　　　图8-20

8.2.4 复制与粘贴路径

路径的复制与粘贴主要有以下3种方式。

● 先使用"路径选择工具"▶选择路径，按Ctrl+C组合键复制路径，再选择需要粘贴的路径层，按Ctrl+V组合键粘贴路径，通过该方式可以将两段路径放置在同一个路径层中。

● 在"路径"面板中将需要复制的路径拖曳到面板下方的▣按钮上，即可复制路径。

● 若需要复制并重命名路径，可单击"路径"面板右上角的▤按钮，在弹出的下拉菜单中选择"复制路径"命令，如图8-21所示。或在"路径"面板中选择路径后单击鼠标右键，在弹出的快捷菜单中选择"复制路径"命令，如图8-22所示。

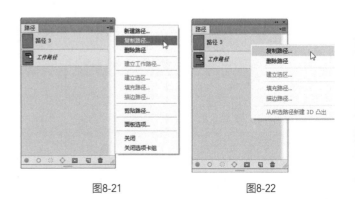

图8-21　　　　图8-22

路径的删除与重命名和图层的删除与重命名操作类似，这里不再赘述。

实战 路径的基本操作

知识要点 路径的显示、存储、重命名与删除

配套资源 素材文件\第8章\路径操作练习.psd
效果文件\第8章\路径的基本操作.psd

扫码看视频

操作步骤

1 打开"路径操作练习.psd"素材文件，可以看到图像编辑区没有路径显示，如图8-23所示。打开"路径"面板，发现路径呈隐藏状态，如图8-24所示。

图8-23　　　　　图8-24

2 在"路径"面板中选择工作路径，将瓶盖轮廓路径显示出来，如图8-25所示。

图8-25

3 在"路径"面板中双击工作路径缩览图，在打开的"存储路径"对话框的"名称"文本框中输入"瓶盖"，单击 **确定** 按钮，完成工作路径的存储操作，如图8-26所示。

图8-26

4 双击"路径1"，将路径名称修改为"瓶身"。在"路径"面板中选择"路径2"，并拖曳到面板下方的 🗑 按钮上删除，如图8-27所示。

5 在"路径"面板中选择"瓶盖"路径，按Ctrl+Enter组合键为"瓶盖"路径创建选区，在"图层"面板中选择背景图层，再按Ctrl+J组合键复制选区内的瓶盖图像并生成新的图层，使用同样的方法抠取瓶身，如图8-28所示。

图8-27　　　　　图8-28

6 此时已将瓶盖和瓶身图像分别抠取并生成单独的图层，但由于新图层与背景图层重叠，不能查看抠图效果，所以这里在"图层"面板中添加了一个颜色填充图层，得到图像抠取后的效果，如图8-29所示。完成本例的操作，保存文件。

图8-29

8.3 绘制形状图形

在Photoshop CS6中，用户主要是通过形状工具组和钢笔工具组绘制形状图形的。其中形状工具组主要是通过选取内置的样式创建较为规则的形状路径，而钢笔工具组则多用于创建不规则的形状路径。

8.3.1 使用形状工具组

使用形状工具组可以绘制出不同的形状路径或形状图形，在平面设计中较为常用，如DM单、书籍装帧、招贴海报、Logo、插画等，可以使其更具时尚感。形状工具组包括

181

"矩形工具" 、"圆角矩形工具" 、"椭圆工具" 、"多边形工具" 、"直线工具" 、"自定形状工具" 。

1. 矩形工具

选择"矩形工具" □后，在图像编辑区单击并拖曳鼠标，即可绘制任意大小的矩形。若在绘制时按住Shift键，即可绘制正方形；按住Alt键，即可以该点为中心绘制矩形；按住Shift+Alt组合键，即可以该点为中心绘制正方形。

在"矩形工具" □的工具属性栏中可设置矩形的绘图模式、填充、描边和大小，也可以在工具属性栏中单击 ⚙ 按钮，设置矩形的其他参数，如图8-30所示。

图8-30

● 不受约束：选中该单选项，可绘制出任意大小的矩形图形。

● 方形：选中该单选项，可绘制出任意大小的方形图形。

● 固定大小：选中该单选项，可在其后的文本框中输入宽度值和高度值（W为宽度，H为高度），然后在图像上单击，即可创建出该尺寸的矩形，如图8-31所示。

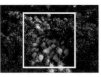

图8-31

● 比例：选中该单选项，可在其后的文本框中输入宽度值和高度值，而创建后的矩形也将始终保持该比例。

● 从中心：勾选该复选框，创建矩形时，在图像编辑区中随意单击，将从矩形的中心进行绘制。

2. 圆角矩形工具

圆角矩形的创建方法与矩形大致相同。不同的是"圆角矩形工具" □的工具属性栏中可设置"半径"值，其数值越大，圆角越大，如图8-32所示。

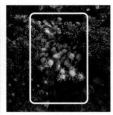

半径为10像素　　　　半径为50像素

图8-32

3. 椭圆工具

使用"椭圆工具" ○可绘制椭圆或正圆，其使用方法和设置参数都与"矩形工具" □相同。图8-33所示为使用"椭圆工具" ○绘制的椭圆和正圆。单击 ⚙ 按钮，选中"圆（绘制直径或半径）"单选项后进行绘制，也可得到正圆，如图8-34所示。

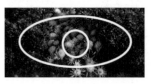

图8-33　　　　　　　　　图8-34

4. 多边形工具

使用"多边形工具" ○可以绘制正多边形和星形，其使用方法和设置参数都与前面几种工具大致相同。在其工具属性栏的"边"数值框中可设置形状的边数，然后再进行绘制，单击 ⚙ 按钮，可设置其他参数，如图8-35所示。

图8-35

● 半径：用于设置形状的半径长度，数值越小，绘制出的图形越小。

● 平滑拐角：勾选该复选框，将创建有平滑拐点效果的形状，如图8-36所示。

勾选该复选框后的效果　　取消勾选该复选框后的效果

图8-36

● 星形：勾选该复选框，可绘制星形。其下方的"缩进边依据"数值框用于设置星形边缘向中心缩进的百分比，其数值越大，星形角越尖，如图8-37所示。

勾选该复选框后的效果　　取消勾选该复选框后的效果

图8-37

● 平滑缩进：选中该复选框，绘制的星形每条边将向中心缩进，如图8-38所示。

取消勾选该复选框后的效果　　勾选该复选框后的效果

图8-38

5. 直线工具

使用"直线工具"可绘制直线或带箭头的线段，如图8-39所示。在其工具属性栏的"粗细"数值框中可设置线条宽度，单击 ✿ 按钮，可设置其他参数，如图8-40所示。

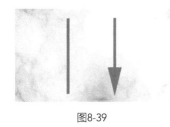 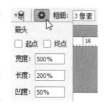

图8-39　　　　　　图8-40

● 起点：勾选该复选框，可为绘制的直线起点添加箭头。
● 终点：勾选该复选框，可为绘制的直线终点添加箭头。
● 宽度：用于设置箭头宽度与直线宽度的百分比，如图8-41所示。

宽度为300%　　　　宽度为800%

图8-41

● 长度：用于设置箭头长度与直线宽度的百分比，其设置方式与宽度相同，如图8-42所示。

长度为200%　　　　长度为1000%

图8-42

● 凹度：用于设置箭头的凹陷程度。当数值为0时箭头尾部平齐，当数值大于0时箭头尾部将向内凹陷，当数值小于0时箭头尾部将向外凹陷，如图8-43所示。

凹度为0　　　凹度为50%　　　凹度为-50%

图8-43

6. 自定形状工具

使用"自定形状工具" 可以快速创建出多个Photoshop CS6预设的形状。图8-44所示为使用"自定形状工具" 绘制的图形。选择"自定形状工具"，单击 ✿ 按钮，可设置其他参数，如图8-45所示。

图8-44　　　　　　图8-45

若要载入Photoshop CS6预设的形状，需要单击"形状"右侧的 按钮，再单击 ✿ 按钮，在弹出的快捷菜单中选择"动物""箭头""艺术纹理"等多种预设形状。若需要恢复默认形状，只需选择"复位形状"命令。

⬟ 范例　使用形状工具组绘制网站 Logo

知识要点　椭圆工具、矩形工具和直线工具的使用

配套资源　效果文件\第8章\网站Logo.psd

扫码看视频

范例说明

网站Logo通常位于网页左上角，主要由图形和网站名称构成。本例将为"墨韵·多肉"网站设计Logo。该网站是一个多肉爱好者的聚集地，其Logo的主体设计采用了多肉植物的叶瓣形象，简单而不失格调；在色彩的选择上以绿色为主色调，代表生命、活力，绿色还采用了渐变色，使Logo的整体感觉与多肉植物更加贴合。

| 墨韵 · 多肉 |

操作步骤

1 新建"宽度"为"1000像素"、"高度"为"750像素"、"分辨率"为"72像素/英寸"、"名称"为"网站Logo"的图像文件。选择"椭圆工具" ◉，描边颜色为墨绿色（R0，G86，B31），描边宽度为10点，选择工具模式为"形状"，设置描边大小为"400像素×400像素"，按住Shift键绘制正圆，效果如图8-46所示。

2 复制一个正圆形状图层，按Ctrl+T组合键后，按住Shift+Alt组合键，向上拖曳变换框上方的节点，从圆形中心放大圆形至合适位置。

3 按Enter键，在"椭圆工具" ◉的工具属性栏中设置复制后正圆的描边颜色为浅绿色（R137，G201，B151），描边宽度为15点，效果如图8-47所示。

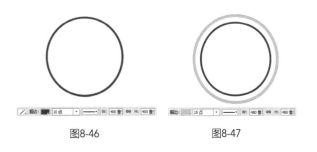

图8-46   图8-47

4 继续绘制填充颜色为"R0，G94，B21"，无描边的椭圆图形，作为多肉的一个叶瓣，调整其大小与位置，效果如图8-48所示。

5 复制步骤4绘制的椭圆图层，按Ctrl+T组合键使其呈变形状态，将中心点移动到椭圆底部，为后面的旋转操作做好准备，如图8-49所示。

图8-48   图8-49

6 以椭圆底部的点作为中心，旋转椭圆形状到合适角度后，向上拖曳变换框上方的节点，放大椭圆形状后按Enter键。修改该形状的填充颜色为"R9，G124，B37"，完成第2个多肉叶瓣的制作，效果如图8-50所示。

7 使用相同的方法制作其他3个椭圆形状，然后设置椭圆的填充颜色分别为不同深浅的绿色（R0，G153，B68）（R50，G177，B108）（R137，G201，B151），调整其大小与角度，完成多肉植物所有叶瓣的制作，效果如图8-51所示。

图8-50   图8-51

8 接下来制作Logo的文字部分。先选择"矩形工具" ▭，选择工具模式为"形状"，设置填充颜色为淡绿色（R233，G247，B227），再在叶瓣形状下方绘制大小为"600像素×130像素"的矩形，在矩形内输入文字，效果如图8-52所示。

9 选择"直线工具" ▭，选择工具模式为"形状"，设置填充颜色为（R137，G201，B151），描边"粗细"为3像素，在文字左侧绘制直线。选择移动工具 ⊹，按Alt+Shift组合键向右拖曳直线进行复制，效果如图8-53所示。

图8-52   图8-53

10 为了便于在其他设计作品中运用该Logo，可以为Logo设置透明背景，方法是先删除背景图层，再按Ctrl+Shift+Alt+E组合键盖印图层，完成后保存文件。

知识要点　圆角矩形工具、矩形工具、直线工具和自定形状工具的使用

配套资源　素材文件\第8章\网站登录页\网站Logo.psd、多肉.psd、装饰.psd
效果文件\第8章\网站登录页.psd

扫码看视频

范例说明

　　网站登录页主要包括网站Logo、顶部导航、广告图、登录框和底部导航5个板块，网页的宽度与显示设备的分辨率有关，主流为1200像素以内，高度没有限制，可以显示多屏。本例将为"墨韵·多肉"网站设计登录页面，网站Logo直接采用上一个案例中制作的图形，广告图采用客户提供的多肉素材，色彩以绿色和白色为主。

操作步骤

1 新建一个"宽度"为"1200像素"、"高度"为"750像素"、"分辨率"为"72像素/英寸"、"名称"为"网站登录页"的图像文件。

2 在图像的上方拖出3条水平参考线，分别用于划分顶部导航、广告图和底部导航区域，注意划分的大小与网页的显示效果基本相符。选择"横排文字工具" T.，设置"字体"为"思源黑体 CN"，"大小"为18点，"颜色"为（R81，G92，B82），在最上方输入导航文字，效果如图8-54所示。

图8-54

3 使用"直线工具" ⁄ 在文字下方绘制一条填充颜色为深绿色（R0，G94，B21）、"粗细"为3像素的直线，作为顶部导航的分界线。

4 打开上一个案例制作的"网站Logo.psd"图像文件，将网站Logo图像拖曳到直线下方，在网站Logo图像右侧输入网站信息，设置"字体"为"汉仪竹节体简"，"颜色"为"R0，G57，B66"，调整文字的大小与位置，效果如图8-55所示。

图8-55

5 选择"圆角矩形工具" ◻，选择工具模式为"形状"，在网站信息右侧绘制无填充，且描边颜色、描边宽度和半径分别为灰色（R169，G165，B165）、1点、5像素，大小为"279像素×28像素"的矩形框。继续在该矩形框右侧绘制大小为"71像素×33像素"、填充颜色为深绿色（R0，G94，B21）的矩形，并在该矩形中输入"搜索"，设置"字体"为"方正黑体简体"，"颜色"为白色，效果如图8-56所示。网站顶部导航板块制作完成。

图8-56

6 下面制作广告图板块。选择"矩形工具" ◻，选择工具模式为"形状"，在Logo的下方绘制填充颜色和大小分别为深灰色（R81，G92，B82）、"1370像素×500像素"的矩形，制作网站登录页面的主图，效果如图8-57所示。

图8-57

7 打开"多肉.psd"素材文件，将其拖曳到步骤6绘制的矩形上方，并调整大小。选择"多肉"图层，在其上

单击鼠标右键，在弹出的快捷菜单中选择"创建剪贴蒙版"命令，以矩形限制多肉图像的显示范围。

8 接下来制作登录框板块。在多肉图像右侧绘制填充颜色、大小分别为白色、"460像素×390像素"的矩形，效果如图8-58所示。

图8-58

9 选择"矩形工具" ，在白色矩形中绘制2个无填充，且描边颜色和描边宽度分别为灰色（R169，G165，B165）、1像素，大小为"379像素×61像素"的矩形框，并输入相应文字，设置"字体"为"思源黑体 CN"，"颜色"为（R6，G6，B6），调整文字的大小与位置，效果如图8-59所示。

图8-59

10 打开"装饰.psd"素材文件，将其拖曳到绘制的矩形中。选择"自定形状工具" ，在工具属性栏中设置填充颜色为灰色（R153，G153，B153），并载入"全部"预设形状，在其中选择"选中复选框"样式，如图8-60所示。完成后在"自动登录"文字前绘制形状，效果如图8-61所示。

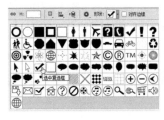

图8-60   图8-61

11 使用"圆角矩形工具" 在"登录"文字下方绘制填充颜色和大小分别为橘色（R253，G185，

B0）、"375像素×48像素"的圆角矩形，效果如图8-62所示。

图8-62

12 双击该图层，在打开的"图层样式"对话框中选择"样式"为"投影"，在右侧设置图8-63所示投影参数。

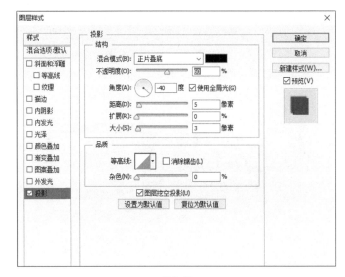

图8-63

13 最后制作底部导航板块。在图像编辑区最下方绘制填充颜色和大小分别为浅灰色（R238，G238，B238）、"1370像素×90像素"的矩形，并在其上输入文字和绘制竖线，按Ctrl+H组合键清除参考线并保存文件，完成网站登录页面的制作，效果如图8-64所示。

图8-64

　　本例提供的名片素材只有文本信息和蜜蜂图像，现需要将其制作为名片，并在其中添加一些装饰图形，使名片具有完整、美观的视觉效果。在设计过程中可运用形状工具组进行绘制，其参考效果如图8-65所示。

图8-65

8.3.2　保存形状和加载外部形状

　　Photoshop CS6中提供的形状图形并不能完全满足设计需求，因此在实际设计过程中，为了提高效率，对于已绘制好的形状图形，可以选择【编辑】/【定义自定形状】命令，打开"形状名称"对话框，在其中输入形状名称后，将形状保存到"自定形状工具" ⬛ 的"形状"面板中，作为预设形状使用，如图8-66所示。

图8-66

　　此外，还可以从网上下载一些外部形状文件载入Photoshop CS6中使用。载入的方法是单击"形状"右侧⬛按钮，在弹出的下拉列表框中单击 ⚙ 按钮，再在弹出的快捷菜单中选择"载入形状"命令，在打开的"载入"对话框中选择载入的形状文件（文件格式为.csh），如图8-67所示。载入后在"自定形状工具" ⬛ 的"形状"面板中便可看见载入的外部形状，如图8-68所示。

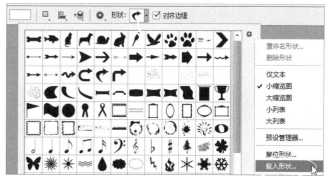

图8-67

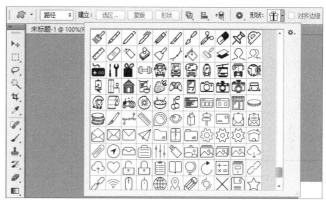

图8-68

8.3.3　使用钢笔工具组

　　钢笔工具组是Photoshop CS6中经常使用的矢量绘图工具组。使用钢笔工具组不但可以自由地绘制丰富多变的路径与矢量图形，还可以对边缘复杂的对象进行抠图处理。钢笔工具组包括"钢笔工具" ✐ 、"自由钢笔工具" ✐ 等。

1. 钢笔工具

　　"钢笔工具" ✐ 是基础的路径绘制工具，常用于绘制各种直线或曲线。

● 绘制直线：选择"钢笔工具" ✐ ，在图像中依次单击产生锚点，即可在生成的锚点之间绘制一条直线线段，如图8-69所示。

技巧

　　绘制直线时只能单击，不能拖曳，否则就会绘制出曲线。另外，在绘制直线时按住 Shift 键，可以绘制水平、垂直或以 45° 为增量的直线。

● 绘制曲线线段：选择"钢笔工具" ✐ ，在图像上单击并拖曳鼠标，即可生成带控制柄的锚点，继续单击并拖曳鼠标，创建第2个锚点，如图8-70所示。在拖曳过程中，需要调整控制柄的方向和长度，才能控制好路径的走向，绘制出顺滑的曲线。

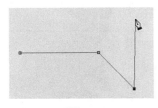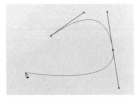

图8-69　　　　　　　　　图8-70

● 绘制直线和曲线转折线段：选择"钢笔工具"，在图像上单击并拖曳鼠标绘制一条曲线段，将鼠标指针放在最后一个锚点上，按住Alt键单击，可以删除一侧的控制柄，继续在其他位置单击即可创建由曲线转换为直线的线段（注意不要拖曳），如图8-71所示。

图8-71

选择"钢笔工具"后，在其工具属性栏中单击按钮，在弹出的下拉列表框中勾选"橡皮带"复选框，可以在移动鼠标时预览两次单击点之间的路径段，如图8-72所示。

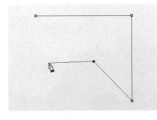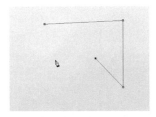

勾选复选框后的效果　　取消勾选该复选框后的效果

图8-72

结束一段开放路径的绘制，主要有3种方式：第1种是按住Ctrl键，将"钢笔工具"转换为"直接选择工具"，然后在画面空白处单击；第2种是选择其他工具；第3种是直接按Esc键。

另外，使用"钢笔工具"时，鼠标指针在路径与锚点上会根据不同情况进行变化，这时就需要判断"钢笔工具"处于什么功能，观察鼠标指针以便更加熟练地应用"钢笔工具"。

● 形状：在绘制路径过程中，当鼠标指针变为形状时，在路径上单击可添加锚点。

● 形状：在绘制路径过程中，当鼠标指针在锚点上变为形状时，单击可删除锚点。

● 形状：在绘制路径过程中，当鼠标指针变为形状时，单击并拖曳可创建一个平滑点，只单击则可创建一个角点。

● 形状：在绘制路径过程中，将鼠标指针移动至路径起始点上，当鼠标指针变为形状时单击可闭合路径。

● 形状：若当前路径是一个开放路径，将鼠标指针移动至该路径的一个端点上，当鼠标指针变为形状时，在该端点上单击，然后可继续绘制该路径（此功能为连接开放路径）。同理，若将鼠标指针移动至另一条开放式路径的端点上，当鼠标指针变为形状时单击，将两条路径连接成一条路径。

2. 自由钢笔工具

使用"自由钢笔工具"绘制图形时，将自动添加锚点，无须确定锚点位置，即可绘制出更加自然、随意的路径，如图8-73所示。选择"自由钢笔工具"，在其工具属性栏中单击按钮，在弹出的下拉列表框中设置其他参数，如图8-74所示。

图8-73　　　　　　　　　图8-74

● 曲线拟合：该文本框用于设置所绘制的路径对鼠标指针在画布中移动的灵敏度，该值越大，创建的路径锚点越少，路径也就越平滑、简单；该值越小，生成的锚点和路径细节就越多。

● 磁性的：勾选"磁性的"复选框，可以将"自由钢笔工具"转换为"磁性钢笔工具"。

● 宽度：该文本框用于设置"磁性钢笔工具"的检测范围，它以像素为单位，只有在设置范围内的图像边缘才会被检测到，宽度值越大，工具的检测范围就越大。

● 对比：该文本框用于设置工具对图像边缘像素的敏感度。

● 频率：该文本框用于设置绘制路径时产生锚点的频率，频率值越大，产生的锚点就越多。

● 钢笔压力：该文本框仅在计算机连接了有手绘板的情况下启用，勾选该复选框，系统会根据压感笔的压力自动更改工具的检测范围。

"自由钢笔工具"的使用方法与"套索工具"基本相同，选择"自由钢笔工具"后，在图像中单击并按住鼠标左键拖曳，该工具将会在画面中自动创建路径。

3. 磁性钢笔工具

在"自由钢笔工具"的工具属性栏中勾选"磁性的"复

选框，"自由钢笔工具" 将变为"磁性钢笔工具" ，通过"磁性钢笔工具" 可快速勾画对象轮廓路径，如图8-75所示。

图8-75

"磁性钢笔工具" 的使用方法与"磁性套索工具" 相同，在图像中单击后拖曳鼠标，即可沿鼠标移动的轨迹绘制路径。

4. 添加锚点工具

当需要为路径段添加锚点时，可在工具箱中选择"添加锚点工具" ，将鼠标指针移动到路径上，当鼠标指针变为 形状时，单击即可在单击处添加一个锚点，如图8-76所示。

图8-76

5. 删除锚点工具

在路径上除可添加锚点外，还可对锚点进行删除。选择"删除锚点工具" ，将鼠标指针移动到绘制好的路径锚点上，当鼠标指针呈 形状时，单击即可将该锚点删除，如图8-77所示。

图8-77

6. 转换点工具

在绘制路径时，往往会因为路径的锚点类型不同而影响路径形状。"转换点工具" 主要用于转换锚点类型，从而调整路径形状。

● 角点转换为平滑点：选择"转换点工具" ，在角点上单击，角点将被转换为平滑点，使用鼠标拖曳即可调整路径形状，如图8-78所示。

图8-78

● 平滑点转换为角点：选择"转换点工具" ，在平滑点上单击，平滑点将被转换为角点，使用鼠标拖曳即可调整路径形状，如图8-79所示。

图8-79

> **技巧**
>
> 使用"钢笔工具" 绘制路径时，可以按住 Alt 键直接切换为"转换点工具" ，以便在绘制路径的同时调整路径形状。

范例 使用钢笔工具制作灯箱公益海报

知识要点 钢笔工具、剪贴蒙版的使用

配套资源 素材文件\第8章\男士侧颜.jpg、城市.jpg
效果文件\第8章\灯箱海报.psd

扫码看视频

范例说明

灯箱海报常出现在户外的街道、公交站和地铁站台，不同位置的灯箱海报其尺寸也会有所不同。本例中的灯箱海报是一则公益海报，主题为"拼搏——不达成功誓不休"，整体要求是体现宣传主题，画面简洁、直观，提供的"城市"背景图尺寸即为灯箱海报尺寸。制作时为了更好地体现效果，可考虑添加年轻人物，并制作成剪影效果，最后添加主题。

操作步骤

1 打开"男士侧颜.jpg"素材文件，选择钢笔工具 ，选择工具模式为"路径"，从人物后颈处开始绘制，单击创建锚点，沿着人物的头部单击创建另一个锚点，拖曳控制柄绘制一条曲线路径。

2 使用同样的方法沿人物轮廓绘制，绘制时注意区分背景与衣服，如图8-80所示。

图8-80

3 完成后闭合路径，再使用"添加锚点工具" 与"删除锚点工具" 调整路径细节，拖曳控制柄调整路径弧度，使路径形状与人物轮廓紧密贴合。

4 在"路径"面板中选择工作路径后单击鼠标右键，在弹出的快捷菜单中选择"建立选区"命令，在打开的"建立选区"对话框中设置"羽化半径"为2像素，如图8-81所示。单击 确定 按钮，可以使抠取的人物图像边缘变得更加柔和。

图8-81

5 打开"城市.jpg"图像，使用"移动工具" 将建立选区后的人物图像拖曳到城市图像的右侧，并调整其大小，效果如图8-82所示。

图8-82

6 此时可看到城市背景图像太亮，不能与人像很好地融合。接下来新建一个白色填充图层，设置"不透明度"为"80%"，使城市图像产生朦胧的视觉效果，如图8-83所示。然后将新建的图层移动到"图层1"图层下方，复制"背景"图层，并将其移动到最上方，按Ctrl+Alt+G组合键创建剪贴蒙版，效果如图8-84所示。

图8-83   图8-84

7 在图像中分别输入文字"拼搏""——不达成功誓不休"，设置"字体"为汉仪长宋简，调整文字的大小和位置，并分别创建剪贴蒙版，使画面效果和谐统一，如图8-85所示。

8 此时海报整体对比度不够鲜明，需调整对比度。在"调整"面板中单击"创建新的曲线调整图层"按钮 ，打开"曲线"属性面板，在中间编辑区的线条上单击获取一点并向下拖曳，如图8-86所示。

图8-85

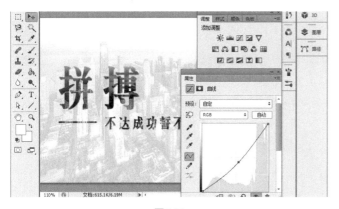

图8-86

9 返回图像编辑区,即可发现图像的整体对比度更鲜明,文字和人物剪影更加突出,更加符合海报展示需要。至此完成本例的制作,效果如图8-87所示。

图8-87

技巧

在抠图过程中,可根据实际需要按 Ctrl++ 组合键和 Ctrl+- 组合键放大和缩小图像窗口,按住空格键移动画面,便于观察图像的细节部分。

小测 制作电商活动海报

配套资源\素材文件\第8章\女人像.jpg、商品.png、装饰.psd
配套资源\效果文件\第8章\商品海报.psd

本例提供了某品牌的洗发水商品及相关人物素材等,要求制作满送活动宣传海报。制作时为了突出商品外观和实际使用效果,可以运用钢笔工具组对商品实物图片和人物进行抠图处理,然后再将其展现在海报中,效果如图8-88所示。

图8-88

范例 使用钢笔工具绘制扁平化图标

知识要点 椭圆工具、钢笔工具的使用

配套资源 效果文件\第8章\扁平化图标.psd

扫码看视频

范例说明

钢笔工具在设计中除了可用于抠图外,还可用于绘制各种矢量图形,如图标等,但需要多加练习才能熟练使用。本例将为"黄鸡招聘"App制作一个圆形的扁平化图标,要求采用小黄鸡的卡通形象,大小为"300像素×300像素"。

操作步骤

1 新建"宽度"为"300像素"、"高度"为"300像素"、"分辨率"为"72像素/英寸"、"名称"为"扁平化卡通图标"的图像文件。选择"椭圆工具" ⬭ ，选择工具模式为"形状"，按住Shift键绘制大小为"197像素×197像素"的正圆，如图8-89所示。

2 设置前景色为黄色（R255，G200，B75），新建图层，选择"钢笔工具" ✍ ，选择工具模式为"路径"，在正圆中间绘制小鸡外部轮廓，绘制时若不能一步到位，则可以适当结合控制柄调整形状，完成后再按Ctrl+Enter组合键，将路径转换为选区，按Alt+Delete组合键填充前景色，效果如图8-90所示。

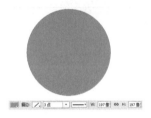

图8-89　　　　　　　　　　图8-90

3 新建图层，继续用"钢笔工具" ✍ 绘制小鸡肚子部分，填充为米黄色（R255，G248，B233）。此时小鸡肚子与小鸡轮廓会有重叠，为了让小鸡肚子部分更加自然，可按Ctrl+Alt+G组合键创建剪贴蒙版，将小鸡肚子部分置入小鸡轮廓中，效果如图8-91所示。

4 使用相同的方法绘制小鸡的翅膀部位，并填充为黄色（R255，G200，B75）、橘黄色（R215，G130，B39），效果如图8-92所示。

图8-91　　　　　　　　　　图8-92

5 选择"椭圆工具" ⬭ ，在小鸡的上方绘制白色和黑色的椭圆，作为小鸡的眼睛，效果如图8-93所示。

6 新建图层，选择"钢笔工具" ✍ ，绘制小鸡的嘴巴、脚和腮红等形状，并分别填充为深橘色（R241，G94，B61）、红棕色（R126，G48，B30）、棕色（R8，G268，B63）和红色（R230，G77，B80），效果如图8-94所示。完成本例的制作。

图8-93　　　　　　　　　　图8-94

8.4 编辑路径

绘制好的路径，一般作为一个整体显示。而在路径的绘制过程中，并不是一次就能够绘制准确，有时还需要通过调整路径位置、转换路径与选区、填充与描边路径等多种路径编辑方式，让路径更加符合设计需求。

8.4.1 选择与移动路径

路径的选择工具主要有两种：一种是"直接选择工具" ▷ ，另一种是"路径选择工具" ▶ 。

● 直接选择工具：选择"直接选择工具" ▷ 后，单击路径形状可将其中的锚点和路径全部显现出来，单击某个路径可选择该路径，单击并拖曳鼠标可移动该路径，如图8-95所示。锚点的选择与移动操作和路径相同。需要注意的是，使用"直接选择工具" ▷ 选择锚点时，未选择的锚点为空心方块，选择的锚点则为实心方块，如图8-96所示。

图8-95　　　　　　　　　　图8-96

技巧

使用"直接选择工具" ▷ 选择锚点后按 Delete 键可将选择的锚点删除，同时锚点两端的路径也会被删除，若是闭合路径则会变成开放路径。

●路径选择工具：选择"路径选择工具"▶后，单击路径可以选择该路径，按住Shift键并单击其他路径可以将其一并选取，如图8-97所示。另外，单击并拖曳出一个矩形选框可选择选框范围内所有路径，如图8-98所示。选择路径后，拖曳鼠标即可直接移动路径，若要取消选择可直接在空白处单击。

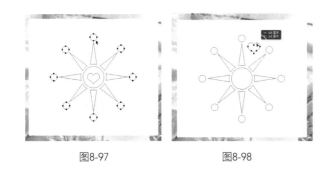

图8-97　　　　　　　图8-98

8.4.2　路径与选区相互转换

为了使图像绘制更加方便，用户经常会来回转换路径和选区。

1．将路径转换为选区

除了前面所讲的单击"路径"面板底部的"从选区生成工作路径"按钮◇和使用快捷键将路径转换为选区外，在Photoshop CS6中还可以使用快捷菜单将路径转换为选区。其操作方法为：在"路径"面板中选中路径层，在其上单击鼠标右键，在弹出的快捷菜单中选择"建立选区"命令，在打开的"建立选区"对话框中设置参数后，单击 确定 按钮完成转换，如图8-99所示。

图8-99

2．将选区转换为路径

将选区转换为路径主要是在"路径"面板中操作，具体方法在前文实例练习中已介绍，这里不再赘述。

8.4.3　填充和描边路径

在编辑图像的过程中，为了获得更好的图像效果，还可对路径进行填充和描边。

1．填充路径

在Photoshop CS6中，路径的填充主要有单击"路径"面板底部的"用前景色填充路径"按钮● 和使用"填充路径"对话框两种方式。使用对话框填充路径可以设置更多参数。其具体操作方法为：在"路径"面板中选择需要填充的路径，在其上单击鼠标右键，在弹出的快捷菜单中选择"填充路径"命令，打开"填充路径"对话框，可通过在其中设置"背景色""颜色""图像"等填充路径。

2．描边路径

描边路径即使用一种图像绘制工具或修饰工具沿着路径对图像进行描边。在Photoshop CS6中，除了可以用画笔描边路径外，还可以选择其他描边效果。

该功能的绘制效果比本书3.5.2节中介绍的描边选区功能更加强大，因为描边选区功能只能使用纯色进行描边，而且只能在位图图像中进行描边，而描边路径可以对所有绘制的路径进行描边，还可以选择不同的描边工具。

若想更加丰富描边效果，可在"路径"面板中选择路径后单击鼠标右键，在弹出的快捷菜单中选择"描边路径"命令，在打开的"描边路径"对话框中选择描边类型，如画笔、铅笔、橡皮擦等。若勾选"模拟压力"复选框，可出现更多的描边工具，如"涂抹""加深""减淡"等，使描边的路径视觉效果更加丰富。

 范例　使用描边路径制作空心艺术字

知识要点　文字选区与路径的互换、描边路径的使用

配套资源　素材文件\第8章\旅行图.psd
效果文件\第8章\文字路径.psd

扫码看视频

 范例说明

艺术字不仅能够传达平面作品的主题信息，还能够美化版面，提升作品的艺术性。空心艺术字效果是众多艺术字效果中的一种，具体是指利用文字的轮廓来勾画边缘后产生的效果。使用Photoshop CS6制作时，可以运用选区与路径的相互转换，以及描边路径功能来快速实现。本例提供了蓝天白云背景素材，主题是"一起走吧！去旅行"，制作时可采用蜡笔描边样式，以更好地模拟云雾效果。

操作步骤

1 打开"旅行图.psd"素材文件，选择"横排文字工具" ，在工具属性栏中设置文字"字体"为汉仪雪君体简，"颜色"为白色，输入文字"一起走吧！去旅行"，调整文字的大小与位置，效果如图8-100所示。

图8-100

2 按住Ctrl键，在"图层"面板中单击"文字"图层前的图层缩览图，载入文字选区，如图8-101所示。

图8-101

3 切换到"路径"面板，单击面板底部的"从选区生成工作路径"按钮 ，将文字选区转换为工作路径。在"图层"面板中新建图层，然后可隐藏"文字"图层，便于查看路径描边后的效果，如图8-102所示。

图8-102

4 选择"画笔工具" ，打开画笔预设面板，载入"干介质画笔"画笔库，选择"蜡笔"笔尖样式，设置"大小"为8像素。注意在这一步若选择不同的画笔样式，其得到的描边效果也会不同。

5 在"路径"面板底部单击"用画笔描边路径"按钮 ，将使用当前已设置好的画笔样式对路径进行描边。

6 在"路径"面板的空白处单击隐藏路径，使描边效果更加明显，完成本例的制作，保存文件。

小测 绘制汽车图标

配套资源 \ 效果文件 \ 第 8 章 \ 汽车图标 .psd

本例将为"云端汽车服务"公司绘制汽车图标，以用在企业的宣传物料中。要求体现汽车和云朵元素，展现出公司名称。制作时，可以先使用钢笔工具绘制汽车和云朵形状的路径，再为路径描边并填充图案，最后输入文字，其参考效果如图 8-103 所示。

图8-103

8.4.4 对齐与分布路径

在绘制多个路径时，通常还需要将路径按照一定的规律进行对齐与分布。按住Shift键，使用"路径选择工具" 选择多个子路径，单击工具属性栏中的"路径对齐方式"按钮 ，选择相应选项后即可对所选路径进行对齐与分布操作，如图8-104所示。

图8-104

- 左边：选择该选项可将选择的路径左边对齐。
- 水平居中：选择该选项可将选择的路径水平居中对齐。
- 右边：选择该选项可将选择的路径右边对齐。
- 顶边：选择该选项可将选择的路径顶边对齐。
- 垂直居中：选择该选项可将选择的路径垂直居中对齐。
- 底边：选择该选项可将选择的路径底边对齐。
- 按宽度均匀分布：选择该选项可将选择的路径按宽度进行均匀分布。注意，分布的路径必须为3个以上。
- 按高度均匀分布：选择该选项可将选择的路径按高度进行均匀分布，且分布的路径也必须为3个以上。
- 对齐到选区：选择该选项可将选择的路径按鼠标所框选的选区进行对齐，默认为对齐到选区。
- 对齐到画布：选择该选项可将选择的路径按画布大小进行对齐。

除了可以对路径进行对齐与分布操作外，也可以对形状进行同样的操作，操作方法与路径相同。

8.4.5 运算和变换路径

路径不是固定不变的，除了前面的编辑方法外，也可像选区一样进行运算和自由变换。

1. 运算路径

运算路径的原理与选区运算相同，都是通过相加、相减等方式实现。选择"路径选择工具" ▶，按住Shift键选择多个形状，在工具属性栏中选择相应的运算方式即可进行运算。选择"钢笔工具" ▱，在工具属性栏中单击"路径操作"按钮 □ 可选择运算路径的方式，如图8-105所示。

图8-105

- 合并形状：选择该选项可将新绘制的路径合并到原有路径中。
- 减去顶层形状：选择该选项可从原有的路径中减去新绘制的路径，如图8-106所示。
- 与形状区域相交：选择该选项可以得到新路径与原有路径的交叉区域，如图8-107所示。
- 排除重叠形状：选择该选项可以得到新路径与原有路径重叠部分以外的区域，如图8-108所示。
- 合并形状组件：选择该选项可以合并重叠的路径组件。通过删除多余的路径，将路径整合为一个整体。

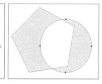

图8-106　　　　图8-107　　　　图8-108

> **技巧**
>
> 如果对运算效果不满意，也可以进行修改。其操作方法为：选择"路径选择工具" ▶，按住 Shift 键选择多个子路径，在工具属性栏中重新选择相应的运算方式。

2. 变换路径

在路径中任意位置单击鼠标右键，在弹出的快捷菜单中选择"自由变换点"命令，如图8-109所示。或按Ctrl+T组合键，此时路径周围会显示变换框，拖曳变换框上的节点即可实现路径的变换，如图8-110所示。路径的变换操作方法与图像的变换操作方法相同，这里就不过多介绍。

图8-109　　　　　　图8-110

> **范例** 通过运算和变换路径绘制企业 Logo
>
> **知识要点**　路径的运算与变换
>
> **配套资源**　效果文件\第8章\Logo.psd
>
>
> 扫码看视频

范例说明

对于复杂的Logo，可以通过运算和变换路径来绘制。本例将为"百世网络通信"公司制作Logo，要求体现出公司"现代、全球化、联通"的特点。在设计时，可考虑以弧形形状为基础，经变化使其形成三维立体空间图案，旨在表达全球联通的通信网络和百世网络通信公司网络畅通。在色彩搭配上，可选择蓝色和紫色使Logo更具科技感。

| 百世网络通信 |

📋 操作步骤

1 新建"宽度"为"1000像素"、"高度"为"750像素"、"分辨率"为"72像素/英寸"、"名称"为"Logo"的图像文件。选择"椭圆工具" ⬭，绘制大小为"315像素×315像素"的正圆，然后设置描边颜色为墨蓝色（R16，G9，B100），描边宽度为10点。

2 再次绘制大小为"315像素×315像素"和"400像素×400像素"的正圆，然后设置填充颜色为深蓝色（R11，G61，B117），同时选择绘制的两个圆形，按Ctrl+E组合键合并形状，便于运算路径，如图8-111所示。

3 选择"路径选择工具" ▸，调整两个形状的位置。选择最上方的圆形，在工具属性栏中单击"路径操作"按钮 ⬜，在弹出的下拉列表框中选择"减去顶层形状"选项，此时可发现部分椭圆已经消失，如图8-112所示。

图8-111　　　　　　图8-112

4 选择"合并形状组件"选项，对圆形中多余的线条进行删除，然后将形状拖曳到圆形的下方，完成月牙形状的绘制，如图8-113所示。

图8-113

5 使用相同的方法绘制其他月牙形状，并填充不同的颜色。为了体现出Logo的现代感，这里设置了4种极具现代感的色彩，分别为天蓝色（R105，G60，B225）、牛仔蓝（R52，G139，B243）、蓝紫色（R106，G127，B138）、紫色（R0，G71，B157），效果如图8-114所示。

6 选择"矩形工具" ⬜，绘制填充颜色为灰蓝色（R156，G169，B247）的矩形，并对形状进行变形，使其与圆形外观更加贴合，效果如图8-115所示。

图8-114　　　　　　图8-115

7 使用相同的方法绘制其他矩形并变形，然后设置填充颜色分别为亮蓝色（R89，G111，B242）、群青色（R43，G101，B170）。选择"椭圆工具" ⬭，绘制大小为"400像素×400像素"的正圆，然后设置描边颜色为浅蓝色（R221，G225，B250），"描边宽度"为15点，如图8-116所示。

8 选择"矩形工具" ⬜，设置填充颜色为浅蓝色（R221，G225，B250），在正圆下方绘制矩形，并输入文字，展现公司名称，完成后按Ctrl+S组合键保存文件，效果如图8-117所示。完成本例的制作。

图8-116　　　　　　图8-117

小测 制作"蓝禾"企业 Logo

配套资源 \ 效果文件 \ 第 8 章 \ "蓝禾"企业 Logo.psd

- - - - - - - - - - - - - - - - - -

　　本例将为"蓝禾"企业制作 Logo，要求设计中体现出"禾苗"图形元素。制作时，可以使用运算和变换路径得到 Logo 形状，最后添加企业名称信息，参考效果如图 8-118 所示。

图8-118

8.5 综合实训：制作健身俱乐部招贴

"招贴"按其字义解释，"招"是指招引注意，"贴"是指张贴，"招贴"即"为招引注意而进行张贴"。招贴是平面设计的一个重要领域，是户外广告的主要形式，生活中常见的电影、电视、户外电梯中的海报基本上都属于招贴。大多数招贴用制版印刷方式制成，供公共场所和商店内外张贴使用。

8.5.1 实训要求

欣力健身俱乐部近期需要开展会员促销活动，提供了与健身相关的图片素材，以及关于活动介绍的文本内容，现需要制作一份招贴。要求整个招贴要体现店铺经营的主要业务，并融入提供的人像素材，以突出视觉效果，同时还需要对活动名称和内容进行展现与美化，尺寸要求为宽度为：0.3米，高度为0.45米。

8.5.2 实训思路

（1）通过分析提供的素材和资料，可以发现素材中的原始Logo图片模糊，需要重新制作成清晰的图片，可以借助Photoshop CS6中的钢笔工具来重新绘制。此外，对于提供的素材可以选择其中的人像部分进行抠图后重点展示。

（2）本例的文案可以结合招贴主题文字提炼后进行排列展示，主要包括大标题（店铺名）、标语（活动名称）、正文（活动内容）、附文（地址和联系电话）等，力求简明易懂，与图片相配合，呈现出较强的说服力和艺术感染力。

（3）招贴设计的目的是快速引人注目，所以如果招贴设计中只有少量文本，那么应尽可能选用粗型字体，并结合简洁的图形。本例招贴设计中包含大量文本，因此可将文本作为焦点，考虑放大标题，并将大量文本视为整个文本块来进行排版。

（4）色彩在招贴设计中具有装饰性，使作品具有视觉冲击力，有利于传达信息诉求。本例招贴提供的素材与健身相关，可以采用较为明亮的黄色系作为主色调。

（5）使用本章所学的钢笔工具组和形状工具组，绘制具有动感的形状图形，并划分出版面的上、中、下区域进行展现，以提高画面的美观度。

本例完成后的参考效果如图8-119所示。

图8-119

8.5.3 制作要点

 知识要点　钢笔工具组和形状工具组的使用

 配套资源　素材文件\第8章\健身俱乐部素材.psd、Logo.jpg
效果文件\第8章\健身俱乐部招贴.psd

 扫码看视频

本例主要包括绘制Logo、抠取人像、绘制背景3个部分，其主要操作步骤如下。

1 打开"Logo.jpg"图像，在"Logo.jpg"图像中新建5个图层，选择"钢笔工具" ，沿着图像轮廓在每个图层中各绘制1个子路径，分别填充红色、蓝色、绿色、紫色、黄色，并在下方输入文字，然后删除背景图层，将其余图层合并，完成Logo的制作，如图8-120所示。

2 打开"健身俱乐部素材.psd"素材文件，使用钢笔工具 抠取人像。

3 新建"宽度"为"30厘米"、"高度"为"45厘米"、"分辨率"为"72像素/英寸"、"名称"为"健身俱乐部招贴海报"的图像文件，将图像颜色模式设置为CMYK模式，再将抠取的人像添加到招贴中，如图8-121所示。

第 8 章　路径与矢量对象

图8-120

图8-121

件中的VIP素材添加到招贴中，完成后保存文件，最终效果如图8-125所示。

图8-122

图8-123

4 使用"钢笔工具" 绘制出招贴背景，并分别填充为黄色和黑色，如图8-122所示。

5 选择"横排文字工具" T.，设置"字体"为方正综艺简体，"大小"为117点，输入"欣力健身俱乐部"文字。

6 在文字图层中创建工作路径，新建图层，选择"画笔工具" ，设置画笔为"硬边圆"笔尖样式，"大小"为"4像素"，为路径制作画笔描边效果，如图8-123所示。

7 继续在招贴中输入文字内容，根据实际情况调整文字颜色和大小，然后将绘制的Logo移动到画面右上角，如图8-124所示。

8 此时发现Logo不明显，可使用"矩形工具" 为其添加一个白色底纹。为了丰富招贴效果，可继续使用"圆角矩形工具" 、"自定形状工具" 和"直线工具" 绘制招贴中的装饰元素，将"健身俱乐部素材.psd"素材文

图8-124　　　　　　　图8-125

巩固练习

1. 制作扁平化音乐Logo

本练习将制作扁平化风格的音乐Logo，要求能够体现出耳机外形。制作时可使用钢笔工具组和形状工具组进行绘制，参考效果如图8-126所示。

图8-126

配套资源　效果文件\第8章\扁平化音乐Logo.psd

2. 制作七夕主题电商海报

本练习将制作七夕主题电商海报，要求体现出七夕的主题。制作时可以使用形状工具组和钢笔工具组绘制出月球和云朵形状，再添加玉兔、孔明灯等装饰素材和促销文字，增添七夕氛围，参考效果如图8-127所示。

配套资源　素材文件\第8章\七夕素材.psd
　　　　　　效果文件\第8章\七夕主题电商海报.psd

图8-127

3. 制作插画风格网站登录界面

本练习将利用提供的素材，制作插画风格的网站登录界面。制作时可使用形状工具组和钢笔工具组绘制网站登录界面，参考效果如图8-128所示。

 配套资源 素材文件\第8章\网站配图.jpg
效果文件\第8章\插画风格网站界面.psd

图8-128

技能提升

"钢笔工具" 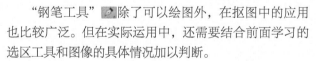 除了可以绘图外，在抠图中的应用也比较广泛。但在实际运用中，还需要结合前面学习的选区工具和图像的具体情况加以判断。

1. 抠取背景为纯色的图像

图8-129所示为纯色背景的图像，衣服边缘与背景色具有一定的差异，适合用"魔棒工具" 进行抠图。

2. 抠取简单几何形状的图像

图8-130所示为一个玩具图像，且背景有一些杂物，不适合使用"魔棒工具" 进行抠图，可使用"钢笔工具" 进行抠图，因为该工具抠图更为精准。在使用该工具描绘路径时可按住Alt键直接切换为"转换点工具" 对锚点进行调整，同时可放大图像，以便观察路径与抠取对象外轮廓的贴合程度。

图8-129

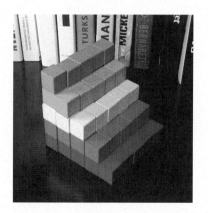

图8-130

3．抠取轮廓清晰、光滑的图像

图8-131所示茶壶图像轮廓较为清晰，且背景色与抠取对象颜色对比明显。在这种情况下，建议选择"磁性套索工具" 或"自由钢笔工具" （转换为"磁性钢笔工具" ）进行抠图。而图8-132所示图像虽然轮廓光滑，但细节部分较为复杂，且背景颜色与抠取对象颜色属于同一个色调，对比不太明显，此时就可使用"钢笔工具" 进行精确抠图。在抠图时，若锚点偏离了轮廓，可按住Ctrl键切换为"直接选择工具" ，然后将锚点拖曳到轮廓上。

4．抠取复杂图像

纱裙、蕾丝、毛发、半透明对象等图像（见图8-133）轮廓复杂、细节较多，使用"钢笔工具" 抠图不仅会加大工作量，而且效果不佳，此时建议选择通道结合蒙版进行抠图（可参考第10章的相关内容）。

图8-131　　　　　　　　图8-132

图8-133

第 9 章

文字的应用

本章导读

在Photoshop CS6中，合理地应用文字不仅可以使图像元素看起来更加丰富，而且能更好地对图像进行说明。本章将讲解文字应用的相关知识，包括文字输入、文字造型等。掌握文字的这些应用，设计人员将能够对文字版式进行更完善的编辑处理。

知识目标

- 认识文字工具
- 熟悉文字工具属性栏
- 掌握文字的创建和编辑方法
- 掌握字符和段落样式的设置方法
- 掌握文字和文字图层的编辑方法

能力目标

- 能够使用文字工具制作招聘广告
- 能够制作变形文字效果
- 能够使用"段落"面板编辑企业简介
- 能够使用"栅格化"命令制作环形彩色发光字

情感目标

- 培养图像中文字的排版设计能力
- 熟悉常用字体，并对字号、间距、行距的编辑效果有足够的认识
- 提升制作特效文字的能力

9.1 认识文字工具

文字是传达信息的重要媒介。在设计作品中，文字不仅能丰富图像内容，还能起到美化图像、强化主题的作用。要想在Photoshop CS6中添加文字，需要先认识文字工具的类型及文字的编辑方法。

9.1.1 文字工具的类型

不同的文字创建工具，创建出的文字类型也不尽相同。根据文字的排版方向，可分为横排文字和直排文字；根据创建的内容，可分为点文字、段落文字和路径文字；根据样式，可分为普通文字和变形文字；根据文字形式，可分为文字和文字蒙版。下面主要介绍Photoshop CS6中创建不同类型文字的4种文字工具。

● 横排文字工具 **T**：用于在图像文件中创建水平文字并建立新的文字图层，如图9-1所示。

● 直排文字工具 **IT**：用于在图像文件中创建垂直文字并建立新的文字图层，如图9-2所示。

图9-1

图9-2

● 横排文字蒙版工具 **T**：用于在图像文件中创建水平文字形状的选区，但在"图层"面板中不建立新的图层，如图9-3所示。

● 直排文字蒙版工具 **IT**：用于在图像文件中创建垂直文字形状的选区，但在"图层"面板中不建立新的图层，如图9-4所示。

图9-3　　　　　　图9-4

9.1.2　文字工具属性栏

创建文字时，需要对文字的基本属性进行设置，包括文本的字体、字号和颜色等。这些属性都可通过文字工具的工具属性栏来进行设置，如图9-5所示。

图9-5

文字工具组中各工具的工具属性栏参数基本相同。下面以"横排文字工具" **T** 的工具属性栏为例进行介绍，其主要选项的作用如下。

● 切换文本取向：单击 **IT** 按钮，可以在横排文字和直排文字间进行切换，如在已输入水平显示的文字情况下单击该按钮，则可将其转换成垂直显示的文字。

● 设置字体：单击其右侧的 **·** 按钮，在弹出的下拉列表框中选择所需字体。当设置好字体后，其右侧的下拉列表框将被激活，可在其中选择字体形态，包括Regular（常规）、Italic（斜体）、Bold（粗体）、Bold Italic（粗斜体），如图9-6所示。

图9-6

● 设置字号大小：单击"字号"右侧的 **·** 按钮，在弹出的下拉列表框中可选择所需字号大小，也可直接输入字号大小的数值，数值越大，文字显示就越大。

● 消除锯齿：用于设置消除文字锯齿的效果。其中提供了"无""锐利""明晰""浑厚""平滑"5个选项。

● 对齐文本：用于设置文字的对齐方式，从左至右分

别为左对齐、居中对齐和右对齐。

● 设置文本颜色：用于设置文字的颜色，单击色块可以打开"拾色器（文本颜色）"对话框，在其中可设置文字的颜色。

● 设置变形文本：设置字体后，单击 **I** 按钮，在打开的"变形文字"对话框中可为输入的文字增加变形属性。

● 切换"字符"和"段落"面板：单击 **■** 按钮，可以显示或隐藏"字符"和"段落"面板，在面板中可设置文字的字符格式和段落格式。

9.2　创建文字

在Photoshop CS6中，用户可以按需要选择文字工具并在图像中输入文字。在输入文字的过程中，不同的文字类型适合不同的图像版面。

9.2.1　创建点文字与段落文字

熟悉了文字工具及其工具属性栏中各选项后，下面将介绍创建点文字和段落文字的方法。

1. 创建点文字

选择"横排文字工具" **T** ，在工具属性栏中设置好文字的字体和大小等参数，将鼠标指针移动至图像中适当的位置单击，此处将出现一个插入鼠标指针，如图9-7所示，然后输入所需文字。文字输入完成后，选择其他任意一个工具，或按Ctrl+Enter组合键，或单击工具属性栏中的 **✓** 按钮即可确认输入，如图9-8所示。以上述方法创建的不规则文本行通常被称为"点文字"。

图9-7　　　　　　图9-8

技巧

使用"直排文字工具" **IT** 可以在图像中沿垂直方向输入文本，也可输入垂直向下显示的段落文本，其输入方法与使用"横排文字工具" **T** 一样。

2. 创建段落文字

选择工具箱中的"横排文字工具" T，在其工具属性栏中设置字体、字号和颜色等参数，将鼠标指针移动到图像窗口中，鼠标指针将变为 形状，在适当的位置单击并在图像中拖曳绘制出一个文字输入框，如图9-9所示。然后在其中输入段落文字，如图9-10所示。

图9-9　　　　　　　图9-10

当用户在图像中输入横排段落文字后，可以直接单击工具属性栏中的"切换文本取向"按钮 ，将其转换成直排段落文字，如图9-11所示；也可以直接使用"直排文字工具"在图像编辑区域单击并拖曳鼠标，创建一个文字输入框，再输入文字。

图9-11

 范例说明

招聘广告一般要求文字设计醒目，岗位职责内容清晰。本例将制作一则招聘广告，要求在画面中分别输入岗位名称与具体岗位要求，以及公司名称、地址、电话等信息，并设置合适的字体、大小及颜色等，使文字排列有主有次。

 操作步骤

1 新建一个"大小"为"60厘米×80厘米"、"分辨率"为"72像素/英寸"、"名称"为"制作招聘广告"的图像文件，填充背景为黄色（R237，G206，B76），如图9-12所示。

2 新建一个图层，"图层"面板中将得到"图层1"图层，如图9-13所示。

图9-12　　　　　　　图9-13

3 设置"前景色"为白色，选择"铅笔工具" ，在属性栏中设置画笔"大小"为8像素，然后按住Shift键在画面顶部绘制一条水平直线，如图9-14所示。

图9-14

4 按Ctrl+J组合键复制多条直线，并适当向下移动，排列为图9-15所示样式，然后选择除背景图层以外的图层，按Ctrl+E组合键进行合并。

5 用同样的方法绘制多条垂直方向的直线，如图9-16所示。

6 选择"椭圆工具" ，在工具属性栏中选择工具模式为"形状"，设置"填充"为白色，"描边"为黑色，"描边宽度"为4.8像素，如图9-17所示。

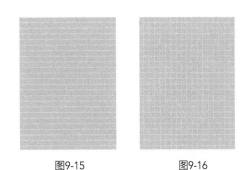

图9-15　　　　　图9-16

图9-17

7 在画面底部绘制重叠在一起的多个圆形，如图9-18所示。然后按Ctrl+J组合键复制对象，在工具属性栏中改变填充颜色为洋红色（R209，G83，B106），如图9-19所示。

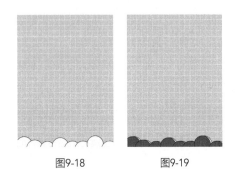

图9-18　　　　　图9-19

8 使用"钢笔工具" 和"椭圆工具" 以相同的方式，在图像中绘制其他图形，填充为不同的颜色，如图9-20所示。

9 选择"横排文字工具" ，在画面上方单击插入鼠标指针，如图9-21所示。

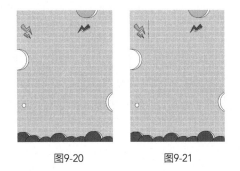

图9-20　　　　　图9-21

10 在工具属性栏中设置"字体"为方正汉真广标简体，"大小"为277点，"颜色"为橘红色（R210，G97，B40），如图9-22所示。

图9-22

11 在鼠标指针处输入文字"我们"，然后按Enter键换行，输入文字"等你来"，文字排列如图9-23所示。

图9-23

12 按Ctrl+J组合键复制文字图层，然后适当向左上方移动复制后的图层，修改其文字"颜色"为白色，如图9-24所示。

图9-24

13 选择"圆角矩形工具" ，在工具属性栏中选择工具模式为"形状"，设置"填充"为白色，"描边"为黑色，"描边宽度"为4像素，"半径"为30像素，如图9-25所示。

图9-25

14 在文字下方按住鼠标左键拖曳，绘制一个圆角矩形，如图9-26所示。

图9-26

15 复制圆角矩形，并适当向左上方移动，改变填充为橘红色（R210，G97，B40），然后选择"横排文字工具" ，在工具属性栏中设置"字体"为方正兰亭准黑简体，"颜色"为白色，在圆角矩形中输入文字，如图9-27所示。

图9-27

16 选择"椭圆工具" ⬭，在文字两侧绘制多个圆形，设置"填充"为白色和不同深浅的橘色，然后再选择"圆角矩形工具" ▭，在文字下方绘制多个描边圆角矩形，并设置"填充"为白色和橘红色，如图9-28所示。

17 在橘红色圆角矩形中分别输入文字"平面设计师"和"网络营销员"，并在工具属性栏中设置"字体"为方正兰亭中黑简体，"颜色"为白色，如图9-29所示。

图9-28　　　　　　　　图9-29

18 选择"横排文字工具" T，在白色圆角矩形中按住鼠标左键拖曳，绘制一个文本框，并在其中输入文字，如图9-30所示。

图9-30

19 将鼠标指针插入最后一个文字末尾处，按住鼠标左键向第一个字拖曳即可选择文字，然后在工具属性栏中设置"字体"为方正兰亭准黑简体，"颜色"为深灰色（R50，G51，B51），调整文字的大小，如图9-31所示。

20 继续在图像中输入其他文字，并排列成图9-32所示样式。完成本例的制作。

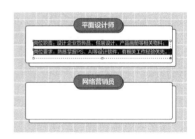

图9-31

图9-32

小测　使用文字工具制作画展宣传单

配套资源＼素材文件＼第9章＼竹子 .psd
配套资源＼效果文件＼第9章＼画展宣传单 .psd

　　本例将制作一份画展宣传单，首先添加混合色背景图像，然后制作装饰元素，最后输入段落文字和点文字，并通过设置合适的字体和排列方式，使文字与图像完美融合，效果如图 9-33 所示。

图9-33

9.2.2　创建路径文字

　　在平面设计中，用户可以通过路径来辅助文字的输入，从而使文字的排列产生意想不到的效果。

使用"钢笔工具" 在图像中绘制一条曲线路径，然后选择"直排文字工具" ，将鼠标指针移动到路径最顶端，当鼠标指针变成 形状时单击，即可在路径上插入鼠标指针，如图9-34所示。此时文字将沿路径形状自动排列，在工具属性栏中调整好文字属性后，按Ctrl+Enter组合键确认输入，如图9-35所示。

图9-34　　　　　　　图9-35

9.2.3 创建变形文字

Photoshop CS6中提供了文字变形功能，通过它可以将选择的文字设置成多种变形样式，从而提高文字的艺术性。

文字输入完成后，单击工具属性栏中的"创建文字变形"按钮 ，或选择【文字】/【文字变形】命令，将打开图9-36所示"变形文字"对话框，通过该对话框可将文字编辑成各式各样的变形效果。

图9-36

"变形文字"对话框中主要选项的作用如下。
● 样式：用于设置变形的样式。该下拉列表框中预设了15种变形样式。
● 水平：选中"水平"单选项，文字扭曲的方式将变为水平方向。
● 垂直：选中"垂直"单选项，文字扭曲的方式将变为垂直方向。
● 弯曲：用于设置文字的弯曲程度。
● 水平扭曲/垂直扭曲：可让文字产生透视扭曲效果。

范例　在标签中添加变形文字

知识要点　横排文字工具、文字变形功能的使用，沿路径输入文字的操作

配套资源　素材文件\第9章\标签.jpg
效果文件\第9章\在标签中添加变形文字.psd

扫码看视频

范例说明

在很多具有特殊造型的图像中输入文字后，都需要对文字进行变形操作，使其与图像的搭配更加和谐，且变形后的文字更具视觉冲击力。本例将在提供的标签图像中制作一个变形文字，根据标签外形调整文字的变形效果。

操作步骤

1 打开"标签.jpg"素材文件，如图9-37所示。下面将在其中添加文字内容。

2 选择"横排文字工具" ，在工具属性栏中设置"字体"为方正粗黑简体，"颜色"为橘红色（R179，G74，B6），"大小"为161点，然后在标签上方单击插入鼠标指针，输入文字"爆款"，得到图9-38所示效果。

图9-37　　　　　　　图9-38

3 选择【文字】/【文字变形】命令，或单击工具属性栏中的"创建文字变形"按钮 ，打开"变形文字"对话框，在"样式"下拉列表框中选择"贝壳"选

项，选中"水平"单选项，设置"弯曲"为+15%，如图9-39所示。

图9-39

4 单击 确定 按钮，得到文字变形效果，如图9-40所示。

5 选择"椭圆工具" ⊙，在工具属性栏中选择工具模式为"路径"，按住Shift键在标签中绘制一个圆形路径，然后选择"横排文字工具" T，在路径左侧单击插入鼠标指针，如图9-41所示。

图9-40

图9-41

6 设置"颜色"为橘红色（R206，G102，B0），然后在鼠标指针处输入文字，文字将沿着路径方向输入，如图9-42所示。

7 在文字末尾处单击插入鼠标指针，并按住鼠标左键向第一个字拖曳，选择路径文字，如图9-43所示。

图9-42

图9-43

8 选择【窗口】/【字符】命令，打开"字符"面板，在其中设置文字"大小"为30点，"字体"为方正兰亭中黑简体，"字距"为350，如图9-44所示。

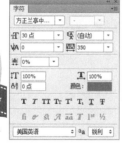

图9-44

9 在标签中间再输入一行英文文字，并在工具属性栏中设置"字体"为方正粗黑简体，"颜色"为白色，适当调整文字大小，如图9-45所示。

10 单击工具属性栏中的"创建文字变形"按钮 ，打开"变形文字"对话框，在"样式"下拉列表框中选择"扇形"选项，然后设置"弯曲"为+14%，如图9-46所示。

图9-45   图9-46

11 单击 确定 按钮，得到文字变形效果，如图9-47所示。完成本例的制作。

图9-47

技巧

使用文字工具对文字进行变形后，只要没有对图层进行栅格化，用户就可随意对变形文字的变形参数进行修改，也可取消变形。其操作方法为：选择需重置变形的文字，打开"文字变形"对话框，在其中可重置变形参数；在"样式"下拉列表框中选择"无"选项，即可取消文字的变形效果。

小测 为咖啡室标志添加文字

配套资源 \ 素材文件 \ 第 9 章 \
配套资源 \ 效果文件 \ 第 9 章 \ 为咖啡室标志添加文字 .psd

本例将为一个标志添加文字内容。打开已经绘制好的标志，绘制外侧圆形，然后通过输入路径文字和制作变形文字，将文字围绕在圆形边缘，效果如图9-48所示。

图9-48

9.3 设置字符和段落样式

在Photoshop CS6中，用户可为输入的文字设置字符样式，从而使文字的外观效果更符合制作需求。Photoshop CS6的文字功能强大，使用户不但能对字符进行设置，还能对段落样式进行设置。

9.3.1 设置字符样式

文字的字符样式，除了可以通过文字工具属性栏进行设置外，还可以通过"字符"面板进行设置。文字工具属性栏中只包含了部分字符属性，而"字符"面板则集成了所有的字符属性。在文字工具属性栏中单击 按钮，或选择【窗口】/【字符】命令，打开图9-49所示"字符"面板。

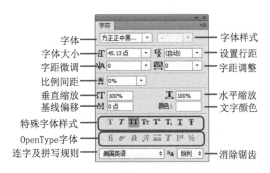

图9-49

字体、字体样式、字体大小、文字颜色在工具属性栏中已经介绍，下面将介绍"字符"面板中其他选项的作用。

● 设置行距：用于设置文字的行间距，设置的数值越大，行间距越大；数值越小，行间距越小。选择"（自动）"选项时，自动调整行间距。

● 字距微调：将鼠标指针插入文字当中，该下拉列表框启用，选择或输入参数，即可设置鼠标指针两侧的字间距。

● 字距调整：选择部分字符后，可调整所选的字间距，如图9-50所示；没有选择字符时，将调整所有的字间距，如图9-51所示。

阳光明媚 的天气	阳光明媚 的天气
图9-50	图9-51

● 比例间距：以百分比的方式设置两个字符的间距。

● 垂直缩放：用于设置文字的垂直缩放比例。

● 水平缩放：用于设置文字的水平缩放比例。

● 基线偏移：用于设置文字的基线偏移量，输入正值字符位置将往上移，输入负值则往下移。

● 特殊字体样式：用于设置文字的字符样式，从左向右依次为"粗体""斜体""将小写字母转化为大写""将小写字母转化为小型大写""上标""下标""下划线""删除线"。

● OpenType字体：这是一种特殊字体样式，选择不同的按钮可以设置对应字体的效果。

● 连字及拼写规则：可对所选字体的关联字符和拼写规则进行设置。

● 消除锯齿：可选择消除文字边缘锯齿的方式。

9.3.2 设置段落样式

除可为输入的文字设置字符样式外，用户还可以为一段或多段文字设置段落样式。文字的段落样式包括对齐方式、缩进方式、避头尾和间距组合等。选择工具箱中的文字工具，然后将鼠标指针插入需要设置段落格式的文本中，或选中段落文字。选择【窗口】/【段落】命令，打开图9-52所示"段落"面板。

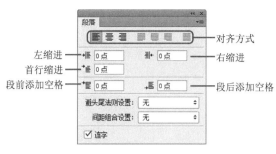

图9-52

"段落"面板中主要选项的作用如下。

● 左对齐：单击▤按钮，段落文字左边缘将被强制对齐，如图9-53所示。

● 居中对齐：单击▤按钮，段落文字中间将被强制对齐，如图9-54所示。

图9-53　　　　　图9-54

● 右对齐：单击▤按钮，段落文字右边缘将被强制对齐，如图9-55所示。

● 最后一行左对齐：单击▤按钮，段落最后一行文字将左对齐，且文字两端将和文本框对齐。

● 最后一行居中对齐：单击▤按钮，段落最后一行将居中对齐，且其他行将两端对齐，如图9-56所示。

图9-55　　　　　图9-56

● 最后一行右对齐：单击▤按钮，段落最后一行右对齐，且其他行将两端对齐，如图9-57所示。

● 全部对齐：单击▤按钮，段落文字两端将被强制对齐，如图9-58所示。

● 左缩进：横排段落文字可设置左缩进值，直排段落文字将设置顶端的缩进。图9-59所示为对横排段落文字左缩

进50点后的效果。

图9-57　　　　　图9-58

● 右缩进：横排段落文字可设置右缩进值，直排段落文字将设置底端的缩进。图9-60所示为对横排段落文字右缩进50点后的效果。

图9-59　　　　　图9-60

● 首行缩进：用于设置段落首行缩进值，如图9-61所示。

● 段前添加空格：用于设置当前段与上一段之间的距离，将鼠标指针插入第二段开头，设置"段前添加空格"为100点，效果如图9-62所示。

图9-61　　　　　图9-62

● 段后添加空格：用于设置当前段与下一段之间的距离，设置时需要将鼠标指针插入该段文字末尾处。

● 避头尾法则设置：用于设置避免每行头、尾显示标点符号的规则。

● 间距组合设置：用于设置自动调整字间距时的规则。

● 连字：勾选该复选框，可以防止外文单词在行尾断开，可为其形成连字符号，使剩余的部分自动换到下一行。

范例 制作企业简介

知识要点 "段落"面板、"字符"面板的使用

配套资源 素材文件\第9章\城市1.jpg、
城市2.jpg、城市3.jpg、电话.psd
效果文件\第9章\制作企业简介.psd

扫码看视频

范例说明

　　本例将制作一份企业简介宣传单，其中文字较多，所以需要使用段落文字的形式，将文字分为几部分进行排列，并设置字体、字号、行距和字距等，让整体版面美观大方。

操作步骤

1 新建"宽度"为"60厘米"、"高度"为"80厘米"、"分辨率"为"72像素/英寸"、"名称"为"制作企业简介"的图像文件。将背景填充为浅灰色（R242，G242，B242），选择"矩形选框工具" ，在画面左侧绘制一个矩形选区，填充为黑色，如图9-63所示。

2 选择"钢笔工具" ，在画面上方绘制一个曲线路径，如图9-64所示。

 　　　　　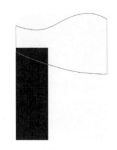

图9-63　　　　　　　　图9-64

3 新建图层，按Ctrl+Enter组合键将路径转换为选区，填充为浅蓝色（R215，G227，B232），效果如图9-65所示。

4 使用相同的方法绘制其他两个曲线图像，分别填充为蓝色（R84，G128，B143）和灰色（R189，G189，B189），效果如图9-66所示。

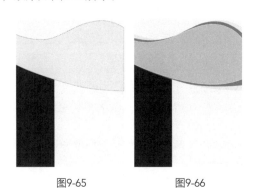

图9-65　　　　　　　图9-66

5 打开"城市1.jpg"素材文件，使用"移动工具" 将其拖曳到画面上方，如图9-67所示。

6 选择【图层】/【创建剪贴蒙版】命令，为图像创建剪贴蒙版，隐藏超出曲线图像以外的图像，如图9-68所示。

图9-67　　　　　　　图9-68

7 绘制多个不同大小的圆形并重叠放置，分别填充为浅灰色和蓝色，然后添加"城市2.jpg"和"城市3.jpg"图像，通过创建剪贴蒙版放置到圆形中，效果如图9-69所示。

8 选择"横排文字工具" ，在画面左侧分别输入中文和英文文字，在工具属性栏中设置"字体"为方正大标宋体，"颜色"分别为白色和蓝色（R84，G128，B143），然后在文字下方绘制一个蓝色矩形，如图9-70所示。

图9-69　　　　　　　图9-70

$\mathcal{9}$ 继续使用"横排文字工具" T, 在标题文字下方按住
鼠标左键拖曳绘制一个文本框, 并在其中输入文字。

$\mathcal{10}$ 选择所有文字, 选择【窗口】/【字符】命令,
打开"字符"面板, 设置"字体"为Adobe黑体
Std, "大小"为20点, "行距"为28点, 再设置文字颜色为
浅灰色, 如图9-71所示。

图9-71

$\mathcal{11}$ 选择【窗口】/【段落】命令, 打开"段落"面
板, 选择所有文字, 设置段落"首行缩进"为
40点, 每一段文字将呈现首行空格效果。

$\mathcal{12}$ 将鼠标指针插入第一段文字末尾处, 按Enter
键, 将文字空一行排列, 如图9-72所示。

图9-72

$\mathcal{13}$ 在画面右侧输入文字"公司简介", 设置"字体"
为Adobe黑体Std, "颜色"为浅灰色, 再输入文字
"理""念", 设置"字体"为方正大黑简体, "颜色"为蓝色,
然后调整文字的位置、大小和间距, 如图9-73所示。

$\mathcal{14}$ 继续输入英文文字, 设置"字体"为方正粗宋_
GBK, 再使用"矩形选框工具" 和"多边形
套索工具" 在文字附近绘制几何图形, 并填充为蓝色,
效果如图9-74所示。

$\mathcal{15}$ 使用"横排文字工具" T 绘制一个文本框, 并
在其中输入文字, 在"字符"面板中设置"字
体"为方正兰亭刊黑简体, 再设置"大小""行距""间距"
等参数, "颜色"为黑色, 如图9-75所示。

图9-73　　　　图9-74

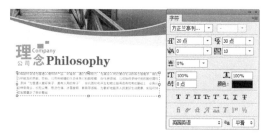

图9-75

$\mathcal{16}$ 将鼠标指针插入文字中, 打开"段落"面板, 设置
"首行缩进"为35点, 文字排列效果如图9-76所示。

图9-76

$\mathcal{17}$ 继续在段落文字下方输入其他文字, 参照图9-77
所示样式排列。

$\mathcal{18}$ 选择"钢笔工具" , 在工具属性栏中选择工具
模式为"形状", 设置"描边"为灰色, 选择"描
边类型"为点, 绘制线条, 并参照图9-78所示样式进行排列。

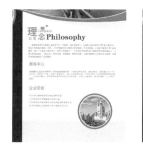　

图9-77　　　　图9-78

$\mathcal{19}$ 打开"电话.psd"素材文件, 使用"移动工具"
将其拖曳到画面下方, 并输入电话信息, 如图9-79
所示。完成本例的制作。

图9-79

个需要更改的内容。

● 更改：单击 更改(H) 按钮，将查找到的内容更改为指定的文字内容。

● 更改全部：单击 更改全部(A) 按钮，可一次性将所有查找到的内容更改为指定的文字内容。

● 搜索所有图层：勾选该复选框，将对该图像文件中的所有图层进行搜索。

● 向前：勾选该复选框，可在插入鼠标指针处向前搜索。取消勾选复选框，则不管将鼠标指针插入何处，都将对搜索图层中的所有文本进行搜索。

● 区分大小写：勾选该复选框，可搜索与"查找内容"文本框中的文本大小写完全匹配的文字。

● 全字匹配：勾选该复选框，可忽略嵌入长文本中的文本。

● 忽略重音：勾选该复选框，可忽略搜索文字中的重音字。

● 更改/查找：单击 更改/查找(N) 按钮，可以在查找到文字的同时更改文字。

9.4 编辑文字和文字图层

当输入的文字较多时，可以使用查找和替换文本的方式找到所需文字，还可以对文字图层进行更新和栅格化等操作。

9.4.1 查找和替换文本

当制作较多的文字内容时，有可能需要对文字进行一些调整，如统一修改某些词汇。此时可使用"查找和替换文本"命令，对部分重要文字进行替换，从而避免反复操作文本而出现的纰漏。打开要替换和查找文字的图像文件，选择【编辑】/【查找和替换文本】命令，打开"查找和替换文本"对话框。在"查找内容"和"更改为"文本框中输入要查找、替换的文字进行替换即可，如图9-80所示。

图9-80

"查找和替换文本"对话框中主要选项的作用如下。

● 查找内容：用于输入要查找的内容。

● 更改为：用于输入要更改的内容。

● 完成：单击 完成(D) 按钮，将关闭"查找和替换文本"对话框。

● 查找下一个：单击 查找下一个(I) 按钮，用于查找下一

9.4.2 更新文字图层

导入旧版Photoshop CS6中创建的文字时，通常需要对文字进行转换。选择【文字】/【更新所有文字图层】命令，即可将其转换为矢量类型，这样就能够保证文字的清晰度并继续编辑文字。

9.4.3 栅格化文字图层

Photoshop CS6中直接输入的文字不能应用绘图和滤镜命令等操作，只有对其进行栅格化处理后，才能进一步编辑。

输入文字后，"图层"面板中将自动创建一个文字图层，如图9-81所示。选择该文字图层，选择【图层】/【栅格化】/【文字】命令，即可将文字图层转换为普通图层，将文字图层栅格化后，图层缩览图将发生变化，如图9-82所示。栅格化后的文字可以进行和图像一样的操作，但不能再修改文字内容。

图9-81

图9-82

范例说明

　　在设计中通过艺术字的形式表现主题文字，不仅能够有效地传达主题，还能够美化版面、提升艺术性。本例将制作一个空心的环形彩色发光文字。首先选择一种空心字体，然后绘制其他装饰图形，并为其添加渐变色填充以及图层样式，最终得到艺术文字效果。

操作步骤

1 新建一个图像文件，选择"渐变工具"，在工具属性栏中单击"径向渐变"按钮，再单击渐变色条，打开"渐变编辑器"对话框，设置颜色为从深紫色（R40，G3，B36）到紫色（R111，G7，B98），在图像中间按住鼠标左键向外拖曳，得到渐变填充效果，如图9-83所示。

图9-83

2 使用"横排文字工具"输入文字"LOVE"，打开"字符"面板，设置"字体"为汉仪彩云体简，再设置文字"大小"和"间距"等参数，如图9-84所示。

3 在文字图层上单击鼠标右键，在弹出的快捷菜单中选择"栅格化文字"命令，如图9-85所示。将文字图层转换为普通图层，如图9-86所示。

图9-84

图9-85　　　　　　　　图9-86

4 选择"自定形状工具"，在工具属性栏中选择工具模式为"路径"，再单击"形状"右侧的三角形按钮，在弹出的下拉列表框中选择"红心形卡"形状。

5 在图像中绘制爱心图形，放到文字"V"上方，按Ctrl+Enter组合键将路径转换为选区，选择【选择】/【变换选区】命令向右旋转选区，然后填充为白色，如图9-87所示。

图9-87

6 再绘制一个爱心图形路径，将其转换为选区，向左旋转后，放到文字"O"的上方，选择【编辑】/【描边】命令，打开"描边"对话框，设置"宽度"为25像素，"颜色"为白色，选中"居中"单选项，单击　确定　按钮，得到描边效果，如图9-88所示。

7 按Ctrl+D组合键取消选区，选择【图层】/【图层样式】/【描边】命令，打开"图层样式"对话框，设置描边"大小"为30像素，描边颜色从黄色（R252，G255，B0）到洋红（R255，G0，B210）再到蓝色（R0，G246，B255），其他参数设置如图9-89所示。

图9-88

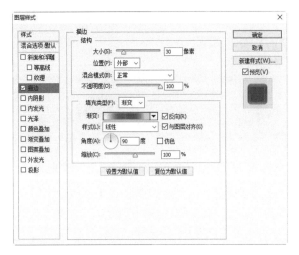

图9-89

8 在对话框左侧选择"样式"为"外发光"，设置外发光颜色为白色，再选择一种等高线样式，其他参数设置如图9-90所示。

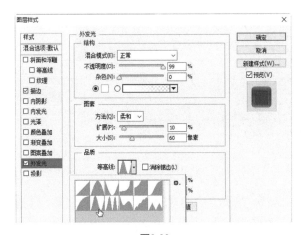

图9-90

9 单击 确定 按钮，得到添加图层样式后的效果，如图9-91所示。

10 选择"横排文字工具" T，在图像上、下方分别输入英文文字，在工具属性栏中设置"字体"分别为Nirmala UI和Arial，"颜色"为白色，如图9-92所示。完成本例的制作。

图9-91

图9-92

9.4.4 转换文字图层

用户除了可以将文字图层栅格化外，还可以将文字图层转换为形状图层，然后对形状进行编辑、自定义其形状，以及将文字形状存储为形状预设等操作。

选择文字图层，然后在图层上单击鼠标右键，在弹出的快捷菜单中选择"转换为形状"命令，如图9-93所示。此时可将文字图层转换为形状图层，如图9-94所示。另外，选择【文字】/【转换为形状】命令也可以将文字图层转换为形状图层。

图9-93　　　　　　　　图9-94

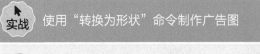

实战　使用"转换为形状"命令制作广告图

知识要点　"转换为形状"命令的使用

配套资源　素材文件\第9章\爱心背景.jpg
效果文件\第9章\转换文字图层.psd

扫码看视频

操作步骤

1 打开"爱心背景.jpg"素材文字，使用"横排文字工具" T 在图像中输入文字"女王节"，在工具属性栏中设置"字体"为方正正准黑简体，"填充"为白色，调整文字的大小和位置，如图9-95所示。

2 选择【文字】/【转换为形状】命令，将文字图层转换为形状图层，这时"图层"面板中显示形状图层，如图9-96所示。

图9-95

图9-96

3 选择"直接选择工具" ，选择"妇"字下面的几个节点，按住鼠标左键向下拖曳，拉长文字，得到文字变形效果，如图9-97所示。

4 选择"女"字下面的几个节点，同样按住鼠标左键向下拖曳，拉长文字，效果如图9-98所示。

图9-97　　　　　　　图9-98

5 继续调整"节"字，拉长下面的笔画，得到变形文字效果，如图9-99所示。

图9-99

6 双击形状图层，打开"图层样式"对话框，选择"样式"为"投影"，设置投影颜色为深红色（R121，G13，B46），其他参数设置和得到的文字投影效果如图9-100所示。

图9-100

9.5 综合实训：排版商品详情页

我们在线上商店浏览商品时，都会看到商品详情页的页面。详情页的作用是让买家充分了解商品，并最终促成买家购买。所以，详情页不能只重视视觉效果，还要重视其中的内容。

9.5.1 实训要求

某食品公司近期将推出一款莲子银耳羹营养品，准备制作新的商品详情页，因此特意将商品图像和文字内容交由设计人员，要求整个详情页中要展现出店铺所售卖的商品，并做到图文结合、画面色调清新统一。同时还需要对商品名称和内容进行展现与美化，尺寸要求宽度为790像素，高度根据内容排列而定。

在设计商品详情页时，首先应该根据商品风格的定位，准备所用的设计素材。然后应该确定详情页所用的文案，以及详情页的配色、字体、版式等，需要设计的内容主要包括文字和图片，尤其是作为宣传重点的商品图一定要清晰，且文字要表达商品卖点。最后需通过添加装饰元素烘托出符合商品特色的氛围。

设计素养

9.5.2 实训思路

（1）以商品特色为依据，确定整个画面以清新淡雅的色调为主。

（2）考虑到商品内容的排列顺序及其重要性，在详情页中划分板块位置，并提炼重要元素。

（3）在各板块中输入文字，并对文字进行美化排版，使文字与图片能够更好地融合。

（4）文字较多时，可使用段落文本框的形式，将文字排列整齐。

本例完成后的参考效果如图9-101所示。

图9-101

9.5.3 制作要点

 知识要点　横排文字工具、直排文字工具、"段落"面板和"字符"面板的使用

 配套资源　素材文件\第9章\莲子.jpg、单个莲子.psd、荷花.psd、银耳.jpg
效果文件\第9章\排版商品详情页.psd

 扫码看视频

本例主要包括图像的排版、文字的输入，以及段落文字的设置3个部分，其主要操作步骤如下。

1 新建"大小"为"790像素×2468像素"、"分辨率"为"72像素/英寸"、"名称"为"排版商品详情页"的图像文件。

2 将背景填充为淡蓝色（R206，G248，B251），打开"莲子.jpg"素材文件，将其拖曳到画面顶部，然后使用"矩形选框工具" 绘制一个矩形选区，填充为绿色（R59，G56，B3），在"图层"面板中设置图层的"不透明度"为47%。

3 选择"横排文字工具" ，在半透明绿色矩形中输入文字"产品信息"，在工具属性栏中设置"字体"为方正大黑简体，"颜色"为白色；然后在下面绘制一个文本框，输入具体信息，在"字符"面板中设置"字体"为方正兰亭刊黑简体，"行距"为38点，效果如图9-102所示。

4 在产品图像下方绘制一个矩形选区，填充为淡绿色（R236，G237，B229）。然后选择"横排文字工具" ，绘制一个文本框并输入文字。

5 选择文字，打开"字符"面板，设置"字体"为方正兰亭刊黑简体，"大小"为24点，"行距"为40点，"字距"为80。

6 将鼠标指针插入每一段的首行文字前方，在"段落"面板中设置"左缩进"为40点，然后打开"单个莲子.psd"素材文件，将其拖曳到淡绿色矩形右下方，如图9-103所示。

图9-102　　　　　　图9-103

7 下面制作详情页的其他内容。打开"荷花.psd"素材文件，使用"移动工具" 将其拖曳到文字下方。

8 使用"直排文字工具" 在图像中输入直排文字，分别设置"字体"为方正美黑简体、方正兰亭中黑简体、方正兰亭刊黑简体，调整文字的大小和位置。

9 继续输入温馨提示文字，以及银耳羹的做法文字内容，分别设置"颜色"为绿色（R155，G153，B115）和黑色，如图9-104所示。

10 打开"银耳.jpg"素材文件，使用"移动工具" 将其拖曳到文字下方。

11 输入文字"【做法】"，在工具属性栏中设置"字体"为方正兰亭中粗黑_GBK，然后在下方绘制一个文本框，输入段落文字内容，并在"字符"面板中设置"字体"为方正兰亭刊黑简体，"大小"为18点，"行距"为40点，如图9-105所示。完成本例的制作。

图9-104　　　　　　图9-105

1. 制作名片

本练习将在名片中添加文字内容，要求文字排列整齐大方，主次分明。制作时可选择具有卡通效果的字体与标志相搭配，并为文字填充与名片图案相同的颜色，使整个名片排版更加统一，参考效果如图9-106所示。

配套资源 素材文件\第9章\名片背景.psd
效果文件\第9章\制作名片.psd

2. 制作发光文字

本练习将制作发光文字效果。制作时，可将文字栅格化，添加径向渐变滤镜，得到发散文字底纹，再应用调整图层改变文字颜色，即可得到发光文字，参考效果如图9-107所示。

配套资源 素材文件\第9章\星光背景.psd
效果文件\第9章\发光文字.psd

图9-106　　　　　　　图9-107

使用文字工具输入文字后，可以对文字进行各种编辑，但对于字体的缺失，以及段落文本与点文本之间的转换，则可以通过以下操作来解决。

1. 安装文件中缺失的字体

当Photoshop CS6中文字图层前面的图标显示为符号时，代表文字缺失。这时就需要找到相应的字体安装到计算机中。其方法为：复制需要安装的字体文件，打开"计算机"，接着打开C盘，找到C盘下的WINDOWS目录文件夹，找到FONTS文件夹并打开，将字体文件粘贴到该文件夹中，便可以安装字体。

关闭图像文件，重新打开后，即可显示正常的文字图层，并进行编辑。

2. 点文本与段落文本的相互转换

在Photoshop CS6中输入点文本后，可以将其转换为段落文本，也可以将段落文本转换为点文本。其操作方法很简单：选择点文本后，选择【文字】/【转换为段落文本】命令，效果如图9-108所示。若要将段落文本转换

为点文本，则可选择【文字】/【转换为点文本】命令，效果如图9-109所示。

需要注意的是，将段落文本转换为点文本时，溢出定界框的字符将被删除。因此，为避免文字丢失，应先调整文本定界框，在转换前将文字显示完整。

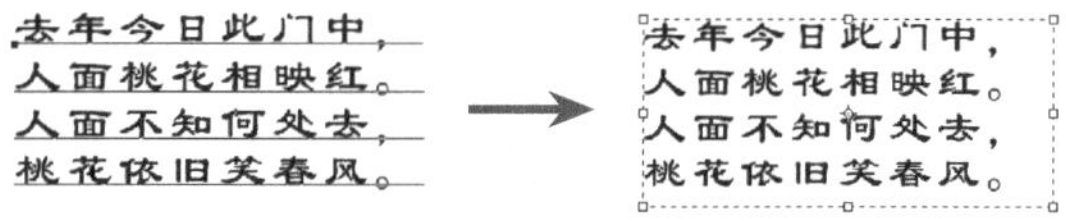

图9-108

图9-109

第 10 章

通道的应用

本章导读

在Photoshop CS6中，通过编辑通道可改变图像中颜色分量或创建特殊选区，从而制作出复杂的图像以及特殊效果。本章将先介绍通道的基础知识，然后讲解其具体操作，包括选择与重命名通道、新建通道、复制与粘贴通道、分离与删除通道等。

知识目标

< 了解通道的分类
< 熟悉"通道"面板
< 掌握通道的基本操作

能力目标

< 能够使用通道美白皮肤
< 能够使用通道合成梦幻图像
< 能够使用通道改变图像色彩
< 能够使用通道计算为人物磨皮
< 能够使用通道抠取婚纱照

情感目标

< 培养图像的色彩分析能力
< 培养深入了解通道原理的兴趣

10.1 认识通道

通道用于存放颜色信息和选区信息，一个图像最多可以有56个通道。用户可以分别对每个通道进行明暗度、对比度等调整，使图像产生各种效果。在使用通道之前，需要先了解通道的基础知识，以便更好地编辑图像。

10.1.1 通道的分类

不同类型的通道，其作用和特征也有所不同。因此，在使用通道处理图像前，要清楚不同通道的区别。

在Photoshop CS6中，通道分为颜色通道、Alpha通道和专色通道3种。在打开或创建一个新的图像文件后，都将默认创建颜色通道，而Alpha通道和专色通道则需要手动创建。

1. 颜色通道

颜色通道的效果类似于摄影胶片，用于记录图像内容和颜色信息。对图像进行操作时，实际上就是在编辑颜色通道。

图像的颜色模式不同，其产生的通道数量和名称也有所不同。常见图像颜色模式的通道介绍如下。

● RGB图像的颜色通道：包括一个复合通道（保存图像综合颜色信息的通道）和红（R）、绿（G）、蓝（B）通道，用于保存图像中相应的颜色信息，如图10-1所示。

● CMYK图像的颜色通道：包括一个复合通道和青色（C）、洋红（M）、黄色（Y）、黑色（K）通道，用于保存图像中相应的颜色信息，如图10-2所示。

● Lab图像的颜色通道：包括一个复合通道和明度（L）、a、b通道。其中a通道中包括的颜色是从深绿色到灰色再到亮粉色，b通道中包括的颜色是从亮蓝色到灰色再到黄色，如图10-3所示。

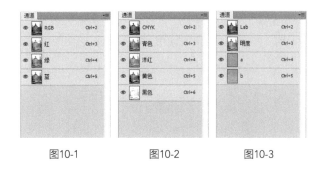

| 图10-1 | 图10-2 | 图10-3 |

● 灰度图像的颜色通道：只有一个颜色通道，用于保存纯白、纯黑或两者中的一系列从黑到白的过渡色信息。

● 位图图像的颜色通道：只有一个颜色通道，用于表示图像的黑白两种颜色。

● 索引颜色图像的颜色通道：只有一个颜色通道，用于保存调色板的位置信息，具体颜色由调色板中该位置所对应的颜色决定。

2. Alpha通道

Alpha通道是计算机图形学中的术语，指的是特别的通道。Alpha通道的作用多与选区相关。用户可通过Alpha通道保存选区，也可将选区存储为灰度图像，以便通过画笔、滤镜等修改选区。另外，还可以从Alpha通道中载入选区。默认情况下，新创建的通道名称为Alpha X（X为按创建顺序依次排列的数字）通道。

3. 专色通道

专色是为了印刷出特殊效果而预先混合的油墨替代或补充除了C、M、Y、K以外的油墨，如明亮的橙色、绿色、荧光色及金属金银色等油墨颜色。

专色通道就是用于存储印刷时使用的专色的通道。如果要印刷带有专色的图像，就需要在图像中创建一个存储这种颜色的专色通道。一般情况下，专色通道都以专色的颜色命名。

10.1.2 认识"通道"面板

在Photoshop CS6中，对通道的操作需要在"通道"面板中进行。默认情况下，"图层"面板、"通道"面板和"路径"面板在同一个面板组中，单击"通道"选项卡可直接打开"通道"面板，选择【窗口】/【通道】命令也可以打开"通道"面板，如图10-4所示。

● 指示通道可见性：当通道名称前显示 ● 图标时，表示该通道可见；当显示 ▢ 图标时，则表示该通道不可见。

● 通道缩览图：通道名称的左侧显示了通道内容的缩览图。在编辑通道时，缩览图会自动更新。

● 快捷键：通道名称右侧显示了每个通道对应的快捷

键，使用快捷键快速选择通道可以提高图像的制作效率。例如，在RGB颜色模式的图像文件中，按Ctrl+3组合键可选择红通道；按Ctrl+2组合键可选择复合通道。

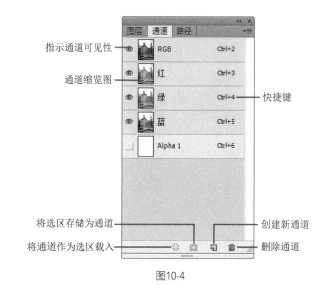

图10-4

● 将通道作为选区载入：单击 ❖ 按钮可以将当前通道中的图像内容转换为选区。

● 将选区存储为通道：单击 ▣ 按钮可以自动创建一个Alpha通道，并将图像中的选区存储在其中。选择【选择】/【存储选区】命令和单击该按钮的作用相同。

● 创建新通道：单击 ▯ 按钮可以创建一个新的Alpha通道。

● 删除通道：单击 🗑 按钮可以删除当前选择的通道。

10.2 通道的基本操作

在"通道"面板中，用户可通过选择与重命名通道、新建通道、复制与粘贴通道、合并和移动通道等基本操作，对图像进行简单的编辑，从而制作出需要的图像效果。

10.2.1 选择与重命名通道

在对通道进行编辑时，选择与重命名通道是需要先掌握的操作。

1. 选择通道

在"通道"面板中单击某个通道即可选择需要显示的通

道，通过对应的快捷键也可快速选择通道。选择单个通道后，图像将只显示该通道中的颜色信息，整个图像也会显示为灰色效果，如图10-5所示。另外，在所有颜色通道都选择的情况下，复合通道将自动被选择。

按住Shift键单击通道，可同时选择多个通道并显示，图像效果也会叠加显示，如图10-6所示。

图10-5 　　　　　　　　　图10-6

2. 重命名通道

如果新建的Alpha通道或专色通道的名称不便于识别，可对其进行重命名操作。在"通道"面板中需要重命名的通道名称上双击激活文本框，在其中输入通道的新名称，然后按Enter键或单击其他任意区域即可完成重命名操作，如图10-7所示。

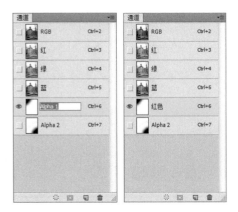

图10-7

需要注意的是，不能对默认的颜色通道进行重命名操作，而且新通道的名称不能与默认颜色通道的名称相同。

10.2.2　新建通道

在编辑图像时，通常需要新建Alpha通道或专色通道。用户可采用以下方法新建通道。

1. 新建Alpha通道

Alpha通道主要用于保存图像选区。用户可以根据需要新建Alpha通道，并且可对新建的Alpha通道颜色效果进行编辑。打开"通道"面板，单击其底部的■按钮，即可新建一个Alpha通道。默认情况下，图像将被黑色覆盖。当显示所有通道时，可发现红色铺满整个图像，如图10-8所示。

图10-8

另外，单击"通道"面板右上角的■按钮，在弹出的菜单中选择"新建通道"命令，也可新建Alpha通道，如图10-9所示。

图10-9

双击Alpha通道的缩览图，可打开"通道选项"对话框，在其中对Alpha通道进行调整，如图10-10所示。

图10-10

● 名称：用于设置通道名称。

● 色彩指示：用于设置显示通道颜色的方式。其中，"被蒙版区域"指非选区，即黑色区域；"所选区域"指选区，即白色区域，与被蒙版区域相反；而选中"专色"单选项可将该Alpha通道转换为专色通道。

● 颜色：用于设置通道颜色和透明度，可便于辨认该通道的范围和非该通道的范围。

2. 新建专色通道

当需要使用专色印刷工艺印刷图像时，需要创建专色通道来存储专色颜色信息。打开"通道"面板，单击右上角的■按钮，在弹出的下拉菜单中选择"新建专色通道"

命令，将打开"新建专色通道"对话框，可设置专色通道的名称及油墨特性，如颜色和密度，如图10-11所示。

图10-11

技巧

按住Ctrl键，单击"通道"面板底部的按钮，也可打开"新建专色通道"对话框。

10.2.3 复制与粘贴通道

在对通道进行操作时，为了防止误操作，可在操作之前复制通道作为备份。在调整图像色彩时，使用通道能保留更多的图像细节；在图像处理中，还经常需要粘贴通道。

1. 复制通道

Photoshop CS6中有3种复制通道的方式。

● 在"通道"面板中选择需要复制的通道，单击右上角的按钮，在弹出的菜单中选择"复制通道"命令，然后在打开的"复制通道"对话框中单击————按钮即可，如图10-12所示。

图10-12

● 在"通道"面板中选择需要复制的通道，在其上单击鼠标右键，在弹出的快捷菜单中选择"复制通道"命令，然后在打开的"复制通道"对话框中单击————按钮即可，如图10-13所示。

图10-13

● 在"通道"面板中选择需要复制的通道，将其拖曳

到"通道"面板底部的按钮上，再释放鼠标，即可复制通道，如图10-14所示。

图10-14

2. 粘贴通道

在编辑图像的过程中，图层中的图像和通道中的图像可以互相粘贴。

● 将通道中的图像粘贴到图层中：打开"通道"面板，选择需要复制的通道，按Ctrl+A组合键全选图像，再按Ctrl+C组合键复制图像。单击"图层"面板中最上方的复合图层使其显示，然后在"图层"面板中新建图层，如图10-15所示。再按Ctrl+V组合键，即可粘贴通道中的图像到图层中，如图10-16所示。

图10-15　　　　　　图10-16

● 将图层中的图像粘贴到通道中：选择需要复制的图层，按Ctrl+A组合键全选图像，按Ctrl+C组合键复制图像，然后在"通道"面板中新建通道，再按Ctrl+V组合键粘贴图像。图10-17所示为将图像粘贴到红通道前后的对比效果。

图10-17

● 将通道粘贴到其他通道中：选择需要复制的通道，按Ctrl+A组合键全选图像，按Ctrl+C组合键复制图像，然后选择其他通道，再按Ctrl+V组合键粘贴图像，可直接改变通道中的色彩占比。图10-18所示为将红通道粘贴到蓝通道前后的对比效果。

图10-18

技巧

若使用选区工具选取部分区域进行复制与粘贴，则可只针对该区域进行调整。

★范例 使用通道美白皮肤

 知识要点 复制与粘贴通道的操作

 配套资源 素材文件\第10章\美白.jpg
效果文件\第10章\美白.psd

扫码看视频

 范例说明

将通道中的图像粘贴到图层中，能够对图像的部分色彩进行调整。本例将复制通道中的图像，再将其粘贴到新建的图层中，最后设置图层的图层混合模式，以美白人物皮肤。

 操作步骤

1 打开"美白.jpg"素材文件，在"通道"面板中分别查看"红""绿""蓝"3个通道所对应的图像，如图10-19所示。

2 经对比可发现，在红通道中肤色的白色占比最多，按Ctrl+3组合键选择红通道，按Ctrl+A组合键选择通道内所有图像，再按Ctrl+C组合键复制通道图像。打开"图层"

面板，新建图层，按Ctrl+V组合键粘贴通道图像，如图10-20所示。

图10-19

3 设置图层的"混合模式"为"柔光"，以提高图像的对比度，效果如图10-21所示。

图10-20　　　　　　　　图10-21

4 单击"图层"面板底部的 ▣ 按钮，添加图层蒙版，选择"画笔工具" ✎ ，将画笔颜色调整为黑色，然后对除人物皮肤之外的区域进行涂抹，使图像整体效果更加自然，如图10-22所示。完成本例的制作。

图10-22

10.2.4　合并和移动通道

在Photoshop CS6中，通过合并和移动通道可以制作出特殊的图像效果。

1. 合并通道

合并通道可以合并同一张图像的通道，也可以合并不同图像的通道。需要注意的是，要合并的图像必须为灰度模式图像，并且图像分辨率、尺寸必须保持一致。打开需要合并的图像，然后打开"通道"面板，在右上角单击▼按钮，在弹出的菜单中选择"合并通道"命令，打开"合并通道"对话框，如图10-23所示。在"模式"下拉列表框中可选择对应的模式选项，这里以RGB颜色模式为例，单击 确定 按钮，打开"合并 RGB 通道"对话框，如图10-24所示。保持或修改指定通道的设置，单击 确定 按钮，即可合并通道。

图10-23　　　　　图10-24

2. 移动通道

在"通道"面板中选择单个或多个通道后，使用移动工具 ▶⊕ 可以移动通道。需要注意的是，在移动通道时，该通道对应的图层必须为背景图层，且在"图层"面板中不能被隐藏。在不同通道下移动图像，将出现不同色彩的奇特效果。图10-25所示为原图；图10-26所示为移动红通道的效果；图10-27所示为移动蓝通道的效果。

图10-25　　　　图10-26　　　　图10-27

 范例 使用合并通道合成梦幻图像

知识要点　合并通道

配套资源　素材文件\第10章\梦幻图像\女生.jpg、日出.jpg、花.jpg\梦幻图像文字.psd
效果文件\第10章\梦幻图像.psd

扫码看视频

范例说明

通过合并通道可以合并多张图像的不同通道，产生与众不同的效果。本例提供了3张分辨率、尺寸相同的图像，需要先将图像转换为灰度模式，调整部分图像的色彩，再合并通道，然后添加文字，制作出梦幻效果。

 操作步骤

1 打开"女生.jpg""日出.jpg""花.jpg"素材文件，选择【图像】/【模式】/【灰度】命令，打开"信息"对话框，单击 扔掉 按钮。将3张图像都转换为灰度模式，以便后续进行合并操作，如图10-28所示。

图10-28

2 单击"图层"面板底部的 ●. 按钮，在弹出的快捷菜单中选择"亮度/对比度"命令，打开"亮度/对比度"属性面板，设置"亮度""对比度"分别为−150、100，如图10-29所示。选择所有图层，按Ctrl+E组合键合并图层。

图10-29

223

通道的应用

第10章

3 打开"通道"面板，单击其右上角的 按钮，在弹出的菜单中选择"合并通道"命令，打开"合并通道"对话框，在"模式"下拉列表框中选择"RGB颜色"选项，如图10-30所示。

图10-30

4 单击 确定 按钮，打开"合并RGB通道"对话框，将"红色、绿色、蓝色"分别设置为"日出.jpg、花.jpg、女生.jpg"，然后单击 确定 按钮，如图10-31所示。

图10-31

5 此时默认合并为一个图像文件，效果如图10-32所示。选择"画笔工具" ，将画笔颜色调整为黑色，然后对绿通道进行涂抹，将突出显示图像中的女生。

6 打开"梦幻图像文字.psd"素材文件，将"背景"图层组拖曳到梦幻图像中，使图像效果更加丰富，如图10-33所示。完成本例的制作。

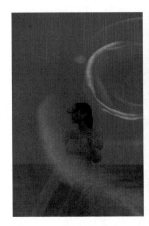 

图10-32　　　　　图10-33

10.2.5 分离与删除通道

通道既可以根据需要进行合并，也可以根据需要进行分离与删除。

1. 分离通道

分离通道可以将通道所对应的图像分离出来，以便更好地处理图像。

在分离通道时，因为不同颜色模式的图像文件具有不同的通道数量，所以会直接影响分离出的文件个数。如RGB颜色模式的图像文件会分离出3个独立文件；CMYK颜色模式的图像文件会分离出4个独立文件。这里以RGB颜色模式的图像文件为例，打开"通道"面板，单击其右上角的 按钮，在弹出的下拉菜单中选择"分离通道"命令，即可分离通道。

此时自动生成3个通道对应的灰度模式图像文件，分别以原始图像名称加后缀为"_红""_绿""_蓝"为名，分离出来的3个图像文件如图10-34所示。

图10-34

2. 删除通道

图像文件中的通道过多会影响图像文件的大小，此时可删除一些不需要的通道。在Photoshop CS6中，可通过3种方式删除通道。

● 在"通道"面板中选择需要删除的通道，单击其右上角的 按钮，在弹出的下拉菜单中选择"删除通道"命令，然后在打开的"删除通道"对话框中单击 确定 按钮即可删除通道，如图10-35所示。

图10-35

● 在"通道"面板中选择需要删除的通道，在其上单击鼠标右键，在弹出的快捷菜单中选择"删除通道"命令即可删除通道，如图10-36所示。

● 在"通道"面板中选择需要删除的通道，单击其底部的 🗑 按钮即可删除通道；直接将需要删除的通道拖曳到该按钮上，释放鼠标，也可将其删除，如图10-37所示。

图10-36

图10-37

范例说明

　　通过分离和合并通道可以改变原始图像的色彩，制作出跟原始图像完全不同的效果。本例提供了一张粉色的礼物盒图像，可通过分离和合并通道，将礼物盒调整为紫色。

操作步骤

1 打开"礼物盒.jpg"素材文件，打开"通道"面板，单击其右上角的 ▾≡ 按钮，在弹出的菜单中选择"分离通道"命令，将自动生成3个通道对应的灰度模式图像文件，如图10-38所示。

2 选择其中任意一个图像文件，单击"通道"面板右上角的 ▾≡ 按钮，在弹出的菜单中选择"合并通道"命令，在打开的"合并通道"对话框中设置"模式"为"RGB

颜色"，单击 确定 按钮。

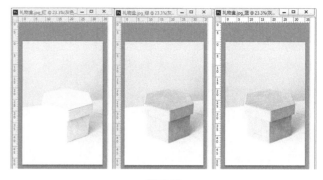
图10-38

3 打开"合并RGB通道"对话框，将"红色、绿色、蓝色"分别设置为"礼物盒.jpg_蓝、礼物盒.jpg_绿、礼物盒.jpg_红"，如图10-39所示。因为原色调主要为粉色，所以这里可将红通道和蓝通道进行交换，即互换红色和蓝色在原图像中的占比，然后单击 确定 按钮。

4 此时默认合并为一个图像文件，效果如图10-40所示。完成本例的制作。

图10-39

图10-40

10.3 通道的高级操作

通道的功能非常强大，除了上述基本操作外，还包括"应用图像"命令、"计算"命令、运用通道进行抠图等高级操作，可以整合多个素材文件并合成各种图像效果，从而高效地处理图像。

10.3.1 使用"应用图像"命令

　　使用"应用图像"命令可以将一个图像文件中的图层及通道与其他图像文件中的图层及通道进行合成，类似于图层的混合模式。但"应用图像"命令能够混合单个通道，可以进行更高级的合成操作。选择【图像】/【应用图像】命令，打开"应用图像"对话框，如图10-41所示。

图10-41

● 源：用于选择混合通道的图像。需要注意的是，只有在Photoshop CS6中打开的图像文件才能被选择。

● 图层：用于选择混合的图层。

● 通道：用于选择参与混合的通道。

● 反相：勾选该复选框，可使通道先反相，然后再进行混合。

● 目标：用于显示被混合的对象。

● 混合：用于设置混合模式。

● 不透明度：用于控制混合的程度。

● 保留透明区域：勾选该复选框，可将混合效果限制在图层的不透明区域范围内。

● 蒙版：勾选该复选框，将显示出"蒙版"的相关选项，可选择任意颜色通道或Alpha通道作为蒙版。

 ★范例 使用通道制作音乐节广告

 知识要点 "应用图像"命令、图层样式的使用

 配套资源 素材文件\第10章\人物.png、彩色背景.jpg、花纹.jpg、二维码.png
效果文件\第10章\音乐节广告.psd

扫码看视频

范例说明

本例将制作"草莓音乐节"宣传广告，需要使用通道叠加效果，使广告画面更具动感，符合音乐节热情、活力的主题。要求该广告的大小为1500像素×1000像素，整体效果需具有视觉冲击力，能够吸引路人的视线。

操作步骤

1 新建"宽度"为"1500像素"、"高度"为"1000像素"、"分辨率"为"72像素/英寸"、"名称"为"音乐节广告"的图像文件。选择【文件】/【置入】命令，置入"人物.png""彩色背景.jpg"图像，将置入的两张图像栅格化，再适当调整大小和位置。

2 选择"彩色背景"图层，选择【图像】/【应用图像】命令，打开"应用图像"对话框，设置"图层"为"人物"，"混合"为"叠加"，"不透明度"为65%，然后单击 确定 按钮，如图10-42所示。完成后删除"人物"图层，效果如图10-43所示。

图10-42

图10-43

3 使用相同的方法置入"花纹.jpg"图像，将图像栅格化，再适当调整大小和位置。选择"彩色背景"图层，选择【图像】/【应用图像】命令，打开"应用图像"对话框，设置"图层"为"花纹"，"混合"为"柔光"，"不透明度"为100%，然后单击 确定 按钮，如图10-44所示。完成后删除"花纹"图层。

图10-44

4 单击"图层"面板底部的 ⊘ 按钮，在弹出的快捷菜单中选择"色相/饱和度"命令，打开"色相/饱和度"属性面板，适当提高饱和度和明度。使用相同的方法，打开"亮度/对比度"属性面板，适当提高亮度，具体参数如图10-45所示，效果如图10-46所示。

图10-45

图10-46

5 选择"矩形工具" ▣，在工具属性栏中取消填充，设置"描边"为白色，绘制图10-47所示两个矩形，并将边框矩形的"不透明度"设置为40%。置入"二维码.png"图像，适当调整其大小，放置于右下角矩形的上方。

图10-47

6 选择"横排文字工具" Ｔ，设置"字体"为汉仪行楷简，输入"草莓音乐节""MUSIC PARTY"文字。双击"草莓音乐节"图层右侧空白处，打开"图层样式"对话框，选择"样式"为"外发光"，具体设置如图10-48所示。单击 确定 按钮，然后为"MUSIC PARTY"图

层添加相同的图层样式，最后调整文字的大小和位置，并使"乐"字位于上方的圆圈内。

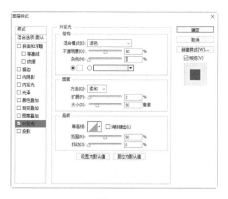

图10-48

7 选择"横排文字工具" Ｔ，输入"无限狂欢""无限嗨唱""无限热爱""为你而来"文字，设置"字体"为黑体。最后输入时间地点信息以及"扫码购票"文字，调整文字的大小和位置。

8 将"亮度/对比度1""色相/饱和度1"图层移至"图层"面板最上方，最终效果如图10-49所示。完成本例的制作。

图10-49

10.3.2 使用"计算"命令

混合图像通道除了可以使用"应用图像"命令外，还可以使用"计算"命令。选择【图像】/【计算】命令，打开"计算"对话框，如图10-50所示。

图10-50

"计算"对话框中主要选项的作用如下。

● 源1：用于选择参加计算的第1个源图像文件、图层和通道。

● 源2：用于选择参加计算的第2个源图像文件、图层和通道。

● 反相：勾选该复选框，可使通道先反相，然后再进行混合。

● 混合：用于设置混合方式。

● 不透明度：用于控制混合的程度，此处指源1的不透明度。

● 蒙版：勾选该复选框，将显示出"蒙版"的相关选项，可选择任意颜色通道或Alpha通道作为蒙版。

● 结果：用于设置计算完成后的结果。选择"新建文档"选项可得到一个灰度图像；选择"新建通道"选项可将计算的结果保存到一个新的通道中，在"通道"面板中查看计算后新生成的Alpha通道；选择"新建选区"选项可在当前文档中生成一个新的选区。

★范例 使用"计算"命令为人物磨皮

知识要点 "计算"命令、"高反差保留"滤镜、图层蒙版的使用

配套资源 素材文件\第10章\磨皮.jpg
效果文件\第10章\磨皮.psd

扫码看视频

范例说明

使用"计算"命令叠加通道，可以突出皮肤的瑕疵，再通过色阶、曲线、亮度或对比度等进行调整，使瑕疵区域的亮度与周围肤色的亮度一致，从而达到美化皮肤的目的。本例将对人物皮肤进行磨皮，先使用"计算"命令突出瑕疵，选中该区域后再进行调整，使人物皮肤更加光滑。

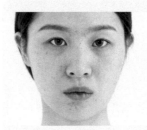
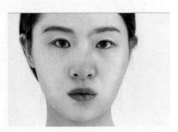

操作步骤

1 打开"磨皮.jpg"素材文件，在"通道"面板中分别查看"红""绿""蓝"3个通道对应的图像，如图10-51所示。

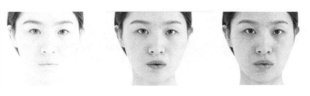

图10-51

2 经对比可发现，在蓝通道中瑕疵对比最明显，将其拖曳到"通道"面板底部的 ■ 按钮上，释放鼠标，即可复制蓝通道，如图10-52所示。

图10-52

3 选择【滤镜】/【其他】/【高反差保留】命令，设置"半径"为15像素，然后单击 ⬜确定 按钮，如图10-53所示。使用"高反差保留"滤镜可以增强图像中高反差的部分，使图像的轮廓线条更加明显。

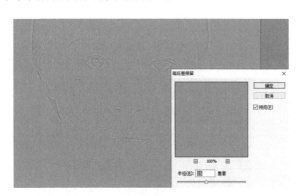

图10-53

4 选择【图像】/【计算】命令，打开"计算"对话框，设置"源1"和"源2"的"通道"为"蓝 副本"，"混合"为"强光"，"不透明度"为100%，"结果"为"新建通道"，然后单击 ⬜确定 按钮，如图10-54所示。

5 重复"计算"命令2次，以提高对比度，突出瑕疵部分的颜色，效果如图10-55所示。

图10-54

图10-55

6 按住Ctrl键，单击"Alpha 3"通道前的通道缩览图可载入选区。选择"RGB"通道，再切换到"图层"面板，按Shift+Ctrl+I组合键反选，再按Ctrl+J组合键复制图层。

7 单击"图层"面板底部的 按钮，在弹出的快捷菜单中选择"曲线"命令，打开"曲线"属性面板，单击曲线创建控制点，向上拖曳控制点以调整曲线，将选区部分调亮，如图10-56所示。

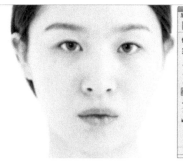
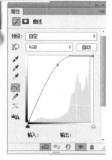

图10-56

8 在"曲线 1"图层上单击鼠标右键，在弹出的快捷菜单中选择"创建剪贴蒙版"命令，使其只作用于复制的"图层1"图层。

9 单击"图层"面板底部的 按钮，在弹出的快捷菜单中选择"亮度/对比度"命令，打开"亮度/对比度"属性面板，设置"亮度""对比度"分别为–30、10，如图10-57所示。

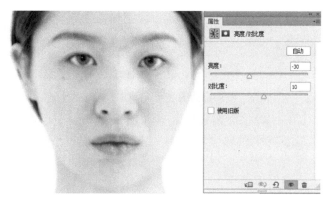

图10-57

10 选择"图层 1"图层，单击"图层"面板底部的 按钮，添加图层蒙版，选择"画笔工具" ，将画笔颜色设置为黑色，然后对大片皮肤之外的区域进行涂抹，特别是五官部分，使图像整体效果更加自然，如图10-58所示，最终效果如图10-59所示。完成本例的制作。

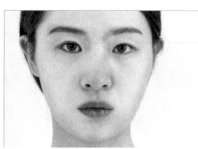

图10-58   图10-59

10.3.3 使用通道进行抠图

毛发、羽毛等边缘较复杂的图像，难以直接精准地进行抠图，如图10-60所示。此时就可以使用通道进行抠图，不仅操作简便，而且能提高抠图的精确程度。使用通道进行抠图的原理是先复制对比度较强的颜色通道，然后通过"色阶""曲线"等命令继续提高对比度，最后载入选区进行抠图。

图10-60

范例 使用通道抠图制作婚纱摄影广告

知识要点 "计算"命令、"高反差保留"滤镜、图层蒙版的使用

配套资源 素材文件\第10章\婚纱照.jpg、婚纱摄影广告背景.psd
效果文件\第10章\婚纱摄影广告.psd

扫码看视频

范例说明

当需要使用婚纱图像作为素材时，抠图是必不可少的环节。由于婚纱是半透明的，使用普通的抠图方法无法得到真实的半透明效果，因此需要结合通道进行抠图。本例将使用通道将婚纱照素材中的新娘图像抠取出来，并保持婚纱的半透明效果，然后将其放置于提供的背景素材中。

操作步骤

1 打开"婚纱照.jpg"素材文件，先使用"钢笔工具" 依据人物轮廓绘制路径，按Ctrl+Enter组合键将路径转换为选区，按Ctrl+J组合键复制图层，然后将"背景"图层填充为黑色，以便后续查看抠图效果，如图10-61所示。

图10-61

2 在"通道"面板中单独查看"红""绿""蓝"3个通道对应的图像，经对比可发现蓝通道中的图像黑白对比最明显，按住Ctrl键，单击"蓝"通道前的通道缩览图可载入选区。选择"RGB"通道，再切换到"图层"面板。

3 选择"图层1"图层，按Ctrl+J组合键复制图层，隐藏"图层1"图层，可发现婚纱的半透明效果已经出现，前后的对比效果如图10-62所示。

图10-62

4 选择并显示"图层1"图层，单击"图层"面板底部的 按钮，添加图层蒙版，选择"画笔工具" ，将画笔颜色设置为黑色，然后涂抹左边的婚纱部分将其隐藏，从而显示出下层图层的半透明婚纱。

5 打开"婚纱摄影广告背景.psd"素材文件，将"婚纱照"中的"图层1""图层2"图层拖曳到其中，并调整大小和位置。复制"花"图层，设置"不透明度"为80%，使用同样的方法为其添加图层蒙版，展示出婚纱的半透明效果，如图10-63所示。完成本例的制作。

图10-63

技巧

对轮廓复杂、细节部分较多的图像进行抠图时，可以结合"钢笔工具" 、通道、蒙版、"色彩范围"命令等完成。这样除了能更精准地抠取图像之外，还能提高工作效率。

配套资源 \ 素材文件 \ 第 10 章 \ 女孩 .jpg、背景 .jpg
配套资源 \ 效果文件 \ 第 10 章 \ 女装上新海报 .psd

本例将通过通道抠取出"女孩 .jpg"图像中，完整
的人物，抠取时要特别注意人物的头发部分，最后为抠
取出来的人物替换背景，制作女装上新海报，其参考效
果如图 10-64 所示。

图10-64

横幅广告通常出现在App首页、发现页、专题页等页面
的顶部、底部或中部，各类App都可以植入横幅广告。
横幅广告虽然只是页面中的一个小元素，但其可以直接
吸引用户的视线，得到更多的用户点击量。
在横幅广告设计中，640像素×100像素、320像素×50
像素、728像素×90像素、1280像素×720像素、640像
素×288像素、300像素×250像素是展现效果较好的常
见移动端Banner尺寸。

设计素养

10.4.2　实训思路

（1）通过分析素材和相关资料，可发现人物图像皮肤较
暗，且人物背景不符合广告设计要求，需要更换，因此可考
虑使用通道对人物进行抠取与美白，让广告画面更加美观，
同时与广告主题更加契合。

（2）合理运用色彩能够增添广告的感染力，提升广告的
宣传效果。彩妆类广告的受众主要为女性，因此广告风格应
倾向于简洁清新，可选择粉色和蓝色为主色，使用通道对背
景图像的色调进行修改。

（3）广告设计需要快速吸引大众，并准确地传达活动信
息。因此画面上要尽量减少不必要的装饰，信息的展示需要
直接明了，重点信息可以突出显示，然后为其设置与背景有
较高对比度的醒目颜色。

（4）结合本章所学的通道知识，抠取出完整的人物图
像，并美化其皮肤，然后将广告背景调整成更为契合的色
调，使广告效果更加美观。

本例完成后的参考效果如图10-65所示。

图10-65

10.4　综合实训：使用通道制作彩妆
横幅广告

广告设计是视觉传达的表现形式之一。设计人员需要
将图片、文字、色彩等要素进行完整的结合，并以恰
当的形式向人们展示出广告信息。其中，横幅广告
（Banner）是网络广告最早采用的形式，也是最常见的
移动广告样式。

10.4.1　实训要求

近期某化妆品店铺将上新一批彩妆，准备对所有商品
进行促销活动。店铺需要制作移动端Banner，现提供了一张
模特图，但其彩妆效果不太好，需要优化。要求该移动端
Banner符合主题，整体风格简约大方，活动信息一目了然，
并利用相关元素美化广告画面。尺寸要求为：宽度为768像
素，高度为1280像素。

10.4.3 制作要点

PhotoShop CS6平面设计核心技能一本通（移动学习版）

 知识要点 | 通道的基本操作和通道的高级操作

 配套资源 | 素材文件\第10章\模特.jpg、横幅广告背景.jpg、文字.psd
效果文件\第10章\彩妆横幅广告.psd

 扫码看视频

本例主要包括抠取并美化人像、调整背景色调、绘制特殊效果、添加文字4个部分，其主要操作步骤如下。

1 打开"模特.jpg"素材文件，在抠取人物时，可先使用"画笔工具" ✎ 适当调整通道中的色彩，选择对比较为明显的蓝通道抠取人物。

2 选择肤色占比较多的红通道对人物进行美白，调整色阶使其更为自然。人像处理前后的对比效果如图10-66所示。

图10-66

3 打开"横幅广告背景.jpg"素材文件，打开"通道"面板，选择绿通道，打开"RGB"通道的可视性，按住Ctrl键，单击"绿"通道前的通道缩览图可载入选区，再按Ctrl+Shift+I组合键反选，使用"加深工具" ◻ 对选区部分进行涂抹，将颜色调整为深蓝色。再选择蓝通道，按Ctrl+D组合键取消选区，使用"减淡工具" ◻ 进行涂抹，效果如图10-67所示。

图10-67

4 新建"宽度"为"768像素"、"高度"为"1280像素"、"分辨率"为"72像素/英寸"、"名称"为"美妆横幅广告"的图像文件。将抠取出的人物和调整好的背景图像拖曳到其中，并调整大小和位置。

5 单击"图层"面板底部的 ◻ 按钮，在弹出的快捷菜单中选择"色相/饱和度"命令，打开"色相/饱和度"属性面板，适当提高饱和度。使用相同的方法，打开"曲线"属性面板，适当调亮画面。

6 使用"圆角矩形工具" ◻ 绘制一个圆角矩形，设置"填充"为白色，然后栅格化图层。选择"横幅广告背景"图层，选择【图像】/【应用图像】命令，设置图层为"圆角矩形 1"，"混合模式"为"柔光"，"不透明度"为"80%"，单击 确定 按钮，然后删除"圆角矩形 1"图层，效果如图10-68所示。

图10-68

7 使用"矩形工具" ◻ 绘制一个矩形，设置"填充"为白色。单击"图层"面板底部的 ◻ 按钮，添加图层蒙版，使用"渐变工具" ◻ 绘制从上到下为黑色到白色的渐变，然后设置图层的"混合模式"为"溶解"，"不透明度"为10%。

8 打开"文字.psd"素材文件，将其中所有图层拖曳到美妆横幅广告中，调整其大小和位置，效果如图10-69所示。

图10-69

学习笔记

----

1. 制作风景照片

本练习将制作一张风景照片，要求综合运用本章和前面所学的知识，先使用通道将大树完整地抠取出来，然后为其添加一个天空背景，再使用曲线单独为大树调整色彩，使其与背景更加融合，参考效果如图10-70所示。

 配套资源　素材文件\第10章\大树.jpg、天空.jpg
效果文件\第10章\风景照片.psd

图10-70

2. 制作瓶子破碎的效果

本练习将制作一个瓶子破碎的效果，使用"应用图像"命令将两张图像进行混合，混合模式可选择"线性加深"，以制作出较为逼真的裂痕效果。制作前后的对比效果如图10-71所示。

 配套资源　素材文件\第10章\玻璃瓶.jpg、裂痕.jpg
效果文件\第10章\破碎的瓶子.psd

图10-71

通道在实际工作中的运用十分广泛。下面将补充介绍一些知识点和小技巧，以便读者能更加熟练地使用通道处理图像，达到事半功倍的效果。

1. 通道的"相加"模式与"减去"模式

在Photoshop CS6中，"相加"模式与"减去"模式是两个特殊的混合模式，只在"应用图像"和"计算"命令中出现。其作用是将两张图像的单个通道或多个通道的像素值相加或相减，得到的图像将会变得更加明亮或暗淡。

选择【图像】/【应用图像】或【图像】/【计算】命令，即可打开相应的对话框，然后将"混合"设置为"相加"或"减去"，如图10-72所示。

图10-72

与其他混合模式不同的是，这两种混合模式可以单独设置"缩放"和"补偿值"参数。

● 缩放：介于1到2之间的任意数，可以降低结果通道的亮度。

● 补偿值：介于−255到+255之间的任意整数。正数可以提高结果通道的亮度；负数可以降低结果通道的亮度。

图10-73所示为分别运用"相加"模式和"减去"模式得到的效果。

图10-73

2. 通道与选区

在编辑图像时，通道与选区可以互相辅助，主要操作为从通道载入选区和用通道保存选区。使用通道进行抠图就是从通道载入选区，然后在图层面板中将选择的区域抠取出来。

从通道载入选区有以下3种方法。

● 按住Ctrl键，单击通道前的通道缩览图可载入选区。

● 选择需要载入选区的通道，然后单击"通道"面板底部的 按钮即可载入选区。如果当前已存在选区，按住Ctrl+Shift组合键单击，可加选该通道选区；按住Ctrl+Alt组合键单击，可减选该通道选区；按住Ctrl+Shift+Alt组合键单击，可选取与该通道选区相交叉的区域。

● 当已经有存储好选区的Alpha通道时，可选择【选择】/【载入选区】命令，打开"载入选区"对话框，选择相应的Alpha通道，然后单击 确定 按钮，如图10-74所示。需要注意的是，如果当前存在选区，在"操作"

栏中"新建选区"之外的其他选项将被激活，可对当前选区与所选Alpha通道中存储的选区进行计算。

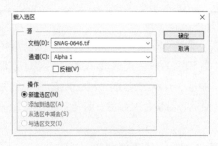

图10-74

存储选区到通道有以下2种方法。

● 创建选区后，单击"通道"面板底部的 按钮即可存储选区到通道。

● 创建选区后，单击鼠标右键，在弹出的快捷菜单中选择"存储选区"命令，打开"存储选区"对话框，设置名称，然后单击 确定 按钮即可，如图10-75所示。也可以选择替换Alpha通道中的选区或者与其进行计算，如图10-76所示。

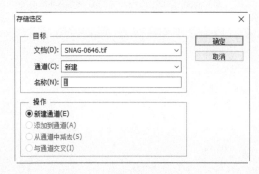

图10-75

图10-76

第 **11** 章

滤镜与插件的使用

11.1 滤镜基础

滤镜的种类很多，使用滤镜能为普通图像制作素描、油
画、水彩等奇特的效果。因此，很多人把滤镜看作图像处
理的"艺术大师"。滤镜不但能对图像的局部区域进行处
理，也能对整个图像进行处理。下面将对滤镜的种类、滤
镜的使用规则、智能滤镜和使用滤镜库处理图像的方法进
行介绍。

11.1.1 滤镜的种类

选择"滤镜"命令，可显示图11-1所示所有滤镜。在Photoshop
CS6中，滤镜被分为特殊滤镜、滤镜组和外挂滤镜3大类。

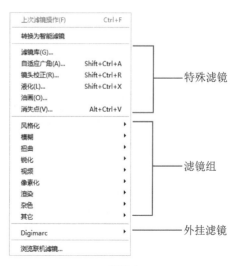

图11-1

Photoshop CS6中的滤镜主要有两种用途，根据用途的不同可将滤镜分为两大类：一类用于创建具体的图像效果，该类滤镜数量众多，部分滤镜被放置在"滤镜库"中供用户使用，如"画笔描边""素描""纹理"等滤镜组；另一类则用于减少图像杂色、提高图像清晰度等，如"模糊""锐化""杂色"等滤镜组。

11.1.2 滤镜的使用规则

滤镜只能作用于当前正在编辑的可见图层或图层中的选区。图11-2所示为在可见图层中应用滤镜的效果；图11-3所示为在选区中应用滤镜的效果。

图11-2   图11-3

需要注意的是，滤镜可以反复应用，但一次只能应用于一个目标区域。要对图像使用滤镜，必须先了解图像的色彩模式与滤镜的关系。其中，RGB颜色模式的图像可以使用Photoshop CS6中的所有滤镜；位图模式、16位灰度图模式、索引模式不能使用滤镜。还有的色彩模式的图像只能使用部分滤镜，如CMYK模式的图像不能使用"画笔描边""素描""纹理""艺术效果""视频"等滤镜。

11.1.3 智能滤镜

普通滤镜直接作用于原始图像，会修改图像的外观；而智能滤镜是非破坏性滤镜，即应用滤镜后用户可以很轻松地还原滤镜效果，无须担心滤镜会对画面有所影响。

1. 创建智能滤镜图层

选择【滤镜】/【转换为智能滤镜】命令，在打开的提示对话框中，单击 确定 按钮，此时可以看到"图层"面板中的图层缩览图右下角出现了一个 图标，表示该图层已转换为智能滤镜图层，如图11-4所示。需要注意的是，"液化"和"消失点"等少数滤镜无法使用智能滤镜图层，而其余大部分滤镜都能使用。

图11-4

2. 编辑智能滤镜蒙版

为智能滤镜图层添加滤镜后，该图层中将出现一个智能滤镜的图层蒙版，通过编辑图层蒙版，可以设置智能滤镜在图像中的影响范围。图11-5所示为使用图层蒙版前后的对比效果。需要注意的是，该图层蒙版不能单独遮盖某个智能滤镜，而会作用于图层中的所有智能滤镜。选择【图层】/【智能滤镜】/【停用滤镜蒙版】命令，或者在按住Shift键的同时单击图层蒙版，可停用蒙版。选择【图层】/【智能滤镜】/【删除滤镜蒙版】命令，可删除蒙版。

图11-5

3. 停用/启用智能滤镜

与普通滤镜相比，智能滤镜更像是一个图层样式，单击

滤镜前的 👁 按钮，即可隐藏滤镜效果。再次单击该按钮，即可显示滤镜效果，如图11-6所示。

图11-6

4. 删除智能滤镜

一个智能滤镜图层可以包含多个智能滤镜，当用户需要删除单个智能滤镜时，在"图层"面板中选中需要删除的智能滤镜，并将其拖曳到 🗑 按钮上，即可删除所选的智能滤镜。

若需删除一个智能滤镜图层中的所有滤镜，可选择图层后，选择【图层】/【智能滤镜】/【清除智能滤镜】命令。

11.1.4 使用滤镜库处理图像

滤镜库中提供了"风格化""画笔描边""扭曲""素描""纹理""艺术效果"6个滤镜组。选择【滤镜】/【滤镜库】命令，可打开"滤镜库"对话框，如图11-7所示。"滤镜库"对话框中主要选项的作用如下。

● 效果预览窗口：用于预览滤镜效果。

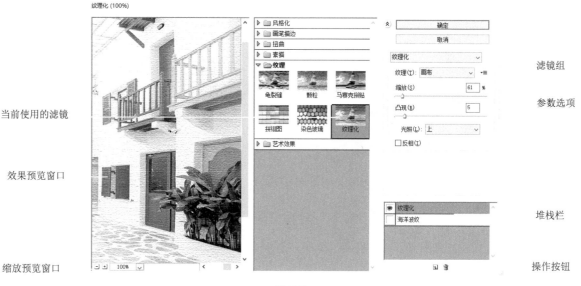

图11-7

● 缩放预览窗口：单击 ➖ 按钮，可缩小预览窗口显示比例；单击 ➕ 按钮，可放大预览窗口显示比例。

● 滤镜组：用于显示滤镜库中所包括的各种滤镜效果，单击滤镜组名左侧的 ▶ 按钮可展开相应的滤镜组，单击滤镜缩览图可预览滤镜的最终效果。

● 参数选项：用于设置选择滤镜效果后的各个参数，可对该滤镜的效果进行调整。

● 堆栈栏：用于显示已应用的滤镜效果，可对滤镜进行隐藏、显示等操作，与"图层"面板类似。

● 新建效果图层：单击 🔳 按钮，可新建一个滤镜图层，用于对图像的滤镜效果进行叠加。

● 删除效果图层：单击 🗑 按钮，可删除一个滤镜图层，用于取消图像中的滤镜效果。

● "风格化"滤镜组：用于生成印象派风格的图像效果，在滤镜库中只有照亮边缘一种风格化滤镜，使用该滤镜可以照亮图像边缘轮廓。

● "画笔描边"滤镜组：用于模拟使用不同的画笔或油墨笔刷来勾画图像，使图像产生绘画效果。

● "扭曲"滤镜组：用于扭曲变形图像。

● "素描"滤镜组：用于在图像中添加纹理，使图像产生素描、速写、三维等艺术绘画效果。

● "纹理"滤镜组：用于为图像应用多种纹理效果，使图像产生材质感。

● "艺术效果"滤镜组：用于模仿传统绘画手法，为图像添加绘画效果或艺术特效。

● 当前使用的滤镜：用于表示当前选中的滤镜。

范例 使用滤镜库制作漫画效果

知识要点 智能滤镜、滤镜库、图层混合模式、"彩色半调"滤镜的使用

配套资源 素材文件\第11章\购物.jpg、漫画框.png、对话框.png
效果文件\第11章\漫画效果.psd

扫码看视频

📖 **范例说明**

　　漫画是海报设计中一种比较新颖的表达形式。本例将为"购物"图像制作漫画效果，主要通过滤镜库、图层混合模式等方式，制作出漫画轮廓和色彩笔触效果。

📋 **操作步骤**

1 打开"购物.jpg"素材文件，选择【滤镜】/【转换为智能滤镜】命令，在打开的提示对话框中，单击 ▭ 确定 ▭ 按钮，可在"图层"面板中看到"背景"图层已转换为"图层 0"智能滤镜图层，如图11-8所示。

图11-8

2 按Ctrl+J组合键复制图层，选择【滤镜】/【滤镜库】命令，打开"滤镜库"对话框，在"艺术效果"

滤镜组中选择"海报边缘"滤镜，以减少图像中颜色的数目，并将图像的边缘用黑线描绘，设置参数如图11-9所示。

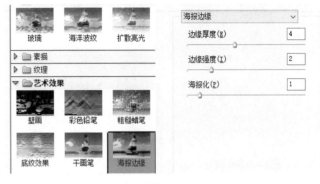

图11-9

3 在对话框右下角单击"新建效果图层"按钮 ▭，然后在"艺术效果"滤镜组中选择"木刻"滤镜，设置参数如图11-10所示。单击 ▭ 确定 ▭ 按钮，返回图像编辑区查看效果，如图11-11所示。

技巧

添加滤镜效果后，若想更改该滤镜效果的参数，可在"图层"面板中双击智能滤镜图层中的滤镜效果名称，打开对应的滤镜效果对话框，重新调整其参数。

4 复制"图层 0"图层，将复制后的图层移至"图层"面板最上方，选择【滤镜】/【像素化】/【彩色半调】命令，打开"彩色半调"对话框，设置参数如图11-12所示，单击 ▭ 确定 ▭ 按钮。

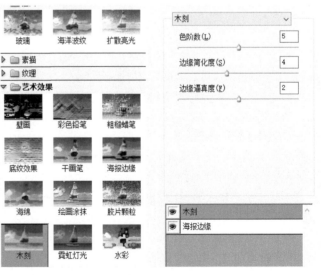

图11-10

图11-11

图11-12

5 在"图层"面板中设置该图层的"混合模式"为"亮光","不透明度"为55%，如图11-13所示。

图11-13

6 复制"图层0"图层，将复制后的图层移至"图层"面板顶层，选择【滤镜】/【滤镜库】命令，在"风格化"滤镜组中选择"照亮边缘"滤镜，设置参数如图11-14所示，单击 确定 按钮。

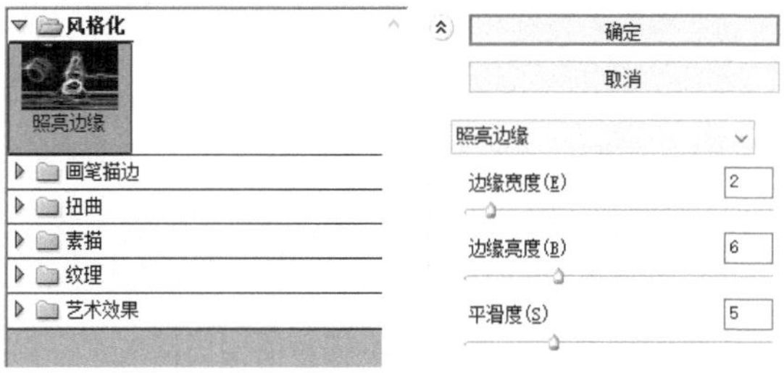

图11-14

7 在"图层"面板中设置该图层的"混合模式"为"滤色","不透明度"为100%。

8 置入"漫画框.png""对话框.png"图像，调整其大小和位置。复制一次"对话框"图层，调整其大小和位置，效果如图11-15所示。完成本例的制作。

图11-15

11.2 使用特殊滤镜组

特殊滤镜组主要包含一些不便于分类的独立滤镜，且由于这些滤镜的使用频率较高，所以Photoshop CS6将这些滤镜单独放置在"滤镜"命令中，包含自适应广角、镜头校正、液化、油画、消失点5个特殊滤镜组。

11.2.1 自适应广角

若想为图像制作具有视觉冲击力的效果，如增强图像的透视关系，可选择使用"自适应广角"滤镜。选择【滤镜】/【自适应广角】命令，打开"自适应广角"对话框，如图11-16所示。

图11-16

"自适应广角"对话框中主要选项的作用如下。

● 约束工具 ：选择该工具后，使用鼠标在图像上单击或拖曳，可设置线性约束。

● 多边形约束工具 ：选择该工具后，使用鼠标单击，可设置多边形约束。

● 移动工具 ：选择该工具后，拖曳鼠标可移动图像内容。

● 抓手工具 ：选择该工具后，放大图像，可使用该工具移动显示区域。

● 缩放工具 ：选择该工具后，可在预览窗口中放大或缩小图像的视图。

● 校正：用于选择校正的类型。

● 缩放：用于设置图像的缩放情况。

● 焦距：用于设置图像的焦距情况。

● 裁剪因子：用于设置需要裁剪的像素。

11.2.2 镜头校正

拍摄照片时，一些客观因素可能会造成镜头失真、晕影、色差等情况，此时可通过"镜头校正"滤镜校正图像，修复因镜头出现的问题。选择【滤镜】/【镜头校正】命令，打开"镜头校正"对话框，如图11-17所示。

图11-17

"镜头校正"对话框中主要选项的作用如下。

● 移去扭曲工具 ：选择该工具后，使用鼠标拖曳图像可校正镜头的失真。

● 拉直工具 ：选择该工具后，使用鼠标拖曳绘制直线，可将图像拉直到新的横轴或纵轴。

● 移动网格工具 ：选择该工具后，使用鼠标可移动网格，使网格和图像对齐。

技巧

在使用广角镜头或变焦镜头拍摄照片时，易出现桶形失真现象，即画面向水平线四周膨胀；在使用长焦镜头或变焦镜头拍摄照片时，易出现枕形失真现象，即画面向中心收缩。选择"移动扭曲工具" 后，在画面中单击并向画面边缘拖曳鼠标，可校正桶形失真现象；向画面中心拖曳可校正枕形失真现象。

● 几何扭曲：用于校正镜头失真。当"移去扭曲"文本框中的数值为负时，图像将向外扭曲，如图11-18所示；当"移去扭曲"文本框中的数值为正时，图像将向内扭曲，如图11-19所示。

图11-18   图11-19

● 色差：用于校正图像的色边，色边具体表现为图像中背景与图像主体相接的边缘出现红色、绿色或蓝色杂边。

● 晕影：用于校正拍摄原因导致边缘较暗的图像。"数量"文本框用于设置沿图像边缘变亮或变暗的程度，向右拖曳"数量"滑块可将边角调亮，图11-20所示为将晕影变亮的效果，图11-21所示为将晕影变暗的效果；"中点"文本框用于控制校正的范围区域，向右拖曳"中点"滑块，表明"数量"参数的影响范围向画面边缘靠近。

图11-20   图11-21

● 变换：用于校正因相机位置向上或向下倾斜而出现的透视问题。设置"垂直透视"为-100时，图像将变为俯视效果；设置"水平透视"为100时，图像将变为仰视效果。"角度"文本框用于旋转图像，可校正相机倾斜造成的图像倾斜。"比例"文本框用于控制镜头校正的比例。

11.2.3 液化

"液化"滤镜可以随意变形图像的任意区域，常用于人像处理和创意广告设计中。选择【滤镜】/【液化】命令，打开"液化"对话框，勾选"高级模式"复选框可展示更多参数，如图11-22所示。

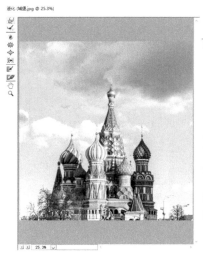

图11-22

"液化"对话框中主要选项的作用如下。

● 向前变形工具 ：选择该工具后，可向前或向后推动像素。

● 重建工具 ：选择该工具后，可将液化的图像恢复为之前的效果。

● 顺时针旋转扭曲工具 ：选择该工具后，在图像中单击或拖曳鼠标可顺时针旋转扭曲图像。按住Alt键不放，同时单击或拖曳鼠标可逆时针旋转扭曲图像。

● 褶皱工具 ：选择该工具后，在图像中单击并按住鼠标左键不放，可使单击处的图像向画笔中心移动，产生收缩效果。

● 膨胀工具 ：选择该工具后，在图像中单击并按住鼠标左键不放，可使单击处的图像向画笔中心外移动，产生膨胀效果。

● 左推工具 ：选择该工具后，在图像中单击并向上拖曳鼠标，图像将向左移动；向下拖曳鼠标，图像将向右移动。按住Alt键不放，同时向上拖曳鼠标，图像将向右移动；按住Alt键不放，同时向下拖曳鼠标，图像将向左移动。

● 冻结蒙版工具 ：选择该工具后，可使用鼠标涂抹不需要编辑的图像区域，被涂抹的图像将不能被编辑。

● 解冻蒙版工具 ：选择该工具后，使用鼠标涂抹冻结的区域，可解除冻结。

● 工具选项："画笔大小"文本框用于设置扭曲图像的画笔宽度；"画笔密度"文本框用于设置画笔边缘的羽化范围；"画笔压力"文本框用于设置画笔在图像中产生的扭曲

速度，若需要使调整的效果更细腻，可将压力设小后再调整图像；"画笔速率"文本框用于设置"顺时针旋转扭曲工具"等工具在预览图像中保持静止时扭曲所应用的速度。勾选"光笔压力"复选框，Photoshop CS6将根据压感笔的实时压力控制图像。

● 蒙版选项："替换选区" 下拉列表用于显示图像中的选区、蒙版或透明度；"添加到选区" 下拉列表用于显示原图像中的蒙版，并可使用冻结工具添加选区；"从选区中减去" 下拉列表用于从冻结区域中减去通道中的像素；"与选区交叉" 下拉列表只能用于处于冻结状态的选定像素；"反相选区" 下拉列表用于将当前冻结的区域反相。单击 无 按钮，将解冻所有的区域；单击 全部蒙住 按钮，将图像的所有区域冻结；单击 全部反相 按钮，将使冻结和解冻区域反相。

● 视图选项：勾选"显示图像"复选框，将在预览区显示图像；勾选"显示网格"复选框，将在预览区显示网格。显示网格后，可在"网格大小"下拉列表框中设置网格大小；在"网格颜色"下拉列表框中设置网格显示颜色。勾选"显示蒙版"复选框，将显示被蒙版颜色覆盖的冻结区域，在"蒙版颜色"下拉列表框中可设置蒙版颜色。勾选"显示背景"复选框，可将图像中的其他图层作为背景显示，在"模式"下拉列表框中可选择将背景放在当前图层的前面还是后面；"不透明度"文本框用于设置背景图层的不透明度。

★ 范例　使用液化滤镜为人物瘦身

知识要点　"液化"滤镜的使用

配套资源　素材文件\第11章\背影.jpg
　　　　　效果文件\第11章\瘦身.psd

扫码看视频

📷 范例说明

　　人像塑形主要包括修饰脸型和体态，在Photoshop CS6中可通过"液化"滤镜中的推拉、扭曲、旋转、收缩等变形工具来完成，以修改手臂、肩颈、腰腹、腿型等体态。本例需要为一张"背影"图像瘦身，主要需调整肩膀、手臂、腰臀等部位的形态。为人物瘦身后，还可适当添加装饰矩形和文字制作一张旅游摄影特辑封面。

操作步骤

1 打开"背影.jpg0"素材文件，选择【滤镜】/【液化】命令，打开"液化"对话框。由于仅需要为人物身体瘦身，因此为了避免海浪图像被修改，可先勾选"显示蒙版"复选框，再使用"冻结蒙版工具" ☑涂抹图像中不需要修改的部分，如图11-23所示。

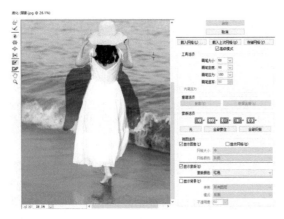

图11-23

2 为了便于观察变形效果，可取消勾选"显示蒙版"复选框（此时蒙版虽已隐藏，但蒙版区域的冻结效果仍存在）。选择"向前变形工具" ☑，设置"画笔大小"为800，"画笔密度"为60，"画笔压力"为100，在图像中背影的腰臀部位左边缘处单击并向右拖曳鼠标；在腰臀部位右边缘处单击并向左拖曳鼠标，如图11-24所示。

3 适当调小画笔，继续变形人物的腰背部位，尽量使变形后的背影轮廓曲线平滑，如图11-25所示。

图11-24

图11-25

4 勾选"显示蒙版"复选框，使用"冻结蒙版工具" ☑涂抹图像中肩膀两侧和左臂周围的海水区域，如图11-26所示。

5 取消勾选"显示蒙版"复选框，选择"向前变形工具" ☑，设置"画笔大小"为500，"画笔密度"为60，"画笔压力"为100，在图像中向内推动肩膀和左臂的轮廓线，如图11-27所示。

图11-26　　　　　　　图11-27

6 在"液化"对话框中单击 确定 按钮完成瘦身。选择"矩形工具"，设置"填充"为蓝色（R165，G178，B235），取消描边，在图像编辑区左上方绘制一个矩形；取消填充，设置"描边"为白色，在蓝色矩形内绘制一个较小的矩形，如图11-28所示。

7 选择"横排文字工具" T，打开"字符"面板，设置"字体"为方正书宋简体，"字距"为550，"颜色"为白色，单击"仿粗体"按钮 T，在白色矩形边框中输入"旅游摄影特辑"文字，调整其大小；在"字符"面板中修改"字体"为Arial，单击"全部大写字母"按钮 TT，在图像下方输入图11-29所示英文，调整其大小、字距和行距。完成本例的制作。

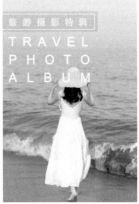

图11-28　　　　　　　图11-29

11.2.4 油画

若要使图像快速产生油画效果，可通过"油画"滤镜实现。选择【滤镜】/【油画】命令，打开"油画"对话框，如图11-30所示。

图11-30

"油画"对话框中主要选项的作用如下。

● 样式化：用于调整画笔笔触之间的衔接程度，数值越大，画笔涂抹效果越平滑。

● 清洁度：用于设置纹理的柔化程度。

● 缩放：用于设置纹理的缩放效果。

● 硬毛刷细节：用于设置画笔细节的丰富程度，数值越大，毛刷纹理越清晰。

● 角方向：用于设置光线的照射角度。

● 闪亮：用于提高纹理的清晰度，数值越大，纹理越明显。

11.2.5 消失点

当图像中包含了如建筑侧面、墙壁、地面等透视平面，且出现透视错误时，可使用"消失点"滤镜进行校正。选择【滤镜】/【消失点】命令，打开"消失点"对话框，如图11-31所示。

"消失点"对话框左侧包含分别用于定义透视平面、编辑图像、测量对象大小、调整图像预览窗口的工具，其中部分工具与Photoshop CS6主工具箱中的对应工具较为相似。

"消失点"对话框中主要选项的作用如下。

● 编辑平面工具：用于选择、编辑、移动平面和调整平面大小。

● 创建平面工具：用于定义平面的4个角点，调整平面的大小和形状，还可以拖出新的平面。

● 选框工具：用于建立矩形选区，同时可以移动或仿制选区。

● 图章工具：用于在图像中取样并进行仿制，且只能在创建的平面内取样。

● 画笔工具：用于在创建的平面内绘画。

● 变换工具：可通过移动外框手柄来缩放、旋转和移动浮动选区。它的效果类似于在矩形选区上使用"自由变换"命令。

● 吸管工具：可在图像中吸取用于绘画的颜色。

● 测量工具：用于测量对象的距离和角度。

图11-31

操作步骤

1 打开"电商.jpg"素材文件，选择【滤镜】/【消失点】命令，打开"消失点"对话框，使用"缩放工具"缩小视图。

技巧

若想快速调整"消失点"对话框的预览窗口中的图像显示比例，可按Ctrl++组合键放大；按Ctrl+−组合键缩小。另外，按住空格键不放并拖曳鼠标，可移动画面。

2 选择"创建平面工具" ▦，在对话框顶部设置"网格大小"为500，在图像中单击，分别确定平面的4个角点。然后选择"编辑平面工具" ▶ 调整网格平面的透视状态至与图像的透视角度相同，如图11-32所示。

图11-32

3 选择"图章工具" ♟，在对话框顶部设置"直径"为186，"硬度"为50，"不透明度"为100%，在"修复"下拉列表框中选择"开"选项，勾选"对齐"复选框。放大预览图像，将鼠标指针移动到同一透视方向的地面图像上，按住Alt键不放，单击进行取样。

4 在左下角的红色瑕疵上按住鼠标左键不放并拖曳鼠标进行修复，Photoshop CS6会自动按照正确的透视角度匹配图像，如图11-33所示。重复取样和修复操作直至瑕疵被完全去除，然后单击 确定 按钮，效果如图11-34所示。

图11-33　　　　　　图11-34

5 打开"购物网页.jpg"素材文件，按Ctrl+A组合键全选图像，再按Ctrl+C组合键复制图像。

6 切换到"电商.jpg"图像，选择【滤镜】/【消失点】命令，打开"消失点"对话框，使用"编辑平面工具" ▶ 沿着屏幕四边调整网格，如图11-35所示。

图11-35

7 按Ctrl+V组合键粘贴图像，使用"选框工具" ⬚ 将粘贴的图像拖曳到网格中替换。此时发现粘贴的图像尺寸过大，显示不完整，可先选中图像并向右下方持续拖曳鼠标，直至显示出图像左上角端点，再按Ctrl+T组合键自由变换图像，如图11-36所示。按住Shift键不放等比例缩小图像，调整大小和位置，然后单击 确定 按钮，效果如图11-37所示。

图11-36

图11-37

11.3 使用滤镜组

除特殊滤镜外，还有很多能快速制作特效的滤镜组，如风格化滤镜组、模糊滤镜组、扭曲滤镜组、锐化滤镜组、视频滤镜组、像素化滤镜组、渲染滤镜组、杂色滤镜组、其他滤镜组。

11.3.1 风格化滤镜组

风格化滤镜组能对图像的像素进行位移、拼贴及反色等操作。风格化滤镜组包括滤镜库中的"照亮边缘"滤镜，以及选择【滤镜】/【风格化】命令后，弹出的子菜单中的8种滤镜，如"查找边缘""等高线""风""浮雕效果""扩散""拼贴""曝光过度""凸出"滤镜。

1. 查找边缘

"查找边缘"滤镜可查找图像中主色块颜色变化的区域，并对其边缘轮廓进行描边，使图像产生用笔刷勾勒轮廓的效果。"查找边缘"滤镜无参数设置对话框。图11-38所示为使用"查找边缘"滤镜前后的对比效果。

图11-38

2. 等高线

"等高线"滤镜可沿图像亮部区域和暗部区域的边界绘制出颜色较浅的线条效果，如图11-39所示。

"等高线"对话框中主要选项的作用如下。

● 色阶：用于设置描绘轮廓的亮度级别。色阶的数值过大或过小，都会使图像的等高线效果不明显。

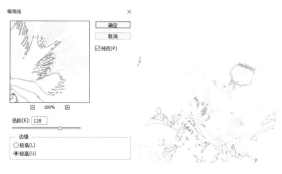

图11-39

● 边缘：用于选择描绘轮廓的区域。选中"较低"单选项表示描绘较暗的区域；选中"较高"单选项表示描绘较亮的区域。

3. 风

"风"滤镜对文字图层产生的效果比较明显，可以将图像的边缘以一个方向为准向外移动不同的距离，实现类似风吹的效果，如图11-40所示。

图11-40

"风"对话框中主要选项的作用如下。

● 方法：用于设置风吹的效果样式。

● 方向：用于设置风吹的方向。选中"从右"单选项表示风将从右向左吹；选中"从左"单选项表示风将从左向右吹。

4. 浮雕效果

"浮雕效果"滤镜可以分离出图像中颜色较亮的区域，再将其周围颜色变暗，生成浮雕效果，如图11-41所示。

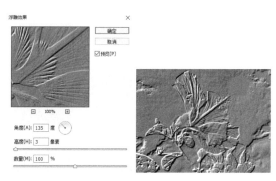

图11-41

"浮雕效果"对话框中主要选项的作用如下。

● 角度：用于设置浮雕效果光源的方向。

● 高度：用于设置图像凸起的高度。

● 数量：用于设置原图像细节和颜色的保留范围。

5. 扩散

"扩散"滤镜可以使图像产生透过磨砂玻璃显示的模糊效果，如图11-42所示。

图11-42

"扩散"对话框中主要选项的作用如下。

● 正常：选中"正常"单选项，可以通过像素点的随机移动来实现图像的扩散，且不改变图像的亮度。

● 变暗优先：选中"变暗优先"单选项，将用较暗颜色替换较亮颜色，产生扩散效果。

● 变亮优先：选中"变亮优先"单选项，将用较亮颜色替换较暗颜色，产生扩散效果。

● 各向异性：选中"各向异性"单选项，将用图像中较暗和较亮的像素，产生扩散效果。

6. 拼贴

"拼贴"滤镜可以将图像分成许多小贴块，使整幅图像产生类似方块瓷砖拼贴而成的效果，如图11-43所示。

图11-43

"拼贴"对话框中主要选项的作用如下。

● 拼贴数：用于设置在图像中每行和每列显示的贴块数。

● 最大位移：用于设置允许贴块偏移原始位置的最大距离。

● 填充空白区域用：用于设置贴块间空白区域的填充方式。

7. 曝光过度

"曝光过度"滤镜可以混合图像的正片和负片，产生类似摄影中提高光线强度产生的过度曝光效果。"曝光过度"滤镜无参数设置对话框。图11-44所示为使用"曝光过度"滤镜前后的对比效果。

图11-44

8. 凸出

"凸出"滤镜可以将图像分成数量不等，但大小相同并有序叠放的立体方块，形成三维效果，如图11-45所示。

图11-45

"凸出"对话框中主要选项的作用如下。

● 类型：用于设置三维块的形状，分为"方块"和"金字塔"两种类型。

● 大小：用于设置三维块的大小。数值越大，三维块越大。

● 深度：用于设置三维块的凸出深度。

● 立方体正面：勾选"立方体正面"复选框，只会为立方体的表面填充物体的平均色，而不会为整个图案填充。

● 蒙版不完整块：勾选"蒙版不完整块"复选框，将使所有的图像都包括在凸出范围之内。

11.3.2 模糊滤镜组

在处理图像时，通常需要模糊非主体以外的物体以突出主体。模糊滤镜组中包括14种滤镜，使用时只需选择【滤镜】/【模糊】命令，在弹出的子菜单中选择需要的命令。

1. 场景模糊

"场景模糊"滤镜可以创建大范围的渐变模糊效果，通过一个或多个图钉对图像中的不同区域进行模糊，使画面不同区域呈现出不同的模糊程度，常用于制作散景效果。图11-46所示为使用"场景模糊"滤镜时的界面。

图11-46

"场景模糊"对话框中主要选项的作用如下。

● 模糊：用于设置模糊强度。

● 光源散景：用于控制模糊的高光量。

● 散景颜色：用于控制散景的色彩。其数值越大，色彩饱和度越高。

● 光照范围：用于控制散景出现的光照范围。

2. 光圈模糊

"光圈模糊"滤镜可以锐化单个焦点，从而模仿出调整相机光圈产生的不同虚化程度。用户可以使用"光圈模糊"滤镜在图像中设置焦点及其大小和形状，并设置焦点区域外的模糊数量和清晰度等参数，从而制作出散景虚化的光斑效果。图11-47所示为使用"光圈模糊"滤镜时的界面。

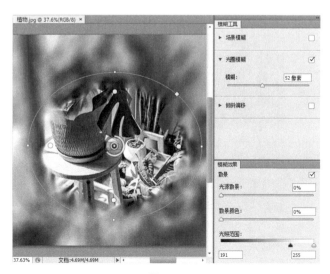

图11-47

3. 倾斜偏移

"倾斜偏移"滤镜可通过两条轴向外设置模糊，以模仿倾斜偏移镜头拍摄出的图像，可用于模拟微距拍摄或移轴摄影效果。图11-48所示为使用"倾斜偏移"滤镜时的界面。

图11-48

"倾斜偏移"对话框中主要选项的作用如下。

● 扭曲度：用于控制模糊区域扭曲的程度。

● 对称扭曲：勾选该复选框，可在轴线两侧的区域对称应用扭曲效果。

4. 表面模糊

"表面模糊"滤镜在模糊图像时可保留图像边缘，常用于创建特殊效果以及去除杂点和颗粒，如图11-49所示。

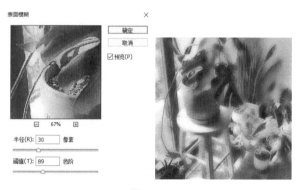

图11-49

"表面模糊"对话框中主要选项的作用如下。

● 半径：用于指定模糊取样区域的大小。

● 阈值：用于控制被模糊的像素范围。相邻像素与中心像素之间的色调差值若小于阈值的像素，将被排除在模糊范围之外。

5. 动感模糊

"动感模糊"滤镜可通过线性位移图像中某一方向上的像素产生运动的模糊效果，如图11-50所示。

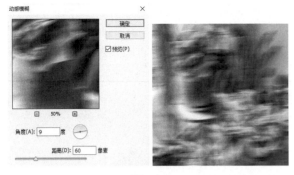

图11-50

"动感模糊"对话框中主要选项的作用如下。

● 角度：用于控制动感模糊的方向，可通过改变文本框中的数值或改变右侧圆形中直径的方向来调整。

● 距离：用于控制像素移动的距离，即模糊的强度。

6．方框模糊

"方框模糊"滤镜以邻近像素颜色平均值的颜色为基准值模糊图像，如图11-51所示。"方框模糊"滤镜可以调整用于计算给定像素的平均值的区域大小，设置的"半径"数值越大，产生的模糊效果越好。

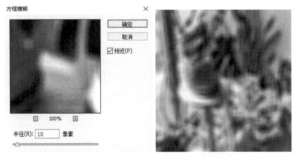

图11-51

7．高斯模糊

"高斯模糊"滤镜是比较常用的模糊滤镜。该滤镜会根据高斯曲线对图像进行选择性的模糊，使图像产生强烈的模糊效果。在"高斯模糊"对话框中，通过"半径"文本框可以调节图像的模糊程度，该值越大，模糊效果越明显，如图11-52所示。

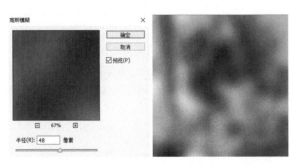

图11-52

8．进一步模糊

"进一步模糊"滤镜可以使图像产生一定程度的模糊效果。它与"模糊"滤镜效果类似，没有参数设置对话框。

9．径向模糊

"径向模糊"滤镜可以使图像产生旋转或放射状模糊效果，如图11-53所示。

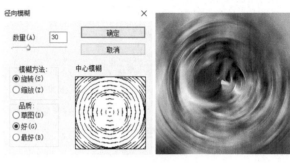

图11-53

"径向模糊"对话框中主要选项的作用如下。

● 数量：用于设置模糊效果的强度。数值越大，模糊效果越强。

● 中心模糊：用于设置模糊开始扩散的位置，使用鼠标拖曳预览图像框中的图案可设置该选项。

● "模糊方法"栏：选中"旋转"单选项，将产生旋转模糊效果；选中"缩放"单选项，将产生放射模糊效果，被模糊的图像将从模糊中心处开始放大。

● "品质"栏：用于设置模糊的质量。

10．镜头模糊

"镜头模糊"滤镜可以使图像模拟镜头抖动时产生的模糊效果。图11-54所示为"镜头模糊"对话框，在其中可设置镜头模糊参数。

图11-54

"镜头模糊"对话框中主要选项的作用如下。

● 更快：选中"更快"单选项，可以快速预览调整参数后的效果。

● 更加准确：选中"更加准确"单选项，可以精确计算模糊效果，但也会增加预览时间。

● "深度映射"栏：用于调整镜头模糊的远近，通过拖曳"模糊焦距"文本框下方的滑块，可改变模糊镜头的焦距。

● "光圈"栏：用于调整光圈的形状和模糊范围的大小。

● "镜面高光"栏：用于调整模糊镜面亮度的强弱。

● "杂色"栏：用于设置模糊过程中添加杂点的数量和分布方式。分布方式包括"平均"和"高斯分布"两种。若勾选"单色"复选框，将设置添加的杂色均为灰色。

11．模糊

"模糊"滤镜将模糊处理图像中边缘过于清晰的颜色，以达到模糊效果。"模糊"滤镜无参数设置对话框，使用一次该滤镜命令效果不太明显，一般需重复使用多次该滤镜命令。

12．平均

"平均"滤镜是通过柔化处理图像中的平均颜色值，从而产生模糊效果。"平均"滤镜无参数设置对话框。图11-55所示为使用"平均"滤镜前后的对比效果。

图11-55

13．特殊模糊

"特殊模糊"滤镜可以找出图像的边缘并模糊边缘以内的区域，从而产生一种边界清晰、中心模糊的效果，如图11-56所示。在"特殊模糊"对话框的"模式"下拉列表框中选择"仅限边缘"选项，模糊后的图像将以黑白效果显示。

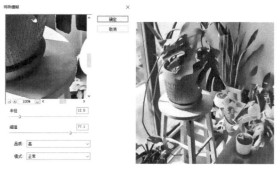

图11-56

14．形状模糊

"形状模糊"滤镜可以使图像按照指定的形状作为模糊中心进行模糊，如图11-57所示。

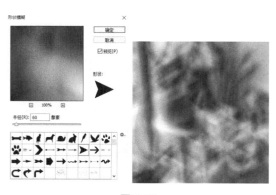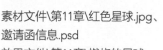

图11-57

● 半径：用于设置形状的大小，数值越大，模糊效果越明显。

● 形状列表：用于选择产生模糊效果的形状。单击形状列表右边的✿按钮，在弹出的下拉列表框中可选择其他形状。

范例 制作科技展邀请函

知识要点 Alpha通道、滤镜库、"风格化"滤镜组、"模糊"滤镜组

配套资源 素材文件\第11章\红色星球.jpg、邀请函信息.psd
效果文件\第11章\燃烧的星球.psd、邀请函.psd

扫码看视频

范例说明

在设计各种特效时，设计人员通常会采用为图像添加火焰特效的方法来增强图像的感染力和震撼力，这种效果可以在Photoshop CS6中通过滤镜来实现。本例将在Photoshop CS6的滤镜库、"风格化"滤镜组、"模糊"滤镜组中选用合适的滤镜，制作燃烧的星球特效，并在科技展邀请函的制作中运用该特效。

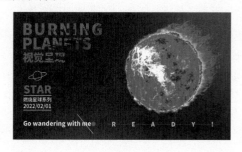

1 打开"红色星球.jpg"素材文件，选择"魔棒工具" ，在黑色图像区域单击创建选区，然后按Shift+Ctrl+I组合键反选选区，按Ctrl+J组合键复制选区内容并新建图层。隐藏"背景"图层，按住Ctrl键不放，同时单击"图层1"图层缩览图载入选区，如图11-58所示。

图11-58

2 切换到"通道"面板，单击"通道"面板底部的"将选区存储为通道"按钮 ，将选区存储为"Alpha 1"通道，按Ctrl+D组合键取消选区，显示并选择"Alpha 1"通道，隐藏其他通道，效果如图11-59所示。

3 选择【滤镜】/【风格化】/【扩散】命令，打开"扩散"对话框，选中"正常"单选项，如图11-60所示。单击 确定 按钮应用设置，然后按3次Ctrl+F组合键，重复应用"扩散"滤镜。

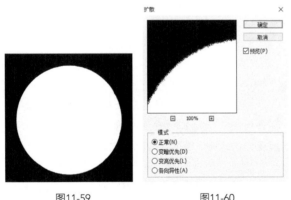

图11-59　　　　　图11-60

4 选择【滤镜】/【滤镜库】命令，打开"滤镜库"对话框，在"扭曲"滤镜组中选择"海洋波纹"滤镜，在右侧设置"波纹大小""波纹幅度"分别为5、8，然后单击 确定 按钮。

5 选择【滤镜】/【风格化】/【风】命令，打开"风"对话框，在"方法"栏中选中"风"单选项，在"方向"栏中选中"从右"单选项，单击 确定 按钮。使用相同的方法，打开"风"对话框，选中"从左"单选项，单击

确定 按钮。

6 选择【图像】/【图像旋转】/【90度（顺时针）】命令，旋转画布，按两次Ctrl+F组合键重复应用"风"滤镜。将"Alpha 1"通道拖曳到"通道"面板底部的"创建新通道"按钮 上，复制通道得到"Alpha 1副本"通道，按两次Ctrl+F组合键重复应用"风"滤镜，再选择【图像】/【图像旋转】/【90度（逆时针）】命令，旋转画布，如图11-61所示。

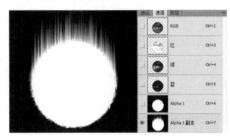

图11-61

7 选择"Alpha 1副本"通道，选择【滤镜】/【滤镜库】命令，打开"滤镜库"对话框，在"扭曲"滤镜组中选择"玻璃"滤镜，在"纹理"下拉列表框中选择"磨砂"选项，设置"扭曲度""平滑度""缩放"分别为20、14、105%；单击"滤镜库"对话框右下方的"新建效果图层"按钮 ，新建滤镜效果图层，在"扭曲"滤镜组中选择"扩散亮光"滤镜，设置"粒度""发光量""清除数量"分别为6、10、15，然后单击 确定 按钮。

8 选择"魔棒工具" ，在星球图像上单击载入选区，按Shift+Ctrl+I组合键反选选区，选择【选择】/【修改】/【羽化】命令，打开"羽化选区"对话框，设置"羽化半径"为6，单击 确定 按钮。

9 选择【滤镜】/【模糊】/【高斯模糊】命令，打开"高斯模糊"对话框，设置"半径"为1，单击 确定 按钮。

10 按Ctrl+D组合键取消选区，按住Ctrl键不放并单击"Alpha 1副本"通道的缩览图，载入选区。切换到"图层"面板，新建图层得到"图层2"图层，使用"油漆桶工具" 将选区填充为白色；再次新建图层得到"图层3"图层，将其移动到"图层2"图层的下方，取消选区，使用"油漆桶工具" 将其填充为黑色，如图11-62所示。

11 选择"图层2"图层，选择【窗口】/【调整】命令，打开"调整"面板，单击其中的"色相/饱和度"按钮 ，打开"色相/饱和度"属性面板，在其中设置"色相""饱和度"分别为40、100，勾选"着色"复选框。

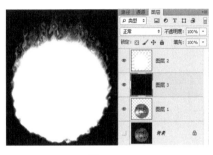

图11-62

12 在"调整"面板中单击"色彩平衡"按钮▲，打开"色彩平衡"属性面板，在"色调"下拉列表框中选择"中间调"选项，设置"青色~红色"为+100；在"色调"下拉列表框中选择"高光"选项，设置"青色~红色"为+100。

13 按Shift+Ctrl+Alt+E组合键盖印图层，设置盖印后图层的"混合模式"为"线性减淡（添加）"，效果如图11-63所示。

14 使用"魔棒工具"🔧选择星球图像，设置前景色为黑色，按Alt+Delete组合键为选区填充前景色；再使用"魔棒工具"🔧选择背景区域，按Alt+Delete组合键为选区填充前景色。取消选区，删除"图层2"图层，此时显示出填充的黑色星球，并与黑色背景融为一体，得到火环效果，如图11-64所示。

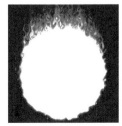

图11-63　　　　　　图11-64

15 选择"图层4"图层，切换到"通道"面板，选择"Alpha 1 副本"通道，选择【滤镜】/【滤镜库】命令，打开"滤镜库"对话框，在"扭曲"滤镜组中选择"玻璃"滤镜，设置"扭曲度""平滑度""缩放"分别为20、15、52%，单击 确定 按钮。

16 切换到"图层"面板，使用"魔棒工具"🔧选择星球图像，按Shift+Ctrl+I组合键反选选区，按Shift+F6组合键打开"羽化选区"对话框，设置羽化半径为6，单击 确定 按钮。

17 选择【滤镜】/【模糊】/【高斯模糊】命令，打开"高斯模糊"对话框，设置"半径"为2，单击 确定 按钮返回图像编辑区，取消选区。

18 切换到"通道"面板，选择"Alpha 1"通道，单击面板底部的"将通道作为选区载入"按钮◉，将"Alpha 1"通道中的图像载入选区。切换到"图层"面板，隐藏"图层4"图层，然后新建一个"图层5"图层，填充选区为白色，并在"图层"面板中将"图层5"图层移动到"色相/饱和度1"图层的下方。

19 按Shift+Ctrl+Alt+E组合键盖印图层，得到"图层6"图层，设置图层的"混合模式"为"变亮"，并将其移动到"图层"面板最上方，效果如图11-65所示。

20 显示"图层4"图层，选择"图层6"图层，按Ctrl+E组合键使"图层6"图层向下与"图层4"图层合并。将"图层1"图层移动到"图层4"图层上方，按Ctrl+J复制"图层1"图层，设置"图层1副本"图层的"混合模式"为"线性减淡（添加）"，按Ctrl+E组合键向下合并图层。

21 按Ctrl+T组合键自由变换星球图像，遮盖住下方图层的白色区域，如图11-66所示。

 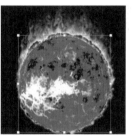

图11-65　　　　　　　　图11-66

22 按Shift+Ctrl+Alt+E组合键盖印图层，重命名盖印后图层为"燃烧的星球"。打开"邀请函信息.psd"素材文件，将"燃烧的星球"图层移动至"背景"图层上方，设置图层的"混合模式"为"变亮"，调整至合适的大小和位置，如图11-67所示。按Ctrl+Shift+S组合键另存文件，并设置"文件名"为"邀请函"。完成本例的制作。

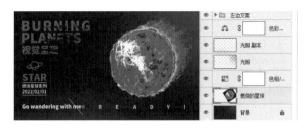

图11-67

11.3.3 扭曲滤镜组

扭曲滤镜组可用于扭曲图像。该滤镜组包括滤镜库中的"扩散亮光""海洋波纹""玻璃"滤镜，以及选择【滤镜】/

【扭曲】命令后，弹出的子菜单中的9种滤镜。

1. 波浪

"波浪"滤镜可以使图像产生波浪涌动的效果。选择【滤镜】/【扭曲】/【波浪】命令，打开"波浪"对话框，如图11-68所示。

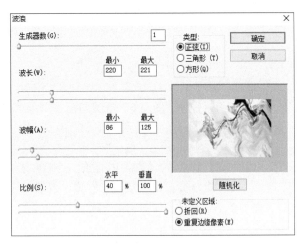

图11-68

"波浪"对话框中主要选项的作用如下。

● 生成器数：用于设置产生波浪的数目，可设置1～999之间的数值。

● 波长：包括"最小""最大"两个文本框，用于设置波峰间距，可设置1～999之间的整数。

● 波幅：包括"最小""最大"两个文本框，用于设置波动幅度，可设置1～999之间的整数。

● 比例：包括"水平""垂直"两个文本框，用于设置水平和垂直方向的波动幅度，可设置1～100之间的整数。

● "类型"栏：用于设置波动的类型。

2. 波纹

"波纹"滤镜可以使图像产生水波荡漾的效果。图11-69所示为"波纹"对话框。

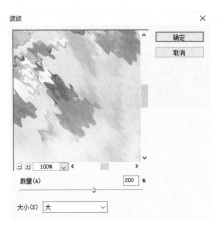

图11-69

"波纹"对话框中主要选项的作用如下。

● 数量：用于设置波浪数量，可设置-999～999之间的整数。

● 大小：用于设置波浪的大小。

3. 极坐标

"极坐标"滤镜可以通过改变图像的坐标方式，使图像产生极端的变形。图11-70所示为"极坐标"对话框。

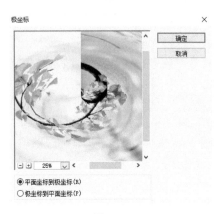

图11-70

"极坐标"对话框中主要选项的作用如下。

● 平面坐标到极坐标：选中"平面坐标到极坐标"单选项，图像会将平面坐标改为极坐标。

● 极坐标到平面坐标：选中"极坐标到平面坐标"单选项，图像会将极坐标改为平面坐标。

4. 挤压

"挤压"滤镜可使图像产生向内或向外挤压变形的效果。选择【滤镜】/【扭曲】/【挤压】命令，打开"挤压"对话框，如图11-71所示。在"数量"文本框中输入数值来控制挤压效果，当数值为负值时，图像将向外凸出；当数值为正时，图像将向内凹陷。

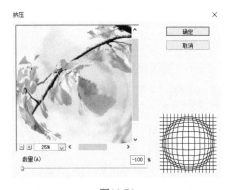

图11-71

5. 切变

"切变"滤镜可使图像在竖直方向产生弯曲效果。图11-72所示为"切变"对话框，在其左上方的曲线调整框中单击可创建切变点，拖曳切变点可切变变形图像。

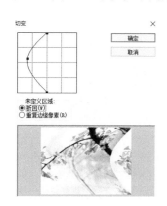

图11-72

"切变"对话框中主要选项的作用如下。

● 曲线调整框：用于控制曲线的弧度，以控制图像的变换效果。

● 折回：选中"折回"单选项，可在图像的空白区域填充溢出图像之外的图像内容。

● 重复边缘像素：选中"重复边缘像素"单选项，可在图像边界不完整的空白区域填充扭曲边缘的像素颜色。

6．球面化

"球面化"滤镜用于模拟将图像包在球面上并伸展图像来适合球面的效果。图11-73所示为"球面化"对话框。

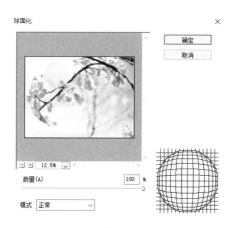

图11-73

"球面化"对话框中主要选项的作用如下。

● 数量：用于设置挤压程度。数值为负时，图像将向内收缩。

● 模式：用于设置挤压方式，包括"正常""水平优先""垂直优先"3种方式。

7．水波

"水波"滤镜可使图像产生起伏状的波纹和旋转效果。图11-74所示为"水波"对话框。

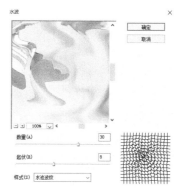

图11-74

"水波"对话框中主要选项的作用如下。

● 数量：用于设置波纹的数量。数值为负时，将产生凹陷的波纹；数值为正时，将产生凸出的波纹。

● 起伏：用于设置波纹的数量。数值越大，波纹越多。

● 样式：用于设置生成波纹的方式。

8．旋转扭曲

"旋转扭曲"滤镜可产生旋转扭曲效果，且旋转中心为物体的中心。打开图11-75所示"旋转扭曲"对话框，"角度"文本框用于设置旋转方向，数值为正时，图像将顺时针扭曲；数值为负时，图像将逆时针扭曲。

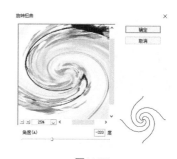

图11-75

9．置换

"置换"滤镜可使图像产生位移效果，位移的方向不仅跟参数设置有关，还跟置换图有密切关系。使用该滤镜需要有两个图像：一个图像是要编辑的图像文件；另一个图像充当位移模板，用于控制位移的方向。图11-76所示为"置换"对话框。

图11-76

"置换"对话框中主要选项的作用如下。

● 水平比例/垂直比例：用于设置水平方向和垂直方向上产生移动的距离。

● "置换图"栏：用于设置置换的方式。选中"伸展以适合"单选项，置换图像的尺寸将自动调整到与当前图像一样的大小；选中"拼贴"单选项，将会以拼贴的方式填补空白区域。

● "未定义区域"栏：用于设置图像边界不完整的空白区域的填充方式。

11.3.4 锐化滤镜组

处理较模糊的图像时，一般会使用"锐化"滤镜组增强图像轮廓。但需要注意的是，过度使用锐化，反而会造成图像失真。锐化滤镜组包括"USM锐化""进一步锐化""锐化""锐化边缘""智能锐化"5种滤镜。使用时只需选择【滤镜】/【锐化】命令，在弹出的子菜单中选择需要的命令。

1. USM锐化

"USM锐化"滤镜可以在图像边缘的两侧分别制作一条明线或暗线来调整边缘细节的对比度，使图像边缘轮廓锐化。图11-77所示为"USM锐化"对话框。

图11-77

"USM锐化"对话框中主要选项的作用如下。

● 数量：用于设置图像锐化的程度。数值越大，锐化效果越明显。

● 半径：用于设置图像轮廓周围的锐化范围。数值越大，锐化的范围越广。

● 阈值：用于设置锐化相邻像素的差值。只有对比度差值高于此数值的像素才会得到锐化处理。

2. 进一步锐化

"进一步锐化"滤镜可以增加像素之间的对比度，使图像更加清晰。"进一步锐化"滤镜无参数设置对话框，其锐

化效果较微弱。

3. 锐化

"锐化"滤镜和"进一步锐化"滤镜相似，都是通过增加像素之间的对比度来提高图像的清晰度，但"锐化"滤镜的效果要更明显。

4. 锐化边缘

"锐化边缘"滤镜用于锐化图像边缘，并且能保留图像整体的平滑度。"锐化边缘"滤镜无参数设置对话框。

5. 智能锐化

"智能锐化"滤镜的功能十分强大，可供用户设置锐化参数、阴影和高光的锐化量。图11-78所示为"智能锐化"对话框。

图11-78

"智能锐化"对话框中主要选项的作用如下。

● 设置：用于选择Photoshop CS6已经设置好的锐化方案。

● 数量：用于设置锐化的精细程度。数值越大，边缘对比度越高。

● 半径：用于设置受锐化影响的边缘像素数量。数值较大时，受影响面积就较大，锐化效果也较明显。

● 移去：用于设置锐化图像的算法。当选择"动感模糊"选项时，将激活"角度"选项。设置"角度"选项后，可减少由于相机或拍摄对象移动产生的模糊效果。

若在"智能锐化"对话框中选中"高级"单选项，再单击"阴影"或"高光"选项卡，则会出现以下参数设置。

● 渐隐量：用于设置阴影或高光中的锐化程度。

● 色调宽度：用于设置阴影和高光中色调的修改范围。

● 半径：用于设置每个像素周围的区域大小。

11.3.5 视频滤镜组

视频滤镜组主要用于为视频处理颜色。选择【滤镜】/【视频】命令，弹出的子菜单中包含了2种滤镜命令。

1. NTSC颜色

"NTSC颜色"滤镜可将视频的色域限制在电视机重现可接受的范围内，以防止颜色过于饱和。

2. 逐行

"逐行"滤镜可以移去视频中的奇数或偶数隔行线，以平滑视频中的运动图像。图11-79所示为"逐行"对话框。

图11-79

"逐行"对话框中主要选项的作用如下。

● "消除"栏：用于设置消除逐行的方式。

● "创建新场方式"栏：用于设置消除场以后用何种方式来填充空白区域。选中"复制"单选项可通过复制被删除部分周围的像素来填充空白区域；选中"插值"单选项可利用被删除部分周围的像素，通过插值的方法进行填充。

11.3.6 像素化滤镜组

"像素化"滤镜组用于将图像中颜色值相似的像素转化为单元格，使图像分块化或平面化，常用于制作需强化图像边缘或者纹理的特殊效果。使用时，只需选择【滤镜】/【像素化】命令，在弹出的子菜单中选择需要的命令。

1. 彩块化

"彩块化"滤镜可使图像中纯色或相似颜色凝结为彩色块，从而产生类似宝石刻画般的效果。"彩块化"滤镜无参数设置对话框。

2. 彩色半调

"彩色半调"滤镜用于模拟在图像的每个通道上使用放大的半调网屏效果，如图11-80所示。

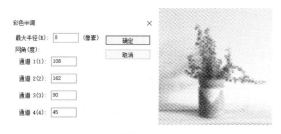

图11-80

"彩色半调"对话框中主要选项的作用如下。

● 最大半径：用于设置网点的大小，数值必须为4~127之间的整数。

● "网角（度）"栏：用于设置每个颜色通道的网屏角度，数值必须为-360~360之间的整数。

3. 点状化

"点状化"滤镜用于在图像中随机产生彩色斑点，点与点之间的空隙将用背景色填充。在"点状化"对话框中，"单元格大小"文本框用于设置点状网格的大小，如图11-81所示。图11-82所示为使用"点状化"滤镜的效果。

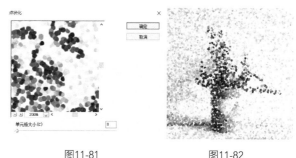

图11-81   图11-82

4. 晶格化

"晶格化"滤镜用于集中图像中相近的像素到一个像素的多角形网格中，从而使图像清晰化。在"晶格化"对话框中，"单元格大小"文本框用于设置多角形网格的大小，如图11-83所示。图11-84所示为使用"晶格化"滤镜的效果。

图11-83   图11-84

5. 马赛克

"马赛克"滤镜用于将图像中具有相似色彩的像素统一合成为更大的方块，从而产生类似马赛克般的效果。在"马赛克"对话框中，"单元格大小"文本框用于设置马赛克的大小，如图11-85所示。图11-86所示为使用"马赛克"滤镜的效果。

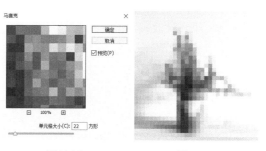

图11-85   图11-86

6. 碎片

"碎片"滤镜会将图像的像素复制4遍，然后将复制的像素平均移位并降低不透明度，从而形成一种不聚焦的"四重视"效果。"碎片"滤镜无参数设置对话框。

7. 铜版雕刻

"铜版雕刻"滤镜可在图像中随机分布各种不规则的线条和虫孔斑点，以产生镂刻的版画效果。在"铜版雕刻"对话框中，"类型"下拉列表框用于设置铜版雕刻的样式，如图11-87所示。

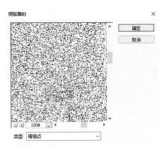

图11-87

 知识要点　"点状化"滤镜、"动感模糊"滤镜

 配套资源　素材文件\第11章\雪景.jpg、节气.psd
效果文件\第11章\小雪节气日签.psd

扫码看视频

 范例说明

　　小雪是我国传统二十四节气中的第20个节气，时间为每年公历11月22日或11月23日，即太阳到达黄经240°时。本例将在"雪景.jpg"图像的基础上，使用滤镜添加下雪效果，并搭配文案和装饰线条，制作一张"小雪"节气日签。该日签主要包含日期、金句、背景等，可用于记录心情或当日事件。

操作步骤

1　打开"雪景.jpg"图像，按Ctrl+J组合键复制图层。

2　选择【滤镜】/【像素化】/【点状化】命令，打开"点状化"对话框，设置"单元格大小"为8，单击确定按钮，如图11-88所示。

图11-88

3　选择【滤镜】/【模糊】/【动感模糊】命令，打开"动感模糊"对话框，设置"角度"为67，"距离"为15，单击确定按钮，如图11-89所示。

图11-89

4　按Shift+Ctrl+U组合键去色，设置图层的"混合模式"为"变亮"，效果如图11-90所示。

5　此时发现图像色调偏紫，需稍微调整图像的色彩平衡。在"调整"面板中单击"色彩平衡"按钮，打开"色彩平衡"属性面板，设置图11-91所示参数，并向下创建剪贴蒙版。

图11-90 　　　　　　　图11-91

图11-93

6 打开"节气.psd"素材文件，将其中所有内容拖入"雪景.jpg"图像中，调整其大小和位置。按Ctrl+S组合键保存文件，并设置"文件名"为"小雪节气日签"。完成本例的制作。

11.3.7　渲染滤镜组

渲染滤镜组主要用于制作特殊风格的照片，或模拟不同光源下不同的光线照明效果。选择【滤镜】/【渲染】命令，弹出的子菜单中包含了5种滤镜。

1. 分层云彩

"分层云彩"滤镜会在图像中添加一个分层云彩效果，而产生的效果与原图像的颜色有关。该滤镜无参数设置对话框。图11-92所示为使用"分层云彩"滤镜前后的对比效果。

图11-92

2. 光照效果

"光照效果"滤镜的功能十分强大，可设置光源、光色、物体的反射特性，并根据这些设置产生光照效果。

图11-93所示为"光照效果"滤镜的属性面板。使用"光照效果"滤镜时，只需使用鼠标拖曳出现的白色框线调整光源大小，再调整白色圈线中间的强度环，最后按Enter键完成调整。

"光照滤镜"属性面板中主要选项的作用如下。

● 灯光类型：在"灯光类型"下拉列表框中可以选择"点光""聚光灯""无限光"3种灯光样式。

● 颜色：单击色块，打开"拾色器（光照颜色）"对话框，可设置灯光颜色。

● 强度：用于设置灯光的光照强度。

● 聚光：设置"灯光类型"为"聚光灯"时可被激活，用于控制灯光的光照范围。

● 着色：用于设置填充整体光照的颜色。

● 曝光度：用于控制光照的曝光效果。数值为正时，可以添加光照。

● 光泽：用于设置灯光的反射强度。

● 金属质感：用于设置反射的光线是光源颜色还是本身的颜色。

● 环境：用于设置漫射光效果。数值为100时，只用此光源；数值为−100时，移去此光源。

● 纹理：用于设置纹理的通道。

● 高度：设置纹理后，用于设置应用纹理后的图像产生凸起的高度。

● 预设：工具属性栏的"预设"下拉列表框中预设了多种灯光效果，可根据需要选择。

● 光照：工具属性栏中的"光照"栏用于在图像中新建光源。单击"聚光灯"按钮 可为图像新建一个聚光灯光源；单击"点光"按钮 可为图像新建一个点光光源；单击"无限光"按钮 可为图像新建一个无限光光源。

● 重置：单击工具属性栏中的"重置"按钮 可重置已添加的光源参数。

257

3. 镜头光晕

"镜头光晕"滤镜可通过为图像添加不同的镜头类型来模拟镜头产生光晕效果。图11-94所示为"镜头光晕"对话框。

图11-94

"镜头光晕"对话框中主要选项的作用如下。

● 光晕中心：可在预览图中单击或拖曳光晕设置光晕位置。

● 亮度：用于控制光晕的强度，变化范围为10%～300%。

● "镜头类型"栏：用于模拟不同镜头产生的光晕。

4. 纤维

"纤维"滤镜可根据当前设置的前景色和背景色生成纤维效果。图11-95所示为"纤维"对话框。

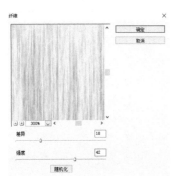

图11-95

"纤维"对话框中主要选项的作用如下。

● 差异：用于调整纤维的变化纹理形状。

● 强度：用于设置纤维的密度。

● 随机化：单击 随机化 按钮，可随机产生纤维效果。

5. 云彩

"云彩"滤镜可通过在前景色和背景色之间随机抽取像素并完全覆盖图像，从而产生类似云彩的效果。"云彩"滤镜无参数设置对话框。

11.3.8 杂色滤镜组

在阴天或者夜晚拍摄的照片一般会存在杂色现象，此时

可使用杂色滤镜组中的滤镜进行处理。选择【滤镜】/【杂色】命令，在弹出的子菜单中选择需要的命令。

1. 减少杂色

"减少杂色"滤镜用于消除图像中的杂色。图11-96所示为"减少杂色"对话框。

图11-96

"减少杂色"对话框中主要选项的作用如下。

● 强度：用于控制所有图像通道的亮度杂色减少量。

● 保留细节：用于控制保留边缘和图像细节的程度。当数值为100时，会保留大多数图像细节，但亮度杂色将减到最少。

● 减少杂色：用于移去随机的颜色像素。数值越大，减少的颜色越多。

● 锐化细节：用于锐化图像。

● 移去JPEG不自然感：勾选该复选框，可减少使用低JPEG品质设置存储图像而导致的伪像或光晕。

2. 蒙尘与划痕

"蒙尘与划痕"滤镜可通过将图像中有缺陷的像素融入周围像素中，来达到除尘和涂抹的效果。图11-97所示为"蒙尘与划痕"对话框。

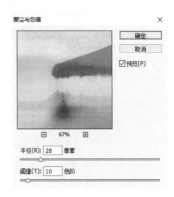

图11-97

"蒙尘与划痕"对话框中主要选项的作用如下。

● 半径：用于设置清除缺陷的范围。

● 阈值：用于设置像素处理的阈值。数值越大，图像能容许的杂色就越多，去除杂色的效果也越弱。

3. 去斑

"去斑"滤镜可以轻微地模糊、柔化图像，以达到掩饰图像中细小斑点并消除轻微折痕的效果。"去斑"滤镜无参数设置对话框，连续多次使用效果会更加明显。

4. 添加杂色

"添加杂色"滤镜可以向图像随机混合杂点，使图像表面形成细小的颗粒状像素。图11-98所示为"添加杂色"对话框。

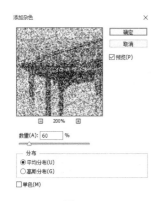

图11-98

"添加杂色"对话框中主要选项的作用如下。

● 数量：用于设置杂点的数量。数值越大，效果越明显。

● "分布"栏：选中"平均分布"单选项，颜色杂点统一平均分布；选中"高斯分布"单选项，颜色杂点按高斯曲线分布。

● 单色：用于设置添加的杂点是彩色还是灰色。勾选该复选框，杂点将只影响原图像的亮度而不改变图像颜色。

5. 中间值

"中间值"滤镜可以采用杂点和每个像素周围像素的折中颜色来平滑图像。图11-99所示为"中间值"对话框，"半径"文本框用于设置中间值效果的平滑距离。

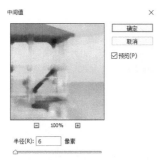

图11-99

📽 范例说明

在店铺的店招、标志或Banner设计中，常常会运用特殊的文字效果增强店铺名称或标题的吸引力，迎合店铺氛围。本例将为某烘焙店铺制作饼干效果文字，可先使用"波纹"滤镜制作文字边缘的不规则效果，再综合运用"添加杂色"滤镜、"高斯模糊"滤镜和图层样式制作出饼干纹理，最终要求饼干文字效果自然、美观。

📋 操作步骤

1 打开"饼干背景.jpg"图像，使用"横排文字工具"T.在图像编辑区中央输入"COOKIE"文字，效果如图11-100所示。

图11-100

2 在"COOKIE"图层上单击鼠标右键，在弹出的快捷菜单中选择"栅格化文字"命令。

3 选择【滤镜】/【扭曲】/【波纹】命令，打开"波纹"对话框，设置"数量"为100%，在"大小"下拉列表框中选择"大"选项，单击 确定 按钮，文字效果如图11-101所示。

图11-101

4 新建"图层1"图层，填充该图层为白色，选择【滤镜】/【杂色】/【添加杂色】命令，打开"添加杂色"对话框，设置"数量"为60%，选中"高斯分布"单选项并勾选"单色"复选框，如图11-102所示，然后单击 确定 按钮。

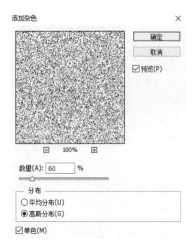

图11-102

5 选择【滤镜】/【模糊】/【高斯模糊】命令，打开"高斯模糊"对话框，设置"半径"为2，单击 确定 按钮；再选择【滤镜】/【扭曲】/【波纹】命令，打开"波纹"对话框，在"大小"下拉列表框中选择"中"选项，单击 确定 按钮。

6 选择"图层1"图层，按住Ctrl键不放，单击"COOLIE"图层的图层缩览图，以载入文字选区，然后单击"图层"面板底部的"添加图层蒙版"按钮 创建图层蒙版，如图11-103所示。

图11-103

7 设置"图层1"图层的"混合模式"为"叠加"，选择"COOKIE"图层，在其上单击鼠标右键，在弹出的快捷菜单中选择"混合选项"命令，打开"图层样式"对话框，选择"斜面和浮雕"样式，选择"样式"为"内斜面"，"方法"为"平滑"，设置"深度""大小""软化"分别为184、13、9；选择"高光模式"为"叠加"，设置高光颜色

为白色，"不透明度"为100%；选择"阴影模式"为"正片叠底"，设置阴影颜色为棕色（R169，G92，B40），"不透明度"为75%。

8 继续在"图层样式"对话框中选择"内阴影"样式，选择"混合模式"为"正片叠底"，设置颜色为棕色（R132，G47，B13），"角度"为75，"距离"为7，"阻塞"为0，"大小"为9，效果如图11-104所示。

图11-104

9 继续在"图层样式"对话框中选择"颜色叠加"样式，选择"混合模式"为"正常"，设置颜色为橙黄色（R233，G178，B119）。

10 继续在"图层样式"对话框中选择"投影"样式，设置"不透明度"为24%，取消勾选"使用全局光"复选框，设置"角度""距离""扩展""大小"分别为-120、4、0、10。

11 单击 确定 按钮，返回图像编辑区查看效果，如图11-105所示。按Ctrl+S组合键保存文件，并设置"文件名"为"饼干文字"。完成本例的制作。

图11-105

11.3.9 其他滤镜组

其他滤镜组主要用于修饰图像的细节部分，还可以自主创建特殊效果滤镜。选择【滤镜】/【其他】命令，在弹出的子菜单中选择需要的命令。

1. 高反差保留

"高反差保留"滤镜可删除图像中色调变化平缓的部分，保留色彩变化最大的部分，使图像的阴影消失而亮点突出。

图11-106所示为"高反差保留"对话框，"半径"文本框用于设置高反差保留的像素范围，数值越大，保留原图像的像素越多。

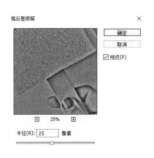

图11-106

2. 位移

"位移"对话框如图11-107所示，在其中可通过设置"水平"和"垂直"的数值来偏移图像，偏移后留下的空白可以使用当前的背景色填充、重复边缘像素或折回边缘像素进行填充。

图11-107

"位移"对话框中主要选项的作用如下。

● 水平：用于设置图像像素在水平方向移动的距离。数值越大，图像的像素在水平方向上移动的距离越大。

● 垂直：用于设置图像像素在垂直方向移动的距离。数值越大，图像的像素在垂直方向上移动的距离越大。

● "未定义区域"栏：用于设置偏移后空白处的填充方式。选中"设置为背景"单选项，将以背景色填充空缺部分；选中"折回"单选项，可在图像边界不完整的空缺部分填充扭曲边缘的像素颜色；选中"重复边缘像素"单选项，可在空缺部分填充重复的边缘像素。

3. 自定

"自定"滤镜可创建自定义滤镜效果，如锐化、模糊和浮雕等。图11-108所示为"自定"对话框，其中有一个5×5的文本框矩阵，最中间的文本框代表目标像素，其余的文本框代表目标像素周围相对应位置上的像素；在"缩放"文本框中输入一个值后，将以该值去除计算中包含像素的亮度部分；在"位移"文本框中输入的值则与缩放计算结果相加。

图11-108

4. 最大值

"最大值"滤镜可用于强化图像中的亮部色调，削减暗部色调。图11-109所示为"最大值"对话框，其中"半径"文本框用于设置图像中亮部区域的明暗程度。

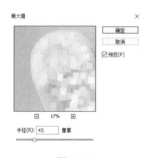

图11-109

5. 最小值

"最小值"滤镜的功能与"最大值"滤镜的功能相反，用于削减图像中的亮部色调。图11-110所示为"最小值"对话框，其中"半径"文本框用于设置图像暗部区域的范围。

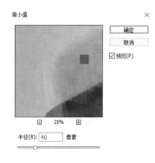

图11-110

11.4 使用滤镜插件

在制作一些比较特殊的效果时，如果自带的滤镜无法满足用户的创作需要，就可以使用滤镜插件，即外挂滤镜。滤镜插件种类繁多且应用广泛，可以完成Photoshop CS6自带滤镜无法完成的效果。

11.4.1 KPT系列外挂滤镜

很多制作商都制作了效果各异的滤镜插件，KPT系列外挂滤镜便是其中的佼佼者。该系列滤镜包括KPT3、KPT5、KPT6和KPT7多个版本，每个版本都具有不同的特有功能，而不只是简单的版本升级。

● KPT3：包含19种滤镜，可制作减半效果、三维图像、添加杂质和材质等。

● KPT5：包含10种滤镜，可制作3D按钮、泡沫、雨滴、羽毛等效果。

● KPT6：包含均衡器、凝胶、透镜光斑、天空特效、投影机、黏性物、场景建立、湍流等10种滤镜。

● KPT7：包含墨水滴、闪电、流动、撒播、高级贴图、渐变等滤镜。

11.4.2　Mask Pro抠图插件

Mask Pro抠图插件用于人物抠图，可以对复杂的图像，如毛发轻松地进行抠取，是影楼和广告设计师常用的滤镜插件。

11.5　综合实训：制作水墨风画展海报

水墨画是由水和墨调配成不同深浅的墨色所画出的画，水墨和宣纸的交相渗透呈现出不同层次，别有一番"墨韵"。水墨画的风格能为海报增添近处写实、远处抽象、色彩微妙、意境丰富的效果。

水墨画是中国传统绘画艺术特有的一种形式，常利用墨汁的浓淡来表现物体的远近、疏密。虽然颜色并不丰富，但是墨汁的浓淡晕染却能给人一种安静幽远的意境。水墨风在广义上可指一切仿中国画的设计效果，包括黑白和彩色水墨风，可以看作中国风之一。水墨效果的山水照片脱胎于中国山水画，讲究虚实结合、墨色浓淡变化和构图留白。

设计素养

11.5.1　实训要求

某会展中心近期将举办中国画展览，现要求制作一份海报，用于吸引观众。在制作前，主办方提供了活动的时间、地点、"山水"照片等内容，要求海报要体现活动信息，并突出国风视觉效果、具备艺术欣赏性。尺寸要求为：宽度为60厘米，高度为80厘米。

11.5.2　实训思路

（1）本海报需要展示的信息较少，主要通过视觉设计体现海报的艺术欣赏性，突出画展的艺术氛围。设计人员可以借助Photoshop CS6中的滤镜制作水墨风的视觉效果，并重点突出画展的名称。

（2）本例海报的标题文案可以在海报背景空白处突出展示，其他说明性文案可以在海报左右两侧展示。文案字体需要简洁易读，帮助观众快速获取画展相关信息。

（3）色彩在海报设计中的作用较为重要，能够使作品具有视觉冲击力。本例海报与中国画展览相关，可以采用中国画中淡雅的水墨色为主色调。

（4）结合本章所学的滤镜的知识，将"山水"照片转换为水墨风效果，并绘制装饰，添加文字，提高画面的美观度。

本例完成后的参考效果如图11-111所示。

图11-111

11.5.3　制作要点

知识要点　各种滤镜、图层的混合模式、图像调色技术的使用

配套资源　素材文件\第11章\山水.jpg、装饰.psd
效果文件\第11章\水墨效果.psd、画展海报.psd

扫码看视频

本例主要包括制作水墨效果、添加装饰和文字两个部分，其主要操作步骤如下。

1 打开"山水.jpg"素材文件，如图11-112所示。复制"背景"图层，得到"图层1"图层，并将该图层去色。

2 复制"图层1"图层，选择【滤镜】/【风格化】/【查找边缘】命令，设置复制后图层的"混合模式"为"叠加"，效果如图11-113所示。

图11-112　　　　　　　图11-113

3 复制"背景"图层，将得到的"背景 副本"图层移至"图层"面板顶层，对其使用"方框模糊"和"表面模糊"滤镜，然后设置该图层的"混合模式"为"正片叠底"，制作出彩色水墨晕染的效果，如图11-114所示。

4 盖印图层，得到"图层2"图层，此时发现水墨效果的阴影过重、细节不明显，可使用"阴影/高光""曲线"等命令对其进行调色处理，效果如图11-115所示。

5 调色后的图像色调偏黄、色彩不鲜明，可为其添加"自然饱和度""曝光度"等调整图层。

6 盖印图层，重命名盖印后的图层为"水墨效果"，按Ctrl+S组合键保存文件，并设置"文件名"为"水墨效果"。

图11-114　　　　　　　图11-115

7 新建一个名称为"画展海报"、大小为"宽度60厘米、高度90厘米"、分辨率为"100像素/英寸"、CMYK模式的图像文件，将"水墨效果"图层拖入其中，调整其大小和位置，效果如图11-116所示。

8 打开"装饰.psd"素材文件，将其中所有内容拖入"画展海报.psd"图像文件中，调整其大小和位置，效果如图11-117所示。按Ctrl+S组合键保存文件，完成本例的制作。

图11-116　　　　　　　图11-117

巩固练习

1. 制作风景油画

本练习要求将一张风景照片制作成油画效果。制作时，可使用"油画"滤镜、"浮雕效果"滤镜、"查找边缘"滤镜等来完成，完成后的效果如图11-118所示。

配套资源　素材文件\第11章\巩固练习\风景.jpg
效果文件\第11章\巩固练习\风景油画.psd

图11-118

2. 制作旅行海报

本练习将根据提供的成都风景图像和海报背景素材制作旅行海报。制作时，可使用滤镜库调整图像效果，再将图像移动到海报背景中，完成后的效果如图11-119所示。

 素材文件\第11章\熊猫.jpg、成都素材.psd
效果文件\第11章\旅行海报.psd

图11-119

3. 制作光斑效果

本练习将为提供的数码照片制作光斑效果。制作时，可使用"光圈模糊"滤镜在数码照片中设置焦点及其大小和形状，并设置焦点区域外的模糊数量和清晰度等参数，从而制作出散景虚化的光斑效果。另外，还可结合画笔工具和图层的混合模式绘制更多光斑。本练习制作前后的对比效果如图11-120所示。

 素材文件\第11章\礼物.jpg
效果文件\第11章\光斑效果.psd

图11-120

 技能提升

Digimarc滤镜组的功能主要是让用户查看或添加图像中的版权信息。

● "读取水印"滤镜：用于阅读图像中的数字水印内容。当图像中含有数字水印效果时，图像编辑区的标题栏和状态栏上会显示©符号。选择【滤镜】/【Digimarc】/【读取水印】命令，系统会对图像内容进行分析，并找出内含的数字水印数据。如果找到了ID及相关数据，用户就可以连接到Digimarc公司的Web站点，依据ID号码找到作者的联络资料以及租片（租用这个拥有著作权的图像）费用等。如果在图像中找不到数字水印效果，或者数字水印已因过度编辑而损坏，则会出现提示对话框，告知用户该图像中没有数字水印或水印已经遭受破坏的信息。

● "嵌入水印"滤镜：可在图像中加入著作权信息。这种水印将以杂纹的形式被添加到图像中，肉眼不易察觉，但它可以在计算机中或在印刷出版物上永久性地保存。"嵌入水印"滤镜只适用于CMYK、RGB、Lab或灰度模式图像。选择【滤镜】/【Digimarc】/【嵌入水印】命令，打开"嵌入水印"对话框。如果是第一次使用嵌入水印滤镜，可以先注册个人Digimarc标识号，然后设置图像创建的年度标识，以便将其以水印方式嵌入图像中。

图像自动化处理
与打印

用户通过Photoshop CS6中的自动化功能可以对图像进行批处理操作，从而提高工作效率。制作完的图像，用户还可以根据不同用途将其输出。本章将讲解图像自动化处理和输出的相关知识与操作，包括印刷流程、打印输出图像的方法等。

知识目标

- 认识"动作"面板
- 掌握录制与编辑动作的方法
- 了解外部动作的载入
- 掌握批处理图像的方法
- 了解图像的输出与打印

能力目标

- 能够使用动作为照片调色
- 能够使用外部动作制作企业画册内页
- 能够通过批处理为照片添加卡角
- 能够打印邀请函封面

情感目标

- 提高图像处理效率
- 储备设计印刷相关知识，成长为一名专业的设计人员

12.1 使用动作自动处理图像

动作是Photoshop CS6中的一大特色功能，通过它可以快速地对不同图像进行相同的图像处理，简化重复性操作。动作会将不同的操作、命令及命令参数记录下来，以一个可执行文件的形式存在，供用户对其他图像执行相同操作时使用。下面将讲解创建与编辑动作的方法。

12.1.1 认识"动作"面板

"动作"面板可以用于创建、播放、修改和删除动作。选择【窗口】/【动作】命令，可打开图12-1所示"动作"面板，在其中可以进行动作的相关操作。在处理图像的过程中，用户的每一步操作都可看作一个动作，如果将若干动作放到一起，就形成了一个动作序列。

图12-1

"动作"面板中主要选项的作用如下。

● 动作序列：也称动作组。Photoshop CS6中提供了"默认动作""图像效果""纹理"等多个动作序列，每一个动作序列中又包含多个动作。单击"展开动作"按钮 ▶，可以展开动作序列或动作的操作步骤及参数设置；单击 ▼ 按钮，可折叠动作

序列。

● 动作名称：每一个动作序列或动作都有一个名称，以便用户识别。

● "停止播放/记录"按钮 ■：单击该按钮，可以停止正在播放的动作，或在录制新动作时暂停动作的录制。

● "开始记录"按钮 ●：单击该按钮，可以开始录制一个新的动作。在录制的过程中，该按钮将显示为红色。

● "播放选定的动作"按钮 ▶：单击该按钮，可以播放当前选定的动作。

● "创建新组"按钮 ▭：单击该按钮，可以新建一个动作序列。

● "创建新动作"按钮 ▭：单击该按钮，可以新建一个动作。

● "删除"按钮 ▥：单击该按钮，可以删除当前选定的动作或动作序列。

● ✔按钮：若动作组、动作和命令前显示有该图标，表示这个动作组、动作和命令可以执行；若动作组、动作和命令前没有该图标，表示这个动作组、动作和命令不能被执行。

● ▢图标：✔按钮后的▢图标，用于控制当前所执行的命令是否需要打开对话框。当▢图标显示为灰色时，表示暂停要播放的动作，并打开一个对话框，用户可在其中进行参数的设置；当▢图标显示为红色时，表示该动作的部分命令中包含了暂停操作。

> **技巧**
>
> 单击"动作"面板右上角的 ▤ 按钮，在弹出的快捷菜单中选择"按钮模式"命令，可将"动作"面板中的动作转换为按钮状态，如图 12-2 所示。
>
>
>
> 图12-2

12.1.2 使用与录制动作

Photoshop CS6的"动作"面板中预置了命令、图像效果和处理等若干动作组。将动作载入"动作"面板中，然后播放该动作即可编辑当前图像。

1. 使用动作

单击"动作"面板右上角的 ▤ 按钮，在弹出的快捷菜单中选择其中一个命令即可载入相应的动作组，如图12-3所示。打开准备处理的图像文件，在"动作"面板中选择需要的动作，然后单击 ▶ 按钮即可实现动作的播放操作，如图12-4所示。

图12-3   图12-4

2. 录制动作

打开要制作动作范例的图像文件，切换到"动作"面板，单击面板底部的"创建新组"按钮 ▭，打开图12-5所示"新建组"对话框，单击 确定 按钮，即可创建一个新的动作组。单击面板底部的"创建新动作"按钮 ▭，打开"新建动作"对话框进行设置，如图12-6所示。

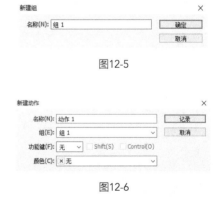

图12-5

图12-6

"新建动作"对话框中主要选项的作用如下。

● "名称"文本框：在文本框中输入新动作名称。

● "组"下拉列表框：单击右侧的 ▽ 按钮，在弹出的下拉列表框中选择放置动作的动作序列。

● "功能键"下拉列表框：单击右侧的 ▽ 按钮，在弹出的下拉列表框中为记录的动作设置一个功能键，按下该功能键即可运行对应的动作。

● "颜色"下拉列表框：单击右侧的 ▽ 按钮，在弹出的下拉列表框中选择录制动作的颜色标识。

此时根据需要对当前图像进行操作，每进行一步操作都将在"动作"面板中记录相关的操作项及参数，如图12-7所示。记录完成后，单击"停止播放/记录"按钮 ■ 完成操作，创建的动作将自动保存在"动作"面板中。

图12-7

 实战 录制照片调色动作

 知识要点 创建并录制动作

 配套资源 素材文件\第12章\风景.jpg
效果文件\第12章\动作练习.psd

扫码看视频

📋 操作步骤

1 打开"风景.jpg"素材文件，如图12-8所示。下面将对图像进行颜色的调整，并将动作录制到"动作"面板中。

图12-8

2 选择【窗口】/【动作】命令，打开"动作"面板，单击面板底部的"创建新动作"按钮 🔲，打开"新建动作"对话框，设置名称为"风景照调整"，然后单击"记录"按钮，即可创建一个新的动作，进入录制状态，如图12-9所示。

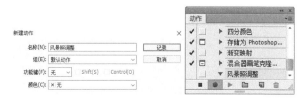

图12-9

3 选择【图像】/【调整】/【曲线】命令，打开"曲线"对话框，调整曲线状态，提高图像亮度和对比度，如图12-10所示，然后单击 确定 按钮。

4 选择【图像】/【调整】/【自然饱和度】命令，打开"自然饱和度"对话框，设置"自然饱和度"和"饱和度"分别为+61、13，如图12-11所示。

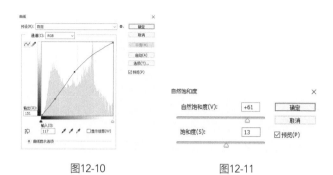

图12-10　　　　　　　图12-11

5 单击 确定 按钮后，将得到调整后的图像。保存图像，单击"停止播放/记录"按钮 ■，完成动作的录制，而"动作"面板中将显示记录的操作状态，如图12-12所示。

图12-12

6 打开其他需要处理的图像，选择录制的动作，单击"播放选定的动作"按钮 ▶，即可对其使用相同的操作。

12.1.3　编辑动作

用户录制完动作后，可能会发现录制过程中的一些误操作造成动作不正确的情况。此时，用户并不需要重新录制，而只需对录制完成的动作进行编辑。下面分别对在动作中插入命令、在动作中插入停止操作，重排、复制与删除动作，以及设置动作播放速度的方法进行介绍。

1. 在动作中插入命令

选择需要插入命令的动作，如图12-13所示。单击 ● 按钮，开始记录动作。使用需要插入的命令完成插入操作后，单击 ■ 按钮，停止录制。图12-14所示为在"自然饱和度"

动作后添加"照片滤镜"动作的效果。

图12-13　　　　　　图12-14

2. 在动作中插入停止操作

在动作中插入停止操作可以使动作在播放到这个位置时自动停止，从而使用户有足够时间手动执行无法录制的动作。选择需要插入停止的动作，在"动作"面板中单击 按钮，在弹出的快捷菜单中选择"插入停止"命令，如图12-15所示。打开"记录停止"对话框，在其中输入提示信息，然后勾选"允许继续"复选框，如图12-16所示，单击 确定 按钮即可。

 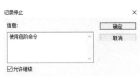

图12-15　　　　　　图12-16

3. 重排、复制与删除动作

有时只需要对动作进行很小的编辑，就能使动作符合需要。编辑动作常用的简单操作有重排、复制和删除等，具体方法如下。

● 重排：在"动作"面板中，可以直接将动作拖曳到同一动作或者另一动作的新位置。图12-17所示为将"照片滤镜"动作移动到"自然饱和度"动作上方。

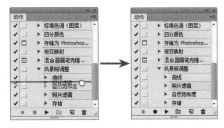

图12-17

● 复制：在按【Alt】键的同时移动动作，或将其拖曳到 按钮上。

● 删除：将动作拖曳到 按钮上，或单击"动作"面

板右上角的 按钮，在弹出的快捷菜单中选择"清除全部动作"命令，均可删除所有动作。

4. 设置动作播放速度

有的动作太多，时间太长，会导致不能正常播放，这时可以为其设置播放速度。单击"动作"面板右上角的 按钮，在弹出的快捷菜单中选择"回放选项"命令，打开"回放选项"对话框，如图12-18所示。

图12-18

"回放选项"对话框中主要选项的作用如下。

● 加速：选中"加速"单选项，将以加倍后的速度播放动作。

● 逐步：选中"逐步"单选项，将完成每个动作并重绘图像，然后进入下一个动作。

● 暂停：选中"暂停"单选项，可在其后的文本框中输入Photoshop CS6执行动作的暂停时间。

12.1.4　载入外部动作库文件

Photoshop CS6中的预设动作有限，用户除了可以自己录制动作外，还可以载入外部动作，以便使用。

单击"动作"面板右上方的 按钮，在弹出的快捷菜单中选择"载入动作"命令，打开"载入"对话框，选择需要加载的动作，如图12-19所示。单击"载入"按钮，即可完成动作的载入操作。载入的动作可以通过设计网站进行下载。

图12-19

范例 使用外部动作制作企业画册内页

知识要点 载入动作、播放动作的使用

配套资源 素材文件\第12章\山脉.jpg、风景画色调调整.atn、文字.psd、老鹰.psd 效果文件\第12章\制作企业画册内页.psd

扫码看视频

范例说明

当同时有多幅图像需要进行相同的操作时，可以使用动作命令进行快速处理。本例将制作企业画册内页，要求使用加载的动作命令快速处理其中的图像，并制作特殊边缘效果、添加装饰文字等。

操作步骤

1 打开"山脉.jpg"素材文件，如图12-20所示。下面将通过应用动作来调整图像色调。

图12-20

2 打开"动作"面板，单击面板右上方的 按钮，在打开的快捷菜单中选择"载入动作"命令，如图12-21所示。

3 在打开的对话框中选择"风景画色调调整.atn"，然后单击"载入"按钮，如图12-22所示。将该动作组载入面板中，如图12-23所示。

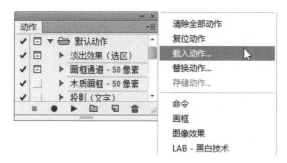

图12-21

图12-22　　　　图12-23

4 选择该组中的"暖色调调整"动作，单击面板下方的"播放选定的动作"按钮 ，即可使用该动作处理图片，如图12-24所示。注意，该处理需要一定的时间。

图12-24

5 新建一个宽度为25厘米、高度为12厘米的图像文件，使用"移动工具" 将调整好的图像拖曳到新建图像文件画面的右侧，适当调整图像大小，效果如图12-25所示。

图12-25

6 新建一个图层，设置前景色为白色，选择"画笔工具" ，在工具属性栏中选择画笔样式为"粗边圆形钢笔"，然后在图像两侧绘制出白色不规则边缘，效果如图12-26所示。

图12-26

7 打开"文字.psd""老鹰.psd"素材文件，使用"移动工具" 分别将其拖曳到画面中，效果如图12-27所示。对于画册内页中需要处理为相同色调的图像，也可以通过该动作进行处理。

图12-27

小测 载入外部动作制作拼贴图像

配套资源 \ 素材文件 \ 第 12 章 \ 城市 .jpg、拼贴 .atn
配套资源 \ 效果文件 \ 第 12 章 \ 制作拼贴图像 .psd

- - - - - - - - - - - - - - - - - - - -

本例将提供一个"拼贴"动作，将其载入"动作"面板中，然后快速将图像制作成拼贴效果，其参考效果如图 12-28 所示。

图12-28

12.2 批处理图像

在Photoshop CS6，中除可使用动作快速处理图像外，还可通过"批处理"命令对图像进行快速处理。但二者有所区别，动作是根据实际情况录制的动作组，而"批处理"命令则是有明确作用的操作。

12.2.1 批处理图像

若要使用动作对一个文件夹下的所有图像进行相同处理，可通过"批处理"命令来完成。选择【文件】/【自动】/【批处理】命令，打开图12-29所示"批处理"对话框。

图12-29

"批处理"对话框中主要选项的作用如下。

- 组：用于设置批处理效果的动作组。
- 动作：用于设置批处理效果的动作。
- 源：在"源"下拉列表框中可以指定要处理的文件。选择"文件夹"并单击 选择(C)... 按钮，可在打开的对话框中选择一个文件夹，批处理该文件夹下的所有文件。
- 覆盖动作中的"打开"命令：勾选该复选框，在批处理时将忽略动作中记录的"打开"命令。
- 包含所有子文件夹：勾选该复选框，可将批处理应用到所选文件夹包含的子文件夹。
- 禁止显示文件打开选项对话框：勾选该复选框，批处理时不会打开选项对话框。
- 禁止颜色配置文件警告：勾选该复选框，将关闭颜色方案信息的显示。
- 目标：在"目标"下拉列表框中可选择完成批处理后文件的保存位置。选择"无"选项，将不保存文件，文件保持打开状态；选择"存储并关闭"选项，可以将文件保存在原文件夹中，并覆盖原文件。单击 选择(H)... 按钮，可指定保存文件的文件夹。

● 覆盖动作中的"存储为"命令：勾选该复选框，动作中的"存储为"命令将会引用批处理文件，而不是动作中自定的文件名和位置。

● 文件命名：将"目标"设置为"文件夹"后，可在该选项组中设置文件的命名规范，以及兼容性。

操作步骤

1 打开"动作"面板，单击右上方的 ▼ 按钮，在弹出的快捷菜单中选择"画框"命令，将"画框"动作组加载到"动作"面板中，如图12-30所示。

图12-30

2 选择【文件】/【自动】/【批处理】命令，打开"批处理"对话框，在其中设置"组"为"画框"，"动作"为"照片卡角"。单击 选择(C)... 按钮，在打开的"浏览文件夹"对话框中选择"原照片"文件夹下的所有文件。在"目标"下拉列表框中选择"文件夹"选项，单击 选择(H)... 按钮，打开"浏览文件夹"对话框，选择"处理后"文件夹，将处理后的图像存放到新建的"处理后"文件夹中，如图12-31所示。

技巧

在使用"批处理"命令前，用户需自行创建用于保存处理后文件的文件夹。

图12-31

3 单击 确定 按钮，将自动打开"存储为"对话框，在其中设置"格式"为"JPEG(*.JPG;*.JPEG;JPE)"，如图12-32所示，然后单击 保存(S) 按钮。

图12-32

4 使用相同的操作方法，处理剩下的图像。图12-33所示为使用"批处理"命令为图像添加照片卡角的效果。

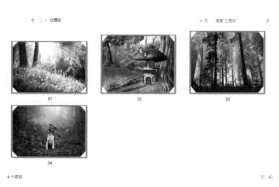

图12-33

12.2.2　快捷批处理图像

快捷批处理是一个能够快速完成批处理的小程序，可简化批处理的操作方式。选择【文件】/【自动】/【创建快捷批处理】命令，打开图12-34所示"创建快捷批处理"对话框。其使用方法与"批处理"对话框的使用方法类似，选择一个动作后，在"将快捷批处理存储为"栏中单击"选择"按钮，打开"存储"对话框，在其中设置创建快捷批处理的名称和保存位置。完成创建后，在创建位置将出现一个  形状的可执行程序图标。此时，用户只需将图像或文件夹拖曳到该图标上，即可完成批处理。需要注意的是，即使不启动Photoshop CS6，也能快捷批处理图像。

图12-34

12.3　图像的输出与打印

制作好图像后，有时还需要对图像进行输出与打印，这就需要熟悉印刷相关知识，并掌握打印过程中的参数设置，从而得到理想的输出效果。

12.3.1　了解印刷图像流程

印刷指通过大型的机器设备将图像快速并大量输出到相应的介质上，是广告设计、包装设计、海报设计等作品的主要输出方式。当需要大量输出图像时，就可以使用印刷输出，这样不但能降低成本，还能节约时间。

印刷图像的基本流程是：先将作品以电子文件的形式打样，以便了解设计作品的色彩、文字字体、位置是否正确；

待样品校对无误后送到输出中心进行分色处理，得到分色胶片；最后根据分色胶片进行制版，将制作好的印版装到印刷机上，即为"装机"，完成后便可开始印刷。其具体流程如图12-35所示。

图12-35

12.3.2　图像印刷前的准备工作

有的图像在制作完成后还需要进行输出设置，所以在制作时一定要按图像输出要求对其进行编辑，并了解相关知识，否则在后期打印或印刷时可能会出现问题。

1．选择图像颜色模式

在对图像进行印刷前，为了使印刷出的颜色和预想的颜色相同，需要先将图像的颜色模式转换为CMYK模式，否则会因为颜色模式的不同产生更多色差。

2．选择图像分辨率

分辨率直接影响着图像的清晰度，但分辨率越大，又会使图像文件体积越大。一般在进行印刷前，只需将图像的分辨率保持在300像素/英寸即可，最低不要低于250像素/英寸。因为人的肉眼的极限分辨能力是300像素/英寸，即当分辨率超过300像素/英寸时，人眼将无法分辨更加清晰的图像。

3．选择图像输出格式

不同的图像文件格式适用于不同的应用领域。在为编辑好的图像设置输出格式时，应根据图像的使用方向并结合各种图像格式的特性进行选择。在不强调图像清晰度时，一般网络上的图像会选择.gif、.png格式。在输出矢量图像并对清晰度等有要求时，则可考虑使用.eps这种通用格式。在输出位图且对图像清晰度有一定要求时，可使用.jpg、.jpeg格式，这类格式的图像文件体积并不大，且满足一般印刷输出的需要，是图像输出的常用格式。在需要输出高清晰的位图时，一般会选择.tif、.tiff格式，这类格式的图像文件体积较大。

4．识别图像色域范围

在印刷前，用户还需对图像使用的色域范围进行确认，否则在印刷时，采用的色域不同可能会造成颜色丢失的情况，从而影响到图像的印刷效果。

5．提交相关文件

在印刷之前，应把所有与设计有关的图像文件、设计软件中使用的素材文件准备齐全，一并提交给印刷厂商。如果作品中运用了某种特殊字体，应准备好相应的字体文件，在制作分色胶片时提供给印刷厂商。当然，除非必要，一般不使用特殊字体。另外，如果使用了不能显示的非输出字体，也不能正常输出。

12.3.3　打印基本选项设置

在打印图像前，需要先进行页面设置，然后进行打印预览，最后打印图像。若遇到特殊打印要求，还需要以特殊的打印方式进行打印。选择【文件】/【打印】命令，打开图12-36所示"Photoshop CS6打印设置"对话框，在其中可对打印参数进行设置。

图12-36

打印基本选项设置是对打印机、打印份数、纸张方向和图像的定位与缩放等进行设置，可在"Photoshop CS6打印设置"对话框的"打印机设置"和"位置和大小"栏中进行设置。图12-37所示为"打印机设置"栏；图12-38所示为"位置和大小"栏。

图12-37　　　　　　　图12-38

"打印机设置"和"位置和大小"栏中主要选项的作用如下。

● 打印机：用于选择进行打印的打印机。
● 份数：用于设置打印的份数。
● **打印设置...** 按钮：单击该按钮，在打开的对话框

中可设置打印纸张的尺寸以及打印质量等相关参数。需要注意的是，安装的打印机不同，其中的打印选项也就有所不同。

● 版面：用于设置图像在纸张上被打印的方向。单击 按钮，可纵向打印图像；单击 按钮，可横向打印图像。
● 居中：用于设置打印图像在纸张中的位置，默认在纸张中居中放置。取消勾选该复选框后，就可以在激活的"顶"和"左"数值框中进行设置。
● 顶：用于设置从图像上沿到纸张顶端的距离。
● 左：用于设置从图像左边到纸张左端的距离。
● 缩放：用于设置图像在纸张中的缩放比例。
● 高度/宽度：用于设置图像的尺寸。
● 缩放适合介质：勾选该复选框，将自动缩放图像到适合纸张的可打印区域。
● 单位：用于设置"顶"和"左"数值框的单位。

12.3.4　色彩管理

在"Photoshop CS6打印设置"对话框中，用户可以对打印基本选项进行设置，还可以对打印图像的色彩进行设置。图12-39所示为"Photoshop CS6打印设置"对话框中的"色彩管理"栏。

图12-39

"色彩管理"栏中主要选项的作用如下。

● 颜色处理：用于设置是否使用色彩管理，如果使用色彩管理，则需要确定将其应用于程序中还是打印设备中。
● 打印机配置文件：用于设置打印机和将要使用的纸张类型的配置文件。
● 渲染方法：指定颜色从图像色彩空间转换到打印机色彩空间的方式。

12.3.5　打印输出设置

在"Photoshop CS6打印设置"对话框中，用户可以通过"打印标记"与"函数"栏设置页面标记和其他输出内容。图12-40所示为"打印标记"栏；图12-41所示为"函数"栏。

图12-40　　　　　　　图12-41

"打印标记"和"函数"栏中主要选项的作用如下。

● 角裁剪标志：勾选该复选框，将在图像4个角的位置打印出图像的裁剪标志。

● 中心裁剪标志：勾选该复选框，将在图像4条边线的中心位置打印出裁剪标志。

● 套准标记：勾选该复选框，将在图像4个角上打印出对齐的标志符号，用于图像中分色和双色调的对齐。

● 说明：勾选该复选框，将打印出在"文件简介"对话框中输入的文字。

● 标签：勾选该复选框，将打印出文件名称和通道名称。

● 药膜朝下：由于照片专用打印纸表面覆有药膜，勾选该复选框后，药膜将朝下进行打印，以确保打印效果。

● 负片：勾选该复选框，将按照图像的负片效果进行打印，也就是反相的效果。

● 背景(K)... 按钮：单击该按钮，可以在打开的"拾色器"对话框中设置图像区域外的背景颜色。

● 边界(B)... 按钮：单击该按钮，可以在激活的"边界"对话框的"宽度"文本框中设置边框的宽度，在右侧的下拉列表框中设置宽度的单位。

● 出血... 按钮：印刷装订工艺要求页面的背景色要超出裁切线一段距离，即出血。单击该按钮，可以在打开的"出血"对话框中进行设置。

技巧

完成打印设置后，单击 完成(E) 按钮，可保存打印设置，以便下次进行打印；单击 打印(P) 按钮，将直接进行打印输出。

实战 打印邀请函封面

知识要点 "打印"命令的使用

配套资源 素材文件\第12章\邀请函.jpg

扫码看视频

操作步骤

1 打开"邀请函.jpg"素材文件，如图12-42所示。下面将通过"打印"命令打印该邀请函封面图像。

图12-42

2 选择【图像】/【模式】/【CMYK颜色】命令，在打开的提示对话框中单击 确定 按钮，将图像转换为CMYK颜色模式，如图12-43所示。

图12-43

3 选择【文件】/【打印】命令，打开"Photoshop CS6打印设置"对话框，在"打印设置"栏中选择打印机，将"份数"设置为3，然后单击"版面"右侧的"横向打印纸张"按钮，如图12-44所示。

图12-44

4 单击"位置和大小"栏前的三角形按钮，将其展开，设置"缩放"为110%；单击"打印标记"栏前的三角形按钮，将其展开，勾选"角裁剪标志"复选框，如

图12-45所示。

图12-45

5 单击"函数"栏前的三角形按钮▶，将其展开，在其中单击 出血... 按钮，如图12-46所示。

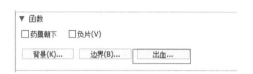

图12-46

6 打开"出血"对话框，在"宽度"文本框中输入"3"，设置"单位"为"毫米"，单击 确定 按钮，如图12-47所示。

图12-47

7 在"Photoshop 打印设置"对话框左侧的预览框内将显示打印预览效果，如图12-48所示。单击 打印(P) 按钮，即可打印图像。

图12-48

12.4 综合实训：打印风景画

将图像处理完成后，可以选择所需输出介质对图像进行打印与输出。为了保证打印质量，在打印图像前一般需要对图像的输出属性进行设置，并进行打印预览。

12.4.1 实训要求

小张最近和家人外出旅游，拍了多张漂亮的风景照片，回家后选择了一张自己满意的照片，想要通过打印输出，放到办公桌上作为装饰。实训要求首先为图像添加一个木质边框，然后在打印图像过程中设置版面为横式，使用A4大小的纸张对图像进行打印。

在打印和印刷图像时，常常会设置出血线，但出血线的边缘一般设置为3毫米，不能过大或过小。而设计人员在设计作品时，应注意主要图像元素和文字都不能太靠近画面边缘处，需要留一定的距离，才能使作品更加美观。

设计素养

12.4.2 实训思路

（1）通过选择预设动作中的画框动作组，找到合适的画框动作，添加到画面中。

（2）按照要求设置"打印"对话框中的各项参数，正确打印图像。

本例完成后的参考效果如图12-49所示。

图12-49

12.4.3 制作要点

 知识
要点 "动作"面板和"打印"命令的使用

 配套
资源 素材文件\第12章\风景画.jpg
效果文件\第12章\打印风景画.psd

 扫码看视频

本例主要包括转换图像颜色模式、播放动作、打印图像3个部分，其主要操作步骤如下。

1 打开"风景画.jpg"素材文件，如图12-50所示。选择【图像】/【模式】/【CMYK颜色】命令，将图像转换为CMYK颜色模式。

图12-50

2 选择【窗口】/【动作】命令，打开"动作"面板，单击面板右上方的 按钮，在弹出的快捷菜单中选择"画框"命令，如图12-51所示。

图12-51

3 在载入的动作中选择"木质画框-50像素"动作，然后单击面板底部的"播放选定的动作"按钮 ，为图像制作木质画框效果，如图12-52所示。

4 效果制作完成后，选择【文件】/【打印】命令，打开"Photoshop 打印设置"对话框，设置页面大小，在左侧预览打印效果，在右侧设置打印参数，如图12-53所示。

图12-52

图12-53

5 完成后，单击 打印(P) 按钮打印图像。

学习笔记

1. 制作柔和图像效果

本练习要求通过"动作"面板中的动作，为照片制作柔和效果。制作时，可选择"图像效果"组中的"柔和分离色调"动作。照片制作前后的对比效果如图12-54所示。

配套
资源　素材文件\第12章\大树.jpg
　　　效果文件\第12章\柔和图像效果.psd

图12-54

2. 打印证件照

本练习将打印人物证件照，要求能够将已经排版好的

照片在A4版面中满版打印，并且需要使用照片专用纸。制作时，首先需要选择符合要求的纸张，然后在打印对话框中设置合适的大小，并做横版打印，效果如图12-55所示。

　素材文件\第12章\证件照.jpg

图12-55

对于图像印刷输出的相关知识了解得越多，越能够制作出符合实际需求的成品。下面将介绍专色设置和色彩模式的转换知识。

1. 印刷中的专色设置

专色指在印刷时，不是通过印刷C、M、Y和K四色合成的颜色，而是专门用一种特定的油墨来印刷的颜色。专色油墨是由印刷厂预先混合好或油墨厂的产品，对于印刷品的每一种专色，在印刷时都有专门的一个色版对应。

使用专色时，通过标准颜色匹配系统的预印色样卡，能看到该颜色在纸张上准确的颜色，如Pantone彩色匹配系统就创建了很详细的色样卡。

对于设计中设定的非标准专色颜色，印刷厂不一定能准确地调配出来，而且在屏幕上也无法看到准确的颜色，所以若不是有特殊需求就不要轻易使用自己定义的专色。

2. 颜色模式转换对图像的影响

图像主要有两大颜色模式：RGB模式和CMYK模式。它们各自有适合的场合，不同的色彩模式会带来不同的效果。当RGB模式与CMYK模式互相转换时，都会损失一些颜色，不过由于RGB模式的色域比CMYK模式更广，所以将当CMYK模式转换为RGB模式时，画面颜色损失较少，在视觉上也很难看出差别。将RGB模式转换为CMYK模式时，丢失的颜色较多，视觉上也能看出明显的差别，此时再将CMYK模式转换为RGB模式，丢失的颜色也不能恢复。

所以，在调整图像颜色之前，首先要确定好作品的用途。如果图像只是在计算机、手机等设备上显示，就可以用RGB模式，这样可以得到较广的色域；如果图像需要打印或者印刷，就必须使用CMYK模式，才能确保印刷颜色与设计时一致。

第 13 章

数码照片处理实战案例

本章导读

前面学习了在Photoshop CS6中进行图形图像绘制，图像颜色调整，以及文字的输入等操作。本章将运用前面所学习的知识，对数码照片进行后期处理，包括商品图片精修、人像精修和婚纱照精修等。

知识目标

- 了解修图的基本行业知识
- 掌握商品图片精修的操作
- 掌握人像精修的操作
- 掌握婚纱照精修的操作

能力目标

- 能够使用多种调色命令对照片进行调整
- 能够使用选区工具框选图像进行操作
- 能够使用图层蒙版合成图像

情感目标

- 培养摄影构图的审美能力
- 提高对摄影、排版的美学修养
- 培养对摄影的兴趣

13.1 商品图片精修

拍摄商品后，还需要对图片进行颜色及细节的调整，才能达到让客户满意的效果。

13.1.1 行业知识

商品图片是消费者对店铺的第一印象。卖家应该在体现商品特点的同时，尽量考虑消费者的心理需求，拍摄一些清晰、准确和美观的图片，然后再适当地进行后期处理，以满足消费者的期待。

1. 商品图片拍摄原则

在拍摄商品时，摄影师需要将相机内的源文件储存设置为RAW格式，还需要对图片的清晰度、画面背景的整洁度、拍摄风格和布光等有全面的了解，以提高照片的质量。一般来说，需要遵循以下拍摄原则。

● 图片清晰：首先要保证图片的清晰度，清晰的图片不仅能吸引消费者的眼球，还能展示商品的细节，从而更加坚定消费者的购买信心。但并不是相机的像素越高，指出的商品图片就越清晰，一般拍摄网店商品图片的相机在400万像素就能基本满足图片清晰的要求。若需要更加高清和高质量的图片，摄影师可根据实际情况选择合适的相机。

● 背景干净：背景是为商品服务的，不宜太过花哨，以免喧宾夺主。干净的背景会让商品更加突出，让画面显得和谐统一。图13-1所示为一张香水产品的摄影图。

图13-1

● 风格统一：在同一页面上，统一的照片风格会使消费者感觉清爽整齐。因此，拍摄时应尽量使用相同的背景、相同的光源、相同的角度和相同的相机摆放位置。

● 打光自然原则：自然的光线是拍照成功的重要因素之一。打光一般采用专业的闪光灯，否则拍摄出的照片会呈现出偏灯光的颜色。常用的布光方式有两侧布光、两侧45°布光、前后交叉布光和后方布光，拍摄出的商品比较自然，也能展示出其质感。图13-2所示为左上方45°有一个主灯作为主光源，右侧再添加一个辅助光源拍摄的效果。

图13-2

2. 商品图片处理基本原则

拍摄好的商品图片并不能完全符合商品展示的需求，还需要将图像导入计算机中，对商品的光泽度、颜色、对比度及质感进行后期处理。

● 商品的颜色需要尽量还原真实颜色，但颜色暗淡的地方需要做细致的色调调整。

● 对于不需要的画面元素应予以删除，并且能够将主体元素抠取出来，以便更好地处理。

● 商品后期设计时，应考虑到与文字的搭配使用效果，尽量留出部分位置，便于设计人员添加文字和其他素材。

● 对于需要上传到网店中的图片，一般有图像尺寸和格式的限定。要求图像大小为120KB以内（不能超过120KB），并且必须是jpg或gif格式。

若图片大小超过120KB，可在Photoshop CS6中打开图片，选择【文件】/【导出】/【存储为Web所用格式】命令，通过调整"品质"参数，将其大小控制在120KB以内。

设计素养

13.1.2 案例分析

近期某珠宝公司准备推出一款檀香木的手珠作为重点宣传产品，要求在拍摄照片时采用暗调和古朴的背景，并且在后期修图和设计时让该产品体现出浓郁的中国风，展现出一种宁神古朴的韵味。

（1）在拍摄产品图片时，摄影师选择了暖色调为主要背景色，并且在图片中增加了一些烟雾围绕在产品周围，但氛围感还不足。在后期处理时，需要让画面色调更加统一，突出手珠图像，并营造出宁静的视觉效果。

（2）加强画面中产品的质感是本例修图的关键。由于木质手珠的光泽度比较弱，所以在后期修图时需要提升明暗对比度，展示出细节部分，让产品的质感更加强烈。

（3）浓郁的色调能够更好地展示产品的特性。本例将适当调整黄色和红色的色彩，使产品更加漂亮，整个画面更加通透。

（4）结合所学的知识，调整并抠取产品图像，与背景图片结合在一起，再添加文字，得到具有艺术气息的宣传画面。

本例完成后的参考效果如图13-3所示。

图13-3

知识要点 图像色调和尺寸的调整

配套资源 素材文件\第13章\手珠.jpg、
黑色背景.jpg、珠子.jpg、文字.psd
效果文件\第13章\商品图片精修.psd

扫码看视频

13.1.3 商品图片调色与美化

打开商品图片后，第一步就是根据商品的特性调整出合适的颜色。

1 打开"手珠.jpg"素材文件，通过观察可以发现，整体画面色调偏暗，重点产品手珠的颜色暗淡，并且没有质感，如图13-4所示。

图13-4

2 首先调整图像的整体明暗度。选择【图像】/【调整】/【曲线】命令，打开"曲线"对话框，在曲线中间单击添加节点，然后按住鼠标左键向上拖曳，将画面整体提亮，如图13-5所示。

3 单击 确定 按钮，得到调整后的图像效果，如图13-6所示。

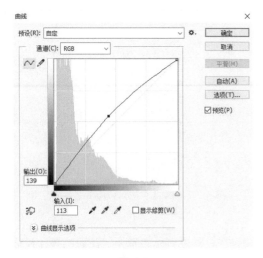

图13-5

图13-6

4 下面调整手珠的颜色，使其看起来更有古韵。选择【图像】/【调整】/【色彩平衡】命令，打开"色彩平衡"对话框，选中"中间调"单选项，然后分别调整三角形滑块，为其添加黄色和红色，将"色阶"设置为+15、3、−12，如图13-7所示。

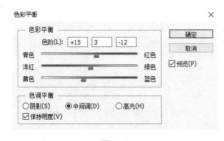

图13-7

5 单击 确定 按钮，得到图13-8所示图像效果，可以看到图像中的色调变得柔和，有一种宁静感。

图13-8

6 选择【图像】/【调整】/【自然饱和度】命令，打开"自然饱和度"对话框，设置"自然饱和度""饱和度"分别为25、+9，单击 确定 按钮，图像效果如图13-9所示。

图13-9

7 调整好图像颜色后，接着为手串添加质感效果。选择"减淡工具" ，在工具属性栏的"范围"下拉列表框中选择"高光"选项，设置"曝光度"为20%，然后对手串上的高光区域做适当的涂抹，如图13-10所示。

图13-10

8 选择"加深工具" ，在工具属性栏的"范围"下拉列表框中选择"高光"选项，设置"曝光度"为50%，对手串上的暗部区域做适当的涂抹，以增强图像质感，如图13-11所示。

图13-11

9 选择【文件】/【打开】命令，打开"黑色背景.jpg"图像，如图13-12所示。

图13-12

10 切换到处理后的"手珠"图像中，使用"移动工具" 将其拖曳到黑色背景左侧，效果如图13-13所示。

图13-13

11 选择"橡皮擦工具" ，在工具属性栏中设置"不透明度"为70%，对手珠边缘做适当的涂抹，擦除部分图像，使其与黑色背景自然融合，效果如图13-14所示。

图13-14

13.1.4 商品图片抠图

当商品图片的背景不适合展示时，可以将商品抠取出来，放到其他背景中。

1 打开"珠子.jpg"素材文件，如图13-15所示。下面将抠取素材中的珠子。

图13-15

2 使用"钢笔工具" 沿珠子外轮廓绘制路径，然后按Ctrl+Enter组合键将路径转换为选区，再按Ctrl+J组合键复制选区中的图像到新的图层，选择背景图层，填充为黑色，如图13-16所示。

图13-16

3 抠取出来的珠子顶部的绳索中还有些许背景图像，选择"魔棒工具" ，在工具属性栏中设置"容差"为20，单击米黄色背景图像获取选区如图13-17所示。按Delete键删除图像，效果如图13-18所示。

图13-17　　　　　　图13-18

4 使用"移动工具" 将抠取出来的珠子拖曳到画面右下方，效果如图13-19所示。

图13-19

5 选择【图像】/【调整】/【亮度/对比度】命令，打开"亮度/对比度"对话框，设置"亮度""对比度"分别为-35、14，适当降低图像亮度，如图13-20所示。

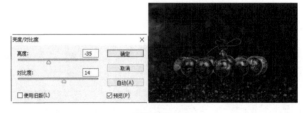

图13-20

6 按Ctrl+J组合键复制一次图层，然后选择【编辑】/【变换】/【水平翻转】命令，将图像向下移动，如图13-21所示。

7 使用"橡皮擦工具" 对下方的珠子图像做适当的擦除，得到投影效果，如图13-22所示。

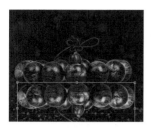

图13-21　　　　　　　图13-22

8 在"图层"面板中设置该图层"不透明度"为70%，效果如图13-23所示。

图13-23

9 打开"文字.psd"素材文件，使用"移动工具" 将其拖曳到画面右侧，效果如图13-24所示。

图13-24

13.1.5　商品图片尺寸修改

完成图像的设计后，还需要按照要求的尺寸对画面大小进行调整。

1 选择【图像】/【画布大小】命令，打开"画布大小"对话框，在"当前大小"栏中可以查看原图像尺寸，在"新建大小"栏中重新设置"宽度"为1650像素、"高度"为703像素，然后将定位设置到左侧中间位置，如图13-25所示。

图13-25

2 单击 确定 按钮，得到调整后的画布效果，如图13-26所示。

图13-26

3 在"图层"面板中选择背景图层，然后选择"矩形选框工具" 框选黑色背景图像，按Ctrl+T组合键对背景图像进行变换，将其拉伸至与背景相同的长度，如图13-27所示。

图13-27

4 适当调整画面右侧的文字和珠子，效果如图13-28所示。按Ctrl+S组合键保存文件，并设置"文件名"为"商品图片精修"。完成本例的制作。

图13-28

图13-29

技巧

素材图像尺寸通常较大，设计人员在制作时可以适当将图像尺寸设置得较大，当完成制作后，再将尺寸调整至适合网络上传的文件大小，这样更能保证图片和文字的清晰度。

● 使用蒙版抠图：使用蒙版抠图可以保留图像的完整性，它通过隐藏不需要的区域使图像整体得到保留，便于随时恢复图像，并对图像进行反复操作。在Photoshop CS6中，蒙版是一种用于遮盖图像的工具，可以将部分图像隐藏起来，从而控制画面的显示内容，这与其他抠图方式有着本质的区别。图13-30所示为使用蒙版抠取人物的图像效果。

图13-30

13.2 人像精修

在日常生活中我们都会拍摄照片，如果想让自己拍摄的人像照片脱颖而出，就需要掌握人像的修饰方法，包括对人物面部、身材及照片整体色调等的调整。

● 使用通道抠图：使用通道抠图是Photoshop CS6中非常实用的功能，可以抠取较为复杂的图像，制作出很多意想不到的效果。在通道中可以通过选择合适的通道，制作出较大色差后进行抠图；也可以使用"通道混合器"调整图像颜色，再抠取图像；还可以使用"应用图像"或"计算"命令，结合"通道"面板来抠取图像。图13-31所示为使用通道抠取人物头发丝前后的对比效果。

13.2.1 行业知识

如果要将拍摄的人像照片中的人物放到其他背景中，就需要对人物进行抠图，其基本操作与抠取物品的操作一致。人像的精修会让人物显得更加精致和高级。

1. 人像抠图技法

抠图是有一定技巧的，应该根据图片的用途及特点选择最佳的抠图方式，使抠取的图形更加精准，便于操作。一般边缘模糊、背景复杂，特别是人像、动物类的毛发等图像，在操作上较为复杂，需要有足够的耐心和一定的技巧。下面介绍3种常用于抠取人像图像的技法。

● 使用工具抠图：对于一些背景不太复杂的图像，可以使用选区类工具，如Photoshop CS6中的"魔棒工具""磁性套索工具""快速选择工具"等。这些工具都对图像边缘具有自动甄别的功能，巧妙运用能够提高抠图效率。图13-29所示为使用"磁性套索工具"和"魔棒工具"抠取人物后的图像效果。

图13-31

2. 人像精修注意事项

对于人像照片，除了进行整体色调的调整外，还应注意磨皮处理、面部瑕疵精修和液化调整。下面将分别进行介绍。

- 磨皮处理：磨皮处理是Photoshop CS6在商业领域运用的一个经典技能，无论是广告修片还是书刊设计、印刷品设计、电商设计、影楼摄影等，都需要对人像进行磨皮处理。人像磨皮的方法主要有"双曲线修图""通道修图""中性灰修图"等，其主要宗旨就是尽量在保留原有人物细节的基础上修补皮肤。大部分要求不太高的磨皮处理，还可以通过"高斯模糊"滤镜或磨皮插件来完成，如使用Portraiture插件，安装好后，选择【滤镜】/【Imagenomin】/【Portraiture】命令，即可进行操作。

- 面部瑕疵精修：磨皮处理完成后，还需要对一些面部瑕疵进行处理，如修复眼袋、雀斑、青春痘及细纹等，这时可以通过仿制图章工具组和修复工具组中的工具灵活处理。

- 液化调整：液化调整除了调整人物姿态外，还有一个最重要的作用就是对人物做瘦身处理，包括为人物瘦脸、调整面部五官比例、瘦腰及调整四肢粗细等。

13.2.2 案例分析

李琳达最近和朋友外出旅游，请摄影师拍摄了很多照片，现在需要选择部分照片进行人像精修，要求对人物进行面部、身材的美化处理，并对照片整体色调做精细的调整。

（1）经过逐一筛选，挑选出拍摄清晰、构图和人物比例正常、颜色较亮丽的人物照片。

（2）分析照片中的色彩，选择合适的风格来调整画面色调。本例中有大面积的橙色、红色和黄色，但由于受太阳光的直射，人物肌肤整体偏红，需要对其进行调整。

（3）调整照片中的明暗对比关系，将较暗的地方适当提亮，将曝光的地方进行修复。

（4）对人物面部五官和皮肤进行精细处理，包括修复瑕疵、磨皮等，再对人物的身材进行液化处理，使其看起来没有臃肿感。

本例完成后的参考效果如图13-32所示。

图13-32

图像色调调整的操作、修复工具的使用

素材文件\第13章\少女.jpg、
白色文字.psd
效果文件\第13章\人像精修.psd

扫码看视频

13.2.3 美颜处理

在拍摄照片时，由于光照直射和物体遮挡，部分图像较亮，但人物面部较暗。下面将先调整画面整体色调，再对人物面部做美颜处理。

1 打开"少女.jpg"素材文件，如图13-33所示。

图13-33

2 选择【图像】/【调整】/【曲线】命令，打开"曲线"对话框，在曲线中间单击添加节点，然后按住鼠标左键向上拖曳，提高图像整体亮度，如图13-34所示。单击 确定 按钮得到调整后的效果，如图13-35所示。

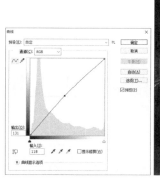

图13-34   图13-35

285

3 下面为人物调整肤色。单击"通道"右侧的三角形按钮，在弹出的下拉列表框中选择"红"通道，如图13-36所示。

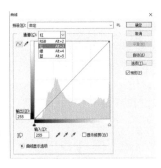

图13-36

4 选择曲线顶部的节点，按住鼠标左键向下拖曳，降低高光里的红色调，如图13-37所示。单击 确定 按钮，人物肤色得到明显的校正，效果如图13-38所示。

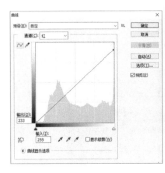

图13-37　　　　　　图13-38

> **技巧**
>
> 人物皮肤在画面中处于亮色调，所以只需选择曲线顶部的节点进行调整即可，如果在曲线中间添加节点，会影响到中间色调区域。

5 下面放大人物面部的痘印进行修复。选择"修复画笔工具" ，按住Alt键单击痘印右侧的皮肤取样，如图13-39所示。然后对痘印进行涂抹修复如图13-40所示。

图13-39　　　　　　图13-40

6 继续使用"修复画笔工具" 对面部细小的痘印进行修复，效果如图13-41所示。

图13-41

7 选择"仿制图章工具" ，在工具属性栏中设置"不透明度"为60%，单击人物眼袋下方的皮肤取样，如图13-42所示。然后对眼袋进行涂抹修复，如图13-43所示。

图13-42　　　　　　图13-43

> **技巧**
>
> 这里设置"仿制图章工具"的参数为60%，保留了部分眼袋纹路，是为了让涂抹之后的眼袋效果更加真实。

8 对左侧的眼袋进行同样的操作。选择眼袋下方的皮肤进行取样，然后对其进行修复，如图13-44所示。

图13-44

13.2.4 磨皮处理

磨皮处理可以使人物变得更加年轻、漂亮，还能提升人物的气质。下面将使用"高斯模糊"命令对人物进行磨皮处理。

1 选择"套索工具" ⚲ ，在工具属性栏中设置"羽化"为5，然后框选人物所有肌肤图像，按Ctrl+J组合键复制一次图层，如图13-45所示。

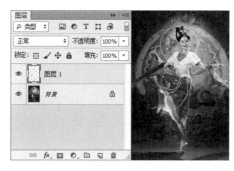

图13-45

2 选择【滤镜】/【模糊】/【高斯模糊】命令，打开"高斯模糊"对话框，设置"半径"为3.0，如图13-46所示。单击 确定 按钮，将得到模糊图像效果。

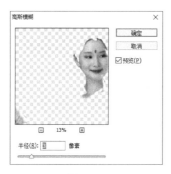

图13-46

3 单击"图层"面板下方的"添加图层蒙版"按钮 ◙ ，然后设置"前景色"为黑色，"背景色"为白色，使用"画笔工具" ✍ 擦除面部五官，得到磨皮效果，如图13-47所示。按Ctrl+E组合键合并图层。

图13-47

技巧

对于面部瑕疵和磨皮的处理，效果都不会特别明显，所以需要反复操作才能得到更好的效果。

13.2.5 液化处理

下面将使用"液化"命令调整人物眼睛，并对人物脸部和身体做瘦身处理。

1 选择【滤镜】/【液化】命令，打开"液化"对话框，窗口左侧将显示预览效果。选择工具箱中的"向前变形工具" ⚲ ，在"工具选项"中设置"画笔大小"为300、"画笔密度"为50、"画笔压力"为20，如图13-48所示。

图13-48

2 在人物面部右侧按住鼠标左键向内拖曳，一步步收缩面部轮廓，如图13-49所示。

3 对人物面部左侧轮廓进行向内拖曳，调整整个脸部大小，如图13-50所示。

图13-49　　　　　　　图13-50

4 选择"膨胀工具" 🔘，在"工具选项"中设置"画笔大小"为50，"画笔密度"为50，"画笔速率"为60，分别单击两侧眼睛，将眼睛调大，如图13-51所示。

图13-51

5 选择"向前变形工具" 🔘，适当调整画笔大小，对人物腰身左侧进行向内拖曳，如图13-52所示。

6 对人物腰身右侧进行向内拖曳，得到瘦身效果，如图13-53所示。

图13-52　　　　　图13-53

7 继续使用"向前变形工具" 🔘 适当调整人物手臂轮廓，将手臂调整得更纤细，单击 确定 按钮，效果如图13-54所示。

图13-54

13.2.6　图像艺术效果处理

修饰好人像照片后，还可以添加边框或文字，得到艺术效果。

1 按Ctrl+J组合键两次，复制两个图层，得到"图层1"和"图层1副本"图层，如图13-55所示。

2 选择"图层1副本"图层，按Ctrl+T组合键，再按住Alt+Shift组合键向中心缩小图像，如图13-56所示。

图13-55　　　　　图13-56

3 选择"图层1"图层，将图层的"不透明度"设置为50%，得到半透明图像效果，然后在背景图层上新建图层，并填充为白色，效果如图13-57所示。

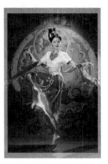

图13-57

4 选择"图层1 副本"图层，选择【图层】/【图层样式】/【外发光】命令，打开"图层样式"对话框，设置"颜色"为白色，其他参数设置如图13-58所示。

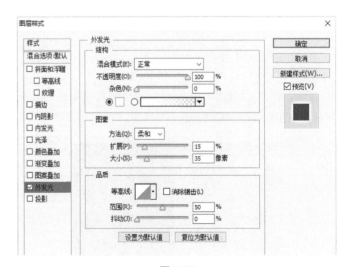

图13-58

5 单击 确定 按钮，得到外发光效果，如图13-59所示。

6 打开"白色文字.psd"素材文件，使用"移动工具" ![移动工具] 将其拖曳到画面下方，如图13-60所示。按Ctrl+S组合键保存文件，并设置"文件名"为"人像精修"。完成本例的制作。

图13-59　　　　　　　　图13-60

13.3 婚纱照精修

> 婚纱照属于商业人像拍摄。随着审美意识的逐渐提高，人们对婚纱照的拍摄和后期处理都有了更高的要求。下面将介绍婚纱照精修的操作。

13.3.1 行业知识

拍摄的婚纱照往往会有较多原片，而修图师会进行初选，将明显有瑕疵的照片删除，如表情怪异、模糊，以及用于测光的照片。接着通过初步后期调色和修饰，也就是我们通常所说的照片初修，之后才能将照片交给客户筛选，然后对筛选后的照片进行精修。

1. 色调调整

调整一张照片的色调往往取决于修图师的设计思路、想表达的感觉，以及客户的要求。通常情况下，修图师会先询问客户所需色调，然后根据客户的要求进行调整。如将一张外景婚纱照调整为小清新色调，可以在调整时降低绿色饱和度，并适当提高绿色和照片整体亮度，达到明亮的淡绿色调。图13-61所示为原照片；图13-62所示为将照片调整成小清新色调后的效果。

图13-61　　　　　　　　图13-62

2. 照片质感修饰

照片中的细节往往最能反映出质感，所以在后期处理时，除了进行色调调整和瑕疵修饰外，还可以对其进行适当的锐化操作，提高图像明暗对比度，突出人物或物体的质感。图13-63所示为原图；图13-64所示为提高图像锐化度和对比度后的效果。

图13-63　　　　　　　　图13-64

13.3.2 案例分析

小玲近期在影楼拍摄了一组婚纱照，她要求除了对人物和色调进行美化处理外，照片还要具有高级感。本例首先将从色调入手，然后调整人物体态和五官，最后添加部分英文文字。

（1）修片之前挑选照片的工作非常重要，挑选拍摄清晰、人物姿势优雅、光照效果较好的照片，能够让后期的修图效果更加出色。

（2）由于婚纱通常较为轻薄，而且大多数为白色，所以在修图时，需要将颜色调整得干净、通透，给人一种纯洁美好的感觉。本例将重点调整图像的亮度，并对图像中的黄色调进行调整，同时去除白纱中的其他颜色。

（3）人像的姿态和身材，也是后期修饰的重点。本例将适当调整模特的腰身和手臂部位，对其进行液化处理。

（4）完成人物和色调的美化后，可以在图像中添加一些文字并进行排版，让照片更具时尚感和艺术观赏性。本例完成后的参考效果如图13-65所示。

图13-65

 知识要点 图像色调调整的操作、"液化"滤镜的使用

 配套资源 素材文件\第13章\婚纱.jpg、艺术字.psd
效果文件\第13章\婚纱照后期处理.psd

扫码看视频

13.3.3 调整色调

婚纱照需要将人物和衣服色调调整得干净、纯洁。下面将对图像色调进行调整。

1 打开"婚纱.jpg"素材文件，可以看到照片整体亮度不够、色调偏黄，如图13-66所示。

2 单击"图层"面板底部的"创建新的填充或调整图层"按钮 ，在弹出的快捷菜单中选择"曲线"命令，如图13-67所示。

图13-66

图13-67

3 选择命令后，打开"曲线"属性面板，在曲线上单击添加节点，然后按住鼠标左键向上拖曳，调整图像中间色调的亮度，如图13-68所示。得到的图像效果如图13-69所示。

图13-68　　　　　　　　图13-69

4 再次单击"创建新的填充或调整图层"按钮 ，在弹出的快捷菜单中选择"色阶"命令，打开"色阶"属性面板，拖曳直方图下方的三角形滑块，提高图像亮部区域和中间区域的亮度，降低暗部区域的亮度，如图13-70所示。得到的图像效果如图13-71所示。

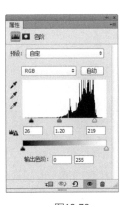 

图13-70　　　　　　　　图13-71

5 为图像添加"色相/饱和度"调整命令，打开"色相/饱和度"属性面板，在"全图"下拉列表框中选择"黄色"选项，如图13-72所示。

6 设置"饱和度"为-46，"明度"为+19，如图13-73所示。

7 为图像添加"可选颜色"调整命令，打开"可选颜色"属性面板，在"颜色"下拉列表框中选择"白色"选项，调整参数，适当增加青色、减少洋红和黄色，如图13-74所示。

图13-72 　　　　　　　　　　图13-73

图13-75 　　　　　　　　　　图13-76

图13-74

图13-77 　　　　　　　　　　图13-78

4 按Alt+Ctrl+Shift+E组合键盖印图层，得到"图层1"图层，如图13-79所示。

5 下面对人物皮肤上的瑕疵进行修复。选择"仿制图章工具" ，按住Alt键单击人物颈部下方的皮肤取样，如图13-80所示。

13.3.4 人像美化

对照片中人物的肌肤、体态及五官比例进行调整，能够让整个人像看起来更加漂亮。

1 选择"套索工具" ，在工具属性栏中设置"羽化"为10，框选人物肌肤得到选区，如图13-75所示。

2 为选区添加"曲线"调整命令，在曲线中间添加节点，然后按住鼠标左键向上拖曳，提高肌肤整体亮度，如图13-76所示。

3 再添加"可选颜色"调整命令，在"白色"选项中设置"洋红"为+5、"黄色"为-15，如图13-77所示。得到的人物肌肤效果更加白皙通透，如图13-78所示。

图13-79 　　　　　　　　　　图13-80

6 取样后，对红斑处进行涂抹，将取样的皮肤覆盖在涂抹处，如图13-81所示。

7 使用相同的方法，对人物面部和颈部的细纹进行修复，如图13-82所示。

图13-81　　　　　　　　图13-82

技巧

在修复人物瑕疵时，可以针对不同的情况，交替使用第5章所学的修复工具组中的工具。

8 选择【滤镜】/【液化】命令，打开"液化"对话框，选择"冻结蒙版工具" ，对人物两侧的头纱纹路进行涂抹，将其冻结起来，如图13-83所示。

图13-83

技巧

这里使用"冻结蒙版工具"是为了避免在后面的液化操作中，将头纱纹路擦变形。如果需要调整冻结后的图像区域，可以使用"解除冻结工具"解除冻结。

9 下面首先来修饰人物的脸型。选择"向前变形工具" ，在右侧"工具选项"中分别设置画笔参数为70、50、5，然后分别在人物面部两侧按住鼠标左键向脸颊内部拖曳，收缩脸部轮廓，如图13-84所示。

图13-84

10 适当向下调整人物左侧眉毛，使其与右侧眉毛高度一致，如图13-85所示。

图13-85

技巧

瘦脸操作通常需要将两腮向内收缩，得到较修长圆润的下巴，也就是人们俗称的鹅蛋脸，这样的脸型更漂亮。

11 选择"膨胀工具" ，在"工具选项"中分别设置画笔参数为50、50、5，在右侧眼睛中间单击两次，将眼睛膨胀，得到更大更圆的眼睛效果，如图13-86所示。

图13-86

12 对左侧眼睛做相同的操作，得到更大更圆的眼睛效果，如图13-87所示。

图13-87

13 修饰完面部图像后，下面来调整人物手臂和身材。使用"向前变形工具" 🖐，对人物左侧肩部和手臂进行向内拖曳，如图13-88所示。

14 再对右侧肩部和手臂做收缩处理，调整过程中注意手臂弯曲部分的赘肉，同样需要做收缩处理，如图13-89所示。

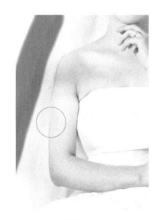

图13-88　　　　　图13-89

15 使用"解冻蒙版工具" 🖌擦除冻结的红色区域。再选择"向前变形工具" 🖐，将"画笔大小"变为700，得到较大的画笔效果，在腰部外侧向内收缩，得到整体瘦身效果，如图13-90所示。单击 确定 按钮，确定操作。

图13-90

16 按Ctrl+J组合键复制一次图层，得到"图层1 副本"图层，如图13-91所示。

17 选择【滤镜】/【模糊】/【高斯模糊】命令，打开"高斯模糊"对话框，设置"半径"为25.0像素，如图13-92所示。

图13-91　　　　　　　图13-92

18 单击 确定 按钮，得到模糊图像效果。在"图层"面板中设置图层的"混合模式"为"柔光"，"不透明度"为60%，得到柔化图像效果，如图13-93所示。

图13-93

19 打开"艺术字.psd"素材文件，使用"移动工具" ➤将其拖曳到画面上方，如图13-94所示。按Ctrl+S组合键保存文件，并设置"文件名"为"婚纱照后期处理"。完成本例的操作。

图13-94

巩固练习

1. 制作口红展示图

本练习将制作一张口红展示图，要求对图像的整体明暗度和颜色进行调整，以体现出商品的特殊质感，然后添加一些艺术文字排列在图像中，其参考效果如图13-95所示。

 素材文件\第13章\口红.jpg、细长文字.psd
效果文件\第13章\制作口红展示图.psd

图13-95

2. 精修艺术写真

本练习将对一张艺术写真照片做精修处理，要求调整画面整体色调，去除图像中的黄色调，使画面显得干净纯洁，再对人物的皮肤做柔化和提亮处理。制作时的对比还应注意调整画面的亮度和对比度。图像调整前后的对比效果如图13-96所示。

 素材文件\第13章\艺术写真.jpg
效果文件\第13章\精修艺术写真.psd

图13-96

技能提升

掌握了数码照片后期处理的基本方法后，还需要对拍摄有更深的了解，包括拍摄前期的构图思路及拍摄时景深的运用。

1. 照片拍摄构图

其实，绘画、摄影、平面设计等艺术类创作在构图上都是相通的，而构图也是在拍摄时需要注意的重要因素。一张普通照片，通过裁剪对其进行二次构图，可以达到化腐朽为神奇的效果。下面将介绍5种常用的构图方式。

● 对角式构图：将主体安排在对角线上可以达到突

出主体的效果，使照片结构平衡稳定、主次分明，从而更加吸引人们的视线，如图13-97所示。

图13-97

● 环形式构图：主体四周呈环形或者圆形可以产生强烈的整体感，常用于表现没有特别强调的主题，而是着重表现氛围的照片，如图13-98所示。

图13-98

● 开放式构图：突破了固定的画面造型的局限性，对画面的审美思维从封闭式向开放式延伸，如图13-99所示。

图13-99

● 正三角式构图：在画面中以3个视觉中心作为三角点，或者三点成一面的三角几何形景物，形成一个稳定的三角形。正三角式构图具有安定、均衡、沉稳的特点，如图13-100所示。

图13-100

● S式构图：景物呈S形曲线，具有韵律感和画面延伸委婉、优美雅致的特点，常用于河流、溪水、曲径、小路等的摄影构图，如图13-101所示。

图13-101

2. 拍摄中的景深效果

在进行拍摄时，调整相机镜头，使与相机有一定距离的景物清晰成像的过程，叫作对焦。而景物所在的点，称为对焦点。因为"清晰"并不是一种绝对的概念，所以在对焦点前、后一定距离内的景物的成像都可以是清晰的，这个前后范围的总和，叫作景深。只要是在这个范围之内的景物，都能被拍摄到。

景深的大小与镜头焦距有关，焦距长的镜头景深小；焦距短的镜头则景深大。同时，景深的大小与相机光圈有关，光圈越小，景深就越大；反之，光圈越大，景深就越小。图13-102所示为拍摄的西瓜饮料，使用景深效果将背景虚化，才能很好地突出主体。

图13-102

第 14 章

平面设计实战案例

本章导读

Photoshop CS6是一款相当强大的图像软件，不仅能处理图像、制作特效，还能直接用于做平面设计，包括招贴设计、广告设计、封面装帧设计和包装设计等。本章将通过多个平面设计实战案例，帮助读者巩固和熟练前面章节所学的知识，并将这些知识灵活运用到各类平面设计中。

知识目标

- 了解招贴的种类与尺寸及其设计表现手法
- 了解灯箱广告的种类与规格及其文案设计
- 熟悉书籍装帧设计要素和一般流程
- 熟悉包装的材料、形态结构及其设计要点

能力目标

- 能够完成"可爱"甜品店招贴设计
- 能够完成"真果乐"饮品地铁灯箱广告设计
- 能够完成"青山绿水"茶叶包装盒设计

情感目标

- 提高平面设计综合实战能力
- 提高平面设计的鉴赏能力

14.1 "可爱"甜品店招贴设计

"招贴"又名"海报"，按其字义解释，"招"是招引注意，"贴"是张贴，"招贴"即"为招引注意而进行张贴"。"可爱"甜品店现准备上新一款甜品，需要设计相应的上新招贴，要求招贴内容要具有吸引力，还要充分展现出新款甜品的信息。

14.1.1 行业知识

在进行招贴设计前，需要先了解招贴的种类与尺寸，并掌握招贴的设计表现手法。

1. 招贴的种类与尺寸

招贴是指张贴于纸板、墙、大木板或车辆上，或以其他方式展示的印刷广告，是户外广告的主要形式，也是广告中较为古老的形式之一。

（1）招贴的种类

根据招贴主题和内容的不同，可以将招贴分为商业类招贴、公益类招贴、文化类招贴3种类型。

● 商业类招贴：商业类招贴多以商品促销、树立品牌形象、宣传活动等为主题，如图14-1所示。

● 公益类招贴：公益类招贴主要以生命、健康等公益性题材为主题，如倡导珍爱生命，拒绝毒品，禁烟、禁酒，交通安全，卫生防疫等，以宣扬社会的新风尚及美德，如图14-2所示。

图14-1

图14-2

● 文化类招贴：文化类招贴主要侧重于表现纯粹的艺术。设计人员根据招贴主题，运用各种艺术手法和绘画语言，充分表达个人独特的想法，如常见的戏剧、音乐、电影、美术展览海报等都属于文化类招贴，如图14-3所示。

图14-3

（2）招贴的尺寸

在国外，招贴的大小有标准尺寸。按英制标准，招贴的最基本尺寸是20英寸×30英寸（508毫米×762毫米），相当于国内对开纸大小。

依照这一基本标准尺寸，招贴又发展出其他标准尺寸：30英寸×40英寸（762毫米×1016毫米）、40英寸×60英寸（1016毫米×1524毫米）、60英寸×120英寸（1524毫米×3048毫米）、6.8英寸×10英寸（172.72毫米×254毫米）和10英寸×20英寸（254毫米×508毫米）。大尺寸是由多张纸拼贴而成的，如最大标准尺寸10英尺×20英尺的招贴是由48张20英寸×30英寸的纸拼贴而成的，相当于我国24张全开纸大小。专门吸引步行者看的招贴一般贴在商业区公共汽车候车亭和高速公路区域，并以40英寸×60英寸大小的招贴为多。而设在公共信息墙和广告信息场所的招贴（如伦敦地铁车站的墙上）以20英寸×30英寸的招贴和30英寸×40英寸的招贴为多。

2. 招贴的设计表现手法

招贴具备视觉设计的绝大多数基本要素，且招贴的设计表现手法比其他媒介更广、更全面，因此掌握这一点非常重要。

● 信息传达准确：招贴主要用于传达信息，无论是公益类招贴、商业类招贴还是文化类招贴，在设计时都要做到言之有物，保证能够将信息准确传递给用户。

● 主题明确，有针对性：不同的招贴主题会有不同的目标用户，因此招贴的主题必须明确，且有一定的意义，这样才会更具针对性，达到招贴目的。

● 内容精练：现代生活节奏加快，用户注视招贴的时间更为短暂，且招贴的空间也是有限的。这些决定了招贴的主体内容需精练简洁、一目了然，避免因内容过于繁杂而分散用户的注意力，从而降低招贴效果。

14.1.2 案例分析

在制作"可爱"甜品店招贴前，需要先根据招贴主题明确主题方案、文案和风格等内容，梳理该项目的设计思路。

1. 主题方案

本案例的主题是"美味一夏"，可根据这一主题并结合"可爱"甜品店和甜品的相关信息设计主题方案。本案例围绕甜品展示、甜品味道等展开联想，从夏日氛围出发展开设计。

2. 文案

根据"美味一夏"的主题并结合"可爱"甜品店的设计要求，本案例可从甜品、夏日两个方面梳理文案。以下为本案例的文案示例。

美味一夏

夏日新风味

酸奶风味的奶油和浓厚的果肉。清爽！！New

3．风格

根据以上主题方案及文案，该招贴的风格设计思路如下。

（1）整体风格

由于该招贴为"可爱"甜品店针对上新的甜品而设计的张贴广告，需要符合甜品店整体清新可爱的风格。设计时可以将上新的甜品放到招贴的中间重点体现，然后搭配其他的甜品和夏日元素进行装饰，在色彩上尽量采用明亮的颜色，增强甜品的吸引力。

（2）排版风格

本案例的排版风格采用对称式，画面中间为主体物，下方为主要文案，上方为次要文案，搭配明亮鲜艳的条纹背景，以装饰元素平衡画面空间，形成不完全对称，活泼感十足，整个排版布局如图14-4所示。

本例完成后的参考效果如图14-5所示。

图14-4　　　　　　　　图14-5

知识要点　滤镜、形状工具组工具、钢笔工具、横排文字工具、调色技术的使用

配套资源　素材文件\第14章\甜品1.jpg、甜品2.jpg、冰淇淋.png、标志.png
效果文件\第14章\招贴.psd

扫码看视频

14.1.3　招贴背景设计

"可爱"甜品店招贴主要是针对实体店，在进行招贴背景设计时，可直接采用简洁的图形和清爽、鲜艳的色彩作为招贴背景，其具体操作如下。

1 新建"宽度"为"500毫米"、"高度"为"700毫米"、"名称"为"招贴"的图像文件。

2 设置"前景色"为米白色（R247，G241，B229），按Alt+Delete组合键填充前景色。按Ctrl+R组合键显示标尺，并从标尺上拖曳一条垂直参考线至图像中央，拖曳水平参考线均匀划分版面，如图14-6所示。

3 选择"矩形选框工具"，按住Shift键不放拖曳鼠标，沿着每条水平参考线绘制矩形选区，如图14-7所示。

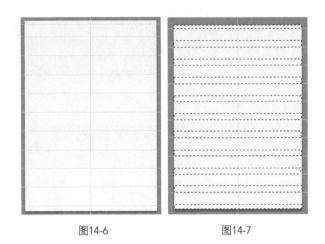

图14-6　　　　　　　　图14-7

4 使用"油漆桶工具"在矩形选区内交错填充黄色（R249，G226，B148）、蓝色（R197，G225，B233），如图14-8所示。选择"矩形选框工具"，按住Alt键不放减去左半边选区，并为右半边选区交错填充蓝色（R197，G225，B233）、黄色（R249，G226，B148），如图14-9所示。

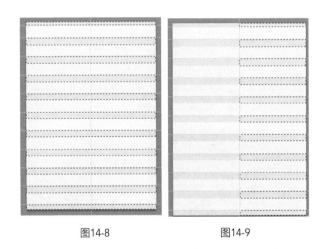

图14-8　　　　　　　　图14-9

5 取消选区并清除所有参考线，选择【滤镜】/【转换为智能滤镜】命令，"背景"图层将转换为"图层0"智能滤镜图层。

6 选择【滤镜】/【滤镜库】命令，打开"滤镜库"对话框，在"纹理"滤镜组中选择"纹理化"滤镜，在右侧设置"缩放""凸现"分别为190、6，单击 确定 按

钮，制作出桌布的效果。

7 设置"前景色"为橙色（R236，G97，B28），选择"椭圆工具" ，按住Shift键不放，在图像编辑区左下角绘制一个正圆；选择"圆角矩形工具" ，在工具属性栏中设置"半径"为10像素，在正圆正上方绘制一个小圆角矩形。

8 按Ctrl+J组合键复制圆角矩形图层，按Ctrl+T组合键使其处于自由变换状态，按住Alt键不放，将圆角矩形控制框中的中心点拖曳至正圆圆心处，如图14-10所示。然后在工具属性栏中设置"旋转"为20°，按Enter键，效果如图14-11所示。连续按16次Shift+Ctrl+Alt+T组合键，使多个圆角矩形环绕正圆，效果如图14-12所示。

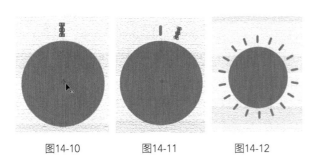

图14-10　　　　图14-11　　　　图14-12

9 打开"甜品1.jpg"素材文件，使用"钢笔工具" 沿着甜品外轮廓创建路径用于抠图，单击工具属性栏中的 选区… 按钮，打开"建立选区"对话框，设置"羽化半径"为2，单击 确定 按钮。按Ctrl+C组合键复制选区内容，切换到"招贴.psd"图像文件，按Ctrl+V组合键粘贴选区内容，调整其大小和位置，然后创建图层蒙版，擦除右半边图像区域，如图14-13所示。

10 使用同样的方法处理"甜品2.jpg"素材文件，但在创建的图层蒙版中需擦除左半边图像区域，如图14-14所示。

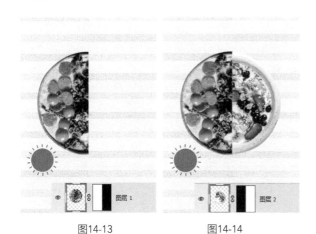

图14-13　　　　　　图14-14

11 双击"图层 1"图层右侧的空白区域，打开"图层样式"对话框，选择"投影"样式，设置"混

合模式"为正片叠底，然后单击右侧的色块，设置"颜色"为蓝色（R30，G110，B152），其他参数设置如图14-15所示，然后单击 确定 按钮。

图14-15

12 在"图层 1"图层上单击鼠标右键，在弹出的快捷菜单中选择"拷贝图层样式"命令。选择"图层 2"图层，在其上单击鼠标右键，在弹出的快捷菜单中选择"粘贴图层样式"命令。

13 置入"冰淇淋.png"图像，调整其位置和大小。选择"钢笔工具" ，设置图14-16所示工具属性参数，沿着冰淇淋轮廓绘制形状，将所得形状图层移至"冰淇淋"图层下方。使用"圆角矩形工具" 在冰淇淋上方绘制3个小圆角矩形，效果如图14-17所示。

图14-16

14 为甜品所在的两个图层创建图层组，为该图层组添加自然饱和度、曲线、可选颜色，调整图层的剪贴蒙版，使甜品效果更具吸引力。置入"标志.png"素材文件，调整其大小和位置，效果如图14-18所示。

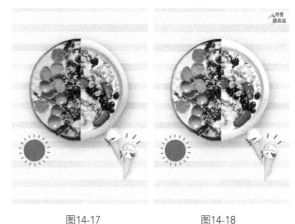

图14-17　　　　　　图14-18

14.1.4 招贴文字与版面设计

完成背景的制作后，还需对文字进行设计，以便用户了解招贴信息，其具体操作如下。

1 使用"横排文字工具" T 在图像编辑区下方输入"美味 夏"文字，打开"字符"面板，设置"字体"为汉仪大黑简，"字距"为150，"颜色"为蓝色（R2，G115，B193），单击"仿粗体"按钮 T 。

2 双击该文字图层右侧的空白区域，打开"图层样式"对话框，选择"描边"图层样式，设置"大小"为12，"位置"为居中，"颜色"为白色；再选择"投影"图层样式，设置"颜色"为黑色，"不透明度"为43%，"角度"为141，取消勾选"使用全局光"复选框，设置"距离""扩展""大小"分别为8、0、70，单击 确定 按钮，效果如图14-19所示。

3 使用"横排文字工具" T 在太阳形状中输入"New"文字，设置"字体"为"Segoe Script"，"颜色"为白色，然后在"字符"面板中单击"仿斜体"按钮 T ，调整英文的大小和位置，效果如图14-20所示。

图14-19　　　　　图14-20

4 选择"自定形状工具" ，在工具属性栏中设置"填充"为橙色（R236，G97，B28），在"形状"下拉列表框中选择"波浪"形状，如图14-21所示。在"味""夏"文字之间的空白区域绘制合适大小的波浪形状，用于表示"一"文字。

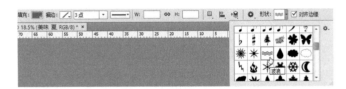

图14-21

5 将"美味 夏"图层样式复制并粘贴到波浪形状图层上，修改"描边"样式的"大小"为9，"位置"为外部，效果如图14-22所示。

6 选择"钢笔工具" ，在工具属性栏中设置工具模式为"路径"，沿着甜品图像上方绘制弧形路径，然后选择"横排文字工具" T ，将鼠标指针移至路径上，当鼠标指针变为 形状时单击确定输入点，输入"夏日新风味"文字，

设置"字体"为汉仪大黑简，"字距"为120，"夏""新""味"文字"颜色"为橙色（R237，G65，B12），"日""风"文字"颜色"为蓝色（R12，G78，B186），如图14-23所示。

图14-22　　　　　图14-23

7 为"夏日新风味"图层添加与波浪形状图层相同的"描边"图层样式。使用"横排文字工具" T 在"夏日新风味"文字左上方输入"夏日酸奶风味的奶油和浓厚的果肉"文字，设置"字体"为方正喵呜体，"大小"为44，"行距"为60，"字距"为−10，"颜色"为蓝色（R12，G78，B186）。

8 在工具属性栏中单击"创建文字变形"按钮 ，打开"变形文字"对话框，设置图14-24所示参数，单击 确定 按钮。

图14-24

9 由于文字变形后，无法应用"仿粗体"按钮 T 加粗，因此可为"夏日酸奶风味的奶油和浓厚的果肉"图层添加"描边"图层样式，设置"大小"为1，"位置"为外部，"颜色"为蓝色（R12，G78，B186），以加粗文字显示。然后适当旋转文字，使其弧度贴合"夏日新风味"中"夏日"文字的弧度，效果如图14-25所示。

10 为了增强文字的活泼感，可使用"钢笔工具" 绘制图14-26所示放射线条形状。

图14-25　　　　　图14-26

11 选择"自定形状工具" ，在工具属性栏中设置"填充"为橙色（R233，G85，B12），在"形

状"下拉列表框中选择"会话1"形状，如图14-27所示。在甜品的右侧绘制形状，并适当旋转，效果如图14-28所示。

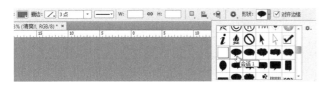

图14-27

12 使用"横排文字工具" T在该形状中输入"清爽！！"文字，设置"字体"为方正喵呜体，"大小"为60，"字距"为0，"颜色"为蓝色（R30，G95，B202），单击"仿粗体"按钮 T，适当旋转文字，效果如图14-29所示。

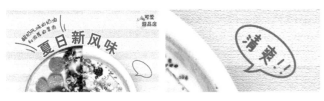

图14-28　　　　　　　　图14-29

13 添加自然饱和度和曲线调整图层，以提高招贴整体的自然饱和度和对比度，效果如图14-30所示。

14 为了提高局部图像区域的亮度，营造光照的效果，可新建图层，设置图层的"混合模式"为"柔光"，选择"画笔工具" ，在工具属性栏中选择"柔边圆"画笔样式，设置"大小"为1500，"颜色"为白色，在甜品图像位置和其左上区域单击并涂抹，效果如图14-31所示。

图14-30　　　　　　　　图14-31

15 按Ctrl+S组合键保存文件，完成本例的制作。

14.2 "真果乐"饮品地铁灯箱广告设计

地铁是一座城市的重要标志，也是日常生活中的重要交通工具。地铁广告在地铁中展现广告内容，更加便于用户接受。下面将为"真果乐"饮品制作地铁灯箱广告，以吸引加盟者，壮大品牌实力，要求该广告需体现品牌的特点，并且需展现饮品特色和加盟渠道。

14.2.1　行业知识

在进行地铁灯箱广告设计前，需要先了解地铁灯箱广告的种类与规格及其文案设计，为后期制作地铁灯箱广告提供理论基础。

1. 灯箱广告的种类与规格

4封灯箱、6封灯箱、12封灯箱、24封灯箱、48封灯箱广告都属于地铁广告中常见的灯箱广告，不同类型的灯箱广告的尺寸大小和安放位置都不同。

● 4封灯箱广告和6封灯箱广告：4封灯箱广告和6封灯箱广告一般位于地铁通道和站点出入口，具有高覆盖力、强视觉冲击力等优势，适合产品短期促销，是增加广告信息展示频次的不错选择。一般4封灯箱广告的尺寸是1米×1.5米，如图14-32所示；6封灯箱广告的尺寸是1.2米×1.8米（参考尺寸，不同站点略有不同）。

图14-32

● 12封灯箱广告：12封灯箱广告大多位于站台、站厅和通道内，具有接触用户时间长、频次高、视觉震撼力强等优势。一般12封灯箱广告的尺寸是3米×1.5米（参考尺寸，不同站点略有不同），如图14-33所示。

● 24封灯箱广告：24封灯箱广告多分布于地铁站厅内，或者地铁换乘通道内，此灯箱广告投放尺寸多为6米×1.5米，是双倍的12封灯箱大小，广告画面更大，视觉效果更强，极具视觉冲击力，如图14-34所示。

图14-33

图14-34

● 48封灯箱广告：48封灯箱广告投放尺寸多为5.9米×2.8米，或者6米×3米（参考尺寸，不同站点略有不同）。

2. 灯箱广告文案设计

地铁灯箱广告因自身的天然优势成为各大企业的广告宠儿，但要想获得预期的广告效果还需要优质的设计，这就要求设计人员充分掌握地铁灯箱广告文案的设计要点。

● 提示性：地铁灯箱广告的目标用户是流动的行人，在设计中就要考虑到用户经过广告的位置、时间。出奇制胜地以简洁的画面和揭示性的形式引起用户注意，才能吸引用户观看广告。所以灯箱广告设计要注重提示性，图文并茂，以图像为主导、文字为辅助。

● 感染力：地铁灯箱广告配以生动的文案设计，能够体现出户外广告的真实性、传播性、说服性和鼓动性特点。另外，文案还应做到言简意赅、易读易记、风趣幽默、有号召力，如图14-35所示。

图14-35

● 简洁性：由于处于流动状态中的用户没有太多时间来阅读广告文案，因此地铁灯箱广告文案需要简洁有力。地铁灯箱广告文案一般以一句话（主题语）醒目地提醒用户，

再附上简短的随文说明。用户对广告宣传的注意值与广告文案的多少成反比，广告文案越简洁，用户的注意值就越高。

14.2.2 案例分析

在制作"真果乐"饮品地铁灯箱广告前，还需要明确主题方案、文案和风格等内容。

1. 主题方案

本广告的主题是"美味加盟"，根据该主题并结合"真果乐"饮品品牌的相关信息，设计主题方案。本案例从"真果乐"的特色饮品展开图像设计，从"美味加盟"展开文案设计。

2. 文案

根据主题方案可以直接采用"美味加盟"作为主要文案，简单直接，符合地铁灯箱广告的设计需求。搭配"真果乐诚邀"、加盟信息及品牌描述文案，更完整地展现出"真果乐"品牌形象。

3. 风格

从主题及文案来看，本案例需要针对"美味加盟"设计排版和色彩风格，设计思路如下。

（1）排版风格

本案例为了达到瞬间吸引用户目光的效果，广告画面以橙色调的特色饮品为视觉中心，搭配新鲜的水果和清新的绿叶装饰，将饮品美味、纯天然、原汁原味的特点体现出来，底部为店面地址和加盟热线，使用户了解品牌信息，方便用户加盟，整个布局如图14-36所示。

图14-36

（2）色彩风格

为了使整个地铁灯箱广告的色彩与品牌颜色一致，可采用橙色为主色调，使整个效果更加和谐统一。

本例完成后的参考效果如图14-37所示。

图14-37

图14-37（续）

知识要点

滤镜、图层样式、图层混合模式、图层蒙版、横排文字工具的使用

配套资源

素材文件\第14章\地铁灯箱广告素材.psd、饮品.png、场景图.jpg

效果文件\第14章\地铁灯箱广告.psd、地铁灯箱广告场景图.psd

扫码看视频

14.2.3 广告背景制作

下面将制作"真果乐"饮品地铁灯箱广告的背景，其具体操作如下。

1 新建"宽度"为"300厘米"、"高度"为"150厘米"、"名称"为"地铁灯箱广告"的图像文件。

2 设置"前景色"为橙黄色（R249，G206，B140），按Alt+Delete组合键填充前景色。

3 新建图层，使用"矩形选框工具" 在底部绘制一个约1/3图像高度的长矩形选区，并填充橙色（R246，G186，B92），效果如图14-38所示。

图14-38

4 新建图层，使用"椭圆选框工具" 在图像编辑区右侧绘制一个正圆，并填充橙色（R245，G162，B38）。

5 打开"地铁灯箱广告素材.psd"素材文件，将"标记""标题框"图层复制到"地铁灯箱广告.psd"图像文件中，调整其大小和位置，效果如图14-39所示。

图14-39

6 设置"前景色"为橙色（R244，G161，B38），分别使用"直线工具" 、"椭圆工具" 、"圆角矩形工具" ，在图像编辑区中标题框的正下方绘制图14-40所示装饰形状。

图14-40

7 将目前所有图层创建为"背景"图层组。

14.2.4 广告图像特效制作

下面将以特色饮品图像为主体，制作动漫手绘风格特效，其具体操作如下。

1 打开"饮品.png"素材文件，按Ctrl+J组合键复制图层。

2 选择【滤镜】/【模糊】/【特殊模糊】命令，打开"特殊模糊"对话框，设置图14-41所示参数，然后单击 确定 按钮。

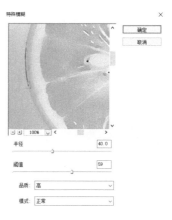

图14-41

3 选择【滤镜】/【滤镜库】命令，打开"滤镜库"对话框，在"艺术效果"滤镜组中选择"绘画涂抹"滤镜，在右侧设置"画笔大小""锐化程度""画笔类型"分别为8、22、简单，单击 确定 按钮，在"图层"面板中设置该图层的"混合模式"为"叠加"，效果如图14-42所示。

4 按Ctrl+J组合键复制底部的原始图像图层，将复制后的图层移至"图层"面板顶层。选择【滤镜】/【滤镜库】命令，打开"滤镜库"对话框，在"艺术效果"滤镜组中选择"木刻"滤镜，在右侧设置"色阶数""边缘简化度""边缘逼真度"分别为8、6、1，单击 确定 按钮，在"图层"面板中设置该图层的"混合模式"为"正片叠底"，效果如图14-43所示。

图14-42　　　　　　图14-43

5 按Ctrl+M组合键打开"曲线"对话框，将曲线调整成图14-44所示，单击 确定 按钮。

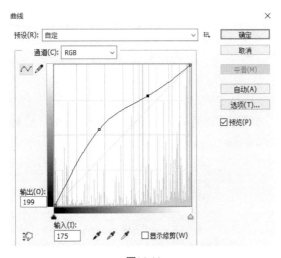

图14-44

6 按Ctrl+J组合键复制底部的原始图像图层，将复制后的图层移至"图层"面板顶层。选择【滤镜】/【风格化】/【查找边缘】命令，提取边缘轮廓。

7 按Shift+Ctrl+U组合键去色，按Ctrl+I组合键反相，设置该图层的"混合模式"为"滤色"，然后按Shift+Ctrl+Alt+E组合键盖印图层，如图14-45所示。

图14-45

8 将盖印后的图层复制到"地铁灯箱广告.psd"图像文件中，调整其大小和位置，效果如图14-46所示。

9 将"地铁灯箱广告素材.psd"素材文件中的"杯口飞溅""草莓""柚子""杯口水果"图层复制到"地铁灯箱广告.psd"图像文件中，调整其大小和位置。

10 此时发现飞溅的果汁图像遮挡了右侧果汁杯口的青柠图像，选择"杯口飞溅"图层，单击"图层"面板底部的"添加图层蒙版"按钮▣，使用"椭圆选框工具"◯为青柠图像创建选区，并填充黑色，在图层蒙版中减去该选区图像，如图14-47所示。

图14-46　　　　　　图14-47

11 将所有饮品和水果所在的图层创建为"饮品"图层组。将"地铁灯箱广告素材.psd"素材文件中的"绿叶"图层复制到"地铁灯箱广告.psd"图像文件中，调整其大小和位置，并在"图层"面板中将该图层移至"饮品"图层组下方，效果如图14-48所示。

图14-48

14.2.5 广告文字特效制作

下面将制作"美味加盟"标题文字特效，并添加适当的描述性文字，其具体操作如下。

1 新建"描述"图层组，选择"横排文字工具" T，设置"字体"为思源黑体 CN，"颜色"为白色，在图像编辑区左上角的标记中输入"真果乐诚邀"文字，在圆角矩形中输入"加盟商轻松开店盈利"文字，在圆角矩形下方输入关于"真果乐"饮品品牌的描述，调整其大小和间距，效果如图14-49所示。

图14-49

2 使用"横排文字工具" T 在图像编辑区中的标题框上分别输入"美""味""加""盟"文字，设置这4个字的"字体"均为方正粗活意简体，调整其大小和位置，效果如图14-50所示。

3 将"标题框"图层的图层样式拷贝并粘贴到"美""味""加""盟"图层上。为"美"图层创建图层蒙版，选择"橡皮擦工具" ，在其工具属性栏中选择"柔边圆"样式，在图像编辑区中擦除蒙版，效果如图14-51所示。

图14-50　　　　　　　图14-51

4 为"盟"图层创建图层蒙版，使用"橡皮擦工具" 在图像编辑区中擦除蒙版，效果如图14-52所示。

5 将"地铁灯箱广告素材.psd"素材文件中的"标题光效"图层复制到"地铁灯箱广告.psd"图像文件中，将其移至图像编辑区中的标题文字上，设置该图层的混合模式为"滤色"。将该图层和标题文字图层创建为"标题"图层组，然后将该图层组移至"绿叶"图层下方，效果如图14-53所示。

图14-52　　　　　　　图14-53

6 创建"加盟信息"图层组，将该图层组移至"图层"面板顶层，在其中新建"底部"图层，使用"矩形选框工具" 在底部绘制一个约1/9图像高度的长矩形选区，并填充白色。

7 将"地铁灯箱广告素材.psd"素材文件中的"二维码占位""电话"图层复制到"地铁灯箱广告.psd"图像文件中，调整其大小和位置，效果如图14-54所示。

图14-54

8 选择"电话"图层，在其上单击鼠标右键，在弹出的快捷菜单中选择"混合选项"命令，打开"图层样式"对话框，选择"样式"为"颜色叠加"，设置"混合模式"为正常，"不透明度"为100%，"颜色"为橙色（R238，G121，B41），单击 确定 按钮。

9 使用"横排文字工具" T 输入加盟热线、店面地址、标语、二维码等文字，设置文字"颜色"为橙色（R238，G122，B41），调整其大小、位置和字距，效果如图14-55所示。

图14-55

10 按Shift+Ctrl+Alt+E组合键盖印图层，按Ctrl+S组合键保存文件。

11 打开"场景图.jpg"素材文件，选择"钢笔工具" ，沿着灯箱位置绘制路径，然后转换为选区，如图14-56所示。按Ctrl+J组合键将选区新建为图层，在图层上方单击鼠标右键，在弹出的快捷菜单中选择"转换为智能对象"命令，将图层以智能对象的方式显示。

12 双击智能对象的图层缩览图，在打开的提示对话框中单击 确定 按钮，进入图像编辑页面。将盖印后的"真果乐"饮品地铁灯箱广告复制到编辑页面

中，调整其大小与位置，然后在其上单击鼠标右键，在弹出的快捷菜单中选择"斜切"命令，调整四个角使其与原始图层的白色区域重合，效果如图14-56所示。

图14-56

图14-57

13 保存图像，返回场景，可发现场景已经发生变化，设置图像的图层"混合模式"为"正片叠底"，效果如图14-58所示。按Ctrl+S组合键保存文件，并设置"文件名"为"地铁灯箱广告场景图"。完成本例的制作。

图14-58

14.3 "青山绿水"茶叶包装盒设计

俗话说，"人要衣装，佛要金装"，产品更需要有一身"好包装"，才能在众多商品中脱颖而出。"青山绿水"茶叶品牌现准备更新其茶叶包装，要求充分考虑到防氧化、防潮、防高温、防阳光直射等因素，同时兼具美观性与实用性。由于茶叶的内包装已经在生产中使用，因此不需要重新制作，现只需制作外部展示包装，该包装需要展示出企业名称、产品信息等。

14.3.1 行业知识

包装指在产品流通过程中保护产品、方便储运、促进销售，按一定技术方法而采用的容器、材料及辅助物等的总体名称。下面分别介绍常见的包装材料、包装形态结构及包装设计要点。

1. 包装材料

材料是包装的物质基础，是实现包装使用价值的客观条件。常用的包装材料有塑料、纸张、木材、纺织品、玻璃、陶瓷、金属、复合材料、纳米材料、阻隔材料、抗静电材料等，其中纸张、塑料、陶瓷、金属及玻璃最为常见。

● 纸张：纸张是最传统和常见的包装材料，如图14-59所示。常见的纸张包装材料有蜂窝纸、纸袋纸、牛皮纸、工业纸板、蜂窝纸板和纸芯等。

图14-59

● 塑料：塑料是日常生活中较常见的包装材料，如图14-60所示。常见的塑料包装材料有聚丙烯（CPP）、聚乙烯（PE）、维尼纶（PVA）、复合袋、共挤袋等。

● 陶瓷：陶瓷包装材料常与其他包装材料联合使用。常见的陶瓷包装材料有粗陶器、精陶器、瓷器、炻器，如图14-61所示。

图14-60

图14-61

● 金属：金属是一种比较传统的包装材料，被广泛应用于工业产品包装、运输包装和销售包装。其种类主要有钢材、铝材、金属箔，如图14-62所示。随着现代金属容器成型技术和金属镀层技术的发展，绿色金属包装材料的开发和应用逐渐成为发展潮流。

图14-62

● 玻璃：玻璃包装材料是指用于制造玻璃容器，满足玻璃产品包装要求所使用的材料，如图14-63所示。常见的玻璃包装材料有普通瓶罐玻璃（主要成分是钠、钙、硅酸盐）、特种玻璃（石英玻璃、微晶玻璃、钠化玻璃）。

图14-63

2. 包装形态结构

在所有包装材料中，纸质材料的柔韧性较强，在纸盒式包装中因其不同的纸质材料穿插方式，往往具有较为复杂的包装形态结构。

（1）管式结构

管式结构是日常生活中较常见的包装形态，食品、日常用品、药品包装多采用这种结构。管式结构一般为单体结构，由盒体、盒盖和盒底3部分组成，盒型呈四边形或多边形。

图14-64所示为国际标准中小型管式纸盒结构的包装标准。

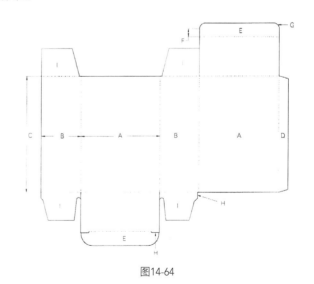

图14-64

● A：代表纸盒的长度，也称纸盒的开口处，是纸盒的第一个尺寸。

● B：代表纸盒的宽度，是纸盒的第二个尺寸。

● C：代表纸盒的深度，也称盒高，是纸盒收纳物品的深度。

● D：代表糊头，是纸盒成型主要的接合部位。糊头的尺寸一般与纸盒的大小成正比，通常是15～20毫米。糊头边糊好后，盒宽的纸边不会从糊头处凸出。

● E：代表插舌，插入盒身或盒底，用于固定盒盖。

● F：代表肩，是盒盖摩擦和受阻力的部分。F值越大，摩擦越多，通常为5毫米。

● G：代表半径，其值为插舌的宽度减去肩的宽度。

● H：代表锁扣，是插舌的锁合处，有公母之分。公锁扣一般比母锁扣小2毫米，以确保锁合后的紧密性。

● I：代表防尘翼，也称摇翼，不仅能防尘，还能提升纸盒的整体强度。防尘翼不能大于纸盒长度的1／2，否则左右两片会重叠在一起。

（2）盘式结构

盘式结构纸盒包装的成型过程中不使用黏合剂，而是利用纸盒本身某些经过特别设计的锁扣结构，使纸盒牢固成型、封合。锁扣的结构类型很多，可按照锁扣左右两端切口形状是否相同将锁扣结构分为互插和扣插。需要注意的是，不管采用哪种锁扣形式，都必须具备易合、易开、不易撕裂的特点。

● 别插组装：别插组装指纸盒包装四周没有粘接和锁合，简单方便，被广泛应用于小型产品包装。

● 锁合组装：锁合组装指纸盒包装四周通过锁合使结构更加牢固。

● 预粘组装：预粘组装指纸盒包装四周通过局部的预粘使组装更简便，也更牢固。

盘式纸盒盒盖的主要结构有罩盖式、摇盖式、抽屉式及书本式等。

● 罩盖式：罩盖式结构指盒体由两个独立盘形结构相互罩盖而成，该结构造型优美、形状简约，常用于服装、鞋帽等产品的包装，如图14-65所示。

图14-65

● 摇盖式：摇盖式结构指在盘式纸盒的基础上延长其中一边设计成摇盖，其结构特征类似管式纸盒结构的摇盖，如图14-66所示。

图14-66

● 抽屉式：抽屉式结构由盘式盒体和盒体外罩两个独立部分组成，其形状类似日常生活中用到的抽屉，如图14-67所示。

图14-67

● 书本式：书本式结构的开启方式与精装图书类似，其摇盖通过附件来固定，如图14-68所示。

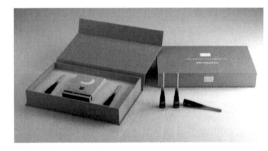

图14-68

（3）特殊形态结构

特殊形态结构是在常用包装结构的基础上演变而成的，设计人员可通过纸创造出有创意的包装。特殊形态包装结构包括变形式、开窗式、手提式、吊挂式等。

● 变形式：变形式结构是由常用包装结构变形而来的，该结构能使整个包装具有趣味性与多变性，如图14-69所示。变形式结构常用于小零食、糖果、玩具等产品的包装，具有制作工艺烦琐、形状多样的特点。

● 开窗式：开窗式结构是指在包装上切出类似"窗口"的透明区域，消费者可通过"窗口"查看产品内容，如图14-70所示。

图14-69

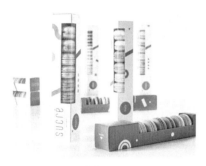

图14-70

● 手提式：手提式结构指在纸盒上方设有手提区域，便于消费者携带产品，如图14-71所示。但要注意产品的体积、重量、材料及提手的构造是否恰到好处，避免消费者在使用过程中损坏产品或损伤手。手提式结构常用于礼盒包装。

图14-71

● 吊挂式：吊挂式结构指在纸盒的上方设有挂孔或挂钩，将产品通过吊挂的方式展现在店铺的醒目位置，便于消费者查看与购买，如图14-72所示。吊挂式结构常用于电池、牙刷、文具、唇膏等小产品的包装。

图14-72

3. 包装设计要点

在进行包装设计时，需要注意以下两点。

● 能准确传达产品信息：包装必须真实准确地传达产品信息。这里的准确并不是指简单地描述产品内容，而是包装与产品相契合。如农夫果园饮品的包装设计，以不同的水果、蔬菜作为包装效果，将饮品的原材料和口味直观地体现出来。

● 具有独特的视觉感受：一款优秀的包装所传达的信息要想被消费者接受，一个重要的前提就是包装效果要具备较强的视觉冲击力。只有独特、鲜明而富有创造性的包装才能给消费者留下强烈的印象，从而更有效地传达出产品信息。

14.3.2 案例分析

根据案例背景，可从整体构思、图形构思、色彩构思和文字构思出发进行案例分析。

1. 整体构思

茶叶包装对防潮、防高温、防阳光直射等方面的要求很高，由于内包装不需要设计制作，为了避免茶叶被损坏，可将"青山绿水"茶叶外部包装分为纸盒包装和纸袋包装两个部分。

● 纸盒包装：纸盒包装用于承装茶叶，是内包装的外部包装，起着保护产品的作用。设计时可采用插口封底的纸盒形式，使包装更具密封性和牢固性，然后通过黏合封口式盒盖使纸盒变得牢固。

● 纸袋包装：纸盒包装虽然便于承装茶叶，但不便于携带，因此可使用牛皮纸制作纸袋包装，便于茶叶的外出携带。

其展开参考图如图14-73所示。

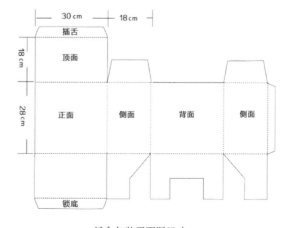

纸盒包装平面图尺寸

图14-73

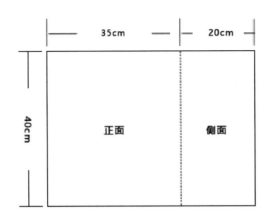

纸袋包装平面图尺寸

图14-73（续）

2. 图形构思

茶文化是中国传统文化之一。为了体现茶叶的淡雅古韵，可采用手绘插画的方式绘制山脉、江水、祥云、窗框、折扇、飞鸟等装饰图形，营造清雅、怡然的氛围，体现出历史悠久、古味悠长的韵味。

3. 色彩构思

为了将"青山绿水"品牌色与中华传统文化相结合，在设计茶叶包装时，可采用茶叶中常见的青色系及传统建筑中常用的棕黄色系进行搭配。以米黄色作为主色，同时为了丰富颜色，可使用邻近色棕色及蓝绿色作为辅助色，使整个包装颜色对比强烈，更具美观性。点缀色主要起美化的作用，使整个包装颜色过渡自然，在色彩的选择上可使用枫叶黄、湖蓝色、白色和深红色等，增强包装的古韵感，其使用的颜色如图14-74所示。

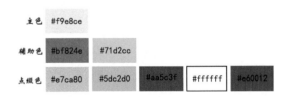

图14-74

4. 文字构思

文字是整个包装不可或缺的部分。为了宣传品牌，可在包装的正面突出显示"青山绿水"文字，同时沿用企业的名称和字体，便于用户识别。

在包装侧面可添加产品介绍，包括产品名称、净重、生产商、保质期、生产日期及产品批号等内容，以便用户了解产品。

本例的参考效果如图14-75所示。

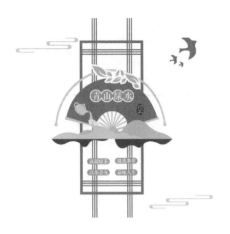

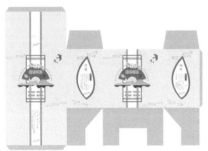

图14-75

设计完包装效果后，还可针对新茶包装设计宣传广告，以"竹叶青 峨眉高山绿茶"为主题，结合绿茶相关背景信息，搭配品茶的场景及茶具，体现出悠然感；右侧为地址和电话，便于消费者了解企业信息和购买新茶。为了使整个广告的色彩与新茶包装颜色一致，可采用绿色为主色调，搭配棕色点缀，使整体效果更加丰富，其参考效果如图14-76所示。

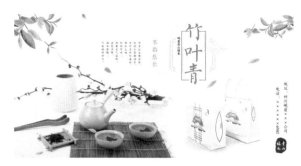

图14-76

 知识要点　插画、平面图、立面图的绘制

 配套资源

素材文件\第14章\包装插画素材.psd、
茶叶包装样机.psd、茶叶包装立体效
果.psd、平面图素材.psd、广告素
材.psd

扫码看视频

效果文件\第14章\包装插画.psd、
包装平面图.psd、茶叶广告宣传.psd

14.3.3　平面图设计

在设计"青山绿水"茶叶包装前，需要先绘制包装中可能用到的插画，再绘制包装平面结构图，包括纸盒平面结构图和纸袋平面结构图，其具体操作如下。

1 新建"名称""宽度""高度""分辨率""颜色模式"分别为"包装插画""1200像素""1120像素""72像素/英寸""RGB颜色"的图像文件。

2 隐藏"背景"图层，然后新建图层，选择"矩形工具" ，在图像编辑区中央绘制一个与画布同样高度的白色矩形，取消描边。

3 继续使用"矩形工具" 绘制一个长方形，设置"填充"为白色，"描边"为"棕色（R191，G130，B78），15点"，效果如图14-77所示。

4 选择"钢笔工具" ，在其工具属性栏的"路径"下拉列表框中选择"形状"选项，取消填充，设置"描边"为"棕色（R191，G130，B78），6点"，在棕色描边矩形中绘制3条直线，效果如图14-78所示。

5 在"图层"面板中选择这3个直线形状图层，按Ctrl+J组合键复制，将复制后的形状移动至棕色描边矩形下半部分，效果如图14-79所示。

6 选择"钢笔工具" ，在工具属性栏的"路径"下拉列表框中选择"形状"选项，取消填充，设置"描边"为"棕色（R191，G130，B78），6点"，绘制垂直方向的、

与画布相同高度的直线，复制并移动直线制作出图14-80所示窗框效果。

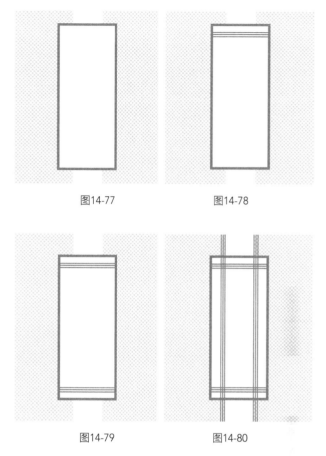

图14-77　　　　图14-78

图14-79　　　　图14-80

7 将以上所有图层创建为"窗框"图层组，新建图层，重命名为"扇面"。选择"钢笔工具" ，绘制扇面轮廓的路径，适当调整路径后，按Ctrl+Enter组合键将路径转换为选区，然后设置"前景色"为棕色（R191，G130，B78），按Alt+Delete组合键填充前景色，效果如图14-81所示。

图14-81

8 新建"扇柄"图层，继续使用"钢笔工具" 绘制扇柄形状，并将其填充为黄色（R231，G202，B128），效果如图14-82所示。

9 新建图层，选择"钢笔工具" ，绘制出山脉形状，并填充为青色（R93，G194，B208），效果如图14-83

所示。使用相同的方法新建图层并绘制山脉、江水形状,分别填充为绿色(R113,G210,B204)、棕色(R170,G92,B63)。

图14-82

图14-83

10 在"图层"面板中调整山脉所在图层的顺序,制作出图14-84所示重叠效果。

图14-84

11 打开"包装插画素材.psd"素材文件,将其中的"茶壶"图层复制到"包装插画.psd"图像文件中,调整其大小和位置,效果如图14-85所示。

图14-85

12 在茶壶所在图层下方新建图层,使用"钢笔工具" 🖉绘制出水流形状,使茶壶倒出的茶水延伸到下方的江水中,按Ctrl+Enter组合键将路径转换为选区。再选择"渐变工具" 🔲,将选区填充为浅绿色(R133,G217,

B209)~绿色(R113,G210,B204),效果如图14-86所示。

图14-86

13 在茶壶所在图层上方新建图层,并向下创建剪贴蒙版,选择"画笔工具" 🖌,设置"前景色"为深绿色(R98,G198,B190),在茶壶底部涂抹出壶底,设置"前景色"为米黄色(R249,G232,B206),涂抹茶杯图像区域,使其更加突出,效果如图14-87所示。

图14-87

14 选择"椭圆工具" ⚪,设置"填充"为蓝绿色(R16,G163,B179),"描边"为"白色,5点",在扇面上绘制一个正圆。

15 按3次Ctrl+J组合键复制正圆,调整其位置使4个正圆在一条直线上水平排列,并分别相交。在"图层"面板中选择这4个正圆图层,在其上单击鼠标右键,在弹出的快捷菜单中选择"合并形状"命令,效果如图14-88所示。

图14-88

16 选择"横排文字工具" 🅣,在正圆上输入"青山绿水"文字,并设置"字体"为方正清刻本悦宋简体,"颜色"为白色,"大小"为50点,"字距"为210,效果如图14-89所示。

17 将"包装插画素材.psd"素材文件中的"印章"图层复制到"包装插画.psd"图像文件中,调整其大小和位置,效果如图14-90所示。

图14-89

图14-90

18 选择"圆角矩形工具" ▢，在工具属性栏中设置"填充"为绿色（R16，G163，B179），取消描边，"半径"为30像素，在江水图像左下方绘制一个圆角矩形。

19 选择"横排文字工具" T，在圆角矩形上输入"高端绿茶"文字，并设置"字体"为方正清刻本悦宋简体，"颜色"为白色，"大小"为28点，"字距"为-25，效果如图14-91所示。

图14-91

20 在"图层"面板中选择圆角矩形和其上方的文字图层，按3次Ctrl+J组合键复制图层，调整复制后图层的位置，并将文字分别修改为"精选茶芽""以茶会友""品味人生"，效果如图14-92所示。

图14-92

21 新建图层，使用"钢笔工具" ✐在扇面图像上方绘制一个装饰弧形，并在弧形两端分别绘制

正圆，均填充为黄色（R231，G202，B128）。

22 新建图层，继续使用"钢笔工具" ✐在图像编辑区右上角绘制大雁形状，将其填充为棕色（R191，G130，B78），效果如图14-93所示。

图14-93

23 将"包装插画素材.psd"素材文件中的"祥云"和"茶叶"图层复制到"包装插画.psd"图像文件中，调整其大小和位置，效果如图14-94所示。

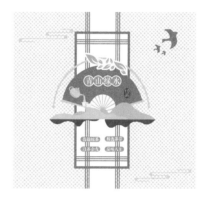

图14-94

24 按Shift+Ctrl+Alt+E组合键盖印图层，便于后期在包装中使用，然后保存文件。

25 新建"大小"为"200厘米×100厘米"、"名称"为"包装平面图"的图像文件。

26 接下来制作纸盒平面图。新建图层，使用"钢笔工具" ✐、"直线工具" ╱、"矩形工具" ▢绘制纸盒的展开效果，其各个部分的具体尺寸如图14-95所示。

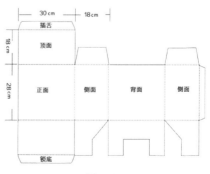

图14-95

27 使用"钢笔工具" 和"矩形工具" 按照尺寸绘制形状，并分别填充为灰色（R197，G196，B196）、米黄色（R249，G232，B206），效果如图14-96所示。

图14-96

28 打开"包装插画.psd"素材文件，将盖印后的图层复制到平面图中，调整其大小和位置，重命名图层为"正面"，按Ctrl+J组合键复制图层，重命名图层为"背面"，调整其大小和位置。若插画周围存在超出平面图尺寸的多余图像，则可添加"图层"蒙版将多余部分删除，如图14-97所示。

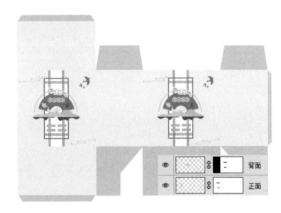

图14-97

29 接下来制作包装右侧面。新建图层，使用"钢笔工具" 绘制茶叶形状，并填充为棕色（R191，G130，B78）。

30 新建图层，在茶叶形状中使用"钢笔工具" 绘制一个更小的茶叶形状，并填充为白色，效果如图14-98所示。

31 打开"平面图素材.psd"素材文件，将祥云、水墨画素材复制到包装侧面图像中，并将水墨画所在图层移动到白色茶叶形状图层上方，为白色茶叶形状图层创建剪贴蒙版。调整素材的大小和位置，效果如图14-99所示。

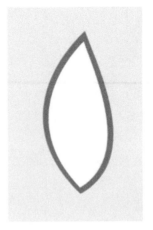

图14-98　　　　图14-99

32 使用"椭圆工具" 绘制一个正圆，设置"填充"为红色（R230，G0，B18），取消描边。按3次Ctrl+J组合键复制正圆，调整其大小和位置。

33 选择"铅笔工具" ，设置"前景色"为绿色（R121，G188，B187），"大小"为1像素，在红色正圆左侧绘制一条竖线，效果如图14-100所示。

34 选择"直排文字工具" ，输入图14-101所示文字，设置"绿茶之味"文字的"字体"为方正清刻本悦宋简体，"颜色"为白色，"大小"为24点，"字距"为-75；设置"清雅"文字的"字体"为方正苏新诗柳楷简体，"颜色"为棕色（R191，G130，B78），"大小"为48点，"字距"为100；设置剩余段落文字的"字体"为方正苏新诗柳楷简体，"颜色"为绿色（R51，G145，B144），"大小"为16点，"行距"为24，"字距"为200，调整文字的位置。

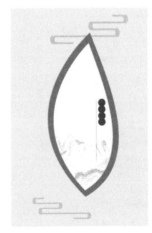

图14-100　　　　图14-101

35 将包装右侧面中的所有图层创建为"右侧面"图层组，按Ctrl+J组合键复制图层组，重命名为"左侧面"，调整其位置。然后将文字分别修改为"绿茶之

气""怡然"，以及与绿茶气味相关的描述段落，效果如图14-102所示。

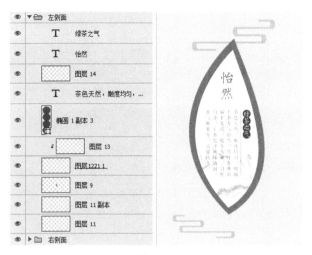

图14-102

36 选择"正面"图层，使用"矩形选框工具" 框选上方的窗框图像，如图14-103所示。

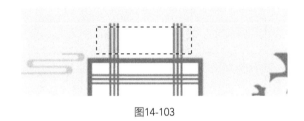

图14-103

37 复制选区中的窗框图像，再粘贴到新图层中。将窗框图像移至包装底面，使其与正面窗框图像无缝衔接，再调整窗框图像的高度，效果如图14-104所示。

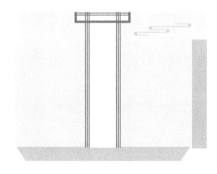

图14-104

38 将"平面图素材.psd"素材文件中的水墨画素材复制到包装底面图像中，调整其大小和位置，并添加图层蒙版删除超出窗框的区域。

39 选择"直排文字工具" ，输入图14-105所示文字，设置"字体"为方正苏新诗柳楷简体，"颜色"为棕色（R191，G130，B78），"大小"为16点，"行距"为24，"字距"为200，调整文字的大小和位置。

图14-105

40 将包装底面中的所有图层创建为"底面"图层组，按Ctrl+J组合键复制图层组，重命名为"顶面"，调整其位置，并删除文字图层，效果如图14-106所示。完成纸盒平面图的制作。

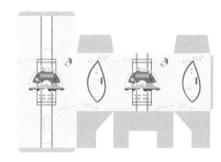

图14-106

41 接下来制作纸袋平面图。使用"矩形工具" 绘制外包装的基础形状，其尺寸如图14-107所示。

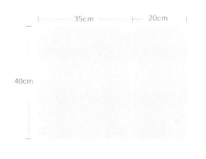

图14-107

42 打开"包装插画.psd"素材文件，隐藏之前的盖印图层、"背景"图层、"窗框"图层组，以及"高端绿茶""精选茶芽""以茶会友""品味人生"文字和其下方的圆角矩形，按Shift+Ctrl+Alt+E组合键盖印得到新图层，然后将该图层复制到纸袋平面图上，调整其大小和位置，效果如图14-108所示。

43 将包装侧面的茶叶、水墨画图像复制到纸袋平面图上，调整其大小和位置。

图14-108

44 选择"直排文字工具" IT ，在茶叶图像中输入"高端绿茶"文字，并设置"字体"为方正苏新诗柳楷简体，"颜色"为棕色（R191，G130，B78），"字距"为200，效果如图14-109所示。

图14-109

45 将以上纸袋平面图中的所有图层创建为"包装袋"图层组，按Ctrl+S组合键保存文件。

14.3.4　立体展示设计

完成茶叶包装平面图的绘制后，可将平面图应用到立体素材中，制作包装立体图，其具体操作如下。

1 打开"茶叶包装样机.psd"素材文件，如图14-110所示。双击纸盒正面所在图层的图层缩览图，打开编辑页面。

图14-110

2 打开"包装平面图.psd"素材文件，按Shift+Ctrl+Alt+E组合键盖印图层，使用"矩形选框工具" 框选纸盒正面，按Ctrl+C组合键复制选区图像。切换到编辑页面中，按Ctrl+V组合键粘贴选区图像，调整其大小与位置，如图14-111所示。

3 按Ctrl+T组合键使图像呈变换状态，在其上单击鼠标右键，在弹出的快捷菜单中选择"扭曲"命令，拖曳

四个端点让图像的整体效果与编辑界面中的矩形重合，如图14-112所示。

图14-111　　　　　图14-112

4 完成后保存图像，返回样机，可发现样机已经发生变化，效果如图14-113所示。

图14-113

5 使用相同的方法，为纸盒其他面和纸袋添加贴图。为了显示纸盒和纸袋的轮廓、高光和阴影，可设置纸盒、纸袋图层的"混合模式"为"叠加"。

6 在"图层"面板中单击"创建新的填充或调整图层"按钮 ，在弹出的下拉列表框中选择"自然饱和度"命令，打开"自然饱和度"属性面板，设置"自然饱和度"为+100。

7 返回图像编辑区，按Ctrl+S组合键保存文件，并设置"文件名"为"茶叶包装立体效果"。包装的立体展示效果如图14-114所示。

图14-114

14.3.5　广告宣传设计

　　下面将以水墨山水为主题为"青山绿水"茶叶包装制作"竹叶青 峨眉高山绿茶"地铁灯箱广告，体现该茶叶茶韵悠长的特点，其具体操作如下。

1 新建"大小"为"300厘米×150厘米"、"名称"为"茶叶广告宣传"的图像文件。

2 设置"前景色"为浅灰色（R243，G243，B243），按Alt+Delete组合键填充前景色。

3 新建图层，选择"渐变工具" ，设置渐变颜色为绿色（R234，G254，B222）~完全透明，在图像编辑区中从上至下填充渐变颜色，效果如图14-115所示。

图14-115

4 打开"广告素材.psd"素材文件，将其中的茶具素材复制到"茶叶广告宣传.psd"图像文件中，调整其大小和位置。然后为该图层添加图层蒙版，擦除其明显的边缘，使茶具素材与背景融合得更加自然，如图14-116所示。

图14-116

5 选择"矩形工具" ，取消填充，设置"描边"为"绿色（R99，G156，B66），16点"，在图像编辑区右上方绘制一个矩形。

6 新建图层，设置"前景色"为绿色（R99，G156，B66），选择"铅笔工具" ，设置"大小"为7像素，在矩形内侧绘制两条装饰直线，然后将"广告素材.psd"素材文件中的装饰素材拖曳到矩形两侧，效果如图14-117所示。

图14-117

7 选择"多边形工具" ，绘制一个六边形，并复制3个六边形，调整其大小和位置，然后合并多边形，效果如图14-118所示。

8 为多边形图层和矩形图层添加图层蒙版，制作出图14-119所示效果。

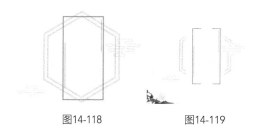

图14-118　　　　　图14-119

9 使用"直线工具" 、"椭圆工具" 在矩形左上方绘制装饰形状，效果如图14-120所示。

10 选择"直排文字工具" ，在矩形中输入"竹叶青"文字，设置"字体"为方正苏新诗柳楷简体，"颜色"为绿色（R99，G156，B66），"大小"为650点，"字距"为−50，调整文字的位置；继续在矩形左侧输入"峨眉高山绿茶"文字，设置"字体"为方正宋刻本秀楷简体，"颜色"为深灰色（R43，G43，B43），"大小"为91点，"字距"为0，并将该文字加粗显示，调整文字的位置，效果如图14-121所示。

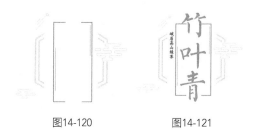

图14-120　　　　　图14-121

11 继续使用"直排文字工具" 在多边形左侧输入图14-122所示文字，设置"字体"为方正宋刻本秀楷简体，"颜色"分别为绿色（R99，G156，B66）、深灰色（R43，G43，B43），"大小"分别为180点、80点，"字距"为200，调整文字的位置。

图14-122

12 将"广告素材.psd"素材文件中的"茶叶"图层组和"绿水青山"图层复制到"茶叶广告宣

传.psd"图像文件中，分别调整素材的大小和位置，效果如图14-123所示。

图14-123

图14-124

图14-125

"字距"为−25，调整文字的大小和位置，效果如图14-125所示。按Ctrl+S组合键保存文件，完成本例的制作。

13 打开"茶叶包装立体效果.psd"素材文件，隐藏"背景"图层，然后按Shift+Ctrl+Alt+E组合键盖印图层，得到具有透明背景的包装立体效果，再将其复制到"茶叶广告宣传.psd"图像文件中，调整其大小和位置。

14 在该图层下方新建"阴影"图层，使用"画笔工具" 绘制浅灰色的包装阴影，可适当降低"阴影"图层的不透明度，效果如图14-124所示。

15 选择"直排文字工具" IT ，在图像编辑区右下角输入地址和电话的相关信息，并设置"字体"为方正宋刻本秀楷简体，"大小"为130点，"颜色"为黑色，

学习笔记

巩固练习

1. 制作水果饮料招贴

本练习将为芒果味的水果饮料制作夏日氛围的招贴，为了增强画面的趣味性与活泼感，可在背景中添加波浪、扇形等装饰，采用鲜艳的芒果黄色和清爽的水蓝色互为撞色，增强招贴的吸引力，参考效果如图14-126所示。

配套资源
素材文件\第14章\巩固练习\水果饮料.png
效果文件\第14章\巩固练习\水果饮料招贴.psd

图14-126

2. 制作"沫沫"儿童服饰包装

本练习将为"沫沫"儿童服饰制作内包装和外包装。为了达到提升品牌形象的目的，在进行包装设计构思时，将品牌形象小黄鸭作为设计点，放大小黄鸭并通过图形与文字的组合，使整个包装更具趣味性、活泼感，包装风格也更加简洁、大方，参考效果如图14-127所示。

配套资源
素材文件\第14章\巩固练习\包装装饰.psd、内包装样机.psd、外包装样机.psd、立体样机.psd
效果文件\第14章\巩固练习\"沫沫"儿童服饰内包装.psd、"沫沫"儿童服饰外包装.psd、"沫沫"儿童服饰包装立体效果.psd

图14-127

1. 户内外海报喷绘的介质应用

传统的户内外海报喷绘是将设计人员的构思和平面设计的视觉元素（文字、图片等）相结合，宣传海报主题。户内外海报喷绘能使组织方以更低的成本达到满意的宣传效果。

（1）户内海报喷绘介质

户内海报喷绘常出现在住宅社区内、商务办公楼内等人流量较大的地方。

● PP胶片：精美胶质、高精度，但后面没有自带的胶面，用户可用双面胶贴在墙体上。

● 背胶：和PP胶片的区别在于其有自带的胶面，用户撕开背面的薄膜后可直接贴在墙体上。

● 相纸：精美相纸材质，高精度，没有自带的胶面。

● 灯箱片：精美的灯箱前的喷绘，具有图像精美、透光性适中的特点。

● 绢丝布：类似丝绸状的喷绘介质，用于比较浪漫和格调高雅的展示场合，如服装专卖店等。

● 油画布：用于比较浪漫和格调高雅的展示场所，有一定的油画质感，可用于体现婚纱摄影等。

● 透明背胶：背胶的另一种，但是此种具有透明度，多张贴于门口。此材质高雅大方，是展示公司形象的一种选择。

（2）户外海报喷绘介质

户外海报喷绘常出现在交通流量较大的地区或者户外场所。

● 户外外光灯布：常见的户外大型喷绘介质，此类属于灯光从外面射向喷布。

● 户外内光灯布：常见的户外招牌上的喷绘介质，此类属于灯光从灯箱中射向外喷布。

● 车身贴：用于贴在车身上的喷绘，此类喷绘黏性好、抗阳光。

● 户外绢布：用于比较浪漫和格调高雅的展示场合，但此类也可用于户外。

● 网格布：网状喷绘材质，用于海报的特殊表现，可以体现格调。

如果是户内用的可使用写真机来喷绘，要考虑选用相关的户内墨水与喷绘介质；如果是户外用的就要考虑到户外环境喷绘的应用、防水、防晒等问题。由于户内外的喷绘制作成本是不一样的，因此应该根据应用需求而使用不同的喷绘介质。

2. 广告创意文案设计

广告文案是对广告主题的整体概括，是广告设计的重要组成部分。创意广告文案能够抓住受众的目光，激发受众的想象力，准确表达出广告的创意设计与理念。广告文案要根据广告主题和创意需求进行写作，力求通俗易懂、言简义丰，并具有较强的说服力和艺术感染力。下面介绍6种写作创意文案的技巧。

（1）结合热点

在当今的互联网环境下，信息的传播与更新速度较快，受众对新发生的或受到广泛讨论的事情会有更高的关注度。因此设计人员可以借助当下流行的观点、说法、新闻等热点话题来写作广告文案，如图14-128所示。注意，结合热点的广告文案一般都具有时效性，需要掌握热点的"生命周期"（热点的持续时间），只有在热点的"生命周期"内创作出相关文案，才能达到较好的广告效果。

图14-128

（2）具有画面感

广告文案的画面感是指文案带给受众的内心感受和体会，在受众的脑海中形成画面。具有画面感的广告文案可以与受众进行情感上的对话和沟通，给予受众充分的想象空间。写作具有画面感的广告文案，可分别从视觉、听觉、嗅觉、味觉、触觉5种感官层面入手，调动受众对文字的感知能力和共情能力，从而产生画面感，如图14-129所示。

图14-129

（3）利用反差

反差是指与大众的固有观念、社会中约定俗成的事物所不一致的东西。利用反差的广告文案可以打破受众一贯的思路，让受众眼前一亮，从而取得更好的广告效果，如图14-130所示。利用反差写作广告文案可以从逆向思维的角度入手，让思维向对立的方向发展，探索问题的相反面，找到新的切入点。

图14-130

（4）利用好奇心

好奇心是每个人都拥有的天性。利用好奇心的广告文案能够增加受众对广告的兴趣，让广告内容具有吸引力。利用好奇心的广告文案通常会采用提问的方式，以设置悬念，激发受众的好奇心和阅读欲望，如图14-131所示。

图14-131

（5）善用修辞手法

广告文案可以使用修辞手法形成特定的语境，使信息的呈现更加丰富，并增强广告的表现效果，有利于广告信息的传播和接受。在写作广告文案时，常用的修辞手法有比喻、夸张、排比、拟人、对称等，如图14-132所示。在使用这些修辞手法时切勿华而不实、辞藻堆砌、用词轻浮，这样会让受众产生提防心理，不利于广告宣传。

图14-132

（6）满足实际需求

广告文案除了能发挥信息媒体的作用外，还能在一定程度上帮助受众了解某个需求。满足实际需求的广告文案需要展示出广告最有力的诉求点，促使受众购买该产品或者服务，如图14-133所示。

图14-133

第 15 章

互联网设计实战案例

本章导读

随着互联网在各行各业的渗透，微博、微信等社交平台的普及，互联网设计需求也显著提升。为了快速了解互联网设计，本章将结合理论阐述、案例分析和实战操作，从网店视觉设计、互联网广告设计等方面帮助读者掌握使用Photoshop CS6进行互联网设计的方法。

知识目标

< 了解网店视觉设计原则、视觉定位及设计规范
< 熟悉互联网广告的类型、构成要素、创意表现和设计流程

能力目标

< 能够完成淘宝网店视觉设计
< 能够完成美食互联网广告设计

情感目标

< 提高互联网设计综合实战能力
< 提高互联网设计的鉴赏能力

15.1 "微绿"淘宝网店视觉设计

淘宝作为亚太地区较大的网络零售商圈，其移动购物的消费方式是发展的关键。下面将以一家线上售卖绿植的店铺——"微绿"淘宝网店中店标、首页、商品详情页的视觉设计为主，讲解网店视觉设计的方法，帮助读者熟练网店视觉设计操作。

15.1.1 行业知识

要想让设计出的网店装修风格独特，商品图片排版美观、卖点突出，就需要了解网店视觉设计原则、视觉定位等基础知识，这样才能把握网店整体风格、布局等，为不同类目的网店视觉设计打下基础。

1. 网店视觉设计原则

网店装修主要是对店标、首页、详情页这3部分进行制作，因此在制作前需要先了解相关设计原则。

（1）店标

在设计店标时，要求其具有新颖别致、易于传播的特点，这就必须遵循两个基本的原则。

● 品牌形象的植入：品牌形象的植入可以通过店铺名称、标志来展示，还可从品牌专属颜色、Logo颜色、字体等方面体现品牌气质，利用广告语传递品牌理念，如图15-1所示。

图15-1

● 抓住产品定位：抓住产品定位是指在店标中展示店铺所售商品。精准的产品定位可以让消费者对店铺商品一目了然，从而快速吸引目标消费者进入店铺等。

（2）首页

店铺首页是店铺中非常重要的一个流量页面。当消费者进入店铺查找所需商品时，大部分都会选择跳转至店铺首页。因此，首页的视觉设计应尽量满足以下两个原则。

● 明确首页风格：店铺首页的设计风格不仅直接体现着店铺的整体风格，同时也体现着品牌的风格，是消费者了解和认识品牌的重要途径。店铺首页的设计通常需要与店铺整体的格调、品牌理念等相契合。

● 合理组合首页布局：首页的第一屏应该着重展现店铺的重要信息，如热销的商品、商品的分类、促销活动等。首页下半部分需要具有层次感，可以用颜色或边框划分板块，刺激消费者的视觉，让其能够区分并定位不同板块，快速找到需要的商品，如图15-2所示。

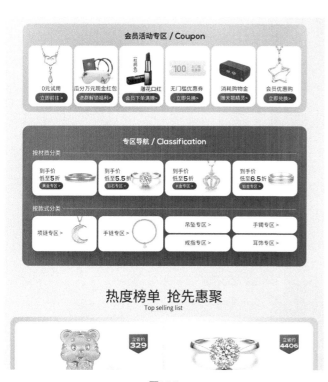

图15-2

（3）详情页

明确详情页展示的内容，以及详情页的规格和风格后，即可展开详情页的制作。在进行详情页图片和文案的编辑时，为了使详情页更具吸引力，需要注意以下3点。

● 图片精美、清晰：详情页选择的图片要清晰、美观，图片中的商品无刮痕、污渍，选择的图片尽量多角度展示商品，如图15-3所示。

表盘
简洁三针设计
矿物玻璃镜面

按钮
金属按钮质地圆润
操作简单便捷

图15-3

● 文案具有创意：在详情页中编写商品文案时需要有创意，这样才能从众多商家中脱颖而出。如迷你充电宝文案"小巧轻便"不会给消费者留下特别的印象，但是换一句话"小得就像手机充电头"，就能明确告诉消费者手机充电宝的大小，这样更有画面感。

● 实事求是：无论是商品图片还是商品文案，都必须真实地反映或介绍出商品的真实属性。避免过度美化图片，造成偏色、变形等问题；或过度夸张商品属性，造成言过其实，产生不必要的售后纠纷，降低店铺的信誉。

2．网店页面的视觉定位

在进行视觉营销之前，需要先对店铺进行定位，再根据定位进行视觉效果的制作。视觉定位方式可分为品牌型视觉定位和营销型视觉定位。同样的商品采用不同的定位方式，其在视觉上需要做的设计是不同的。

● 品牌型视觉定位：品牌型视觉定位需要突出品牌优势，如"爱马仕"至今还沿用一驾马车的Logo，就是想通过Logo告诉消费者自己的品牌定位，以体现品牌的传承优势。一般品牌型视觉定位的商品价格要高于同类商品，因此在视觉营销的过程中，要体现出品牌优势，弱化价格。

● 营销型视觉定位：营销型视觉定位需要凸显价格优势，通过价格优势销售更多的商品。一般来说，营销型视觉定位的店铺，其商品价格要低于同类型商品，因此在视觉营销的过程中，需要提供足够的促销信息，以吸引消费者，从而促进销售。

3．网店图片设计规范

在网店视觉设计中，了解设计规范有助于制作出满足实际需求的图片。

● 店标：通常PC端和跨境端电商店铺店标尺寸为230像素×70像素，大小不超过150KB；移动电商店铺店标尺寸为100像素×100像素，大小不超过80KB。店铺店标上传的图片文件格式要求为GIF、JPG、JPEG、PNG。

● 店招：通常PC端和跨境端电商店铺默认店招尺寸为950像素×120像素，移动端店招尺寸为642像素×200像素，大小不超过200KB。为了得到更好的视觉效果，在制作PC端店招时，可以将店招、导航和页头背景融合在一起制作首页，此时尺寸为1920像素×150像素。

● Banner：通常PC端电商店铺Banner尺寸为727像素×416像素；移动端Banner尺寸为608像素×304像素，且文字不宜过多，展现出主体内容即可；跨境端Banner尺寸为980像素×300像素，要求文字以英文进行展现。

● 主图：通常PC端和跨境端电商店铺主图尺寸为800像素×800像素，移动端主图尺寸为600像素×600像素。

● 详情页：通常PC端和跨境端电商店铺详情页宽度为750像素，移动端详情页宽度为480像素，详情页高度会根据店铺需要展示的内容进行调节。

15.1.2 案例分析

在进行"微绿"淘宝网店视觉设计前，需要先根据网店定位、设计风格和设计内容，梳理该案例的设计思路。

1. 网店定位

绿植具有优美淡雅、自然、摆放周期长、易于管理等特点，不同场景搭配不同的绿植可使整个环境更加美观。"微绿"淘宝网店是一家趋于年轻化的绿植店铺，该网店售卖以家居装饰为主的多肉盆栽，目标用户群体主要是喜爱绿植、热爱生活的年轻人。

2. 设计风格

由于"微绿"网店中的商品多为自然、清新的绿植，所以网店视觉设计风格也可以以清新为主，采用清爽的绿色系为主色，在设计时可添加其他植物色彩和可爱的装饰元素作为点缀，使网店视觉设计效果更加丰富。

3. 设计内容

● 店标：该店标需包含网店名称，可以使用对绿植简化后的图形设计来表现网店售卖绿植的特点。

● 首页：该首页用于PC端展示，主要分为店招、Banner、优惠券、精选套餐、新品速览、页尾6个板块。该首页尺寸为1920像素×5260像素。

● 详情页：本例主要为一款"微景观生态瓶"制作商品详情。该详情页主要分为焦点图、商品实物展现、详细展示、护养知识讲解4个板块，要求体现出商品的卖点、参数、服务等信息。商品信息中可以使用以促销为目的的宣传用语，但不宜过分夸张。该详情页尺寸为750像素×6093像素。

本例完成后的参考效果如图15-4所示。

知识要点　画笔工具、钢笔工具、横排文字工具、形状绘制工具组、蒙版的使用

配套资源　素材文件\第15章\微绿.psd
效果文件\第15章\店标.jpg、店标.psd、首页.psd、详情页.psd

扫码看视频

图15-4

图15-4（续）

15.1.3 网店店标设计

在设计"微绿"淘宝网店店招时，主要是针对店名和Logo进行设计，可选择多肉作为绿植商品中的代表，绘制出多肉形状的线条，再对其颜色进行渐变填充，最后添加店铺名称的文字，其具体操作如下。

1 新建"大小"为"800像素×800像素"、"分辨率"为"300像素/英寸"、"名称"为"店标"的图像文件。

2 选择"钢笔工具" ，绘制出多肉的肉瓣，使其呈莲花状显示，如图15-5所示。

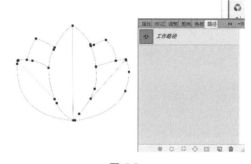

图15-5

3 新建图层，设置"前景色"为绿色（R82，G172，B38）。选择"画笔工具" ，在工具属性栏中设置"大小""硬度"分别为15、60%。打开"路径"面板，单击"用画笔描边路径"按钮 ，对勾画的形状进行描边，效果如图15-6所示。

4 使用"橡皮擦工具" 沿着多肉图像底部向上擦除，使其呈现出过渡效果，如图15-7所示。

图15-6　　　　　　　　图15-7

5 双击该图层右侧的空白区域，打开"图层样式"对话框，选择"渐变叠加"样式，设置"渐变颜色"为绿色（R45，G210，B72）~蓝色（R155，G210，B213），其他参数设置如图15-8所示。单击 确定 按钮，返回图像编辑区，查看效果如图15-9所示。

图15-8　　　　　　　　图15-9

6 使用"钢笔工具" 绘制出图15-10所示形状，设置"描边"为"绿色（R72，G210，B107），3点"。为该形状图层创建图层蒙版，使用"橡皮擦工具" 擦出图15-11所示线条。

图15-10　　　　　　图15-11

7 按Ctrl+J组合键复制该图层，选择【编辑】/【变换】/【水平翻转】命令，调整形状的位置，使两个形状图层以多肉图像为轴呈中心对称状态，制作出简化的花盆图像，效果如图15-12所示。

8 新建图层，设置"前景色"为白色。选择"画笔工具" ，设置"大小"为180，"不透明度"为50%，在花盆图像中央上边缘和多肉图像下方进行涂抹。将多肉图像所在图层移至"图层"面板顶层，效果如图15-13所示。

图15-12　　　　　　图15-13

9 选择"横排文字工具" ，设置"字体"为汉仪秀英体简，"字距"为200，"颜色"为白色，在多肉图像下方输入"微绿"文字，调整其大小和位置。

10 双击该图层右侧的空白区域，打开"图层样式"对话框，选择"渐变叠加"样式，设置"渐变颜色"为绿色（R70，G213，B98）~蓝色（R155，G210，B213）；再选择"外发光"样式，设置"颜色"为白色，其他参数设置如图15-14所示。

11 单击 确定 按钮，返回图像编辑区，查看效果如图15-15所示。按Ctrl+S组合键保存文件，再将其输出为JPG格式。

图15-14　　　　　　图15-15

15.1.4　网店首页视觉设计

本例制作的"微绿"淘宝网店首页不但需要将绿植之美表现出来，而且整体风格要清新、田园。在制作首页时，需要先了解本店的卖点，再通过美观的图像和鲜明的色彩让首页变得鲜活，其具体操作如下。

1 新建"大小"为"1920像素×5260像素"、"分辨率"为"72像素/英寸"、"名称"为"首页"的图像文件。

2 按Ctrl+R组合键显示标尺，新建位于960像素位置的垂直参考线，再从标尺上拖曳水平参考线划分出店招、Banner、优惠券、精选套餐、新品速览、页尾6个板块，如图15-16所示。置入"店标.jpg"图像，调整其大小和位置，如图15-17所示。

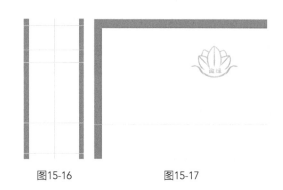

图15-16　　　　　　图15-17

3 使用"圆角矩形工具" 绘制图15-18所示3个圆角矩形，分别填充为绿色（R180，G202，B167）、蓝色（R215，G240，B242）、白色，并仅对白色圆角矩形描边为浅灰色（R147，G142，B142）。

图15-18

4 选择"横排文字工具" ，设置"字体"为汉仪秀英体简，"字距"为200，"颜色"为绿色（R37，G180，B73），在店标右侧输入"微绿旗舰店"文字；设置"字体"为方正启体简体，"字距"为25，"颜色"为绿色（R69，G100，B51），在店名下方输入"以爱之名，以微绿点缀生活"文字，调整文字的大小。

5 设置"字体"为方正黑体简体，"字距"为50，"颜色"为白色，在淡绿色圆角矩形中输入"首页 所有宝贝 分类查找 | 花卉绿植 | 多肉绿植 | 生态摆件 | 土壤介质 | 品牌故事 | 工具"文字；设置"字距"为75，"颜色"为灰色（R81，G92，B82），在浅蓝色圆角矩形中输入"搜索"文字，调整文字的大小，效果如图15-19所示。

图15-19

6 选择"矩形工具"▢，设置"填充"为绿色（R71，G210，B107），在"首页"文字上绘制一个矩形；再在搜索按钮上方绘制一个矩形，并使用"横排文字工具"Ｔ在该矩形上输入"收藏本店 | 免费注册会员"文字，调整其大小和位置，效果如图15-20所示。

图15-20

7 选择浅蓝色圆角矩形图层，选择【图层】/【图层样式】/【斜面和浮雕】命令，打开"图层样式"对话框，选择"等高线"样式，设置图15-21所示参数，单击 确定 按钮。将该图层样式拷贝并粘贴到"首页"文字下的绿色矩形图层上。

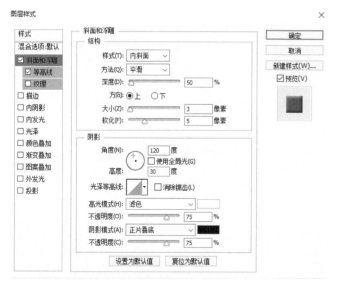

图15-21

8 将以上店招板块的所有图层创建为"店招"图层组。

9 置入"Banner1.png"图像，调整其大小和位置，效果如图15-22所示。

10 使用"钢笔工具"✐和形状工具组绘制图15-23所示形状，分别填充为灰色（R81，G92，B82）、白色和绿色（R29，G170，B79），并将其中最长的灰色矩形图层的"不透明度"修改为80%，效果如图15-23所示。

图15-22

图15-23

11 置入"Banner2.jpg"图像，调整其大小，移至下方左侧的第一个矩形上，并为该矩形创建剪贴蒙版。使用相同的方法置入"Banner3.jpg""Banner4.jpg"图像，依次创建剪贴蒙版，可适当调整置入图像的颜色，效果如图15-24所示。

图15-24

12 使用"横排文字工具"Ｔ输入图15-25所示文字，设置"字体"分别为黑体、方正少儿简体和Broadway，"颜色"分别为灰色（R81，G92，B82）、绿色（R29，G170，B79）和白色，调整文字的大小和位置，效果如图15-25所示。

图15-25

13 将以上Banner板块的所有图层创建为"Banner"图层组。

14 选择"矩形工具" ▢，设置"填充"为红色（R241，G103，B90），沿着Banner下方的参考线绘制一个红色矩形；新建图层，使用"钢笔工具" ✐在左侧绘制图15-26所示路径，完成后按Ctrl+Enter组合键将路径转换为选区，并将选区填充为白色。

图15-26

15 使用"矩形选框工具" ▣框选出白色形状的下半部分，将其填充为粉色（R247，G182，B176），如图15-27所示。

16 使用"横排文字工具" **T**.输入图15-28所示文字，设置"字体"为方正粗黑宋简体，调整字体的大小、位置和颜色。使用"矩形工具" ▢.在"满99元使用"文字下方绘制大小为"94像素×18像素"的矩形，并将其填充为红色（R241，G103，B90）；使用"圆角矩形工具" ▢.在"立即领取》"文字下方绘制圆角矩形，并将其填充为白色。

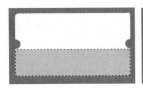

图15-27　　　　　图15-28

17 使用相同的方法制作另外两张优惠券，并输入该板块的标题"— 领券下单更优惠 —"，效果如图15-29所示。将以上优惠券板块的所有图层创建为"优惠券"图层组。

图15-29

18 在优惠券板块下方使用形状工具组绘制图15-30所示形状。

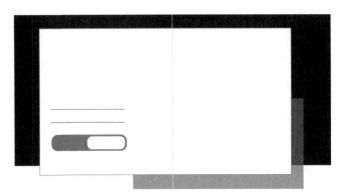

图15-30

19 置入"精选1背景.jpg"图像，调整其大小，将其移至黑色矩形上方，并为黑色矩形创建剪贴蒙版；置入"精选1.jpg"图像，调整其大小，将其移至白色矩形内的右侧。

20 使用"横排文字工具" **T**.输入图15-31所示文字，设置"字体"为方正大黑简体，"颜色"分别为红色（R241，G103，B90）和白色，调整文字的大小和位置。

图15-31

21 将以上精选1板块的所有图层创建为"精选1"图层组。使用相同的方法制作"精选2"图层组，并置入"精选2标题.png"图像，调整其大小和位置，效果如图15-32所示。再将"精选1""精选2"图层组创建为"精选套餐"图层组。

图15-32

22 在精选套餐板块下方使用形状工具组绘制图15-33所示形状，设计出新品速览板块的大致布局。

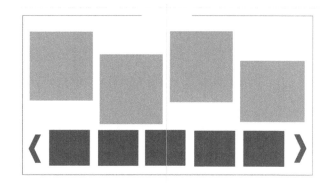

图15-33

23 打开"新品速览.psd"素材文件，将其中所有植物图片复制到"首页.psd"图像文件中，调整其大小和位置，分别为每个小矩形创建剪贴蒙版。

24 使用"横排文字工具" T.输入图15-34所示文字，设置"字体"为方正大黑简体，"颜色"为"深灰色（R43，G44，B41）"，调整文字的大小和位置。

图15-34

25 将以上新品速览板块的所有图层创建为"新品速览"图层组。

26 置入"页尾背景.jpg"图像，将其移至图像编辑区底部，调整其大小。新建图层，使用"矩形选框工具" □绘制出矩形选区，填充为灰色（R224，G225，B225），并设置该图层的"不透明度"为80%，效果如图15-35所示。

图15-35

27 使用"横排文字工具" T.输入图15-36所示文字，设置"字体"为方正黑体简体，"颜色"为灰色（R81，G92，B82），调整文字的大小和位置。将以上页尾板块的所有图层创建为"页尾"图层组，然后在"图层"面板中将"页尾"图层组移至"新品速览"图层组下方，按Ctrl+S组合键保存文件。

图15-36

15.1.5 商品详情页视觉设计

为"微景观生态瓶"设计商品详情页，可使用该款盆栽的多张照片，并利用合理的布局对画面进行规划，其具体操作如下。

1 新建"大小"为"750像素×6093像素"、"分辨率"为"72像素/英寸"、"名称"为"详情页"的图像文件。打开"绿植商品详情页素材.psd"素材文件，将其中星空背景的商品图片复制到详情页中作为焦点图，调整大小和位置，效果如图15-37所示。

2 选择"横排文字工具" T.，在焦点图中输入图15-38所示文字，并设置"字体"为方正大黑简体，"颜色"为白色，调整文字的大小和位置，并设置英文的"不透明度"为7%。

3 选择"直线工具" /，在"苔藓微观系列景观展示"文字的上下方绘制两条白色直线。

4 使用相同的方法制作图15-39所示内容，其中中文"字体"为方正兰亭刊黑_GBK，英文"字体"为DIN，调整文字的大小、位置和字距。

图15-37　　　　　　　　图15-38

图15-39

5 选择"圆角矩形工具" ，绘制大小为"170像素×40像素"的圆角矩形，并设置填充颜色为红色（R241，G103，B90）。

6 选择"横排文字工具" ，在圆角矩形的下方输入文字，设置"字体"为方正兰亭刊黑_GBK，调整字体的大小、位置和颜色，如图15-40所示。

7 选择"直线工具" ，在文字的下方绘制4条颜色为红色（R241，G103，B90）的直线。

8 选择"矩形工具" ，在直线下方绘制大小为"585像素×40像素"的矩形，并设置填充颜色为红色（R241，G103，B90）。

9 选择"横排文字工具" ，在直线和矩形中输入文字，设置"字体"为方正兰亭刊黑_GBK，调整字体的大小、位置和颜色，如图15-41所示。

图15-40　　　　　　　　图15-41

10 将"绿植商品详情页素材.psd"素材文件中的深色绿叶图片拖曳到矩形下方，调整大小和位置。使用"横排文字工具" 在图片上输入文字，设置中文"字体"为方正大黑简体，英文"字体"为DIN，调整字体的大小、位置和颜色，如图15-42所示。

图15-42

11 选择"圆角矩形工具" ，绘制3个大小为"500像素×20像素"的圆角矩形，并设置填充颜色为灰色（R156，G153，B153）。为圆角矩形添加6条参考线，选择绘制的第一个圆角矩形，将其栅格化。按住Ctrl键不放，单击圆角矩形所在图层前的缩览图，载入选区，效果如图15-43所示。

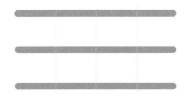

图15-43

12 选择"矩形选框工具" ，在工具属性栏中单击"与选区交叉"按钮 ，沿着参考线框选圆角矩形左侧的第二个选区，得到选区交叉的区域。

13 此时可发现框选区域已被选中，设置"前景色"为红色（R241，G103，B90），按Alt+Delete组合键填充前景色，如图15-44所示。

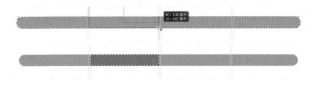

图15-44

14 栅格化其他圆角矩形，使用与前面相同的方法，继续载入与框选选区并填充颜色，完成后的效果如图15-45所示。

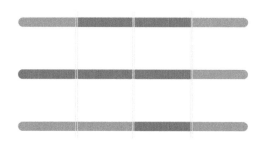

图15-45

15 隐藏参考线，选择"横排文字工具" **T.**，输入图15-46所示文字，设置"字体"为方正兰亭刊黑_GBK，调整字体的大小、位置和颜色。

16 使用"直线工具" **✐** 在文字的下方绘制5条黑色直线，再使用"横排文字工具" **T.** 输入图15-47所示文字，设置"字体"为方正大黑简体，调整字体的大小、位置和颜色。

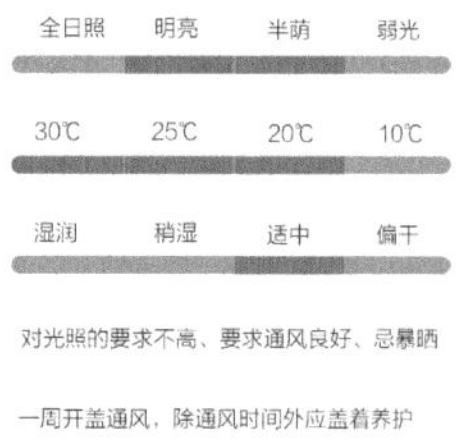

图15-46 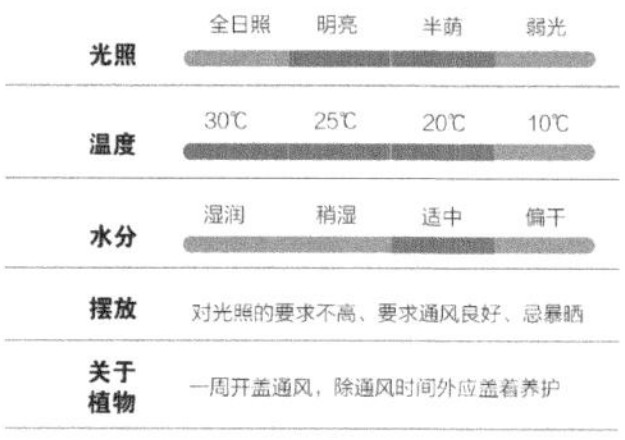   图15-47

17 选择"自定形状工具" **⌖.**，分别在工具属性栏中选择15-48所示形状，并在文字左侧进行绘制。

18 使用"横排文字工具" **T.** 输入图15-49所示文字，设置"字体"为方正兰亭刊黑_GBK，调整字体的大小、位置和颜色。

图15-48 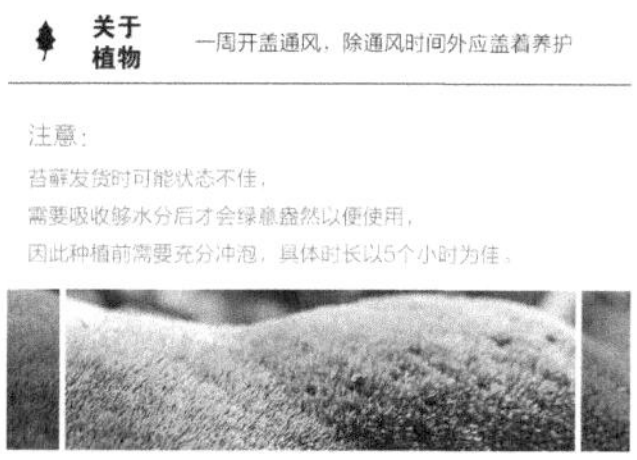   图15-49

19 打开"绿植商品详情页素材.psd"素材文件，将绿色植被商品图片拖曳到文字下方，调整大小和位置。按Ctrl+S组合键保存文件，完成本例的制作。

15.2 美食品牌互联网广告设计

随着互联网技术的不断发展，互联网广告已成为品牌推广、商品促销的重要途径，互联网广告在品牌宣传中的价值越加重要。下面将运用前面所学知识为"食林记"美食品牌进行互联网广告设计，以提高该品牌的知名度。

15.2.1 行业知识

在进行互联网广告设计前，需要先了解互联网广告的类型、构成要素、创意表现和设计流程。

1. 互联网广告的类型

互联网广告在网络上的传播非常广泛，其形式也多种多样。

（1）根据广告的媒体形式分类

互联网发展速度的加快，衍生出了更多类型的互联网广告媒体。一般来说，根据广告的媒体形式可以将互联网广告分为社交和资讯媒体广告、电商媒体广告和短视频媒体广告。

● 社交和资讯媒体广告：常见的社交和资讯媒体广告包括微信公众号广告、微信朋友圈广告、QQ天气广告、微博H5广告等。图15-50所示为展现"腾讯云"品牌发展历程的H5广告。这些广告都具有较强的社交性、互动性和精准性，更贴合消费者的习惯，可供消费者进行评论、点赞、转发等操作。

图15-50

● 电商媒体广告：电商广告是指各大电商平台经过大

数据分析后所推出的精准投放广告，非常具有针对性，能够为消费者提供更有用的信息，帮助消费者更好地了解商品，最终促进消费行为的达成，如图15-51所示。

图15-51

● 短视频媒体广告：短视频广告主要是指发布在短视频媒体上，与平台上普通的短视频作品融为一体的广告。这种极具原生性的广告能更好地保障消费者的体验、同时，短视频广告还具有社交属性，可以通过消费者评论、转发等互动操作来广泛传播，并能完整地传达品牌信息与广告诉求。

（2）根据广告的发布形式分类

根据广告的发布形式可以将互联网广告分为弹窗广告、浮动式广告、搜索广告、App广告、电子邮件广告和网幅广告等。

● 弹窗广告：弹窗广告是指当消费者打开新的网站页面时，自动弹出的一个广告窗口。由于多数弹窗广告都具有一定的强制性，会影响消费者的上网速度，因此会引起很多消费者的反感。为了让弹窗广告能够吸引消费者，设计师可以通过动态图片、文字样式、促销文案等方式来制作视觉冲击力强、具有吸引力的弹窗广告，让消费者对该广告产生兴趣，如图15-52所示。

图15-52

● 浮动式广告：浮动式广告是指消费者浏览网页界面时，会随鼠标指针移动的图片式广告。该类型的互联网广告会漂浮在网页页面上，随着网页页面上下移动，也会在网页页面左边或右边上下移动，吸引消费者的注意力。

● 搜索广告：搜索广告是指广告主根据自己的商品或服务的内容、特点等，确定相关的关键词撰写广告内容并自主定价投放的广告。

● App广告：App广告是指App应用程序中的广告。这类广告有着得天独厚的优势，如随时随地可看、强大的互动性和趣味性、个性推广、分众识别等，受到了广告界的重视。App广告包括开屏广告、页面右下角图标广告、App横幅广告、积分广告、插屏广告等。图15-53所示为App开屏广告。

图15-53

● 电子邮件广告：电子邮件广告是指广告主直接将广告内容通过互联网的形式发到消费者的电子邮箱的广告。该广告类型的针对性强、传播面广、信息量大，表现方式多为视觉效果较强的图片，其优势是可以准确、快速地向目标消费群投放广告，节约广告成本，且广告内容不受限制，覆盖率也比较高，容易被消费者接受。

● 网幅广告：网幅广告主要出现在各大网站页面中，其格式有很多，如GIF、JPG、Flash等，还可使用Java、JavaScript等语言使其产生交互性。图15-54所示为可点击按钮跳转页面的交互性网幅广告。

图15-54

2. 互联网广告的构成要素

互联网广告是广告的一种，因此也包含了一些传统广告中的必备要素。互联网广告的构成要素主要包括广告主、广告信息、广告媒介、广告受众、广告效果，下面进行简单介绍。

（1）广告主

广告主是指为推销商品或者提供服务，自行或者委托他人设计、制作、发布广告的法人、其他经济组织或者个人。广告主发布广告信息，并按照广告活动中规定的营销效果对应的价格向广告媒体支付费用；同时，广告主也负责提供广告资料给广告公司，监督广告公司的运作过程以及验收广告成品。

（2）广告信息

互联网广告的广告信息可以有文字、图片、视频、动画、音频等多种形式，可分为商品信息、服务信息和观念信息。

● 商品信息：主要是指商品的质量、用途、性能、价格、商品品牌、活动日期、优惠券的折扣促销等信息。这些信息的作用是让消费者了解广告中的商品。

● 服务信息：主要是指广告主向消费者提供的一些服务性信息，如生活服务、旅游服务、文娱服务、信息咨询服务等。

● 观念信息：主要是指通过广告传递给消费者的某种意识，如品牌意识、环保意识等。消费者通过这种观念信息树立一种有利于广告主的消费观念，从而达到广告的效果。

（3）广告媒介

广告媒介是广告信息进一步传播的载体与渠道，也是广告主与消费者联系的桥梁。广告媒介可以及时、准确地将广告信息传递给目标消费者，激起消费者的兴趣，使其能够接收到具体的广告信息。

（4）广告受众

广告受众是广告信息的接收者，其主要包括广告的媒体受众和广告的目标受众两个方面。

● 广告的媒体受众：广告的媒体受众是指通过广告媒体所接触到的消费人群，可根据不同的广告媒体来确定不同

的受众人群，如微博受众、直播受众、短视频受众等。

● 广告的目标受众：广告的目标受众是指广告的直接诉求对象，即广告的宣传对象。设计人员可根据广告的目的来确定不同的受众人群，使广告取得更好的效果。

（5）广告效果

广告效果通常是指广告信息通过广告媒介传播后所产生的社会影响，即广告对广告受众所产生的直接或间接的影响。它包括广告的经济效益、心理效益和社会效益。

● 经济效益：经济效益是指销售效果，即广告主通过广告所获得的经济收益以及造成的经济损失。大部分广告的主要目的都是取得经济利益，要么展示商品的优势，要么树立品牌的形象，要么突出企业的实力，以博得消费者的认同，促进商品或服务的销售，从而帮助广告主获取经济效益。

● 心理效益：心理效益是指广告对消费者产生的各种心理效应，主要可表现为记忆、理解、情感、知觉和行为等方面的影响。广告的心理效益是一种内在的、能够对广告受众产生深远影响的效果。

● 社会效益：社会效益是指广告对消费观念、文化教育及社会道德等方面所产生的影响和作用，如消费观念、道德规范、文化意识等。

3. 互联网广告的创意表现

互联网广告发展至今，其创意表现形式众多，并且不同的创意形式有不同的表现手段与方法。

● 情感形式：情感形式不仅可以让互联网广告的画面表现更加丰富、灵活，而且还能够生动地表达出品牌的情感理念，具有丰富的感染力，如图15-55所示。

图15-55

● 故事形式：故事形式是指在设计互联网广告时可以将商品或品牌的信息通过新颖、独特的故事情节展现给消费者，布置悬念，创造出跌宕起伏、引人入胜的视觉效果，为消费者留下深刻的印象的广告形式。注意，故事不能平铺直叙，太过于平淡无奇。

● 夸张形式：夸张形式是指在设计互联网广告时以夸张的表现形式传达广告内容的广告形式。这样可以快速提升

广告的吸引力和视觉冲击力，给消费者带来强烈的视觉对比和反差体验，以及富有变化的视觉趣味，如图15-56所示。

图15-56

● 幽默形式：幽默形式是指设计人员在设计互联网广告时通过各种幽默的视觉元素与消费者建立联系，让消费者在一种轻松诙谐的气氛中自然而然地接受广告信息的广告形式。这种形式体现了广告本身所具有的艺术感染力与表现力，如图15-57所示。

图15-57

● 拟人形式：拟人形式是指在设计互联网广告时根据想象将广告中的主体物人格化，即以人物的某些特征来形象地描述商品或品牌，从而引发消费者的阅读兴趣，并留下深刻的记忆点的广告形式。

● 直接展示形式：直接展示形式是指在设计互联网广告时将商品或广告主题直接展示在互联网广告中，常用摄影或绘画等技巧来表现，通过写实的手法将商品的质感、形态和功能用途渲染出来，使消费者对所宣传的商品产生真实感、亲切感和信任感的广告形式。

● 对比形式：对比形式是指设计人员在设计互联网广

告时将广告中自己的商品或服务与同类竞争者的商品或服务进行对比的广告形式，如图15-58所示。

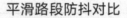

平滑路段防抖对比

挑战难度 ★★★

用 荣耀20 PRO 拍摄　　　　用 GoPro 7 拍摄

图15-58

4. 互联网广告的设计流程

互联网广告的设计流程主要包括根据需求来确定设计风格、收集与整理素材、编排设计和审查定稿4个部分。

（1）根据需求确定设计风格

不同的互联网广告页面都有着不同的设计风格，不同的广告风格会传达出不同的广告效果，影响着最终的广告效益。因此，设计人员在进行广告设计时一定要考虑广告的整体风格设计。一般来说，广告页面的设计风格都会根据需求来确定，下面进行详细介绍。

● 品牌方需求：品牌方需求是设计人员设计互联网广告时所必须考虑的因素，可以从品牌的风格调性出发。设计人员需与品牌方进行沟通，清晰明了地阐述自己的设计思路，以确定最终的设计风格。

● 消费者需求：若要让广告作品吸引到不同的消费者群体，展示出独特的风格，除了需要达到品牌方的需求外，还需要了解消费者的需求，包括消费者的风格偏向、痛点、行为需求等。

● 广告目的需求：广告目的需求即广告所要达到的最终效果。如广告目的是传达品牌或企业的理念，提升品牌知名度和好感，则广告页面的风格应与品牌的调性充分融合，并延续和贴合品牌的风格与气质。

（2）收集与整理素材

在确定好设计风格后，设计师可以收集相关的设计素材，并对素材进行整理，便于后期设计使用。

（3）编排设计

当完成素材的收集与整理后，设计人员可以根据广告页面的设计风格进行广告的编排设计，即在有限的空间内，根据广告文案、素材图像、装饰元素、色彩搭配等信息，按照广告主的设计需求来进行编辑和排版，使广告页面具有一定的视觉美感，并且符合消费者的阅读习惯。

一个优秀的广告页面的编排设计需要内容清晰、主次分明，并且要具有一定的逻辑性，让广告信息得以快速、准确地传播。有时除了要进行单个画面的设计外，还需要根据设计需求进行多个画面的设计与制作，在设计时要注意画面的统一性和内容的连贯性，如图15-59所示。

图15-59

（4）审查定稿

在广告作品完成后，设计人员还需要与品牌方进行仔细的沟通与交流，悉心听取意见，审查广告稿件内容，让广告作品能够尽快通过审核并上线。广告的审查环节主要包括广告内容的审核和广告页面的尺寸调整两个方面，下面进行详细介绍。

● 广告内容的审核：广告内容的审核是指设计人员在广告发布之前检查、核对广告内容是否真实、合法。如查看广告中有无敏感词汇，有无违背公序良俗的内容，有无虚假、夸大、绝对化以及封建迷信等不良导向的内容，是否符合广告法的要求。同时，不同的媒体、行业也都有自己的审核规则，如视频音乐行业在广告中不能擅自篡改、扭曲、恶搞、丑化经典文艺、影视作品；消费金融行业在广告中不能使用明示或暗示无风险、无门槛的信息，或使用学术机构或人物的名义做推荐或保证来宣传广告，这些内容都会影响广告的投放。

● 广告页面的尺寸调整：由于互联网广告需要投放在不同的媒体平台和广告位，以展示给消费者观看，而广告媒体和广告位的类型都丰富多样，为了适应不同的广告媒体平台和广告位尺寸，设计人员还需要进一步加工并进行测试，以保证广告能够正常展示在媒体平台上。

广告提交后，媒体平台会在规定时间内审核完成，如遇周末或节假日时效会有延迟。审核完成后，设计人员还需要根据广告的发布计划进行广告的发布，并不断监控广告发布的实时效果数据。

15.2.2 案例分析

在进行互联网广告设计前，需要先做前期的品牌分析工作，确定整体设计风格，再根据广告类型进行具体策划，这样才能设计出符合广告主需求和消费者需求的广告作品。

1. 品牌分析

本例中的"食林记"是一家专注于火锅、烧烤等香辣美食的品牌。近期，该品牌准备发展线上售卖火锅底料、速食火锅的业务，并面向年轻用户群体推广。

● 品牌定位：本例中的"食林记"以多代传承的老字号火锅底料作为特色招牌，线下开设实体火锅店业务，兼具经营烧烤，从传统火锅店逐渐向多元化、现代化发展。

● 目标消费者：该品牌将目标消费者定位于喜欢香辣美食、追求生活乐趣的人群，尤其是年轻的消费者群体。他们对餐饮品质有更高的追求，对味道和店铺视觉美感的要求也更高。因此，设计师在设计广告时应该注重视觉创意，可以在传统页面中融入流行元素，满足消费者需求。

● 品牌需求：该品牌目前的主推商品是老字号火锅，火锅作为中华传统美食之一，四季皆可、老少皆宜。品牌方需要借助互联网强大的传播特点，在不同的媒体平台上发布不同类型的广告，来提高品牌的知名度，拓宽商品的销售渠道。

2. 设计风格

通过分析，该品牌的设计风格应以国潮、时尚、新颖、创意为主，与消费者之间产生情感上的交流。可以以火锅为主要设计方向进行广告设计，利用传统文化和国潮元素让消费者产生情感上的共鸣，以视觉上的刺激激发味觉方面的吸引力，使消费者想象出火锅的鲜香美味，激发消费者兴趣，同时也要满足消费者对高品质、绿色健康生活的追求。

3. 广告策划

设计人员可以从图像、文字、色彩、版式这4个设计要素来进行前期策划。

（1）弹出式广告策划

在制作弹出式广告时，由于篇幅有限，因此文案内容不宜过多，需要进行精简。如"火锅涮不停"，这类文案简明扼要，既突出了广告的内容与主题，也让消费者一目了然，减少了文案过多而造成的广告页面冗杂。同时，弹出式广告的图像、色彩和版式也可以尽量围绕文案进行设计，以凸显文案为主，为广告画面增添视觉美感。

● 图像设计：以红包的整体形象来进行广告设计，通过点击红包的按钮，展示出一种互动化的创意视觉表现。

- **文字设计**：弹出式广告是突然出现在消费者眼前的，因此文字字体要易于识别，让消费者一眼就能够识别出广告信息，可以选择艺术体或黑体类的字体来展现广告主题，并采用中心对齐的形式，让消费者视线更加集中。

- **色彩设计**：通过前期的分析，本例中的色彩搭配应以复古风格的红色和黄色为主。因其能够体现出广告热烈的活动氛围，也象征着好运、活力，可以给消费者一种突出的视觉感受。

- **版式设计**：通过前期的分析，本例是制作一个以红包形象为主的弹出式广告，因此版式上应该与传统的红包形象一致，以上文下图的构图形式为主，如图15-60所示。

弹出式广告完成后的参考效果如图15-61所示。

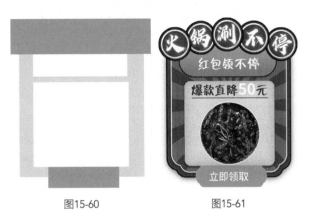

图15-60　　　　　　图15-61

（2）智钻广告策划

智钻广告属于电商广告之一，因此其设计需要有一种促销的电商广告氛围。智钻广告主要依靠图片展示来吸引消费者的点击，从而获取巨大流量。

- **图像设计**：以烧烤美食图像为主，在设计中添加能体现国潮风格的装饰，包括对联、祥云等，突出广告的艺术性美感。

- **文字设计**：主题文案应具有一定的号召力，营造出一种营销的氛围，如"麻辣鲜香"，可选择非常美观的艺术体类字体，不仅能够起到聚焦视线的作用，还具有美观性；而正文文案则需要准确地说明广告的内容，如具体活动、广告目的等。

- **色彩设计**：在食物类广告设计中，色彩对味觉信息的传递有着非常重要的作用。如灰暗的色彩大都会让食物呈现出一种不新鲜、不好吃的状态；而明亮、清新的色彩会让食物看起来更加诱人。因此，设计人员在进行设计时可以选择不同纯度的黄色为主色调，搭配白色、绿色和红色，让画面的色彩既统一和谐又有亮点。

- **版式设计**：智钻图是有结构和层次的，不同的布局

将呈现不同的视觉焦点，若视觉焦点不统一或者布局不理想，就很容易造成信息错乱，让消费者忽视重点。由于智钻广告以横版为主，因此其版式设计可选择中心构图的形式，如图15-62所示。这样能让重要的广告信息集中在视觉中心，并通过文字的对比来突出显示层次。

图15-62

智钻广告完成后的参考效果如图15-63所示。

图15-63

（3）暂停广告策划

视频网站中的暂停广告在人们的日常生活中非常常见，其曝光量大、点击率高，而且对消费者的干扰度也比较低，是一种非常具有优势的广告形式。

- **图像设计**：本例图像设计采用静态形式，通过展示火锅底料商品来突出品牌的特点。

- **文字设计**：从广告类型上看，本例主要是制作一个暂停广告，由于尺寸比较小，因此文案只需展示出最主要的广告信息即可。如品牌名称"食林记"，商品信息"火锅底料"，以及商品的特征"手工炒制""牛油醇香"，让商品的卖点更突出。

- **色彩设计**：本例中的广告内容主要是商品的大力促销活动，因此其色彩的设计应体现出活动的促销氛围。可采用红色作为广告的主色调，再采用黄色、橙色、蓝色作为辅助色，并搭配白色作为提亮的色彩。这样既能表达出品牌追求的国潮风格，又能带给消费者明亮、兴奋的感觉。

- **版式设计**：本例所制作的暂停广告主要投放在腾讯视频平台，其尺寸大小偏向于横版，因此其版式选择了左右对称构图的形式，如图15-64所示。同时还可以通过一些小装饰物，如灯光、圆点、放射线、辣椒等，增加版式的灵动性。

图15-64

暂停广告完成后的参考效果如图15-65所示。

图15-65

（4）H5社交媒体广告策划

随着5G时代的到来，移动智能手机将进入下一个发展阶段，而H5广告也将随之为品牌带来更多的营销机会。

● 图像设计：本例H5广告以"生鲜火锅季"作为主题，主要宣传火锅菜品，因此图像可选用一些具有较强吸引力的菜品图片，搭配国潮风格的装饰，如祥云、牌匾、传统木框纹理等。

● 文字设计：本例H5广告需要宣传品牌，并突出"食林记"品牌中火锅美食的优势，因此文案要简洁、直接、刺激味蕾，如"辣""麻"。设计人员还可以通过文字的大小、色彩对比来展现文字信息层级。

● 色彩设计：本例H5广告以品牌色为主，即红色和黄色，然后搭配纯度较低的蓝色为辅助色，使画面有一种冷暖色的对比效果，能够在第一时间抓住消费者的眼球，为品牌带来更多的浏览量和转发量。

● 版式设计：H5广告的排版必须整洁、有条理，文字与图片、动画等合理分布，突出H5广告的主题与重点，使消费者能够在短时间内找到自己需要的信息，提高产品或品牌营销信息的传播效率。H5广告主要是在移动端进行观看，因此其版式设计需要遵循移动端版式的设计原则，尽量

采用上下构图的版式。

H5社交媒体广告完成后的参考效果如图15-66所示。

图15-66

（知识要点）形状工具组、画笔工具、横排文字工具、移动工具、椭圆工具的使用

（配套资源）素材文件\第15章\美食
效果文件\第15章\弹出式广告.psd、智钻广告.psd、暂停广告.psd、H5广告

扫码看视频

15.2.3 弹出式广告设计

下面将主要为"食林记"品牌制作弹出式广告页面，要求展现出品牌特色，其具体操作如下。

1 新建"大小"为"700像素×820像素"、"分辨率"为"72像素/英寸"、"名称"为"弹出式广告"的图像

文件。

2 隐藏"背景"图层，选择"圆角矩形工具" ⬜，设置"填充"为红色（R189，G64，B81），"半径"为50像素，在图像编辑区中央绘制一个圆角矩形，效果如图15-67所示。

3 继续使用"圆角矩形工具" ⬜，设置"半径"为60像素，在圆角矩形上方再次绘制一个更短、更宽的圆角矩形。

4 在"图层"面板中选择这两个圆角矩形图层，在其上单击鼠标右键，在弹出的快捷菜单中选择"合并形状"命令，效果如图15-68所示。

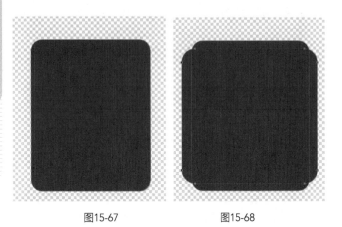

图15-67　　　　　　图15-68

5 双击合并后的圆角矩形图层右侧的空白区域，打开"图层样式"对话框，选择"描边"样式，设置"颜色"为紫色（R63，G1，B51），其他参数设置如图15-69所示；选择"内发光"样式，设置"颜色"为橙色（R255，G181，B58），其他参数设置如图15-70所示。

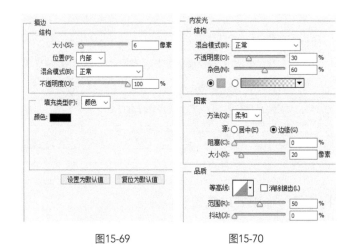

图15-69　　　　　　图15-70

6 在"图层样式"对话框中选择"投影"样式，设置"颜色"为黑色，其他参数设置如图15-71所示。然后单击 确定 按钮，查看效果如图15-72所示。

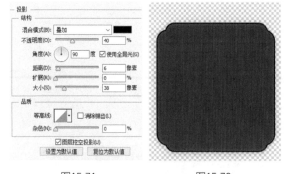

图15-71　　　　　　图15-72

7 按Ctrl+J组合键复制圆角矩形图层，按Ctrl+T组合键自由变换并缩小复制后的图层，双击该图层右侧的空白区域，打开"图层样式"对话框，选择"描边"样式，修改"颜色"为白色，其他参数设置如图15-73所示。然后单击 确定 按钮，查看效果如图15-74所示。

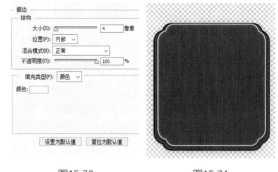

图15-73　　　　　　图15-74

8 打开"弹出式.psd"素材文件，将其中的放射线素材复制到"弹窗式广告.psd"图像文件中，调整其大小和位置，将其创建为复制后圆角矩形图层的剪贴蒙版，效果如图15-75所示。

9 使用"圆角矩形工具" ⬜绘制图15-76所示两个圆角矩形，将较大的圆角矩形填充为米黄色（R255，G211，B146），将较小的圆角矩形填充为"橙红色（R255，G112，B4）～橙黄色（R250，G162，B51）"渐变颜色，并设置其"描边"为"深红色（R124，G28，B30），5像素"。

图15-75　　　　　　图15-76

10 选择步骤9绘制的大圆角矩形图层，双击该图层右侧的空白区域，打开"图层样式"对话框，选择"内发光"样式，设置"颜色"为橙色（R253，G133，B24），其他参数设置如图15-77所示；再选择"投影"样式，设置"颜色"为红色（R177，G64，B58），其他参数设置如图15-78所示，然后单击 确定 按钮。

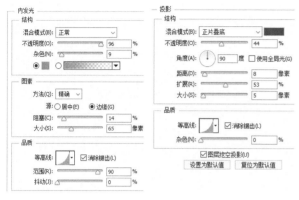

图15-77　　　　　　　　图15-78

11 选择"椭圆工具" ◯ ，在工具属性栏中设置"填充"为白色，"描边"为"米黄色（R253，G234，B196），5像素"，在大圆角矩形上方绘制305像素×305像素的正圆。

12 选择"圆角矩形工具" ▢ ，设置"填充"为绿色（R54，G159，B129），"描边"为"黄色（R255，G238，B90），1像素"，绘制两个不同圆角半径的圆角矩形，然后合并形状，效果如图15-79所示。

13 选择"横排文字工具" T ，输入图15-80所示文字，设置"字体"分别为方正毡笔黑简体、思源黑体 CN，"颜色"分别为白色、红色（R178，G42，B28），调整文字的大小和位置。

图15-79　　　　　　　　图15-80

14 新建图层，设置"前景色"为红色（R179，G44，B30）。选择"画笔工具" ✎ ，设置"画笔样式"为硬边圆，"大小"为3像素，在"爆款直降50元"

文字下方绘制一条等长的水平直线。

15 将"弹出式.psd"素材文件中的火锅素材复制到"弹出式广告.psd"图像文件中，调整其大小和位置，将其创建为白色正圆图层的剪贴蒙版，效果如图15-81所示。

16 将"弹出式.psd"素材文件中的圆形素材复制到"弹出式广告.psd"图像文件中，按4次Ctrl+J组合键再次复制圆形，并调整其大小和位置，如图15-82所示。

图15-81　　　　　　　　图15-82

17 选择"横排文字工具" T ，在5个圆形素材中分别输入"火""锅""涮""不""停"文字，设置"字体"均为方正字迹-龙吟体简，"颜色"均为白色，调整文字的大小和位置。

18 选择"火"文字图层，双击该图层右侧的空白区域，打开"图层样式"对话框，选择"外发光"样式，设置"颜色"为橙色（R255，G96，B0），其他参数设置如图15-83所示，然后单击 确定 按钮。

19 在"火"文字图层上单击鼠标右键，在弹出的快捷菜单中选择"拷贝图层样式"命令。选择"锅""涮""不""停"文字图层，在其上单击鼠标右键，在弹出的快捷菜单中选择"粘贴图层样式"命令，效果如图15-84所示。完成后按Ctrl+S键保存文件。

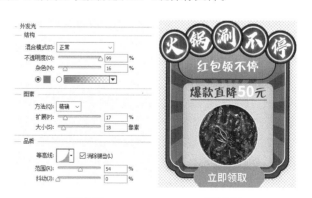

图15-83　　　　　　　　图15-84

15.2.4 智钻广告设计

下面将为"食林记"品牌制作投放于电商网站中的智钻广告，要求体现出复古、国潮风格，其具体操作如下。

1 新建"大小"为"640像素×200像素"、"分辨率"为"72像素/英寸"、"名称"为"智钻广告"的图像文件。

2 设置"前景色"为黄色（R241，G202，B128），按Alt+Delete组合键填充前景色。打开"智钻.psd"素材文件，将其中的背景纹理素材拖曳到图像编辑区，调整其大小和位置，按Ctrl+Alt+G组合键创建剪贴蒙版。

3 将"智钻.psd"素材文件中的两个祥云素材拖曳到图像编辑区，调整其大小和位置，效果如图15-85所示。

图15-85

4 选择"横排文字工具" <kbd>T</kbd>，输入"麻辣鲜香"文字，设置"字体"为方正字迹-龙吟体简，"大小"为120点，"颜色"为米黄色（R254，G239，B207），调整文字的间距和位置，并修改该文字图层的"混合模式"为"叠加"，效果如图15-86所示。

图15-86

5 将"智钻.psd"素材文件中的两个标题框素材拖曳到图像编辑区，调整其大小和位置。

6 选择"横排文字工具" <kbd>T</kbd>，输入"食林记"文字，设置"字体"为方正字迹-龙吟体简，"大小"为28点，"颜色"为白色，"字距"为200，调整文字的位置。然后在工具属性栏中单击"创建文字变形"按钮 ，打开"变形文字"对话框，在"样式"下拉列表框中选择"扇形"选项，选中"水平"单选项，设置"弯曲""水平扭曲""垂直扭曲"分别为+15、0、0，然后单击 确定 按钮，效果如图15-87所示。

图15-87

7 将"智钻.psd"素材文件中的两个对联素材拖曳到图像编辑区，调整其大小和位置。

8 选择"椭圆工具" ，在工具属性栏中设置"填充"为黄色（R241，G202，B128），取消描边，在对联上绘制4个6像素×6像素的正圆，调整其位置，效果如图15-88所示。

图15-88

9 选择"直排文字工具" <kbd>IT</kbd>，输入图15-89所示文字，设置"字体"为方正毡笔黑简体，"大小"为18点，"颜色"为白色，"字距"为200，调整文字的位置。

图15-89

10 选择"圆角矩形工具" ，设置"填充"为米黄色（R255，G250，B215），"描边"为"浅灰色（R255，G253，B253），2像素"，绘制3个圆角矩形，效果如图15-90所示。

图15-90

11 将"智钻.psd"素材文件中的放射线素材拖曳到圆角矩形上，并复制2次，调整其大小和位置，将每个放射线素材创建为每个圆角矩形的剪贴蒙版，效果如图15-91所示。

图15-91

12 双击圆角矩形图层右侧的空白区域，打开"图层样式"对话框，选择"斜面和浮雕"样式，设置"高光颜色"为白色，"阴影颜色"为棕色（R187，G138，B44），其他参数设置如图15-92所示；再选择"外发光"样式，设置"颜色"为白色，其他参数设置如图15-93所示，然后单击 确定 按钮。

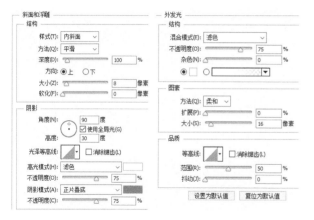

图15-92   图15-93

13 在该圆角矩形图层上单击鼠标右键，在弹出的快捷菜单中选择"拷贝图层样式"命令。选择另外两个圆角矩形图层，在其上单击鼠标右键，在弹出的快捷菜单中选择"粘贴图层样式"命令。

14 将"智钻.psd"素材文件中的所有美食素材拖曳到圆角矩形上，为每个圆角矩形合理地分配美食素材，调整素材的大小和位置，并为圆角矩形创建剪贴蒙版，效果如图15-94所示。完成后按Ctrl+S组合键保存文件。

图15-94

15.2.5　暂停广告设计

下面将为"食林记"品牌制作发布在腾讯视频平台上的暂停广告，在设计上以火锅底料为主体，然后添加宣传性文字，以更好地展现"食林记"品牌火锅底料的优势，其具体操作如下。

1 新建"宽度"为"300像素"、"高度"为"400像素"、"分辨率"为"72像素/英寸"、"名称"为"暂停广告"的图像文件。

2 新建图层，设置"前景色"为红色（R188，G20，B22），按Alt+Delete组合键填充前景色。打开"暂停.psd"素材文件，将其中的放射线素材复制到图像编辑区，调整大小和位置，并为其添加图层蒙版，如图15-95所示。

3 将"暂停.psd"素材文件中的蓝色点状素材复制到图像编辑区，调整大小和位置，并为其添加图层蒙版，如图15-96所示。

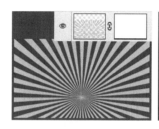

图15-95   图15-96

4 选择"矩形工具" ▭ ，在工具属性栏中设置"填充"为深蓝色（R34，G51，B103），取消描边，在图像编辑区绘制大小为387像素×59像素的矩形。

5 选择"横排文字工具" T ，输入"火锅底料"文字，设置"字体"为方正字迹-龙吟体简，"大小"为48点，"颜色"为红色（R188，G20，B22），"字距"为75，调整文字的位置，效果如图15-97所示。

6 按Ctrl+J组合键复制文字图层，修改复制后文字的"颜色"为白色，然后使用"移动工具" ⊹ 微调复制后文字的位置，使其与下方文字错位显示。

7 双击复制后的文字图层右侧的空白区域，打开"图层样式"对话框，选择"描边"样式，设置"颜色"为深蓝色（R34，G51，B103），其他参数设置如图15-98所示。

图15-97   图15-98

8 单击 确定 按钮，返回图像编辑区，查看效果如图15-99所示。

9 使用同样的方法制作"食林记"文字效果，并在"食林记"与"火锅底料"文字之间绘制一个白色正圆，在下方绘制一个较大的白色椭圆，效果如图15-100所示。

图15-99　　　　　　　　　　图15-100

10 双击较大的椭圆图层右侧的空白区域，打开"图层样式"对话框，选择"描边"样式，设置"颜色"为白色，其他参数设置如图15-101所示。

11 单击 确定 按钮，返回图像编辑区，然后将"暂停.psd"素材文件中的火锅底料素材拖曳到较大的白色椭圆上，调整其大小和位置，为该椭圆创建剪贴蒙版，效果如图15-102所示。

图15-101　　　　　　　　　　图15-102

12 将"暂停.psd"素材文件中的辣椒素材和矢量智能对象素材复制到"暂停广告.psd"图像文件中，调整其大小和位置。

13 选择"横排文字工具" T，分别输入"店""长""推""荐"文字，设置"字体"为方正宋刻本秀楷简体，"颜色"为白色，调整文字的大小、位置和角度，效果如图15-103所示。

14 在火锅底料两侧绘制图15-104所示8个正圆，均填充为白色，描边为深蓝色（R34,G51,B103）。

图15-103　　　　　　　　　　图15-104

15 选择"横排文字工具" T，分别输入"手""工""炒""制""牛""油""醇""香"文字，设置"字体"为方正书宋简体，"颜色"为白色，调整文字的大小和位置，效果如图15-105所示。

16 选择"矩形工具" □，在标题区域绘制一个大小为352像素×58像素的矩形，取消填充，设置"描边"为"白色，5点"，单击右侧的"设置描边类型"按钮 ——，弹出"描边选项"下拉列表框，在其中选择点状描边样式，在"对齐"下拉列表框中选择"居中"选项，如图15-106所示。

图15-105　　　　　　　　　　图15-106

17 将"暂停.psd"素材文件中的闪光灯素材拖曳到标题上方，调整其大小和位置，效果如图15-107所示。完成后按Ctrl+S组合键保存文件。

图15-107

15.2.6　H5社交媒体广告设计

下面将为"食林记"品牌制作用于在社交媒体中传播的H5广告，要求体现品牌特点，且具有趣味性，能吸引用户浏览和分享，其具体操作如下。

1 新建"大小"为"640像素×1008像素"、"分辨率"为"72像素/英寸"、"名称"为"H5广告第1页"的图像文件。

2 新建图层，设置"前景色"为黄色（R220，G185，B48），按Alt+Delete组合键填充前景色。打开"H5背景.png"素材文件，将其拖曳到图像编辑区中，调整大小和位置，效果如图15-108所示。

3 新建图层，选择"钢笔工具" ，设置填充颜色为红色（R239，G82，B78），"描边"为"灰色（R83，G83，B83），1像素"，在图像左侧绘制图15-109所示形状。

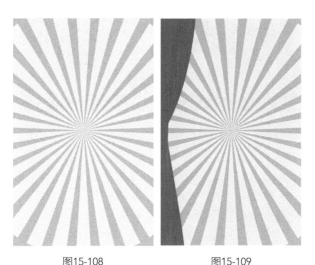

图15-108　　　　　　图15-109

4 新建图层，使用相同的方法在形状上绘制"描边"为灰色（R83，G83，B83）的图15-110所示线条，取消填充颜色。

5 在"图层"面板中将步骤3和步骤4所绘制的图层全部选中，按Ctrl+G组合键组成新组，修改组名称为"窗帘左"，并将组合并。选中合并后的图层，按Ctrl+J组合键复制图层，将其拖曳到图像编辑区右侧。然后按Ctrl+T组合键，在图像编辑区单击鼠标右键，在弹出的快捷菜单中选择"水平翻转"命令，调整图层位置，效果如图15-111所示。

图15-110　　　　　　图15-111

6 选择"矩形工具" ，在图像下方绘制一个填充颜色为深蓝色（R40，G52，B108）、"大小"为640像素×143像素的矩形，效果如图15-112所示。

7 选择"矩形工具" ，在工具属性栏中设置"填充"为粉色（R231，G189，B181），"描边"为"红色（R249，G101，B92），1像素"，在图像编辑区中绘制矩形，调整矩形的角度，并复制多个矩形，创建新组，将矩形拖进新组中，在"图层"面板中单击鼠标右键，在弹出的快捷菜单中选择"合并组"命令，继续单击鼠标右键，在弹出的快捷菜单中选择"创建剪贴蒙版"命令，将该步骤中的所有图层合并，效果如图15-113所示。

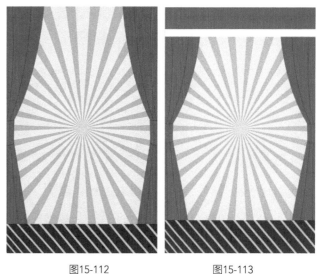

图15-112　　　　　　图15-113

8 选择"圆角矩形工具" ，设置"填充"为绿色（R17，G144，B135），取消描边，绘制两个圆角矩形，然后将两个圆角矩形合并，效果如图15-114所示。

9 打开"H5.psd"素材文件，将其中的火锅素材拖曳到圆角矩形上，调整其大小和位置，然后按Ctrl+Alt+G组合键创建剪贴蒙版。

10 在"图层"面板底部单击"创建新的填充或调整图层"按钮 ，在弹出的快捷菜单中选择"亮度/对比度"命令，打开"亮度/对比度"属性面板，在其中设置"亮度""对比度"分别为10、30，效果如图15-115所示。

11 将"H5.psd"素材文件中的烟雾素材复制到"H5广告第1页"图像文件中，调整其大小、位置及在"图层"面板中的图层顺序，效果如图15-116所示。

12 选择合并形状后的圆角矩形图层，按住Ctrl键不放，单击该图层缩览图，载入圆角矩形选区；然后选择底部烟雾素材所在的图层组，单击"图层"面板底部的"添加图层蒙版"按钮 ，为该图层组创建图层蒙版，如图15-117所示。

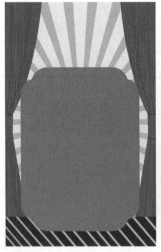

图15-114　　　　　　　　　图15-115

图15-118　　　　　　　　　图15-119

图15-116　　　　　　　　　图15-117

16 选择"圆角矩形工具" ，在工具属性栏中设置"填充"为红色（R231，G33，B41），"描边"为"深灰色（R49，G49，B49），2像素"，"半径"为20像素，在图像编辑区下方绘制圆角矩形。

17 置入"横纹2.png"图像，将其拖曳至圆角矩形上方，然后为该圆角矩形创建剪贴蒙版。

18 再次绘制一个颜色、大小相同的圆角矩形，并将其放置到"横纹2.png"图像的上方。选择"横排文字工具" ，设置"字体"为方正大黑_GBK，"颜色"为白色，在圆角矩形中输入"点击了解"文字，将步骤17制作的图层与步骤18制作的文字图层与圆角矩形图层合并，效果如图15-121所示。

图15-120　　　　　　　　　图15-121

13 使用与制作合并的绿色圆角矩形相同的方法制作描边颜色为黄色（R242，G214，B140）的形状，然后复制并缩小该形状，合并复制前、后的两个形状，效果如图15-118所示。

14 将"H5.psd"素材文件中的祥云素材和标题框素材复制到"H5广告第1页"图像文件中，调整其大小和位置，效果如图15-119所示。

15 选择"横排文字工具" ，在标题框中输入"食林记"文字，设置"字体"为方正字迹-龙吟体简，"颜色"为白色，"字距"为200，调整文字的大小和位置。然后在工具属性栏中单击"创建文字变形"按钮 ，打开"变形文字"对话框，在"样式"下拉列表框中选择"扇形"选项，选中"水平"单选项，设置"弯曲""水平扭曲""垂直扭曲"分别为+18、0、0，单击 确定 按钮，效果如图15-120所示。

19 打开"弹出式广告.psd"素材文件，将图15-122所示5个圆形素材复制到图像编辑区顶部，调整其大小和位置。

20 选择"横排文字工具" T ，在5个圆形素材中分别输入"生""鲜""火""锅""季"文字，设置"字体"均为方正字迹-龙吟体简，"颜色"均为白色，调整文字的大小和位置。

21 选择"生"文字图层，双击该图层右侧的空白区域，打开"图层样式"对话框，选择"外发光"样式，设置"颜色"为红色（R231，G33，B41），其他参数设置如图15-123所示，然后单击 确定 按钮。

图15-122　　　　　图15-123

22 在"生"文字图层上单击鼠标右键，在弹出的快捷菜单中选择"拷贝图层样式"命令。选择"鲜""火""锅""季"文字图层，在其上单击鼠标右键，在弹出的快捷菜单中选择"粘贴图层样式"命令，效果如图15-124所示。

23 按Ctrl+S组合键保存文件，完成H5广告第1页的制作。

24 新建"大小"为"640像素×1008像素"、"分辨率"为"72像素/英寸"、"名称"为"H5广告第2页"的图像文件。

25 将"H5广告第1页.psd"图像文件中的背景和标题内容复制到"H5广告第2页"图像文件中，调整其大小和位置，效果如图15-125所示。

26 将"H5.psd"素材文件中的背景纹理素材复制到"H5广告第2页"图像文件中，调整其大小、位置及在"图层"面板中的图层顺序。

27 在图像底部的蓝色矩形图层上方新建图层，选择"矩形工具" ，设置"填充"为红色（R190，G97，B116），取消描边，绘制一个1/2画布大小的长方形，将其移动至图像编辑区左半边，然后设置该图层的"混合模式"为"颜色"，如图15-126所示。

图15-124　　　　　　　　图15-125

图15-126

28 选择"椭圆工具" ，设置"填充"为灰色（R184，G184，B184），"描边"为"白色，5点"，在图像编辑区左半边、右半边分别绘制一个大小为228像素×228像素的正圆。

29 双击其中一个正圆图层右侧的空白区域，打开"图层样式"对话框，选择"投影"样式，设置"颜色"为深灰色（R13，G5，B9），其他参数设置如图15-127所示。单击 确定 按钮，再将该图层样式拷贝并粘贴到另一个正圆图层中。

30 选择"圆角矩形工具" ，设置"填充"为橙色（R255，G112，B4）～橙色（R250，G162，B51）"渐变颜色，"描边"为"深红色（R124，G28，B30），4像素"，在图像编辑区左半边、右半边分别绘制一个圆角矩形，效果如图15-128所示。

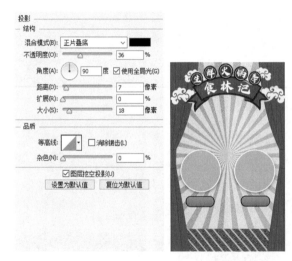

图15-127　　　　　　图15-128

31 选择"横排文字工具" T，在两个圆角矩形中分别输入"香辣红辣椒""香辣红麻椒"文字，设置"字体"为思源黑体 CN，"颜色"为白色，"字距"为31，调整文字的大小和位置；继续在两个正圆上方分别输入"辣""麻"文字，设置"字体"为方正行楷简体，"颜色"为白色，调整文字的大小和位置。

32 双击"辣"文字图层右侧的空白区域，打开"图层样式"对话框，选择"投影"样式，设置"颜色"为黑色（R13，G5，B9），其他参数设置如图15-129所示。单击 确定 按钮，再将该图层样式拷贝并粘贴到"麻"文字图层中，效果如图15-130所示。

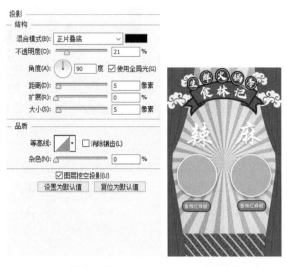

图15-129　　　　　　图15-130

33 将"H5.psd"素材文件中图15-131所示素材复制到"H5广告第2页"图像文件中，调整其大小和位置，并将辣椒图片和麻椒图片分别创建为两个正圆的剪贴蒙版。

34 选择"直排文字工具" T，在图像编辑区下方的装饰素材上输入"食材鲜""味道美""麻辣爽""环境优""服务佳"文字，设置"字体"为思源黑体CN，"大小"为24点，"颜色"为白色，"字距"为111，调整文字的位置。

35 按Ctrl+S组合键保存文件，完成H5广告第2页的制作，效果如图15-132所示。

图15-131　　　　　　图15-132

36 新建"大小"为"640像素×1008像素"、"分辨率"为"72像素/英寸"、"名称"为"H5广告第3页"的图像文件。

37 将"H5广告第1页.psd"图像文件中的背景和标题内容复制到"H5广告第3页"图像文件中，调整其大小和位置，然后修改标题文字内容，效果如图15-133所示。

38 将"H5.psd"素材文件中的木框素材复制到"H5广告第3页"图像文件中，调整其大小、位置及在"图层"面板中的图层顺序，效果如图15-134所示。

图15-133　　　　　　图15-134

39 选择"矩形工具" ，取消描边，在木框素材中分别绘制填充为米黄色（R230，G197，B157）、红色（R204，G42，B39）的矩形。

40 选择"圆角矩形工具" ，取消描边，设置"填充"为白色，在红色矩形右下方区域绘制一个

圆角矩形，效果如图15-135所示。

41 选择"横排文字工具" T ，在圆角矩形中央和其上方分别输入"点击加购>>""骰子牛肉 58 元/份"文字，设置"字体"为思源黑体 CN，"颜色"分别为红色（R168，G14，B11）、白色，然后调整文字的大小和位置。

42 将"H5.psd"素材文件中对应的菜品图片复制到"H5广告第3页"图像文件中，调整其大小和位置，然后将其创建为左侧矩形的剪贴蒙版，效果如图15-136示。

图15-135 　　　　　 图15-136

43 将步骤38至步骤42制作的图层创建为图层组，按两次Ctrl+J组合键复制图层组，调整其位置，并更改其中的文字和菜品图片，效果如图15-137所示。

44 按Ctrl+S组合键保存文件，完成H5广告第3页的制作。

45 新建"大小"为"640像素×1008像素"、"分辨率"为"72像素/英寸"、"名称"为"H5广告第4页"的图像文件。

46 将"H5广告第3页"图像文件中的背景和标题内容复制到"H5广告第4页"图像文件中，调整其大小和位置，然后修改标题文字内容，效果如图15-138所示。

图15-137 　　　　　 图15-138

47 将"H5.psd"素材文件中的木框素材复制到"H5广告第4页"图像文件中，调整其大小、位置及在"图层"面板中的图层顺序，效果如图15-139所示。

48 选择"圆角矩形工具" ，取消描边，设置"填充"为橙色（R246，G126，B46），在木框素材中绘制一个圆角矩形；再设置"填充"为"橙色（R255，G146，B4）~橙色（R250，G151，B51）"渐变颜色，"描边"为"红色（R169，G48，B14），2像素"，在木框素材下边缘中央绘制一个圆角矩形，效果如图15-140所示。

图15-139 　　　　　 图15-140

49 选择"横排文字工具" T ，在较小的圆角矩形中输入"澳洲雪花肥牛"文字，设置"字体"为思源黑体 CN，"大小"为22点，"颜色"为红色（R168，G14，B11），调整文字的位置。

50 将"H5.psd"素材文件中对应的菜品图片复制到"H5广告第4页"图像文件中，调整其大小和位置，然后将其创建为大圆角矩形的剪贴蒙版，效果如图15-141所示。

51 将步骤47至步骤50制作的图层创建为图层组，按3次Ctrl+J组合键复制图层组，调整其位置，并更改其中的文字和菜品图片，效果如图15-142所示。

图15-141 　　　　　 图15-142

52 按Ctrl+S组合键保存文件，完成H5广告第4页的制作。

1. 制作红石榴商品详情页

本练习将利用提供的素材制作红石榴商品移动端详情页。具体可先制作红石榴焦点图，再制作详细介绍红石榴的部分，参考效果如图15-143所示。

配套资源

素材文件\第15章\巩固练习\红石榴移动端商品详情页素材.psd

效果文件\第15章\巩固练习\红石榴移动端商品详情页.psd

图15-143

2. 制作活动类H5广告

本练习将以"天猫狂欢节"为活动主题制作活动类H5广告，需要通过文字、色彩、装饰元素等营造强烈的活动氛围，赢得消费者好感，最终促成商品交易，参考效果如图15-144所示。

配套资源

素材文件\第15章\巩固练习\H5广告素材.psd

效果文件\第15章\巩固练习\H5广告\

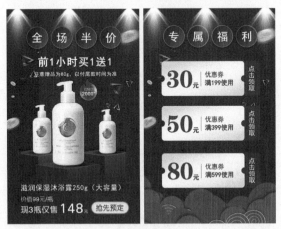

图15-144

1. 互联网广告的常用字体

设计人员在设计时，要根据品牌的风格和产品的特点选择广告文字的字体，以求能更好地体现广告主题，并向消费者准确地传达产品的设计理念和营销信息。广告设计中常用的文字字体主要包括以下4种。

● 宋体类：宋体是应用较广泛的字体，其笔画横细竖粗，起点与结束点有额外的装饰部分，其外形纤细优雅、美观端庄，体现出浓厚的文艺气息，经常被用于女性商品广告的视觉设计。

● 艺术体类：艺术体是指一些非常规的特殊印刷用字体，其笔画和结构一般都进行了一些形象的再加工。在互联网广告中使用艺术体类的字体，可以达到提升广告的艺术品位、美化广告页面、聚焦消费者目光的效果，如图15-145所示。

图15-145

● 黑体类：黑体类字体通常能够展现出浓厚的商业气息，其字体比其他字体相对较粗，这一特点能够满足消费者对大体积、大容量产品的文案的认知需求，能够表现出阳刚、气势、端正等意义，常用于大面积的商品广告页面中，也常用于表现广告页面中的主题文案，如图15-146所示。

图15-146

● 书法体类：书法体指具有书法风格的字体，其字形自由多变、顿挫有力，在力量中掺杂着文化气息，具有较强的文化底蕴，常用在表现具有传统、古典的文化风格的互联网广告中，如图15-147所示。

图15-147

2. 互联网广告的常用版式

确定了搭配的色彩后，设计人员需要对画面进行构图，以规划重点，建立画面中各要素之间的联系，使消费者能在画面中快速找到想要的东西，并且在美化广告页面后能最大限度地吸引消费者浏览。下面介绍4种常用的版式构图方式。

● 放射式构图：放射式构图是指以主体物为核心，将核心作为视觉的中心点并向四周扩散的一种构图方式。这种构图可以让整个画面呈现出空间感和立体感，同时产生一种导向作用，将消费者的注意力快速集中到展现的主体物上，如图15-148所示。

图15-148

● 平衡构图：在视觉设计中，平衡感是很重要的。一般情况下，为保证页面平衡，会使用左图右文、左文右图、上文下图、左中右三分构图等构图方式，以使页面整体保持平衡。图15-149所示为平衡式构图法中的左图右文，即文字在画面的右侧，为了保证整体页面的平衡，会在画面左侧添加商品图片。

图15-149

● 切割构图：适当的画面切割能够给广告页面带来动感与节奏感，添加几根线条、几个块面就能使页面产生意想不到的效果。简单的三角形、正方形、长方形和圆形甚至线条就可以组成很多有趣的图形，也符合现代审美需求，如图15-150所示。

● 斜切构图：斜切构图主要指将文字或素材图片倾斜，使画面产生时尚、动感、活跃的效果。图15-151即采用了斜切的构图方式，运用斜切的文字效果让整个广告页面变得生动。

图15-150

图15-151